U0284227

“十三五”国家重点出版物
出版规划项目

化工过程强化关键技术丛书

中国化工学会 组织编写

超重力分离工程

HiGee Chemical Separation Engineering

刘有智 等著

化学工业出版社

·北京·

《超重力分离工程》是《化工过程强化关键技术丛书》的一个分册。以强化传质分离过程速率为目的的超重力分离技术，通过科学构建流体流动、尺度、形态、接触方式等，极大提高了传质分离效率，呈现出设备体积大幅度减小、分离效率提高、成本降低的优势，开辟了强化传质分离效率、降低能耗的新途径。本书深度总结了超重力分离工程研究的最新成果和工程化案例，系统论述了超重力分离过程的原理、方法、关键技术和工程应用，全书按单元操作分为9章，包括吸收、解吸、蒸馏、液液萃取、气固分离等。每章以“问题引出、强化原理、关键技术及特性、工程应用”为主线，突出学术创新理论，注重工程应用推广。

《超重力分离工程》是多项国家和省部级成果的系统总结，提供了大量基础研究和工程应用数据，可供化工、材料、环境、制药、食品等领域科研人员、工程技术人员、生产管理人员以及高等院校相关专业师生参考。

图书在版编目（CIP）数据

超重力分离工程/中国化工学会组织编写；刘有智等著. —北京：化学工业出版社，2019.12（2024.1重印）
（化工过程强化关键技术丛书）
国家出版基金项目 “十三五”国家重点出版物出版规划项目
ISBN 978-7-122-35402-0

Ⅰ. ①超… Ⅱ. ①中… ②刘… Ⅲ. ①分离-化工过程 Ⅳ. ①TQ028

中国版本图书馆CIP数据核字（2019）第225086号

责任编辑：任睿婷 杜进祥 丁建华　　装帧设计：关 飞
责任校对：宋 夏

出版发行：化学工业出版社（北京市东城区青年湖南街13号 邮政编码100011）
印　　装：北京建宏印刷有限公司
710mm×1000mm 1/16 印张21½ 字数451千字 2024年1月北京第1版第2次印刷

购书咨询：010-64518888 售后服务：010-64518899
网　　址：http://www.cip.com.cn
凡购买本书，如有缺损质量问题，本社销售中心负责调换。

定　　价：288.00元

《化工过程强化关键技术丛书》编委会

作者简介

刘有智，教授，博士生导师，中北大学原校长、化学工程与技术博士学位授权一级学科首席学科带头人。中国化工学会首批会士，享受国务院特殊津贴专家。担任中国化工学会化工过程强化专业委员会常务副主任、中国兵工学会常务理事、《化工进展》副主编、教育部高等学校化工类专业教学指导委员会副主任及本科教学工作水平评估专家、《化工过程强化关键技术丛书》编委会副主任与执行副主任。

长期从事化工过程强化理论、超重力化工过程基础及应用技术研究。主持国家重点研发计划、国家自然科学基金等科研项目 46 项。创新超重力化工过程强化新机制，拓展了应用新领域；攻克超重力装备稳定性、安全性和气密性等工程化共性关键技术，立足装置技术与分离工艺协同创新，形成超重力分离成套工程化装备与技术，成功应用于化工、能源、冶金、环保等领域，节能减排效果显著，促进行业科技进步。发表学术论文 400 余篇，出版《超重力化工过程与技术》《化工过程强化方法与技术》等著作 3 部，授权国家发明专利 98 件，负责起草《超重力装置》行业标准。获国家科技进步二等奖 1 项，省部级科学技术一等奖 2 项、二等奖 6 项，获何梁何利基金“科学与技术创新奖”、侯德榜化工科学技术成就奖。

丛书序言

化学工业是国民经济的支柱产业，与我们的生产和生活密切相关。改革开放 40 年来，我国化学工业得到了长足的发展，但质量和效益有待提高，资源和环境备受关注。为了实现从化学工业大国向化学工业强国转变的目标，创新驱动推进产业转型升级至关重要。

“工程科学是推动人类进步的发动机，是产业革命、经济发展、社会进步的有力杠杆”。化学工程是一门重要的工程科学，化工过程强化又是其中的一个优先发展的领域，它灵活应用化学工程的理论和技术，创新工艺、设备，提高效率，节能减排、提质增效，推进化工的绿色、低碳、可持续发展。近年来，我国已在此领域取得一系列理论和工程化成果，对节能减排、降低能耗、提升本质安全等产生了巨大的影响，社会效益和经济效益显著，为践行“绿水青山就是金山银山”的理念和推进化工高质量发展做出了重要的贡献。

为推动化学工业和化学工程学科的发展，中国化工学会组织编写了这套《化工过程强化关键技术丛书》。各分册的主编来自清华大学、北京化工大学、中北大学等高校和中国科学院、中国石油化工集团公司等科研院所、企业，都是化工过程强化各领域的领军人才。丛书的编写以党的十九大精神为指引，以创新驱动推进我国化学工业可持续发展为目标，紧密围绕过程安全和环境友好等迫切需求，对化工过程强化的前沿技术以及关键技术进行了阐述，符合“中国制造 2025”方针，符合“创新、协调、绿色、开放、共享”五大发展理念。丛书系统阐述了超重力反应、超重力分离、精馏强化、微化工、传热强化、萃取过程强化、膜过程强化、催化过程强化、聚合过程强化、反应器（装备）强化以及等离子体化工、微波化工、超声化工等一系列创新性强、关注度高、应用广泛的科技成果，多项关键技术已达到国际领先水平。丛书各分册从化工过程强化思路出发介绍原理、方法，突出应用，强调工程化，展现过程强化前后的对比效果，系统性强，资料新颖，图文并茂，反映了当前过程强化的最新科研成果和生产技术水平，有助于读者了解最新的过程强化理论和技术，对学术研究和工程化实施均有指导意义。

本套丛书的出版将为化工界提供一套综合性很强的参考书，希望能推进化工过程强化技术的推广和应用，为建设我国高效、绿色和安全的化学工业体系增砖添瓦。

中国科学院院士：费维扬

中国工程院院士：舒兴田

前言

分离工程是研究过程工业中物质分离与纯化的工程技术学科，涉及化工、炼油、医药、食品、能源、冶金、材料等重要的过程工业，分离过程是耗能过程，其投资和操作费用在化工等过程工业中占据很高的比例，分离效率关乎降低能耗、减少废料和控制污染，分离精度决定着产品质量、档次。世界各国在分离工程领域的竞争由来已久，折射出的是国际竞争力。

传质分离是化工领域的主要分离方法，传统的传质分离技术具有分离效率高、处理能力大、运行稳定可靠等技术优势，在化工、石油等领域获得广泛应用。传统传质分离设备中，因流体湍流强度低、流速受限、相际界面小等因素制约，使得流体相间传递速率低，造成设备体积大、投资和运行费用高等问题。通过改变流体的流动形态和尺度，促进相间传递速率的提升，是解决这类问题的共性关键技术，是传质分离技术发展的目标所在，系统研究传质过程的流体流动、形态、尺度、相际面积及更新等强化相间传递速率的因素是实现这一目标的根本。

超重力分离过程中，液体通过高速旋转的填料，在超重力作用下形成了具有极大比表面积的微纳尺度的液滴、液丝、液雾等微液态，这些微液态在旋转填料中快速形成，又被填料碰撞快速凝并，再次快速形成、再次凝并，循环往复，气液传质的相际传质面积大、更新速度快，持续保持了极大的比表面积，大幅度提高了相间的传递速率。正是基于这样的过程强化效果，在 20 世纪末，超重力技术在发达国家特别是欧美国家开始受到重视，以节能、降耗、环保、集约为目标的化工过程强化技术，被欧美等发达国家列为化学工程优先发展的三大领域之一。在我国，随着人们对过程强化认识的不断深入，超重力分离技术也越来越受到关注，技术创新涉及超重力精馏、吸收、解吸、吸附、细颗粒物捕集等化工分离操作，初步完成了从实验室到工程化的创新历程。多年的研究和工程实践证明，超重力分离技术凸显出分离效率更高、速率更快、设备更小、运行更经济、更安全、能耗更低的特点，符合“低碳发展”“节约资源”“节能减排”“可持续发展”的战略需求，有着广泛的应用前景。

超重力分离技术涉及多个化工分离单元操作，技术优势备受青睐，目前国内外专门介绍超重力分离工程的著作未见出版，因而，有必要聚焦近年来国内外在超重力分离工程方面取得的最新进展，编著出版《超重力分离工程》一书。本书的出版将方便读者较为全面和系统地了解超重力化工分离新技术，对化工分离技术创新具有一定的指导意义。

本书由中北大学刘有智教授等著，其中第四章中折流板精馏部分由浙江工业大学计建炳教授完成。全书系统介绍了超重力分离技术新进展，特别对离心分离技术和超重力分离技术的区别进行了分析阐述，编写内容分别从“为何要进行分离过程强化引出问题、介绍强化分离过程的原理、从关键技术及装备角度展示技术特性、实际应用案例展示强化效果”的顺序和方式进行编排，将基础研究、理论创新、关键技术突破与工程应用案例相融合。本书以“理论－原理－关键技术－应用”为主线，突出学术创新，紧密结合生产实际，所涉及的研究内容具有创新性强、关注度高、应用广泛的特性和重要的学术和应用价值。

本书是国家科技进步二等奖“化工废气超重力净化技术的研发与工业应用”、国家重点研发计划“燃煤工业锅炉循环流化床半干法超低排放控制技术”、国家自然科学基金项目“超重力气液相际传质过程中气相传质问题及强化研究”和“超重力强化废水中硝基苯类化合物的降解机制与效能”、教育部博士点基金项目、总装备部项目、火炸药基金、山西省重点研发计划重点项目等多项成果的结晶。也得益于山西省化工过程强化及节能减排工程研究中心、煤基工业气体超重力深度净化技术协同创新中心、超重力化工过程山西省重点实验室、山西省超重力化工工程技术研究中心等多个科研平台以及山西省“1331 工程”化学工程与技术优势特色学科的支撑和资助。在此衷心感谢国家自然科学基金委、科技部、教育部、总装备部、国家国防科技工业局，中国兵器工业集团有限公司，山西省科技厅、教育厅、发改委、财政厅等的大力支持，同时感谢企业、研究院、设计院等合作单位的辛苦付出。

本书入选《化工过程强化关键技术丛书》并得以完成，要特别感谢陈建峰院士的指导和帮助，感谢费维扬院士、舒兴田院士、张锁江院士及编委会其他专家的鼓励和支持。课题组的张巧玲、祁贵生、焦纬洲、栗秀萍、袁志国、罗莹、申红艳、高璟、刘志伟、范红蕾、张珺、郭婧、郭强等为书稿的编纂做了收集资料、编校、公式图表及数据的确认和绘制等大量工作，在此，对他们表示衷心的感谢。

由于超重力分离工程的多样性和复杂性，限于作者的水平和学识，难免存在不妥和不足之处，敬请读者提出宝贵意见，给予批评指正。

著者

2019 年 12 月

目录

第三章　解吸　/ 62

第四章　蒸馏　/ 84

第五章　液液萃取　/ 134

第六章 液膜分离 / 176

第七章　吸附　/ 207

第八章　气固分离　/ 243

第九章　其他分离过程　/ 271

索引

第一章 绪　论

第一节 概述

化学工业是我国国民经济的支柱产业，为国民经济发展做出了重要贡献，促进了我国经济社会发展。然而，过去一段时期以来，由于物质产品匮乏和片面追求GDP（国内生产总值），加之技术及装备等方面的落后窘境，传统化学工业生产过程产生的“三废”造成严重污染，也造成资源浪费和能源的高消耗。因此，节能减排、低碳发展上升到重要的战略地位。

从化工生产流程组成看，反应器是核心设备，而化工分离过程是与之配套的重要组成部分，既要为化学反应提供精制的原料，又要对产品进行分离提纯，还要对生产过程中产生的废物进行分离处理，因而，化工分离是获得优质产品、充分利用资源和控制环境污染的关键技术，占据了流程组成的主要部分。从化工生产设备投资和操作费用看，分离过程设备多、规模大、耗能高，在设备投资和操作费用方面占据很高的比例，对化工生产的技术经济指标起着重要的作用。总之，在化工生产过程中，分离工程是获得合格产品、充分利用资源和控制环境污染的关键，决定着生产工艺的先进性和经济性。

随着经济社会的发展，面对新的分离要求，如高纯物质的制备、生物医药分离提纯、煤制气深度净化、各类化工产品的深加工、资源的综合利用、环境治理新标准的执行等，化工分离技术面临着新的挑战。研发先进的化工分离方法和节能、降耗、环保、集约的分离装置，成为发展的趋势和热点。超重力分离技术正是在这种背景下逐渐发展起来的新型分离技术，也越来越引起人们广泛的关注。

化工分离可以分为用于非均相物料分离的机械分离操作和用于均相物料分离的传质分离操作（包括借助于化学反应来实现分离的反应分离操作），本书主要谈及均相混合物的传质分离。大多数传质分离操作的基础是原料中各组分在相平衡时在两相中的分配不同，这类分离操作统称为平衡分离过程，如工业上应用最广的蒸馏、吸收和萃取操作。此外，还有一些传质分离操作依靠原料中不同组分在某种推动力（例如压差、浓度差、电位差）作用下经过某种介质（如半透膜）时的传质速率差异而实现分离。这类分离操作称为速率分离过程，如各种膜分离操作、热扩散和气体扩散。

超重力可极大地强化多相流相间传递速率，这正是超重力强化分离过程的根本所在。当然，超重力分离属于传质分离操作中的平衡分离范畴，对均相混合物的分离，在超重力装置中需具备进行接触传质的两相，为此，必须应用适当的分离媒质（媒质流）。有的操作中应用热能作为分离媒质（如蒸馏），有的则靠加入溶剂或固体吸附剂（如吸收、萃取、吸附），还有一些操作两者兼有（如萃取精馏和恒沸精馏）。这些分离操作都涉及两相流体或多相流体相间的接触以及相间的传递问题。原料中的待分离组分在平衡两相中的不同分配受热力学规律控制，达到两相平衡的过程则受相际传质速率控制。

一、超重力及超重力分离

超重力的根本属性是力的属性，在物理学中称之为矢量，在数学中称之为向量，是一个既有方向又有大小的物理量。

提及超重力首先会联想到重力。由于地球本身的自转，除了两极以外，地面上其他地点的物体都随着地球一起围绕地轴做近似匀速圆周运动，这就需要有垂直指向地轴的向心力，这个向心力只能由地球对物体的引力来提供。地球对物体的引力可以分解为两个分力，一个分力 F_r，方向指向地轴，大小等于物体绕地轴做近似匀速圆周运动所需的向心力，$F_r = mr\omega^2$（其中 ω 为地球自转角速度，r 为物体旋转半径）；另一个分力 F_g 就是物体所受的重力。可见 F_r 的大小在两极为零，随纬度减小而增加，在赤道地区最大。因物体的向心力是很小的，所以在一般情况下，可以近似认为物体的重力大小等于万有引力的大小，即在一般情况下可以略去地球转动的影响。其中引力的重力分量提供重力加速度，引力的向心力分量提供向心加速度。

由此可见，重力的比较确切的定义是随地球一起转动的物体所表现出的、所受地球的引力。其内涵在于：

① 重力的本质来源是地球的引力。

② 重力是一个表观的概念，是物体随地球一起转动时受到地球的引力。

③ 重力等于物体受地球的引力和随地球绕轴转动所需向心力的矢量差。

④ 重力的方向总是竖直向下的（不是垂直向下）。

⑤ 重力是由于地球的吸引产生的，但不能说重力就是地球的引力。

地面上同一点处物体受到重力的大小与物体的质量 m 成正比，同样，当 m 一定时，物体所受重力的大小与重力加速度 g 成正比，用关系式 $F_g = mg$ 表示。通常在地球表面附近，g 值约为 $9.8m/s^2$。

超重力是借助旋转填料床旋转来实现的。旋转填料床中的转子是旋转体，填料被装填在转子内，在动力驱动下转子及填料一起做圆周运动。假设角速度为 ω，旋转半径为 r，则圆周运动的向心力为 F_r，该向心力提供运动物体所需的加速度，圆周运动是变加速运动（加速度的大小、方向至少有一个发生改变的运动），即在匀速圆周运动中，物体的速度方向（线速度方向）在不停地改变，而角速度不变。在柱坐标体系中，旋转体的任意质点 $M(r,\varphi,z)$，其质量为 m，受到重力 F_g 和向心力 F_r 的作用，其合力是向心力和重力的矢量差。

在这里指的是旋转参考系（非惯性参考系）下的情况，要将这个问题放在惯性参考系下来考虑，需要引进一种惯性力——离心力，离心力是一种虚拟力，它使旋转的物体远离它的旋转中心。离心力的作用只是为了在旋转参考系（非惯性参考系）下牛顿运动定律依然能够使用。

在柱坐标系中，旋转体上任意质点 $M(r,\varphi,z)$ 受到重力 F_g 和离心力 $-F_r$ 的作用，其合力是离心力和重力的矢量之和。这样，对立式安装的旋转填料床，重力 F_g 的方向竖直向下（与 z 坐标方向相反），离心力 $-F_r$ 的方向沿 r 坐标方向，由此看来，两力的方向总是相互垂直的。只要旋转运动存在（$\omega \neq 0$），质点 $M(r \neq 0,\varphi,z)$ 受到的力总是大于重力的，其方向是合力的方向。

对卧式安装的旋转填料床，可以看成是柱坐标体系顺时针旋转，其中重力 F_g 的方向始终是竖直向下，而离心力 $-F_r$ 的方向沿 r 坐标方向，两者作用力的方向是合力方向。在下半圆区域 $\varphi \in [0,\pi]$ 内，两者合力是大于离心力的，相反，在上半圆区域 $\varphi \in [\pi,2\pi]$ 内，两者合力总是小于离心力的。其中，在 $\varphi = \frac{\pi}{2}$ 时，离心力与重力方向一致，达到最大值；在 $\varphi = \frac{3\pi}{2}$ 时，离心力与重力方向相反，达到最小值。要使旋转体内任意质点 $M(r,\varphi,z)$ 所受到的合力均大于重力，至少要使上述的“最小值”大于重力，即必须使离心力的大小至少为重力的 2 倍，可以通过提高旋转体转速来达到。

总之，不管安装形式如何，任意质点 $M(r,\varphi,z)$ 所受的力总是重力与离心力的合力，其方向是合力的方向。

旋转体系就是一个非惯性体系，在这个体系中，质点受到了惯性力（离心力）的作用。如果把任一瞬间物质在旋转体内各点所受的惯性力分布总和称为惯性力（离心力）场的话，那么这个惯性力场就是模拟的力场。在这个惯性力场中的加速度，就是离心加速度 G，即 $G=r\omega^2$。其中，ω 为转子旋转的角速度，rad/s；r 为转子的半径，m。如果任意质点 M（r，φ，z）所受的离心力与重力之比 $\frac{F_r}{F_g}\gg 1$（或 $\frac{F_g}{F_r}\approx 0$）时，即离心加速度 G 远大于重力加速度 g，重力的作用将可忽略不计，这个惯性力场称为超重力场，任意质点受到的力称为超重力。即超重力场就是虚拟的离心力加速度远远大于重力加速度的力场，在超重力场中重力作用可忽略不计。超重力（场）是一种虚拟力场，是借助于物体的旋转来实现的。

超重力分离与离心分离的共同特点在于借助于旋转及离心力（模拟超重力）的作用，但超重力涉及的是两相流体的接触混合作用，接触混合越充分，分离的效果就越好，属于传质分离操作；而离心分离涉及的是不同物质的密度差异，密度差越大，则分离的效果就越好，属于机械分离操作。这就是超重力分离与离心分离的根本区别。

二、超重力因子

根据化学工程的研究方法，可以用无量纲参数来表达超重力场的强度，以便与不同尺寸、不同转速的旋转填料床进行对比。把惯性加速度（离心加速度）G 与重力加速度 g（9.81m/s²）之比称为超重力因子，又称超重力数，用 β 来表示，其表达式为

$$\beta=\frac{G}{g}=\frac{r\omega^2}{g} \tag{1-1}$$

将有关数值代入，超重力因子可以简化为

$$\beta=\frac{n^2 r}{900} \tag{1-2}$$

式中　ω——转子旋转的角速度，rad/s；

r——转子的半径，m；

n——转子旋转的转速，r/min。

当转速一定时，超重力因子随转子的半径呈线性变化，表现为沿径向方向超重力因子呈线性增大，如图 1-1 所示。

由于超重力场强度沿径向存在一定的分布，为使用方便，通常用平均超重力因子来描述超重力场的强度。实际上，超重力场具有立体结构分布场的性质，当转子中的填料在轴向均匀分布装填时，超重力场可以看成是一个平面的分布场。超重力场强度的平均值就是其面积平均值

$$\overline{\beta}=\frac{\int_{r_1}^{r_2}\beta\cdot 2\pi r\mathrm{d}r}{\int_{r_1}^{r_2}2\pi r\mathrm{d}r}=\frac{2\omega^2({r_1}^2+r_1r_2+{r_2}^2)}{3(r_1+r_2)g} \tag{1-3}$$

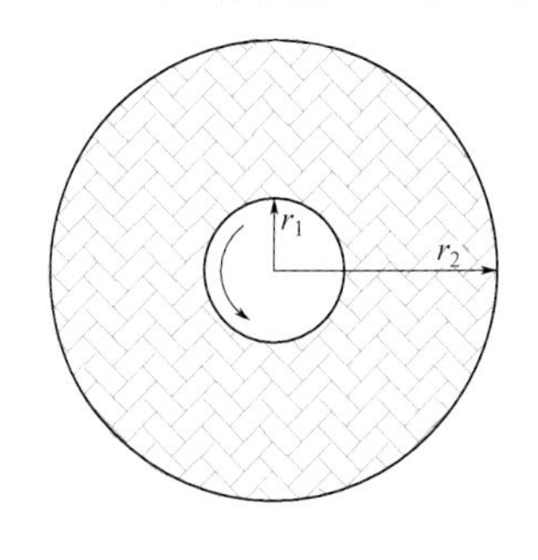

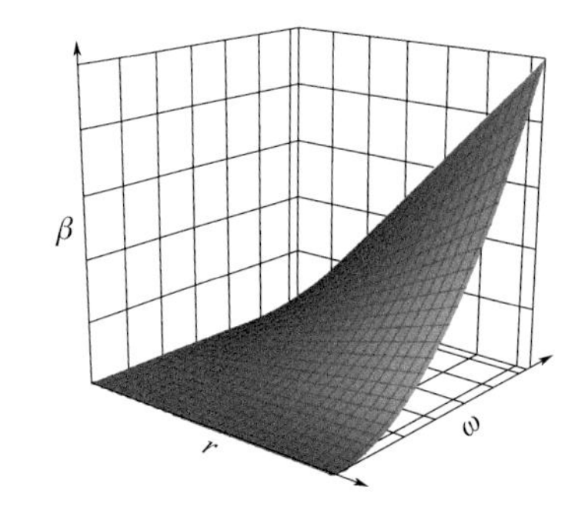

图 1-1　填料层内超重力场沿径向的分布

r_1—旋转填料的内径；r_2—旋转填料的外径

实际上，超重力因子表达了超重力场的加速度是重力加速度的 β 倍，为此，也可称之为超重力数。这是一个无量纲数，更便于分析比较在不同尺寸设备和不同转速条件下的数据。超重力因子也可理解为同一质点受到的超重力（mG）与重力（mg）之比。

如此看来，超重力场是由旋转而产生的离心力场来进行模拟的，可以看成质点处于超重力场的环境，受到了超重力的作用。流体在超重力场中受的力远比重力场中大得多，流体的流动和形态发生了根本的变化，质点的形成速度更快，瞬间即逝，质点的尺度变得更小、更纤细，表面的更新速度更快。

三、超重力分离过程的分类和特征

1. 超重力分离过程的分类

超重力分离过程涉及超重力吸收、解吸、蒸馏、萃取、气固分离、吸附等分离过程。

按照形态可以分为超重力气体分离、液液分离、气固分离和气液固分离；按照多相流在超重力装置中的接触形式可以分为逆流、错流、并流等方式。混合是分离的前提，分离的实现和分离效果都取决于混合效果。超重力强化分离过程的特点在于通过良好的传质作用实现高质量混合，进而提升各分离操作过程。

2. 超重力分离过程的特征

旋转填料床中气液两相的传质过程是在超重力场中进行的，与重力场中的填料塔、鼓泡塔以及筛板塔等传统塔设备相比，旋转填料床具有以下特点[1-3]：

① 强化传递效果显著，传递系数提高了 1 ～ 3 个数量级；

② 气相压降小，气相动力能耗少；

③ 持液量小，即生产过程在线物料存量少，提升生产的本质安全，适用于昂贵物料、有毒物料及易燃易爆物料的处理；

④ 物料停留时间短，适用于某些特殊的快速混合及反应过程，有利于控制某些反应的选择性；

⑤ 达到稳定时间短，便于开停车和更换物系，易于操作；

⑥ 设备体积小，成本低，占地面积小，安装维修方便；

⑦ 既易于微型化，又易于工业化放大；

⑧ 填料层具有自清洗作用，不易结垢和堵塞；

⑨ 应用范围广，通用性强，操作弹性大。

第二节 超重力分离的基本原理及单元操作

一、超重力分离的基本原理

以逆流旋转填料床为例介绍超重力分离操作的基本原理，典型的逆流旋转填料床结构如图 1-2 所示。

通常旋转填料床的操作主要涉及气液两相接触与反应。在操作中，装有填料的转子在电机的带动下以一定的转速旋转，液体从旋转填料的中心区域（由内缘围成）经过液体输送管进入液体分布器，经分布器喷洒后从填料内缘进入旋转填料，在离心力的作用下，液体从内缘沿径向通过填料，在到达旋转填料的外缘时，液体

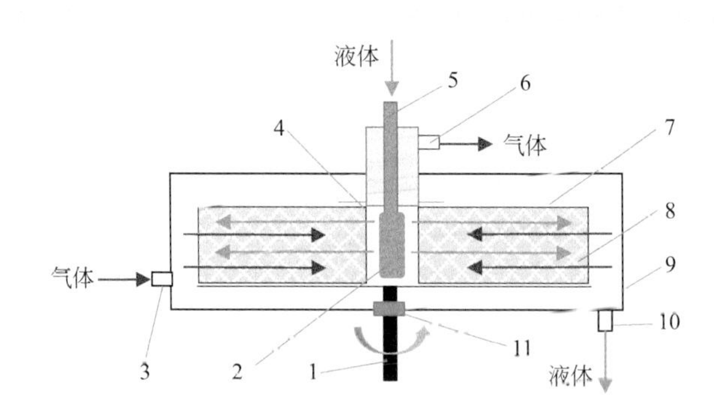

图 1-2 气液逆流旋转填料床结构示意图

1—转轴；2—液体分布器；3—气体进口；4—气密封；5—液体进口；6—气体出口；7—转子；8—填料；9—外壳；10—液体出口；11—轴密封

被甩向器壁（壳体），液体经收集后从下部的液体出口排出。气体从旋转填料床的侧面进入壳体内，充满壳体空间区域，并在气体压力作用下沿直径方向从旋转填料的外缘向内缘流动，在旋转填料的中心区域（由内缘围成）汇集后，从上部的气体出口排出。可以看出，气体和液体是逆向通过旋转填料的，气液两相流体在旋转填料中进行接触，完成相应的化工操作。

操作过程中，可以通过调节和控制旋转速度达到规定的超重力因子要求，可以通过合理选择气液比和流量等达到最佳效果。

与填料塔设备操作相比，气液两相均属于逆流接触的形式，但有两个不同点：一是填料是否旋转，填料塔中的填料是固定的，在超重力操作过程中填料是旋转的；二是通过填料方向的差异，填料塔内气液两相沿轴向逆流通过填料，在超重力操作过程中，气液两相沿径向逆流通过填料。

超重力分离过程主要涉及吸收、解吸、精馏、萃取等化工单元操作，这些分离操作都涉及两相流体或多相流体、流体相间的接触以及相间传递问题。为讨论问题方便，把含有待分离组分、待进行分离处理的流体称作原料流或源流体，把参与分离处理的其他流体称为媒质（流）或介质（流）。

同样，超重力分离过程也涉及两相或多相流体（原料流与媒质流）及其相间的传递过程，其分离过程是靠超重力对相间传递的强化作用，将源流体中的待分离组分更有效、更快速地转入到媒质流中，实现组分的分离。流体相间混合和接触是影响分离效果的关键，混合效果越好、接触越充分，分离效果就越好。

需要指出的是超重力强化流体相间的传递过程也经常与其他分离方法相耦合，构建组合形成新的分离方法与流程，乳液膜分离技术就是一个典型的例子，通过超重力强化接触和混合形成乳液，然后将乳液以液滴形式分散在外相溶液中，形成乳化液膜分离系统。

二、超重力分离单元操作

1. 吸收

超重力吸收操作是利用混合气体（原料流）各组分在溶剂（媒质流）中的溶解度不同来分离气体混合物的一种操作，与传统吸收操作的区别在于吸收过程是在超重力环境（旋转填料床）中完成的，极大地强化了吸收过程速率和效果。超重力吸收主要用于分离混合气体、气体净化和制造液体产品。按有无化学反应，分为物理吸收和化学吸收；按溶质气体的数目，分为单组分吸收和多组分吸收；按有无明显热效应，分为等温吸收和非等温吸收。

2. 解吸

超重力解吸操作是将液相（原料流）中的溶质组分向与之接触的气相（媒质流）

转移的传质分离过程，超重力解吸是超重力吸收的逆过程，又称气提（汽提）。在工业上解吸往往与吸收操作相结合，解吸的作用是回收溶质，同时再生吸收剂，解吸也可单独使用，将溶解在液相中的气体除去。解吸分为物理解吸（无化学反应）和化学解吸（有化学反应）。

3. 蒸馏

超重力蒸馏操作是利用混合液体或液固体系中各组分沸点不同，使低沸点组分在超重力装置中蒸发、冷凝以分离混合物中各个组分的单元操作，是蒸发和冷凝两种操作的联合，是蒸发过程形成的气相（原料流）与冷凝形成的液相（媒质流）之间的传递过程。超重力蒸馏分为简单蒸馏和精馏：超重力简单蒸馏是在超重力装置中一次蒸发和冷凝混合物的过程，以部分分离液态混合物，如制造蒸馏酒以浓缩酒精；超重力精馏（也称分馏）是在超重力装置中调控回流进行多次部分汽化和部分冷凝的过程，是使液体混合物得到高纯度分离的蒸馏方法，如将石油分馏得到汽油、柴油、煤油和重油等多种组分。同样，根据操作方式，可将超重力蒸馏分为连续精馏和间歇精馏；根据混合物的组分数，可分为二元精馏和多元精馏；根据是否在混合物中加入影响气液平衡的添加剂，可分为普通精馏和特殊精馏（包括萃取精馏、恒沸精馏和加盐精馏）。若精馏过程伴有化学反应，则称为反应精馏。

4. 液膜分离

超重力乳化液膜分离技术由超重力乳化液膜制备和乳化液膜分离耦合组成，超重力乳化液膜制备的装置是撞击流 - 旋转填料床（Impinging Stream - Rotating Packed Bed，IS-RPB）。首先将内相溶液和膜相溶液（含表面活性剂和稳定添加剂）通过 IS-RPB 强化接触和混合，形成乳液，完成制乳。然后，将乳液以液滴形式分散在外相溶液中，形成乳化液膜分离系统。在液膜分离过程中，被分离组分从外相进入膜相，再转入内相，并浓集于内相。接受了被分离组分的乳液，经过相分离，得到单一的内相溶液，再从中取得被分离组分，并回收膜相溶液用以重新制备乳液。超重力制备乳化液膜可通过调节超重力场强度参数来进行调控，所制得的乳化液膜尺度小、均匀、稳定性好。液膜分离技术使得萃取过程与反萃取过程同时进行、一步完成，液膜分离过程的传质速率明显提高，分离产物所需级数明显减少，而且大大节省萃取试剂的消耗量。作为快速、高效和节能的新型分离方法，超重力液膜分离技术在湿法冶金、石油化工、环境保护、气体分离等领域中显示出广阔的应用前景。

5. 萃取

超重力萃取又称超重力溶剂萃取或超重力液液萃取，亦称超重力抽提，是指利用化合物在两种互不相溶（或微溶）的溶剂中溶解度或分配系数的不同，使化合物从一种溶剂中转移到另外一种溶剂中。超重力萃取操作是在超重力装置中使料液与萃取剂快速混合、充分密切接触，被萃取组分通过相际界面进入萃取剂的速率极大提高，使得组分在两相间的分配基本达到平衡。然后静置沉降，分离成为两层液体，即由萃取剂转变成的萃取液和由料液转变成的萃余液。需要指出的是用于超重力萃取操作的装置是撞击流 - 旋转填料床，其混合效率是搅拌混合设备（CSTR）的 40 倍，微观混合特征时间在 10μs 量级，使得液液相间的传质效率极大提高，单级操作可基本达到平衡，这正是超重力装置（IS-RPB）在萃取操作方面的优势。

6. 吸附

超重力吸附操作是利用某些多孔固体（吸附剂）作为超重力装置（旋转填料床）的填料，在流体通过其间隙的过程中，选择性地吸附流体中的一个或几个组分（吸附质），从而使流体中的混合物分离的操作。不同于搅拌槽、固定床、流化床、移动床等常规吸附设备及操作，超重力吸附操作中固体吸附剂的表面被快速更新、内孔中滞留的流体被强制驱赶和置换（频率增加），超重力极大地强化了吸附传质过程、提高了吸附速率，吸附效果剧增。特别是可以通过调节设备的转速来改变超重力场的强度，从而实现一定范围的吸附效果调控，超重力脱附过程强化的效果更为显著。

7. 气固分离

超重力气固分离操作是一种新型湿法除尘技术，将含有粉尘、液滴等颗粒物的气体在超重力装置中与液体（一般为水）密切接触，将粉尘、液滴等颗粒物从气体中分离出来。它既能净化气体中的固态和液态颗粒污染物，也能脱除气态污染物，同时还能起到降低气体温度的作用。

湿法除尘的基本原理就是通过惯性撞击、拦截、扩散、冷凝等过程，使得液滴和相对较小的尘粒相互接触或结合，产生容易捕集的较大颗粒，从而得到分离。尘粒长成大颗粒的几种方法包括较大的液滴把尘粒结合起来，尘粒吸收水分从而使质量增加，或者除尘器中较低温度下形成可凝结性粒子并增大。

超重力湿法除尘的基本原理是在超重力作用下，液体形成了微尺度的液滴、液丝、液膜、液雾等液体形态（简称微液态），微液态分散在填料空隙的气体中，与粉尘颗粒共存、尺度相当，微液态与粉尘颗粒彼此相邻、相互包围，粉尘颗粒被润湿。在填料的狭窄通道中尘粒会被旋转的填料快速撞击、接触和凝并，实现有效捕集。同时，在超重力作用下，捕获了尘粒的液体又会形成新的微液态，在旋转填料的狭窄通道中将还未被捕集的尘粒捕获。如此反复，在旋转填料床中完成捕集尘粒的整个过程。

超重力气固分离的特点：一是液体形态的微尺度特性，将传统的“洗涤气体”过程转变为“微液态捕捉或捕集”的过程，用水量骤降，液气比为 0.3 ～ 1.3L/m^3，运行费用降低；二是主要技术指标提高，切割粒径为 0.08μm，是实施细颗粒物（PM2.5）深度净化的低成本、低能耗的领先方法，为细颗粒物深度净化提供了有效技术途径；三是工程化实施显示对细颗粒物的脱除率达到 95% 以上。

“微液态机械碰撞凝并捕集细颗粒物”概念的提出，打破了传统湿法除尘技术采用大量液体“洗涤”气体的机理和效果不佳的技术瓶颈，从气体“洗涤”走向了细颗粒物湿法“捕集”的方法创新之路。

8. 其他分离过程

其他分离过程主要是指超重力分离技术在去除废水中有机污染物方面的应用，主要涉及强化高级氧化过程，包括臭氧氧化、电催化以及光催化。在超重力场中，旋转填料将液体剪切为微纳尺度的液体形态，强化了液体表面的更新速率，增加了液体的湍动，促进了边界层的分离。因而，显著强化了气液、液液接触的过程，并增加与有机污染物的接触，强化污染物的脱除。在超重力环境下，当采用臭氧氧化技术脱除废水中的有机污染物时，可显著促进气相臭氧向液相的转移，提高臭氧利用率，强化液相臭氧与催化剂的相间接触，产生更多的羟基自由基（•OH），促进有机污染物的矿化。将超重力技术与电化学耦合，使气相气泡与固相电极之间、气相气泡与液相废水之间具有高的相间滑移速率，加速气泡脱离电极表面和加快气泡从废水中逸出，促进气液固相间分离。在光催化脱除废水中有机污染物的过程中，超重力环境可强化纳米光催化剂与有机污染物的有效接触，产生更多的 •OH，提高光子利用率，从而强化光催化效率。

第三节 超重力分离装置

最初的超重力装置是基于气液传质化工过程提出的，气液在填料中以逆流形式接触，即气液逆流旋转填料床，如图 1-2 所示。随着超重力技术的发展，从逆流气液接触操作扩展到了错流和并流操作，从强化气液两相传递过程扩展到强化液液两相、气固两相传递过程，超重力技术的应用领域得到拓展，超重力装置的结构和类型多样化得到发展。在此，分别介绍用于气液、液液、气固的典型超重力装置结构、分类和操作原理等。

一、气液超重力装置的结构与类型

气液超重力装置按照转子结构分为填料式和板式，填料式还可以分为整体填料式和分割填料式、单级填料式和多级填料式等，板式也可分为单级和多级；按照气液接触形式可分为逆流、错流和并流结构；按照安装形式可分为立式（转轴与地平线垂直）和卧式（转轴与地平线平行）结构。

1. 旋转填料床（RPB）

超重力装置的结构主要包括转子、填料、液体分布器、转轴（电机）、气密封、外壳等[1]，在外壳上设置有液体进、出口和气体进、出口（见图 1-2）。旋转填料床的核心是填料结构、填料参数等。

填料通常装入转子，由转子作为支撑体以保证旋转的机械强度需要。在转子中的填料，如果形成连续、性质一致的一个整体，习惯上称为整体填料；如果填料是由若干相互隔离开的填料组成，填料之间有一定的间隙，填料不连续，称为分割式填料。

在此，依填料的结构分别介绍旋转填料床的结构及类型。

（1）整体填料 - 旋转填料床

整体填料是指基于转子结构使填料与转子构成连续的填料层，在转子内装填的填料可以是规整填料，也可以是散装填料或按某种结构设计的填料等[2]。下面以整体填料的旋转填料床为例，分别介绍气液逆流、错流和并流操作的超重力装置的结构和操作原理。

① 逆流旋转填料床　逆流旋转填料床装置结构如图 1-2 所示，在旋转填料层内气液呈逆流接触。从结构可以看出，填料装填在转子中，转子与轴相连，由电机带动高速旋转，转子的旋转速度可通过调节电机的转速来实现。液体经液体分布器均匀喷淋到填料内缘，在离心力的作用下，液体被剪切为液滴、液丝或液膜等微纳尺度的液体形态，并沿填料的径向从填料的内缘向外缘运动，碰到壳体壁后落下，从位于底部的液体出口排出。气体从气体入口进入，在压力的作用下，沿径向从填料外缘进入旋转填料层，与液体在填料内逆流接触后通过填料层进入填料内缘，然后从位于填料中心的气体出口排出。实现了气体和液体在高速旋转的填料中逆向接触的操作，特别是液体形成的微纳尺度的液滴、液丝或液膜，具有极大的相际面积，而且在超重力作用下表面更新很快，极大地强化了气液相间的传递速率[3]。

从结构上有两个方面需要注意，一是气体排出口设在填料的中心区，由于气体管道直径较大，会占据较大空间，使得填料内缘直径较大，削减了填料的装填量；二是气密封，如有泄漏会引起气体短路，降低气液接触处理的效果。

② 错流旋转填料床　错流旋转填料床装置结构如图 1-3 所示，在旋转填料层内气液呈错流接触。从结构可以看出，填料 8 装填在转子 7 中，转子 7 与转轴 1 相连，由电机带动高速旋转，转子的旋转速度可通过调节电机的转速来实现[4]。

液体经液体分布器 2 均匀喷淋到填料内缘，在离心力的作用下，液体被剪切为液滴、液丝或液膜等微纳尺度的液体形态，并沿填料的径向从填料的内缘向外缘运动，碰到壳体壁后落下，从位于底部的液体出口 10 排出。

气体从气体进口 3 进入，在压力的作用下，沿轴向从填料底部进入旋转填料层，与液体在填料内错流接触后通过填料层到填料上部，然后从位于外壳 9 上部的

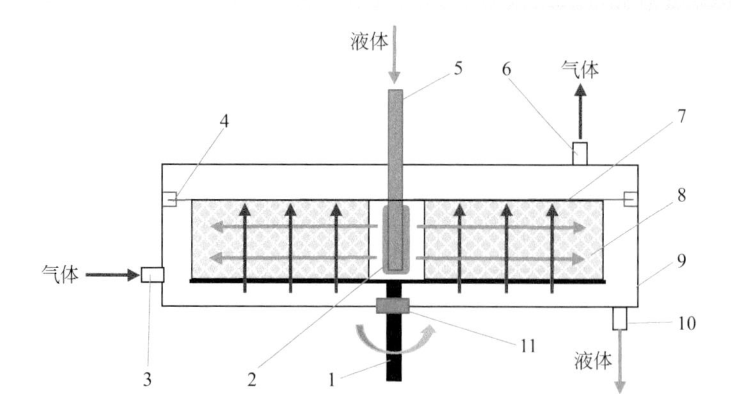

图 1-3　气液错流旋转填料床结构示意图

1—转轴；2—液体分布器；3—气体进口；4—气密封；5—液体进口；6—气体出口；7—转子；8—填料；9—外壳；10—液体出口；11—轴密封

气体出口 6 排出。实现了气体和液体在高速旋转的填料中错流接触的操作，特别是液体形成的微纳尺度的液滴、液丝或液膜，具有极大的相际面积，而且在超重力作用下这些表面更新很快，极大地强化了气液相间的传递速率。

③ 并流旋转填料床　并流旋转填料床装置结构如图 1-4 所示，与逆流旋转填料床比较，结构上没有区别，仅仅是气体的进口和出口进行了互换，将逆流操作改为并流操作。从结构可以看出，填料 8 装填在转子 7 中，转子 7 与转轴 1 相连，由电

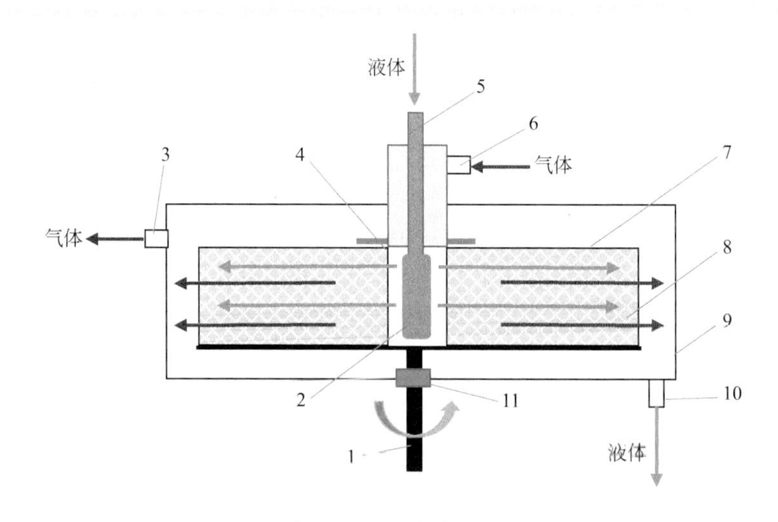

图 1-4　气液并流旋转填料床结构示意图

1—转轴；2—液体分布器；3—气体出口；4—气密封；5—液体进口；6—气体进口；7—转子；8—填料；9—外壳；10—液体出口；11—轴密封

机带动转轴高速旋转，转子的旋转速度可通过调节电机的转速来实现[5]。

液体经液体分布器 2 均匀喷淋到填料内缘，在离心力的作用下，液体被剪切为液滴、液丝或液膜等微纳尺度的液体形态，并沿填料的径向从填料的内缘向外缘运动，碰到壳体壁后落下，从位于底部的液体出口 10 排出。

气体从气体进口 6 进入填料的中心区，在压力的作用下，沿径向从填料的内缘向填料的外缘方向流动，穿过旋转填料层，与液体在填料内形成并行流动和接触，从填料出来后进入外壳空腔内，然后从位于外壳 9 上的气体出口 3 排出。

综上所述，尽管逆流操作和并流操作设备结构上仅是气体进出口发生了变化，气体通过填料层的流向发生了变化，但是，气体与液体相间的传质效率、气体的压降等有明显的差别。应当指出，在旋转填料中，气相和液相都同时受到超重力作用。液体总是由填料内缘沿径向通过填料层到达填料外缘，被壳体收集后，从底部流出。而气体则是流动多变，可以是由填料外缘沿径向通过填料到填料内缘的流动，构成气液逆流接触；也可以是轴向通过填料层，构成气液错流接触；还可以是由填料内缘沿径向通过填料到填料外缘的流动，构成气液并流接触。逆流接触：一是气液相对速度增大，相际间表面更新速度快，气液传质效率高；二是气体需要克服离心作用，气相压降大；三是超重力作用使得液泛被适度抑制。错流接触：气相受到旋转填料的剪切引起湍动，气液传质效率高、压降小，但液膜夹带时有发生。在设备尺寸相同的情况下，错流床转子直径较大，处理能力大，设备造价低。

（2）分割式填料 - 旋转填料床

随着对旋转填料床传质性能研究的不断深入，普遍认为旋转填料床使气液传质过程的总传质系数得到极大的提高。对液相传质系数和气相传质系数进行研究发现：液相传质系数的提高极为明显，但气相传质系数却变化不大。这主要是由于旋转填料床中高比表面积填料对气体的曳力作用不足，造成气体与填料间的相对滑移速度较小，气体几乎随旋转填料床中的填料同步旋转，与传统塔类同，气体是以“整体”或“股”的流体形态经过填料层的，气体湍动程度较小，相界面得不到快速更新，不能有效地强化气膜内的传质过程。为此，刘有智等[6]基于强化气膜控制的传质过程，提出了一种新型结构的旋转填料床——气流对向剪切旋转填料床（Counter Airflow Shear Rotating Packed Bed，CAS-RPB）。

顾名思义，气流对向剪切旋转填料床就是要使得气体对向（相向）流动发生剪切作用，改变气体以“整体”或“股”的流体形态经过填料层的情形，以强化气膜控制过程，提高气相传质系数。

在旋转填料床中，液体的剪切作用是借助于离心力和填料高比表面积来实现的，并且可通过调节转速实现不同程度的剪切作用，使得液体剪切成为液滴、液丝、液膜等微纳尺度的液体形态，有效强化传质过程。但是，对气体剪切作用较弱，气体仍以“股”的宏观流体形式通过填料层。为此，CAS-RPB 结构在此方面做出了创新，结构如图 1-5 所示。

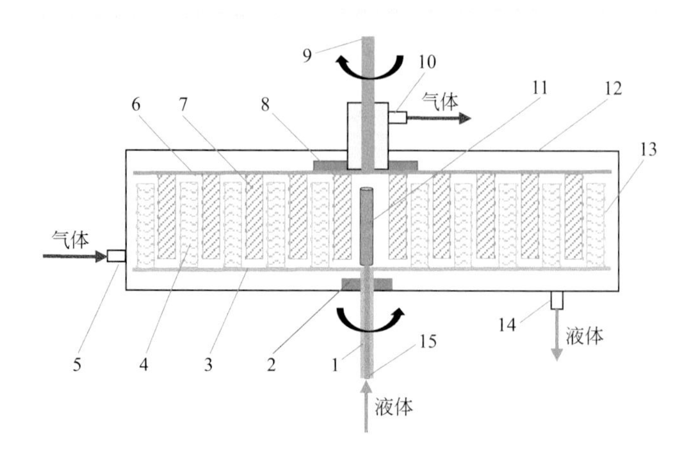

图 1-5 分割式旋转填料床结构示意图

1—下盘转轴；2—轴密封；3—下盘；4—下盘填料（支撑体）；5—气体进口；6—上盘；7—上盘填料（支撑体）；8—气密封；9—上盘转轴；10—气体出口；11—液体分布器；12—壳体；13—形体阻力件；14—液体出口；15—液体进口

CAS-RPB 的转子由能独立旋转的上盘 6 和下盘 3 两个转盘组成，在上盘固定有若干个同心圆筒状填料 7，在下盘固定有若干个同心圆筒状填料 4，这些填料的轴向高度和径向厚度都有一定的要求。上盘 6 和下盘 3 同心安装，使得两盘上的同心圆筒状填料相互交替插入、嵌入形成一体，相邻填料之间、填料自由端与盘面之间均留有间隙。上盘、下盘分别与两个不同的轴相连，通常两个轴旋转方向相反。如果有需要，也可以不等速同向旋转或同步旋转。

各个圆筒状填料是装在支撑体内的，在支撑体的内外圆周面上密布开孔，作为流体通道。另外，在支撑体外圆周面上安装有一定数量的形体阻力件 13，形体阻力件可以是矩形片、圆片、风叶片或翅片等。当上、下盘对向旋转时，相邻填料呈相反方向转动，对气体产生巨大的剪切力，形成连续的涡流和强烈的湍动，以“整体”流动的气体被“破碎”，打破了普通 RPB 中气体“股”的流动模式，使得气体与填料间的相对滑移速度增加，气体湍动程度增强，气膜表面更新速率加快，传质阻力减小，从而有效地强化了气膜内的传质过程。尤其是填料边缘构建的形体阻力件借助于旋转作用，增大了对气体的剪应力和形变速率，促进气体边界层分离，进而形成旋涡，实现气体的湍流，加速气体界面更新，达到强化气相传质的效果。

另外一种 CAS-RPB 的转子是由圆环片替代上述的填料支撑及填料，并在圆环片圆筒圆周设置气体形体阻力件。即旋转填料是由在圆周设置有形体阻力件的多个圆环片构成的，相邻的圆环片交替地安装在两个旋转盘上，圆环之间留有空隙，当两个旋转盘旋转时，相邻圆环片以相反的方向旋转。形体阻力件可以是圆环片表面的凹凸状、波纹状形体，也可以是在圆环片圆周上设置的翅片、桨叶等片状物和凸出物形体。在相邻圆环片对向旋转时，形体阻力件增大了对气体的剪应力和形变速率，促使气体边界层分离，进而形成旋涡，实现气体的湍流，加速界面更新，实现强化气膜控制过程的传质效果。

当然，同样可以在上述的薄壁筒状填料支撑的圆周设置形体阻力件来进一步强化传递过程。显然，形体阻力件的形状、尺寸、安装位置、旋转速度等是影响气相传质强化的主要因素。

总之，CAS-RPB 分割式填料、形体阻力件的设计与上下盘对向旋转等操作，对气体“破碎”作用显著，改变了气体以“整体”或“股”的流体形态经过填料层的情形，强化了气膜控制传质过程，提高了气相传质效率。

（3）两级（多级）填料 - 旋转填料床

两级或多级旋转填料床的典型结构见图 1-6 和图 1-7，通常是在同轴上有两个转子（填料），两个转子中有各自的液体分布器、气密封等，结构相对独立。依据处理的对象是液体或气体，在结构上有所差别。

处理对象为液体的情况，如解吸、脱挥等操作（见图 1-6），为气液错流两级旋转填料床结构。液体首先进入上层的旋转填料中，经液体分布器后，进入旋转填料层，与上部进入的气体错流接触后，液体被离心力甩在外壳内壁，经隔离板收集导流到中心位置，进入下层旋转填料的液体分布器，经过液体分布器将其分布于填料中，液体与进入下层填料的新鲜气体接触得到再次处理，液体沿径向通过填料层，然后从底部的液体出口排出。作为处理对象的液体，在这个两级旋转填料床中得到两次处理，气液传质效果得到了极大的提高。

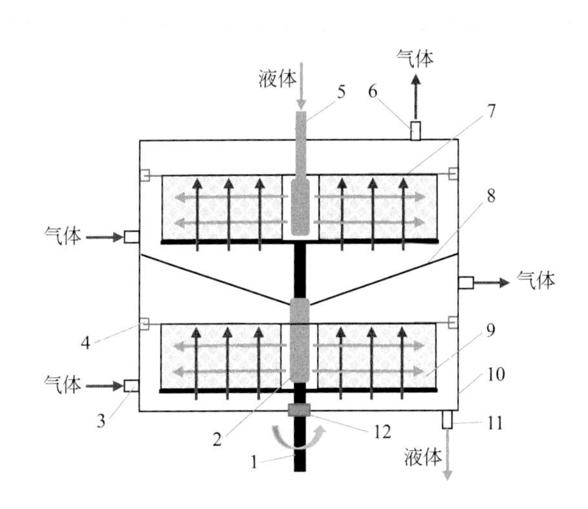

图 1-6　气液错流两级旋转填料床结构示意图（液体处理）

1—转轴；2—液体分布器；3—气体进口；4—气密封；5—液体进口；6—气体出口；7—转子；8—隔离板；9—填料；10—外壳；11—液体出口；12—轴密封

基于上述两级错流旋转填料床结构，要实现三级或多级，其结构原理相似。这样的设计使装置结构更紧凑，设备体积更小，有利于简化流程，降低设备造价，便于自动控制等。

处理对象为气体的情况，如吸收操作（见图 1-7），为气液错流两级旋转填料床结构。气体首先进入下层的旋转填料中，与进入下层填料的新鲜液体在填料中错流接触，气体沿轴向穿过下层填料后，沿轴向上升，经隔离导水板 8 与集水槽 9 之间的环形通道进入上层填料，并与进入上层填料的新鲜液体在旋转填料中错流接触，这样气体与新鲜液体接触两次。

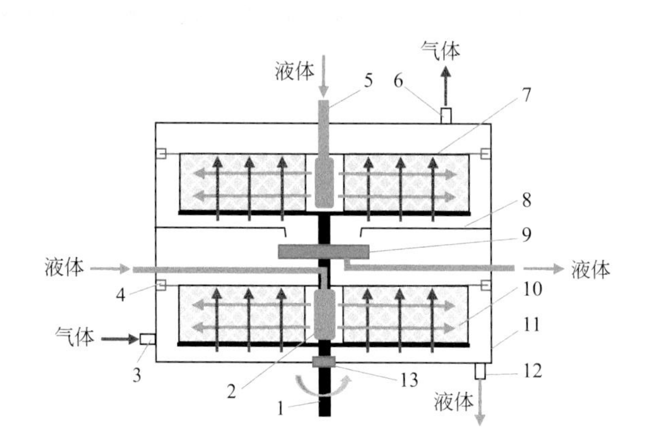

图 1-7　气液错流两级旋转填料床结构示意图（气体处理）

1—转轴；2—液体分布器；3—气体进口；4—气密封；5—液体进口；6—气体出口；7—转子；8—隔离导水板；9—集水槽；10—填料；11—外壳；12—液体出口；13—轴密封

经过上层填料的液体，经隔离导水板进入集水槽，然后通过连接水槽的管子排出；经过下层填料的液体从外壳底部的液体出口排出。

该设备还有另外一种操作方式，即把通过上层填料的液体直接接入下层填料的液体进口，替代下层填料使用的新鲜液体。从整个流程来看，原料气体首先与后级排出的液体接触，然后再与新鲜液体接触。而新鲜液体首先与前级处理过的气体接触，然后再与原料气体接触。由此形成了气液分级逆流接触总流程，总体流程的平均推动力较大，对操作十分有利。液体的流程是灵活的，可以视情况做调整，以满足工艺要求。

以上介绍的是两级旋转填料床，三级及多级旋转填料床的结构可参照两级结构设计。从实际操作来看，多级结构设计更应关注设备的稳定性和经济性。

2. 板式旋转床

旋转折流板床结构如图 1-8 所示，转动部件由动盘（下盖板）和固定在动盘上

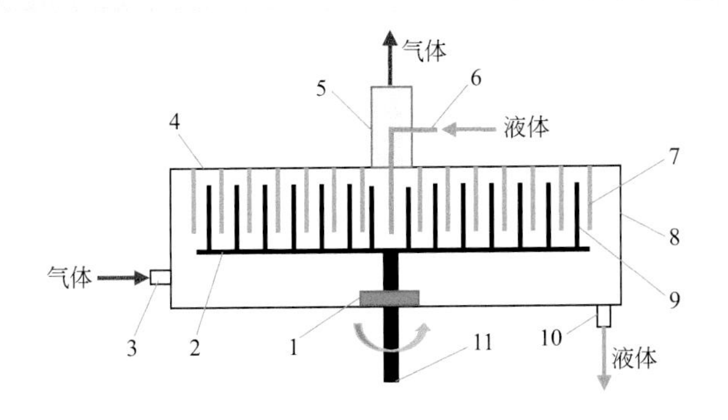

图 1-8　旋转折流板床结构示意图

1—轴密封；2—动盘；3—气体进口；4—静盘；5—气体出口；6—液体进口；
7—静折流圈；8—外壳；9—动折流圈；10—液体出口；11—转轴

的一组动折流圈（同心圆形薄板）构成，静止部件由静盘（上盖板）和固定在静盘上的一组静折流圈（同心圆形薄板）构成。动折流圈和静折流圈相对嵌套排列，动折流圈与静盘之间及静折流圈与动盘之间均留有一定空间，在动、静折流圈之间及圈与盘之间构成曲折而又规则的气液流动通道[7]。

液体在动、静折流圈之间经历了多次分散 - 聚集的过程，气体在折流通道内与液体逆流接触，且接触时间长，易于实现多层转子结构，从而成倍地增加设备的分离能力和效果，在精馏、吸收和化学反应等场合得到了广泛应用[8]。

板式旋转床是基于旋转填料床发展起来的，用板替换填料而成，与塔设备一样，既有填料塔，也有板式塔。在旋转情况下，借助旋转圈（板）增大流体相间接触面积，提高传质速率和效果。

多级板式旋转床原理与单级相同，结构见图 4-14。

二、液液超重力装置的结构与类型

将超重力技术用于强化液液相间传递过程和混合是近些年化工强化理论与实践的结果。基于多年的研究基础，刘有智等[9]基于 Tamir[10] 和伍沅[11] 关于撞击流的研究理论和结果，提出了强化液液混合与接触过程的新型超重力装置——撞击流 - 旋转填料床（Impinging Stream-Rotating Packed Bed，IS-RPB）[11]，如图 1-9 所示，把超重力技术的研究领域从气液相间传递过程的强化拓展到液液相间传递过程的强化，创新了液液反应、乳化、混合、萃取、液膜分离等化工过程的强化方法，极大地丰富了超重力化工技术的应用领域和理论基础。在液液混合、萃取、液膜分离等化工过程强化和液液反应合成纳米粒子等反应过程强化方面进行了大量的研究工作[12-15]，已经形成工业规模装置并成功运行。

IS-RPB 装置是将撞击流装置设置在旋转填料床转子中心部位的填料空腔内，两

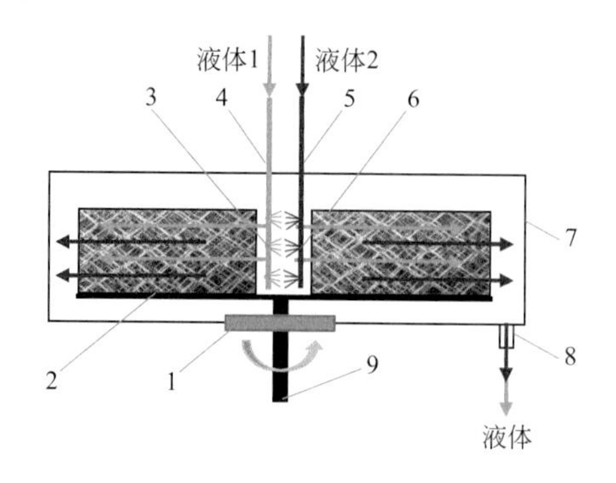

图 1-9　撞击流－旋转填料床结构示意图

1—轴密封；2—填料；3—喷嘴1；4—液体1管路；5—液体2管路；
6—喷嘴2；7—外壳；8—液体出口；9—转轴

个射流喷嘴同轴同心反向设置，与旋转填料床转子的转轴同心或平行。两喷嘴的轴向安装位置要求以填料厚度的中心线为对称。

IS-RPB 的工作原理：在旋转填料的内腔，两股加压的流体以高速射流相向撞击发生混合，经撞击形成的撞击雾面边缘从旋转填料内侧进入旋转的填料中，液体沿径向通过旋转填料，在此期间液体被旋转的填料多次剪切、分散和凝并，强化了混合效果。最终，液体在离心力的作用下从转子的外缘甩到外壳上，在重力的作用下汇集到出口处，经出口排出，完成液液接触混合过程，从而实现均匀混合。

旋转填料床内径（内腔）尺寸与撞击雾面的大小“耦合”是这一机制的关键所在，正是这样一个科学耦合，使得混合较差的撞击雾面边缘在旋转填料作用下得到强化混合，消除了撞击流混合边缘效应，提高了混合效果。

三、气固超重力装置的结构与类型

气固超重力装置的结构如图 1-10 所示，通常用于气固吸附或脱附过程，将吸

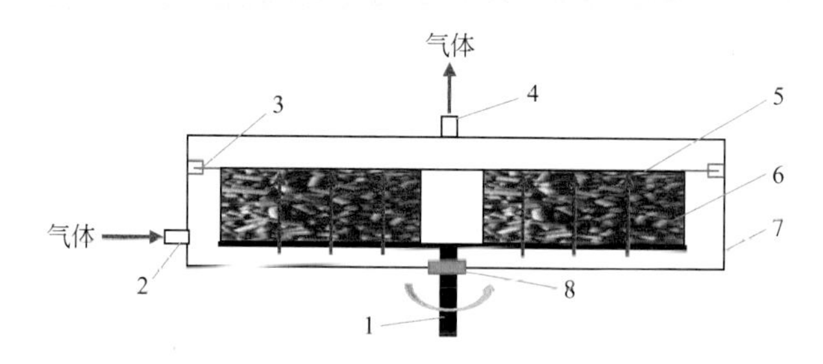

图 1-10　气固旋转填料床结构示意图

1—转轴；2—气体进口；3—气密封；4—气体出口；5—转子；6—吸附剂；7—外壳；8—轴密封

附剂作为填料装入转子中，气体以轴向通过吸附剂层，气固在超重力环境中进行接触，强化气固吸附（脱附）过程速率和效果。通常把以吸附剂为填料、旋转填料床为吸附设备、在旋转形成的超重力场下进行操作的吸附过程称为超重力吸附，因此，其吸附机制与超重力作用有着紧密的关系。超重力吸附技术在物理吸附过程中，可有效提升两相的扩散作用力，减少无效吸附层，进而增强范德华力和氢键作用力；在化学吸附过程中，超重力吸附技术可有效促进吸附质分子和吸附剂之间化学反应速率的提高。

旋转床改变了气体的运动模式，有效增加了气体停留时间，吸附剂与吸附质之间靠旋转外力加强了外扩散传质，缩短无效吸附区，吸附剂表面瞬间聚集高浓度吸附质，产生较大推动力，吸附质进入吸附剂内孔，增加了吸附剂的有效吸附位点。在脱附过程中，旋转床良好的传质传热效果，可有效提升饱和吸附剂的再生率，延长吸附剂使用寿命。超重力旋转吸附床处理范围广，操作灵活，良好的再生能力有效降低了吸附剂的更换频率，提升了吸附设备的生产能力[16]。

参考文献

[1] 陈建峰 . 超重力技术及应用 [M]. 北京 : 化学工业出版社 , 2002.

[2] 欧阳朝斌 , 刘有智 , 祁贵生 . 一种新型反应设备——旋转填料床技术及其应用 [J]. 化工科技 , 2002, 10(4): 50-53.

[3] 袁志国 , 宋卫 , 金国良 , 等 . 旋转填料床中 2 种填料压降和传质特性的对比 [J]. 化学工程 , 2015, 43(7): 7-11.

[4] 焦纬洲 , 刘有智 , 刁金祥 . 多孔波纹板错流旋转床的传质性能 [J]. 化工进展 , 2006, 25(2): 209-212.

[5] 袁志国 , 刘有智 , 宋卫 . 并流旋转填料床中磷酸钠法脱除烟气中 SO_2[J]. 化工进展 , 2014, 33(5): 1327-1331.

[6] Liu Y,Gu D,Xu C. Mass transfer characteristics in a rotating packed bed with split packing[J]. Chinese Journal of Chemical Engineering, 2015, 23(5): 868-872.

[7] 计建炳 , 徐之超 , 鲍铁虎 . 折流式超重力场旋转床装置 [P]. CN 2523482Y. 2002-12-04.

[8] 徐之超 , 俞云良 , 计建炳 . 折流式超重力场旋转床及其在精馏中的应用 [J]. 石油化工 , 2005, 34(8): 778-781.

[9] 刘有智，焦纬洲，祁贵生，等 . 撞击流结构以及撞击流 - 旋转填料床装置 [P]. CN 104226202A. 2014-12-24.

[10] Tamir A. 撞击流反应器 : 原理和应用 [M]. 伍沅译 . 北京 : 化学工业出版社 , 1996.

[11] 伍沅 . 撞击流 : 原理 · 性质 · 应用 [M]. 北京 : 化学工业出版社 , 2006.

[12] 欧阳朝斌 , 刘有智 , 祁贵生 . 撞击流 - 旋转填料床反应器的微观混合性能研究 [J]. 应用化工 , 2002, 31(5): 22-24.

[13] 刘有智，祁贵生，杨利锐．撞击流-旋转填料床萃取器传质性能研究[J]. 化工进展，2003, 22(10): 1108-1111.

[14] 刘有智．超重力撞击流-旋转填料床液-液接触过程强化技术的研究进展[J]. 化工进展，2009, 28(7): 1101-1108.

[15] Fan H L, Zhou S F, Jiao W Z. Removal of heavy metal ions by magnetic chitosan nanoparticles prepared continuously via high-gravity reactive precipitation method[J]. Carbohydrate Polymers, 2017, 174: 1192-1200.

[16] Guo Q, Liu Y, Qi G. Adsorption and desorption behaviour of toluene on activated carbon in a high gravity rotating bed[J]. Chemical Engineering Research and Design, 2019, 143(3): 47-55.

第二章 吸 收

第一节 概述

吸收是根据气体混合物中各组分在液体溶剂中物理溶解度的差异或化学反应活性的不同而将混合物分离的传质单元操作，分为物理吸收、化学吸收和物理化学吸收三大类。通常溶剂又称吸收剂，被吸收的气体组分称为溶质，吸收所得的溶液称为吸收液。从相际传质看，吸收是溶质组分由气相传递到液相的过程。

吸收操作的工程目的在于：①分离气体混合物，获得需要的目的组分；②净化合成用原料气，工业上常用吸收法除去其中对催化剂有毒性的组分或无用组分；③制取溶液态的化工产品或半成品；④治理有毒有害气体污染，保护环境。通常吸收过程的工程目的并非单一，往往是兼而有之，特别是吸收与解吸的合理匹配与联合操作，才能构成完整的工业气体吸收分离过程。

物理吸收是指气体溶质以物理溶解方式溶于液体溶剂中的吸收操作，如用水吸收乙醇和丙酮蒸气，用液态烃吸收气态烃。影响物理吸收的主要因素有操作压力、温度以及溶质在溶剂中的溶解度，吸收速率主要决定于气相或液相与界面上溶质的浓度差以及溶质从气相向液相传递的扩散速率。

化学吸收是指气体溶质溶于液相之后能与溶剂（或其中活性组分）发生化学反应的吸收操作，有可逆和不可逆两种情况。不可逆化学吸收，如直接氧化法脱硫、石灰乳法脱除 SO_2 等；可逆化学吸收，如活化热碳酸钾溶液法吸收 CO_2、醋酸铜氨液吸收 CO 等，解吸后溶剂可循环使用。影响化学吸收的主要因素有压力、温度、气液相平衡和化学反应平衡等。

物理化学吸收是用物理吸收剂与化学吸收剂组成混合溶剂，使吸收操作兼有物理吸收和化学吸收的性质，即在物理吸收过程中利用适当的化学反应，大幅度提高溶剂对气体的吸收能力，如环丁砜法脱硫和脱碳。

根据传递过程原理，吸收过程速率取决于吸收过程的推动力与气液传质阻力之比，其比值越大，吸收速率就越大。加大吸收推动力有利于提高吸收速率，但需要增加动力和能耗。为此，降低气液传质阻力是提高吸收过程速率的主要途径。

在传统吸收过程中，吸收剂是依靠重力作用从设备顶部由上至下流动，形成宏观尺度的流体膜与气体接触来完成吸收的，传递速率低，故这类设备通常体积庞大，空间利用率和生产强度低。而超重力吸收技术是借助于高速旋转的填料将液体吸收剂剪切成微纳尺度的液体形态，减小了气液传质阻力，形成了巨大的气液两相接触的相际面积。与塔设备相比，体积传质系数提高了 1 ～ 3 个数量级 [1]，极大地提高了气液传质速率。因此，超重力吸收装置的尺寸更小、占地省、效率高、运行费用低。

第二节　超重力强化吸收过程原理

一、气液传质理论

超重力技术强化气液传质过程在理论上更符合表面更新理论。Danckwerts 提出的表面更新理论认为流体在流动过程中表面不断更新，表面更新过程是随时进行的过程，即不断地有液体从主体转为界面而暴露于气相中，这种界面的不断更新极大地强化了传质过程。原来需要通过缓慢的扩散过程才能将溶质传至液体深处，现通过表面更新，深处的液体就有机会直接与气体接触而接受溶质。

该理论引入模型参数 S，定义为单位时间内表面被更新的百分率。按此模型做出数学描述，经求解得出对流传质系数

$$k_L = \sqrt{DS} \tag{2-1}$$

式中　k_L——对流传质系数；

　　　D——扩散系数；

　　　S——更新频率。

二、超重力强化传质原理

以 CO_2-NaOH 溶液介质为例，错流旋转填料床为吸收装置，采用不锈钢多孔波纹板和塑料多孔板两种填料 [2]，得到超重力场中有效比表面积、表面更新及传质性

能的强化结果。在转速 500 ～ 1600r/min 下，不锈钢多孔波纹板和塑料多孔板填料的有效比表面积分别为 490 ～ 1530m^2/m^3、290 ～ 975m^2/m^3。文献 [3] 采用丝网逆流旋转填料床，在转速为 0 ～ 1550r/min、液体流量为 0 ～ 0.139kg/s 时测得有效比表面积为 700 ～ 1100m^2/m^3。文献 [4] 采用螺旋型旋转吸收器，测得有效比表面积为 560 ～ 1100m^2/m^3。文献 [5] 中，B-25 型旋流板（旋流板仰角为 25°）有效比表面积为 29 ～ 50m^2/m^3，约为不锈钢多孔波纹板的 1/25。文献 [6] 采用塑料珠逆流床，在转速为 150 ～ 2100r/min、液体流量为 258 ～ 822mL/min、气体流量为 9.2 ～ 18.8mL/min 时测得有效比表面积为 372 ～ 1140m^2/m^3。即不锈钢多孔波纹板在超重力场下具有良好的雾化效果，不但 100% 地利用了填料的比表面积，而且还使填料的有效比表面积提高 2.7 倍，比表面积的强化使得气液传质面积大幅度提高，从而可大幅度地提高气液传质效率。

旋转填料床中有效比表面积大幅度提高的原理可用图 2-1 说明。

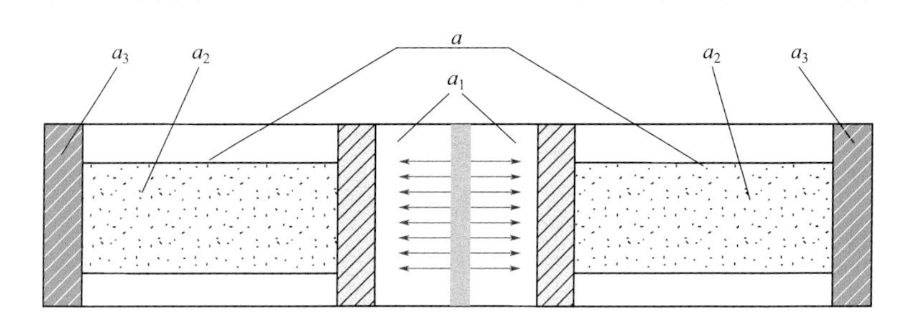

图 2-1　旋转填料床有效比表面积分布示意图

在图 2-1 中，CO_2-NaOH 体系所测的比相界面积 $a_e=a+a_1+a_2+a_3$，其中 a 为填料本身比表面积；a_1 为液体初始分散区到填料内缘的雾化有效比表面积；a_2 为填料板间的雾化有效比表面积；a_3 为填料床外壁与外壳体内壁间的雾化有效比表面积。a_1、a_2 和 a_3 的值都是在三个区域内雾化的液滴、液丝和液膜等与气体进行传质的比表面积，因而三个区域的有效比表面积与液体的分散程度、液体流量、超重力因子、气体流量、填料结构、液体的表面张力等有关。在重力场条件下，填料塔中填料有效传质表面积在填料总表面积中占的比例较低，而在超重力场条件下，强大的离心力使液体以高度分散的状态与气体接触，在旋转填料床内发生干道的趋势变小，液体的均匀分布性提高。同时，由于离心力的作用使填料持液量减少。当液体由旋转填料内缘向外缘运动时，一部分液体脱离填料表面形成液滴和液雾，在填料间隙中以类似于"之"字型的路径运动。当液体从转鼓外环脱离填料后，在外腔内继续以液滴的形式与气体逆流接触，此时的比表面积包括填料间的液膜和液滴、外腔内的液滴与气体作用的总比表面积。即测出的比相界面积较高，甚至高于填料的实际比表面积。

而超重力场中液体的表面更新频次又进一步强化了气液传质。在旋转的填料内，液体在填料层呈高频次分散 - 聚并 - 再分散 - 再聚并周期性变化，始终处于高分散、高湍动、高界面更新频率的状态，使对流传质系数 k_L 得到数量级的提高。

在高的有效比表面积和快速的界面更新条件下，不锈钢多孔波纹板错流旋转填料床的液相体积传质系数分别比文献[7]和[8]高1.4～2.1倍和0.95～1.47倍，比文献[3]逆流旋转填料床略低，比传统气液传质设备[9]高1～2个数量级。中北大学经过长期的实验研究和工程实践，总结出不同物系在超重力吸收设备中的传质系数，见表2-1。

表2-1　不同物系在超重力吸收设备中的传质系数

吸收设备	吸收体系操作条件	传质系数关联式	传质系数	传统设备操作条件	提高倍数
错流RPB	吸收体系[10]： 水-NO_x 液膜控制操作条件： 气体流量2m³/h 液气比20L/m³ 超重力因子90 NO_x进口浓度18000mg/m³	$k_ya_e = 629.4650\frac{pD_{ab}a_t}{RTD}Re_G^{0.2566}Re_L^{0.4283}\beta^{0.4593}$ 式中　k_ya_e——气相体积传质系数； D_{ab}——扩散系数； D——填料当量直径； a_t——填料比表面积； Re_G——气相雷诺数； Re_L——液相雷诺数； β——超重力因子； p——气体压强，Pa； R——摩尔气体常数，R=8.314J/(mol·K)； T——操作温度，K。	0.518mol/(m³·s)	逆流筛板塔 塔板数10 塔径1.4m 塔高14m	480
	吸收体系[11]： FeⅡ EDTA-NO 液膜控制操作条件： 气体流量3m³/h 气液比55m³/m³ 超重力因子82 吸收液浓度0.02mol/L NO进口浓度632mg/m³	$K_Ga = \frac{2.625c_B^{0.2798}\beta^{0.2798}G^{0.9144}}{c_A^{0.03201}L^{0.1427}}$ 式中　K_Ga——总体积传质系数； c_A——NO进口浓度； c_B——吸收液浓度； β——超重力因子； G——气体流量； L——液体流量。	3.064s⁻¹	鼓泡反应器高320mm，内径45mm，底部装有微米级孔径的气体分布器	—
	吸收体系[12]： 稀硝酸-氨气 气膜控制操作条件： 气体流量15m³/h 气液比1000m³/m³ 超重力因子90	$k_ya_e = 6604\frac{pDa_t}{RTR'}Re_G^{0.5}Re_L^{0.2118}\beta^{0.03354}$ 式中　k_ya_e——气相体积传质系数； D——填料当量直径； a_t——填料比表面积； Re_G——气相雷诺数； Re_L——液相雷诺数； β——超重力因子； p——压力； R'——转子内外半径的几何均值。	700mol/(m³·s)	洗涤塔 塔径2.6m 塔高20.1m 气量5×10⁴m³/h	850

续表

吸收设备	吸收体系操作条件		传质系数关联式	传质系数	传统设备操作条件	提高倍数
逆流RPB	吸收体系[13]： 磷酸钠-SO_2 液膜控制操作条件： 超重力因子 80 SO_2 进口体积浓度 0.2% 磷酸浓度 1mol/L 初始 pH 5.67 空床气速 0.73m/s		$K_ya=0.0744\beta^{0.5046}u^{0.9150}q^{0.6801}$ 式中 β——超重力因子； u——空床气体平均流速，m/s； q——液体喷淋密度，$m^3/(m^2 \cdot h)$； K_ya——总体积传质系数。	0.749kmol/$(m^3 \cdot s)$	填料塔塔径 50mm 塔高 2m 填料 ϕ6mm×6mm×0.1mm 不锈钢丝网θ环 填料层高度 1.1m	9.86
CAS-RPB	吸收体系[14]： 海水-SO_2 气膜控制操作条件： 液气比 4L/m^3 气体流量 40m^3/h 超重力因子 66.3	两转盘同转	$K_Ga=1.649\beta^{0.13}R^{0.21}c_{in}^{0.082}U^{-3.158}G^{0.813}$ 式中 K_Ga——总体积传质系数； β——超重力因子； R——液气比； c_{in}——SO_2 初始浓度； U——吸收液浓度； G——气量。	9.5s^{-1}	喷淋塔塔径 26mm 喷淋段高度 80cm	4.74
		两转盘逆转	$K_Ga=1.492\beta^{0.165}R^{0.307}c_{in}^{0.18}U^{-3.631}G^{0.759}$			
	吸收体系[15]： 水-NH_3 气膜控制操作条件： 气体流量 10～30m^3/h 液气比 5～30L/m^3 超重力因子 10.8～97.4	两转盘同转	未加形体阻力件 $k_ya_e=0.019587Re_G^{0.902826}We_L^{0.146287}Ga^{0.123898}$ 式中 k_ya_e——气相体积传质系数； Re_G——气相雷诺数； We_L——液相韦伯数； Ga——伽利略数。	34.38~128.74 $mol/(m^3 \cdot s)$	—	—
			丝网状阻力件 $k_ya_e=0.013098Re_G^{0.946270}We_L^{0.112629}Ga^{0.115224}$	36.58~138.36 $mol/(m^3 \cdot s)$		
			片状阻力件 $k_ya_e=0.021614Re_G^{0.874595}We_L^{0.136341}Ga^{0.131125}$	39.32~142.33 $mol/(m^3 \cdot s)$		
		两转盘逆转	未加形体阻力件 $k_ya_e=0.016286Re_G^{0.915434}We_L^{0.169247}Ga^{0.152470}$	44.12~182.25 $mol/(m^3 \cdot s)$		
			丝网状阻力件 $k_ya_e=0.017324Re_G^{0.915864}We_L^{0.172684}Ga^{0.153095}$	46.38~191.69 $mol/(m^3 \cdot s)$		
			片状阻力件 $k_ya_e=0.020621Re_G^{0.891338}We_L^{0.175707}Ga^{0.157786}$	49.12~199.85 $mol/(m^3 \cdot s)$		

第三节　关键问题与技术

超重力吸收技术的核心是采用超重力旋转填料床作为吸收设备，利用超重力作用有效强化包括吸收剂、吸收工艺和吸收设备等在内的吸收过程。

一、吸收剂及吸收工艺技术

与传统吸收设备相比，超重力吸收的气液传质效率有数量级的提高，气液接触时间缩短为秒级，吸收剂与超重力吸收工艺的匹配成为新的技术要求，吸收剂成为关键技术之一。即吸收剂除需满足基本要求外，还需考虑与超重力技术相匹配的问题。

（1）吸收剂溶解度（或吸收容量）

对物理吸收剂，要求气相中的溶质在其中的溶解度越大越好，当然其溶解度与操作压力、温度有关。对化学吸收剂，要求溶质溶于吸收剂后能发生化学反应。可逆化学吸收，要求解吸后溶剂可循环使用，其主要影响因素有压力、温度、气液平衡和化学平衡等。超重力技术中高速旋转的填料将吸收剂剪切成液丝、液膜、液滴等微纳尺度的液体形态，产生了更大的比表面积，强化了溶质从气相向液相的传递速率，提高了吸收效率。因此，超重力吸收所需吸收剂量比塔式吸收小得多，也就是说液气比小得多。这就要求超重力吸收技术的吸收剂溶解度（或吸收容量）更大些，以满足吸收要求。

（2）吸收剂的选择性和经济性

所选的吸收剂要对气体中待处理的组分有较高的选择性，而气体中的其他组分几乎不溶于吸收剂；同时，要求吸收剂价廉易得，可再生循环使用，综合性经济效益更好。

（3）吸收剂的挥发性

在超重力吸收过程中，液体被高速旋转填料剪切成微纳尺度的形态，具有巨大的比表面积，容易造成吸收剂的挥发损失。因此，要求吸收剂的蒸气压越低越好，以减少吸收过程中溶剂的挥发损失。

二、超重力吸收装置的工程化技术

超重力旋转填料床作为新兴的吸收设备，无论是在实验室还是实际工程化应用中，装置的连续、高效、稳定运行至关重要，其工程化技术是关键，主要包括超重力装置结构优化、填料特性及工程化等。

超重力装置结构优化：旋转填料床可以设置为气液逆流接触结构、并流结构和错流结构。从机械结构来看，逆流接触和并流接触有着相同的设备结构，这种结构相对转动惯量较大，对长期高效稳定运行有着不利的一面；在相同处理量的情况下，错流结构的转动惯量要降低30%左右，而且结构较为简单，容易工程放大和保持稳定运行，维修、检修方便。从安装角度，旋转填料床结构分为立式和卧式结构两种，通常情况下立式结构的旋转填料床旋转过程中转子受重力影响小，有利于平稳运行。需要指出，与超重力装置相配套的液体分布器、气液密封等在超重力装置结构优化时均需综合考虑。

填料特性及工程化技术：填料作为超重力装置的核心部件，对超重力装置的动平衡、流体力学、传质性能、使用寿命都有着重要的影响。填料的比表面积直接影响其传质性能，填料空隙率关系到气相压降，填料几何对称性、密度、装填量、装填方式等直接关系到设备的动平衡性和功耗，填料材质涉及防腐等。填料的工程化技术向填料的规整化、轻质化、中心对称性、高比表面积的趋势发展。

工程化和设备优化的另一关键点是妥善处理转鼓（转子）质量和机械强度之间的关系。为了确保转鼓的机械强度和增强运转稳定性，往往会加大转鼓质量，而转鼓质量的增大，则会对转鼓的机械强度提出更高的要求，处理不妥，会形成恶性循环。解决这个问题，要从三个方面入手：一是要优化结构，增大转鼓强度，同时尽可能地减少转鼓的质量增量；二是采用强度高、密度低的新材料，如高强度轻金属材料、复合材料和工程塑料代替钢材；三是通过填料的结构设计和材料选择减小填料质量。总之，通过系统优化设计、选择新材料，减少转鼓的总转动惯量，突破轻量化超重力装置设计和加工关键技术，从而降低超重力装置运行能耗、制造成本等，进一步拓展技术应用领域。

第四节 应用实例

化工行业是工业气体排放大户，化工废气的净化已成当务之急，但传统的废气净化手段无法满足环保要求。经过长期的研究，中北大学开发了超重力废气净化技术，该技术作为一种高效净化手段，促进了化工废气净化技术升级，实现了气体净化技术新跨越，并因此获得了2011年度国家科技进步奖二等奖。

目前，超重力废气净化技术在硫化氢（H_2S）、二氧化硫（SO_2）、二氧化碳（CO_2）、氮氧化物（NO_x）等的净化领域得到了广泛应用，具体的应用情况见图2-2。

一、气体中硫化氢的净化

硫化氢（H_2S）气体通常存在于天然气、炼厂气、合成气、焦化气、油田伴生

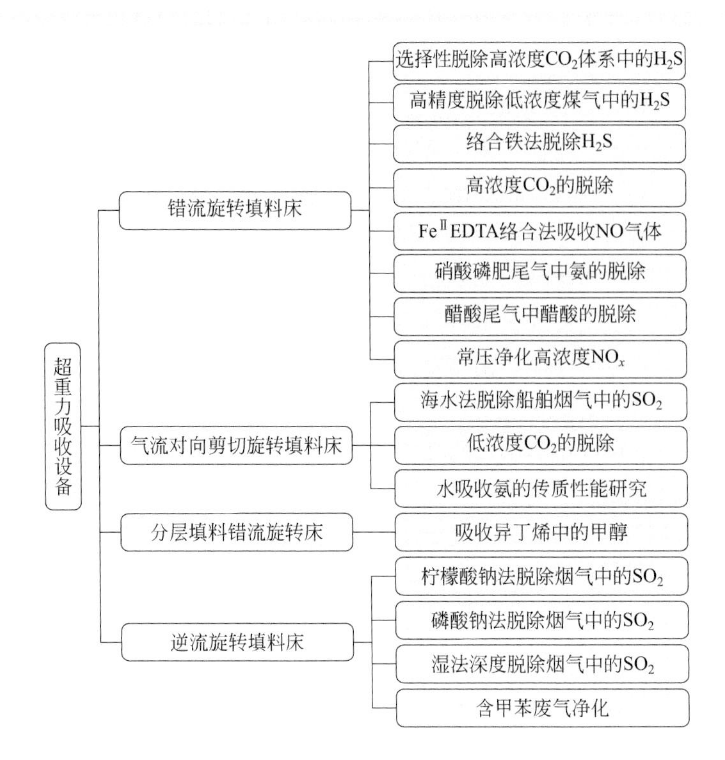

图 2-2　不同超重力吸收设备在气体吸收方面的应用情况

气、水煤气、硫回收装置 Clause 等混合气体中。H_2S 是一种有毒、有害物质，如不能有效将其脱除，将会给工业生产、环境和人类健康带来危害；同时 H_2S 也是一种重要的硫资源，可以回收利用生产硫黄等。因此，从各种含 H_2S 气体中脱除和回收 H_2S 技术的开发一直受到各国科研人员的高度重视。

目前，国内外关于工业气体中 H_2S 的脱除技术主要有干法脱硫和湿式氧化法脱硫两种。干法脱硫主要是用粉或颗粒状脱硫剂进行脱硫，如活性炭、氧化锌等，这些方法所采用的脱硫剂硫容相对较低，再生困难，饱和后的脱硫剂一般做废弃处理。因此，脱硫成本高，且废弃后的脱硫剂会造成环境污染，一般适用于低含硫气体处理，特别是用于高精度脱硫。湿式氧化法脱硫是采用碱液作为吸收剂，在催化剂的作用下将 H_2S 氧化为单质硫的一种脱硫方法，该法常用的吸收剂有碳酸钠、氨水、有机胺（有机碱）等，常用的催化剂有 PDS（双核肽菁钴磺酸盐）、TV（栲胶）、DDS（聚羧基类铁基络合物）和 ADA（蒽醌二磺酸钠）等。各种湿式氧化法脱硫的主要区别在于催化剂，根据催化剂的种类，可分为 PDS 法、TV 法和 DDS 法等。PDS 法的主要特点是硫容大、催化活性高、催化剂用量少、体系黏度低、不易发生硫堵、可同时脱除有机硫等；TV 法又称栲胶法，其特点是栲胶资源丰富、价廉易得、无硫堵问题等；DDS 法常用于低浓度硫化氢的脱除工艺。

中北大学[16,17]将超重力技术与湿式氧化法脱硫相结合，形成了利用超重力强化吸收剂对 H_2S 脱除的新技术，并进行了工业化应用和工程推广。本节将详细介绍以工业纯碱溶液为脱硫剂选择性脱除高浓度 CO_2 体系中 H_2S 的关键技术，讨论分析煤气中低浓度 H_2S 高精度脱除、络合铁为脱硫剂脱除煤气中 H_2S 等。

1. 碱性类脱硫剂

（1）选择性脱除高浓度 CO_2 体系中 H_2S 的关键技术

山西省某集团公司合成氨工段低温甲醇洗脱碳后，气体量为21000m³/h，其中 CO_2 浓度为98.97%（体积分数），H_2S 浓度为0.68%，CH_4、C_2H_6 等其他组分浓度为0.35%。从气体的组成看，两种酸性气体 CO_2 和 H_2S 的浓度都很高。如果以塔作为吸收设备，用碱性吸收剂脱除 H_2S 的同时 CO_2 也将被大量脱除，导致成本急剧增加。另外，脱除 CO_2 生成的碳酸氢钠，由于其溶解度很小，使得设备和管道严重堵塞，无法连续稳定运行。由此可见，采用常规吸收技术难以解决此类问题，为此，需从以下几方面突破现有技术瓶颈。

① 从化学反应原理看，CO_2 和 H_2S 均属酸性气体，均能与脱硫剂中的碱性物质发生化学反应，均属酸碱中和的快速反应；根据反应动力学，H_2S 与脱硫剂中碱性物质进行化学反应的活性和速率略高于 CO_2，两者存在微小的差异。在塔设备脱硫工艺中，由于脱硫剂与气体在塔中的停留时间较长，导致在脱除 H_2S 的同时将大量 CO_2 脱除。

② 超重力吸收过程的气液接触时间通常小于1s，但通过调节设备参数或旋转填料床的转速，气液两相的接触时间可以减小至0.1s或更小。基于此，如果采用超重力作为吸收装置，CO_2 和 H_2S 在反应活性和反应速率方面存在的差异就会得到充分显示，从高浓度 CO_2 气体中有效选择性吸收 H_2S 就成为可能，即化学反应特性耦合超重力吸收技术将会使问题得以解决。

③ 气体中的 H_2S 浓度高达10600mg/m³，是常见气体中 H_2S 浓度的10倍左右，这就要求脱硫剂本身具备更高的硫容或在脱硫过程中相应地加大脱硫液的用量。

基于上述分析，中北大学进行了选择性脱硫技术的全面创新。选择超重力装置为吸收设备，通过调控气液接触停留时间和强化吸收 H_2S 效率，实现在极短的时间内既能有效吸收 H_2S，又能使得 CO_2 来不及与脱硫剂发生反应就离开超重力装置，科学利用 CO_2 和 H_2S 在反应活性和反应速率方面的差异特性，有效抑制 CO_2 参与吸收过程，实现高浓度 CO_2 气体中选择性脱硫。以浓度为120～480mg/m³的PDS作为催化剂，采用工业级纯碱为脱硫剂，液气比为5～20L/m³。工程化实施后，年回收硫黄700余吨，脱硫率达到98.5%，CO_2 脱除率≤0.5%，年节电 2.6×10^6kW•h，开辟了高选择性脱硫新途径，取得了重大经济效益和社会及环境效益。

工程化实施的工艺流程如图2-3所示，原料气经输气管路进入超重力装置，自下而上通过高速旋转的填料层。贫液槽中的贫液在贫液泵的作用下沿超重力装置进液管进入超重力装置转子内缘，在强大的离心力作用下，气液传质得到强化，气液两相在高湍动、强混合及相界面高速更新的情况下完成脱硫剂对 H_2S 气体的吸收，在进出口管线上分别装有采样管抽取气体样品以分析进出口的 H_2S 浓度。脱硫后的尾气由超重力装置气体出口排出，经除雾器将夹带的液雾和液滴除去。吸收 H_2S 后的脱硫液变为富液，经超重力装置液体出口进入富液槽。富液在富液泵的作用下打入再生槽，与引入再生槽的新鲜空气逆流接触，在 PDS 催化剂的作用下催化再生，再生后的贫液经再生槽贫液出口进入贫液槽，再经贫液泵引入超重力装置循环使用。再生过程中产生的硫泡沫经再生槽的硫泡沫出口进入硫沫槽。超重力选择性脱除高浓度 CO_2 体系中 H_2S 的工业运行现场见图 2-4。

超重力选择性脱除高浓度 CO_2 体系中 H_2S 工艺的操作条件如下：

① 液气比　当贫液流量增大时，贫液对填料表面的润湿程度增大，同时贫液中 H_2S 的平衡分压降低，增大了吸收推动力，从而强化了气液间的传质速率，

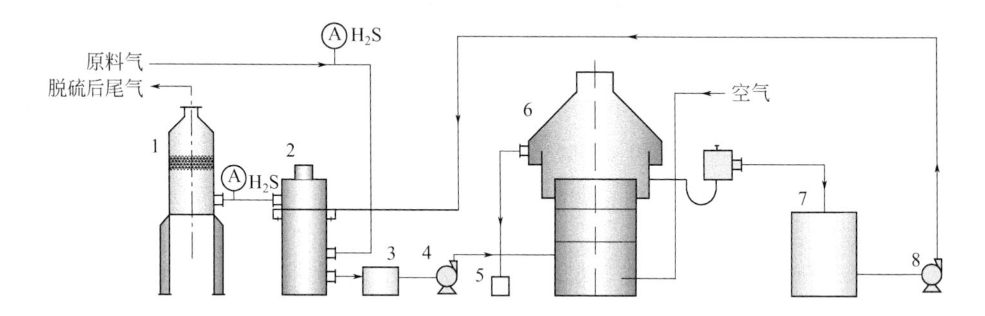

图 2-3　超重力选择性脱硫工艺流程图

1—除雾器；2—超重力装置；3—富液槽；4—富液泵；5—硫沫槽；
6—再生槽；7—贫液槽；8—贫液泵

图 2-4　超重力选择性脱除高浓度 CO_2 体系中 H_2S 的工业运行现场

提高了脱硫率。当液气比为 8.5L/m^3 时，仅为传统塔器脱硫操作工艺液气比的 1/40 ～ 1/8，脱硫率为 99%。通常情况下，增大液气比有利于提高脱硫率，但会增加运行成本。理论上，液气比至少要保证脱硫剂的总硫容量大于气体中的硫含量，即必须满足气液两相之间的化学反应计量条件。实际工艺操作中的液气比远大于理论液气比，甚至是理论液气比的数倍。脱硫工艺的传质效率越高，液气比就越接近理论液气比。因此，液气比既是重要的技术参数，也是影响脱硫运行成本的主要因素，确定适宜的液气比要综合考虑。

② 超重力因子　通常情况下，脱硫率随超重力因子的增大而增大。这是由于旋转填料的转速提高对液体有更大的剪切作用，使贫液形成更薄、尺度更小的液膜、液丝、液滴，从而增大了气液接触面积，提高了脱硫率。另外，随着超重力因子的继续增大，会使得液体通过填料层时的速度再加大，尽管增大了气液接触面积，但由于停留时间缩短，反而造成脱硫率的下降。因此，随着超重力因子的增大，脱硫率有一个最大值。综合考虑，该工艺确定超重力因子为 106.2。

③ 碱含量　针对该气体中高浓度 CO_2 的情况，脱硫液量及 Na_2CO_3 浓度既要确保有足够的总硫容，能满足对 H_2S 的有效吸收，又能最大限度地减少对 CO_2 的吸收。脱硫液中 Na_2CO_3 浓度与实际操作的液气比紧密关联，Na_2CO_3 浓度高，则有利于降低液气比，减少脱硫液输送能耗；但过高的碱度也会促进 CO_2 的吸收和副产物盐类的生成，导致脱硫液再生困难和碱耗增加。工程实施数据显示，在适宜的超重力因子（＞ 106.2）和液气比（＞ 8.5L/m^3）条件下，当脱硫液中 Na_2CO_3 浓度保持在 10 ～ 14g/L 时，出口 H_2S 浓度＜ 50mg/m^3；当脱硫液中 Na_2CO_3 浓度在 7 ～ 9g/L 时，出口 H_2S 浓度在 50 ～ 80mg/m^3；当 Na_2CO_3 浓度＜ 7g/L 时，出口 H_2S 浓度＞ 300mg/m^3，达不到环保要求。因此，脱硫液的碱度控制在 10g/L 左右为宜。

④ PDS 浓度　当 PDS 浓度由 120mg/m^3 增加到 360mg/m^3 时，尾气脱硫率增加 15% 左右，而当浓度由 360mg/m^3 增加到 480mg/m^3 时，脱硫率增加不足 1%。因此，PDS 浓度宜控制在 360mg/m^3 左右，这样既可以保证脱硫效果，又可以节省脱硫成本。

⑤ 温度　H_2S 吸收是放热过程，脱硫率随脱硫液温度升高而下降；同时，温度升高，也会加速脱硫副反应，造成副产物盐量增加、碱耗量增高。而温度过低则不利于脱硫富液的催化再生及硫泡沫浮选分离。通常气相温度保持在 30 ～ 35℃，脱硫液在 35 ～ 40℃，略高于气相温度，气体中的水蒸气不会冷凝到脱硫液中，保证系统的水平衡。

⑥ CO_2 含量　运行数据显示，CO_2 脱除率≤ 0.5%，与美国同类技术相比，选择性提高 27% ～ 29%，碱耗及运行费用显著降低，凸显了超重力高选择性脱硫的技术优势。

（2）高精度脱除煤气中 H_2S 的关键技术

随着超低排放和现代煤化工发展新要求的提出，煤气化、煤焦化产生的煤气作为燃气和化学合成气，对其脱除 H_2S 提出更严格的要求，对深度脱硫技术提出更严峻的挑战。中北大学围绕国家战略需求，创新性地提出超重力湿法深度净化煤气新技术，从陶瓷、氧化铝、高岭土等行业燃气和化学合成气对煤气含硫量的要求，创新研发了系列超重力脱硫成套装置与技术。

燃气深度净化：在某陶瓷企业的焦炉煤气精脱硫工程中进行了工业化应用。煤气流量为 13000 ～ 15000m³/h，H_2S 含量为 300 ～ 500mg/m³，以型号 ϕ1400mm×2500mm 超重力装置作为脱硫设备，采用浓度为 0.2 ～ 0.6mol/L（pH 为 7 ～ 10）的纯碱溶液作为吸收剂，以 CoS 为脱硫催化剂。在操作方面，超重力因子为 80，液气比为 5 ～ 20L/m³，吸收处理后的煤气中 H_2S 含量降低到 5mg/m³ 以下。净化后的煤气替代了原来使用的车载液化气，解决了液化气运输困难、供应不及时的实际问题，操作费用降低 30%，年节约燃料费 500 余万元，大幅度降低了生产成本，取得明显的经济效益。

推广应用于现代化大型氧化铝企业——广西某铝业有限公司的发生炉煤气脱硫过程，工程装置及运行现场如图 2-5 所示。煤气量 16.5×10^4m³/h，H_2S 含量 2500mg/m³，采用 6 台 ϕ2000mm×4600mm 超重力吸收装置，脱硫率≥ 98%，脱硫液通过再生槽分离硫泡沫，经过滤、熔硫，副产硫黄，氧化铝焙烧煤气得以深度脱硫。该工艺推广应用于有色金属行业，示范效应明显，得到行业认可。

图 2-5　超重力脱除煤气中硫化氢的工程装置及运行现场

北京化工大学与中国海洋石油集团有限公司等合作，将超重力脱硫技术成功应用于海洋平台天然气脱除硫化氢[18]，实现了油田天然气的深度净化。

由此可见，超重力脱硫具有高选择性和深度脱硫的技术优势，广泛应用于天然气、合成气、煤气、半水煤气、焦炉煤气和变换气等气体中 H_2S 的脱除。

2. 络合铁脱硫剂

随着绿色化、节能减排要求的提出，络合铁法脱除 H_2S 技术因其硫容大、脱硫率高、硫黄易回收、副反应少、绿色环保等优点而备受瞩目，已成为国外主流的脱硫方法。目前，国外络合铁法脱硫技术已较为成熟，但国内绝大部分技术还依赖进口。此外，工业上络合铁法脱除 H_2S 通常采用传统的塔设备，存在传质效果较差、气液流动不均匀、设备体积庞大、能耗高等缺点。因此，必须加快国内络合铁脱硫技术和设备的研究开发、推广和应用。

基于此，中北大学研发了一种新型络合铁脱硫剂，利用络合铁法脱硫技术的硫容大、脱硫速率快的优点，结合超重力技术传质效率高、停留时间短、设备体积小、能耗低的特点，将超重力技术与络合铁法相结合，用于模拟气体（H_2S 质量浓度为 9.11g/m³）中 H_2S 的脱除，工艺流程如图 2-6 所示。模拟气体通过气体进口进入旋转填料床中，沿轴向自下而上通过填料层。储槽中的脱硫剂经流量计后泵入旋转填料床，经液体分布器喷洒在填料层内缘，沿径向自内而外通过填料层，与气体错流接触，完成 H_2S 的脱除。吸收后的尾气经气体出口进入尾气吸收装置，脱硫富液从液体出口排出，进入储液槽中循环使用，在气体出口处检测尾气中 H_2S 的含量。

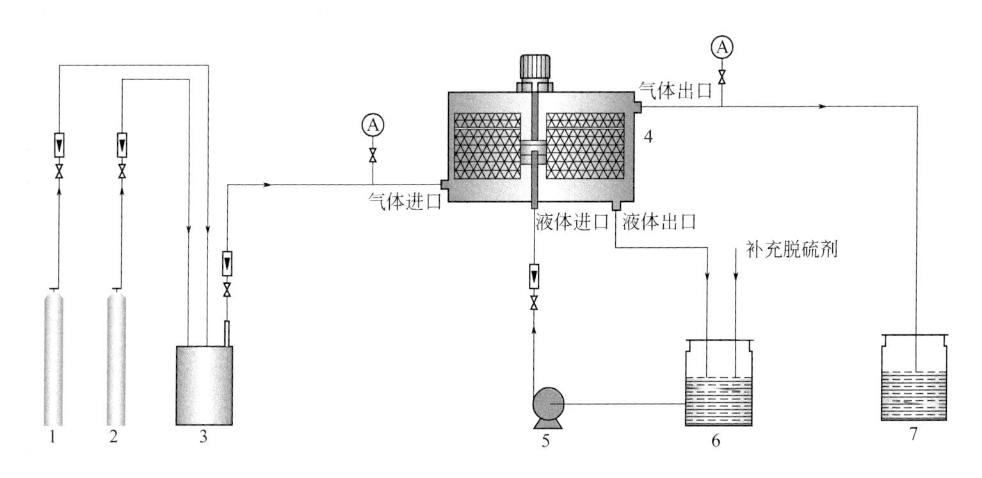

图 2-6　超重力络合铁法脱除 H_2S 的实验装置及流程图

1—N_2钢瓶；2—H_2S钢瓶；3—配气罐；4—错流旋转填料床；5—液泵；6—脱硫剂储槽；7—尾气吸收装置

以错流旋转填料床为脱硫设备，考察了脱硫剂配方、气体流量、液体流量、液气比和超重力因子等因素对脱硫率的影响。实验结果表明，选用配方 $n(EDTA):n(HEDTA):n(Fe^{3+}):n(Fe^{2+})=1.2:6:5:1$ 的脱硫剂，工作硫容可达 4.25kg/m³

（远远高于传统脱硫剂的工作硫容 0.1 ～ 0.3kg/m³），在气液接触时间仅为 0.6s 的情况下，脱硫率达到 94% 以上。脱硫率随气体流量的增大而减小，随液体流量、液气比、超重力因子的增大而增大。较适宜的工艺参数为：液体流量 72L/h，气体流量 4m³/h，超重力因子 35。相比传统塔设备络合铁法脱硫技术，超重力络合铁法脱硫技术具有脱硫率高、液气比小、设备体积小、操作弹性大等优点，显著降低脱硫过程中的脱硫液循环量，节省能耗，有广阔的发展空间[19,20]。

二、气体中二氧化硫的净化

SO_2 是危害最严重的大气污染物之一。近几年国家颁布了新环保标准，对污染物减排提出更高要求：排放烟气 SO_2 限值为 100 ～ 400mg/m³，特别是 2014 年倡导燃煤锅炉实施超低排放，SO_2 限值 35mg/m³ 以下。现有燃煤烟气、有色冶炼烟气、催化裂解（FCC）烟气、Clause 硫黄回收尾气等气体排放面临越来越严峻的挑战。

目前，国内外开发的 SO_2 治理技术较多，在湿法脱硫方面，常用脱硫装置以塔器设备为主，其主要缺点是设备庞大、投资高、效率低、烟气阻力大、运行费用高以及管理维护困难等。与传统湿法脱硫技术相比，超重力脱硫技术具有设备体积小、占地少、脱硫率高、系统阻力小、运行成本低、投资省等技术优势，有着广阔的应用发展前景。北京化工大学[21]利用旋转填料床对气量为 3000m³/h 的某硫酸厂含 SO_2 尾气进行处理，以 0.244mol/L 的 NH_4HCO_3 溶液为脱硫剂，处理后 SO_2 含量从 5000mg/m³ 降到 100mg/m³，在设备投资、动力消耗、气相压降等方面较原有技术有较大的优势。

中北大学分别研究了以柠檬酸钠、磷酸钠、亚硫酸钠、海水等为可再生吸收脱硫剂的超重力脱硫技术；在脱硫装置方面，开展了逆流旋转填料床、气流对向剪切旋转填料床、错流旋转填料床等超重力脱硫装置的研发，创新开发了超重力脱硫工艺，具体的应用情况见表 2-2。

表2-2　超重力技术脱硫应用情况

序号	脱硫剂	优点	缺点	旋转填料床种类
1	柠檬酸 - 柠檬酸钠	脱硫率高，缓冲能力强，适用 SO_2 浓度范围宽，特别是高浓度 SO_2 尾气治理；柠檬酸 - 柠檬酸钠缓冲溶液无毒、无害、蒸气压低，易于解吸再生循环使用；再生过程蒸气消耗较小，运行费用低，可回收高纯度 SO_2 液体，经济效益好，不产生二次污染	柠檬酸中羟基易脱落变质、降解，消耗量大，水溶液易变黑；受吸收温度影响较大；工艺系统复杂，再生温度高、设备腐蚀严重；副反应较多，难以控制，易造成硫酸盐结晶堵塞	逆流旋转填料床

续表

序号	脱硫剂	优点	缺点	旋转填料床种类
2	磷酸 - 磷酸钠	磷酸 - 磷酸钠缓冲溶液因物理性质和化学性质稳定，不存在降解变质，损耗低，且廉价易得，适用 SO_2 浓度范围宽；净化度高，无废液和固体废弃物排放，不产生二次污染	脱硫后的富液需经加热和化学反应后方能循环使用，吸收和再生过程均存在氧化副反应而消耗碱且需要有副盐分离系统，工艺流程长、成本相对较高	逆流旋转填料床
3	亚硫酸钠	脱硫剂无毒、廉价易得，循环吸收物质为碱性溶液，无固体产物，对脱硫设备、泵和管道等无堵塞问题；腐蚀性低，易于保养和长期稳定运行	脱硫过程中仍会有 Na_2SO_3 氧化成 Na_2SO_4 的反应出现，再生困难，会消耗一部分碱液，导致运行成本增高；其硫容量较上述两种低，且易结晶析出	逆流旋转填料床
4	钠 - 钙双碱	循环吸收物质为碱性溶液，对脱硫设备、泵和管道等设备无堵塞问题，腐蚀性小；脱硫剂碱性强，反应速率快，脱硫率≥ 95%	脱硫过程中存在 Na_2SO_3 氧化成 Na_2SO_4，钠碱再生困难，成本增高；Na_2SO_4 的存在降低了石膏质量，灰渣利用率低	逆流旋转填料床
5	海水	脱硫剂廉价易得，工艺简单，脱硫率高，投资和运行费用低；系统运行稳定，不需额外消耗化学试剂；经处理的海水可返回海洋，不产生其他废弃物，避免了二次污染	仅限于沿海区域或海水易得场所的烟气脱硫；适用于低浓度 SO_2 烟气处理	气流对向剪切旋转填料床

1. 逆流旋转填料床

以逆流旋转填料床为吸收设备的脱硫工艺流程见图 2-7。一定浓度的模拟 SO_2 烟气进入旋转填料床进气口 a，沿填料外缘径向穿过填料到填料内缘，从旋转填料

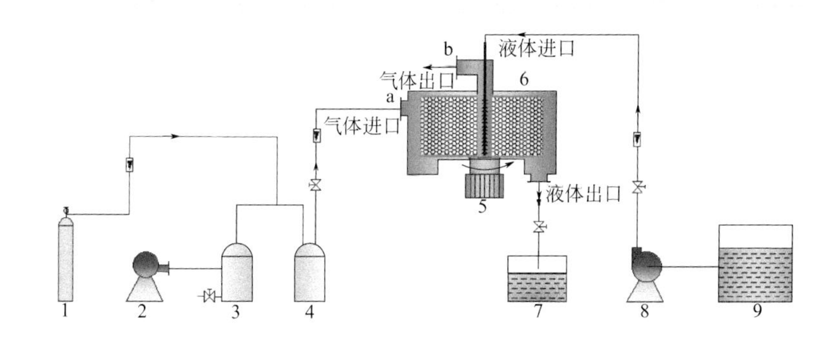

图 2-7　超重力脱硫工艺流程图

1—SO_2钢瓶；2—罗茨风机；3—缓冲罐；4—混合罐；5—电机；6—旋转填料床；7—富液槽；8—隔膜泵；9—贫液槽

床中心的出气口 b 离开。脱硫剂经微型隔膜泵增压，并经流量计计量后，经液体分布器喷洒在填料内缘的填料表面，在离心力作用下，沿径向穿过填料，与含 SO_2 的烟气在填料中逆流接触，脱硫剂将气体中的 SO_2 吸收，吸收液被抛到设备的壳体，汇集后由旋转填料床下部的液体出口管排出，进入富液槽。液体在穿过旋转填料的过程中，被多次分割、聚并成极其微小的液膜、液丝和液滴，形成巨大的且快速更新的相界面，从而快速吸收气体中的 SO_2，强化传质，实现高效率脱硫。

（1）超重力柠檬酸钠法脱除烟气中 SO_2

在超重力旋转填料床中，以柠檬酸 - 柠檬酸钠缓冲溶液为脱硫剂进行烟气中 SO_2 吸收实验。进口烟气 SO_2 浓度为 1500 ～ 12000mg/m³，考察了超重力因子、液气比、气体流量、柠檬酸浓度、pH 值等对 SO_2 脱除率和气相总体积传质系数 K_Ga 的影响。实验结果表明，脱除率和 K_Ga 随超重力因子、液气比、柠檬酸浓度和 pH 值的增加而增加。最佳工艺条件为：脱硫剂中柠檬酸浓度 1.0mol/L，初始 pH 值 4.5，液气比 3 ～ 7L/m³，超重力因子 54.53 ～ 90.14。烟气中 SO_2 浓度从 4500mg/m³ 降至 80mg/m³ 以下，脱硫率大于 98%[22]，吸收 SO_2 的脱硫剂经再生处理后循环使用，同时将硫资源回收。

（2）超重力磷酸钠法脱除烟气中 SO_2

在超重力旋转填料床中，以磷酸 - 磷酸钠缓冲溶液为脱硫剂进行烟气中 SO_2 吸收实验。进口烟气 SO_2 浓度为 1000 ～ 14000mg/m³，分别在并流吸收工艺和逆流吸收工艺中，考察了超重力因子、吸收剂初始 pH 值、液气比、气体流量、喷淋密度、磷酸浓度、吸收剂温度等对 SO_2 脱除率和气相总体积传质系数 K_Ga 的影响。实验结果表明：①两种工艺中的脱除率和 K_Ga 随 pH 值、液气比、超重力因子和磷酸浓度的增大而增大，且增加幅度逐渐减小；在喷淋密度小于 4m³/(m²·h) 时，随 SO_2 浓度和气体流量的升高而降低，且并流呈快速下降趋势；随温度的升高而降低。②在相同条件下，并流的脱除率和 K_Ga 低于逆流，但随着液气比、超重力因子、初始 pH 值的增加，两者脱除率和 K_Ga 的差距逐渐缩小；可以适当提高液气比或初始 pH 值或超重力因子来获得相同的脱硫率。③在相近条件下，超重力的 K_Ga 是高效填料塔的 10 倍以上，强化传质效果显著。④并流吸收最佳工艺条件：吸收剂初始 pH 值为 5.5 ～ 6.0，液气比为 2.0 ～ 3.0L/m³，温度低于 50℃，超重力因子为 80 ～ 100，磷酸浓度为 1.5mol/L 左右，在气速 0.3 ～ 1.2m/s，SO_2 浓度低于 14g/m³，脱除率高于 98%，净化后 SO_2 浓度低于 35mg/m³，达到国家新的排放标准。逆流吸收最佳工艺条件：液气比 1.5 ～ 2L/m³，超重力因子 80 左右，磷酸浓度 1 ～ 1.5mol/L，其他条件与并流吸收工艺相同，其脱硫率高于 98%，SO_2 浓度低于 35mg/m³，达到国家新的排放标准。⑤吸收富液借助蒸汽在超重力装置或填料塔中都可进行汽提再生，其解吸率随富液 pH 值、气体流量和磷酸浓度的增加而逐渐下降，随富液的预热温度、SO_2 浓度、蒸汽流量和超重力因子的增加而增加。再生最佳工艺条件：超重力因子 70，液气比 1.25L/m³，富液流量 20L/h，SO_2 浓度

5700mg/m³，连续运行 5h，脱硫率和解吸率分别稳定在 98% 和 81% 以上，SO_2 出口浓度可低于 100mg/m³，磷酸 - 磷酸钠缓冲溶液多次再生重复使用的吸收率和解吸率基本不变[13]。

（3）超重力亚硫酸钠法脱除烟气中 SO_2

在超重力逆流旋转填料床中，以 Na_2SO_3 溶液为脱硫剂进行烟气中 SO_2 吸收实验。进口烟气 SO_2 浓度为 1200 ～ 11200mg/m³，考察了超重力因子、液气比、气体流量、喷淋密度、亚硫酸钠浓度、进口烟气 SO_2 浓度等对 SO_2 脱除率的影响。实验结果表明，脱除率随液气比、超重力因子和亚硫酸钠浓度的增加而增大，而随气体流量、进口烟气 SO_2 浓度增加而减小。最佳工艺操作条件是：液气比 2.5 ～ 4L/m³，超重力因子 98 ～ 150，亚硫酸钠浓度 0.075 ～ 0.100mol/L，进口烟气 SO_2 浓度低于 6000mg/m³。脱硫率高于 98%，净化后 SO_2 浓度低于 15mg/m³，达到国家新的排放标准，且不吸收烟气中的 CO_2，烟气经过此方法脱硫后可作为蔬菜大棚农作物的补碳[23]。

（4）超重力钠 - 钙双碱法脱除烟气中 SO_2

在超重力多层填料错流旋转床中，以生石灰再生脱硫液的钠碱液为吸收剂，考察了钠离子浓度 c_{Na+}、入口烟气 SO_2 浓度、超重力因子、液气比和空床气速对 SO_2 脱除率的影响规律，实验结果表明，脱除率随着 c_{Na+}、超重力因子、液气比和空床气速的增加均呈现增长的趋势，随进口浓度的增加而略微减小。最佳工艺操作参数为：c_{Na+}=0.6 ～ 1.0mol/L，超重力因子 55 ～ 86，液气比 2L/m³，空床气速 1.7 ～ 2m/s。SO_2 进口浓度为 1714 ～ 2285mg/m³ 时，脱除率可保持在 98% 以上，净化后 SO_2 浓度均小于 35mg/m³；对于 SO_2 浓度更高的烟气，可通过增加 c_{Na+} 或液气比，使得净化后 SO_2 浓度仍小于 35mg/m³，满足超低排放要求。超重力设备与鼓泡塔或吸收塔相比，其液气比和钠离子浓度更小，在相近的情况下，即脱硫率都为 98.1%，出口浓度小于 35mg/m³ 时，液气比仅为 2L/m³、c_{Na+} 仅为 1mol/L，可降低碱耗与结垢，并节省运行费用。

2. 气流对向剪切旋转填料床

随着航运事业的发展，船舶柴油机排放的烟气量日益增加，其中以 SO_2 为主造成的环境污染问题已经受到了全球的高度重视。为此，国际海事组织（IMO）制定了 MARPOL73/78 附则Ⅵ。为了达到严格的排放控制标准，海上环境保护委员会认为烟气脱硫技术是履约的最佳选择。考虑到船舶上可利用空间小、柴油机无法承受过大背压等限定条件，寻求一种船舶专用的烟气脱硫工艺方法和装置势在必行。目前，船舶烟气脱硫方法主要有海水法脱硫，即利用海水的酸碱缓冲特性来脱除船舶烟气中的 SO_2，此脱除过程受气膜控制。在气体净化过程中，旋转填料床（RPB）对于液膜控制过程实现了极大的强化，但由于旋转填料对气体的曳力作用，使气体随填料同步旋转，气体以“整体”形态经过填料层，旋转填料床中气膜内的传质过程强化远不像对液膜控制过程的强化那样显著。为此，中北大学刘有智教授提出了一种强化气膜控制过程的方法及设备——气流对向剪切旋转填料床（CAS-RPB）。

与RPB相比，CAS-RPB具有以下特征：在各个填料环外缘上构建形体阻力件，在相邻填料反向旋转的作用下，增大对气体的剪应力和形变速率，在填料环隙空间内创造气体边界层分离，形成旋涡，实现气体强扰动、高湍流，气体“整体”形态被“破碎”，加速气体界面更新，从而强化气膜控制的传质过程。

海上船舶烟气中SO_2浓度较低时，用海水作为脱硫剂最具经济性，因为海水易得。当船舶烟气中SO_2浓度较高时，因为海水的硫容小、活性低，则可以在海水中添加碳酸钠或氢氧化钠等碱性物质作为脱硫剂。

为此，中北大学张芳芳[14]分别以海水和添加NaOH的海水为吸收剂，采用CAS-RPB吸收设备对模拟烟气中的SO_2进行了脱除，工艺流程如图2-8所示，来自SO_2钢瓶的SO_2气体与来自罗茨风机的空气分别经过气体转子流量计计量后在混合器中混合，然后进入CAS-RPB中。储液槽中的海水在离心泵的作用下经过液体转子流量计计量后，通过处于转子中心的液体分布器均匀喷洒到填料环内缘上，液体在离心力作用下沿径向向外运动，且液体在运动过程中被旋转填料分散和破碎成

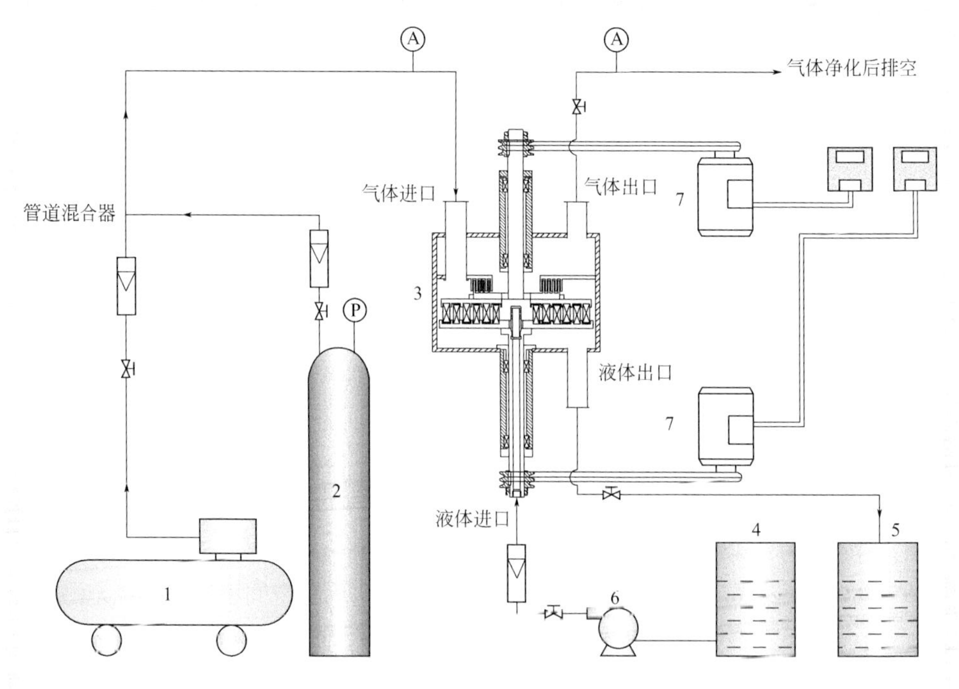

图2-8　海水吸收SO_2工艺流程图

1—罗茨风机；2—SO_2钢瓶；3—CAS-RPB；4,5—储液槽；6—离心泵；7—变频器

尺寸更小、不断更新的液滴、液丝和液膜，而在气体压力的作用下，气体从转子的外缘沿径向向内运动，且在运动过程中被旋转的填料不断地剪切，在高湍动以及气膜急速更新的情况下与液体逆流接触并进行传质后，气体从气体出口排出，液体从液体出口排到储液槽，在气体进出口处分别留有取样口。完成海水吸收 SO_2 实验后，将储液槽中的吸收剂更换为添加 NaOH 的海水，在相近操作条件下进行吸收 SO_2 实验。

以海水为吸收剂，采用 CAS-RPB 对模拟船舶烟气进行脱硫，考察了两转盘同向旋转和反向旋转时吸收剂碱度、液气比、超重力因子、SO_2 浓度和气体流量等对脱硫率（η）和气相总体积传质系数（K_Ga）的影响。实验结果表明，脱硫率和 K_Ga 随着吸收剂碱度、液气比、超重力因子的增大而增加，随着 SO_2 浓度增大呈现先增大后减小的趋势，脱硫率随着气体流量的增大而减小，K_Ga 随着气体流量的增加而增加，且反向旋转时的脱硫率和 K_Ga 均大于同向旋转的。最佳操作条件：液气比 $4L/m^3$ 左右，超重力因子 66.3。在此条件下，SO_2 浓度从 $610mg/m^3$ 降到 $50mg/m^3$，脱硫率为 92% 以上，达到 IMO 组织对 SO_2 在一般区域的排放标准。且在相近的操作条件下，与填料塔相比，脱除率提高 1.4 倍，K_Ga 提高 4.74 倍，表明 CAS-RPB 确实强化了气膜控制的传质过程，显著提高了船舶烟气中 SO_2 的脱除率。

采用添加 NaOH 的海水为吸收剂，在 CAS-RPB 中对模拟船舶烟气进行脱硫，考察了两转盘同向旋转和反向旋转时吸收剂碱度、液气比、超重力因子、SO_2 浓度和气体流量等对脱硫率和气相总体积传质系数（K_Ga）的影响。实验结果表明，脱硫率和 K_Ga 随着吸收剂浓度、液气比、超重力因子的增大而增大，随着 SO_2 浓度增大呈现先增加后减小的趋势，脱硫率随着气体流量的增大而减小，K_Ga 随着气体流量的增大而增大，且反向旋转时的脱硫率和 K_Ga 均大于同向旋转的。最佳操作条件是：吸收液浓度为 0.06mol/L，液气比为 $2.5L/m^3$ 左右，超重力因子为 70。在此条件下，SO_2 浓度从 $1000mg/m^3$ 降到 $20mg/m^3$，脱硫率为 98% 以上，达到 IMO 组织对 SO_2 在控制区域的排放标准。

超重力脱硫技术具有脱硫率和净化度高、液气比小、投资和运行费用低等技术优势，其主设备——旋转脱硫床体积小、占地少，设备高度低、重量轻，适宜在船舶甲板等多处安装，受安装环境影响小。特别是脱硫过程处于超重力环境，不受重力影响，不怕颠簸、倾斜，非常适合于船舶柴油机的烟气脱硫。因此，超重力脱硫技术在船舶烟气脱硫方面具有发展潜力[14]，图 2-9 为超重力湿法脱硫现场照片。

三、气体中二氧化碳的净化

CO_2 的吸收过程是气液传质过程，吸收设备的传质性能与脱碳的选择性、脱除率以及操作的难易程度、装置的能耗及运行成本有直接的关系。近年来，我国石油

图 2-9　超重力湿法脱硫现场照片

化工工业规模不断扩大，CO_2 排放量也与日俱增，CO_2 捕集技术备受关注。CO_2 捕集法有物理法（如物理吸收、吸附、膜分离等）和化学法（如活化 MDEA 吸收法、热碳酸钾吸收法等）。这两种方法具有不同特点：①分压高时，物理法吸收能力大；分压低时，化学法吸收能力大。②减压闪蒸时，物理法解吸量大于化学法，因此物理法多采用减压闪蒸再生，化学法多采用加热再生。③当溶解量极小时，物理法的分压高，化学法的分压低，这表明化学法的吸收精细程度高。通常，对于生产规模较小的装置而言，选择化学吸收工艺较为适合。

针对目前脱碳装置存在的吸收效率不高、操作复杂、装置体积大、能耗偏高的现状，新处理装置与新吸收剂的开发和现有脱除工艺的改进已成为业内研究者关注的焦点。其中超重力吸收作为一种新型的强化传递过程的技术，在捕集 CO_2 方面取得较大技术进展，研究表明该技术具有脱碳效率高、装置体积小、能耗低等优势。在此，简要介绍超重力用于脱除 CO_2 的技术情况。

1. 高浓度二氧化碳的脱除

N- 甲基二乙醇胺（MDEA）溶液兼有物理吸收和化学吸收的性能，对 CO_2 的吸收效果良好，具有较大吸收负荷（即吸收容量：用 CO_2 和吸收剂量的比值表示），反应热小、解吸能耗很低、性质稳定。但是，MDEA 是一种叔胺，空间位阻大，吸收 CO_2 速率较慢。而三乙烯四胺（TETA）含有 2 个伯胺氮原子、2 个叔胺氮原子，对 CO_2 具有较好的吸收能力，对 CO_2 的吸收容量大且吸收速率快，其吸收速率是 MDEA 溶液的 2 ～ 3 倍。但是，解吸能力较差，不能很好地重复利用。

在 MDEA 中加入少量的 TETA，组成混合有机胺溶液作为吸收剂，可以在吸收速率大幅增加的同时保留 MDEA 溶液解吸能耗低的特性。CO_2 与 MDEA 和 TETA 混合胺按式（2-2）～式（2-5）进行反应。

$$CO_2 + H_2O \longrightarrow H^+ + HCO_3^- \quad (2\text{-}2)$$

$$H^+ + R_3N \longrightarrow R_3NH^+ \quad (2\text{-}3)$$

$$RNH_2 + CO_2 \longrightarrow RNH_2^+COO^- \quad (2\text{-}4)$$

$$RNH_2^+COO^- + R_3N \longrightarrow RNHCOO^- + R_3NH^+ \quad (2\text{-}5)$$

反应（2-2）受液膜控制，为慢反应，反应（2-4）为伯胺、仲胺吸收 CO_2 的控制反应，反应（2-3）和反应（2-5）为瞬间反应。因此，混合胺溶液吸收 CO_2 的控制反应为反应（2-2）和反应（2-4），二者均属气液反应过程，强化其气液传递速率是提高混合吸收剂对 CO_2 捕集速率的关键。超重力技术是强化气液传质过程的新兴技术，能极大提高气液相际面积，传质系数提高 1 ～ 3 个数量级，对上述反应（2-2）和反应（2-4）过程的强化针对性很强。

基于多年来在超重力技术领域的研究基础[24-27]，中北大学以超重力装置为吸收设备，以混合胺为吸收剂，对模拟合成氨原料气（其中 CO_2 的体积分数为 4%）进行了 CO_2 吸收捕集工艺研究，工艺流程如图 2-10 所示。来自 CO_2 钢瓶 1 的气体经过减压阀减压后送入缓冲罐 3，与风机 12 输送的空气在缓冲罐 3 中进行混合，通过调节 CO_2 流量或空气流量使混合气中 CO_2 达到一定浓度。然后，混合气进入旋转填料床 6。吸收剂由储液槽 14 经液泵 13 和液体转子流量计 11 进入旋转填料床 6，再经液体分布器喷洒到填料内缘，在离心力作用下沿径向通过填料层。气体和吸收剂在旋转的填料层中充分接触反应后，气体从旋转填料床上部的气体出口排出，液体在离心力的作用下甩至壳壁，在重力作用下流至旋转填料床底部，由液体出口排出。

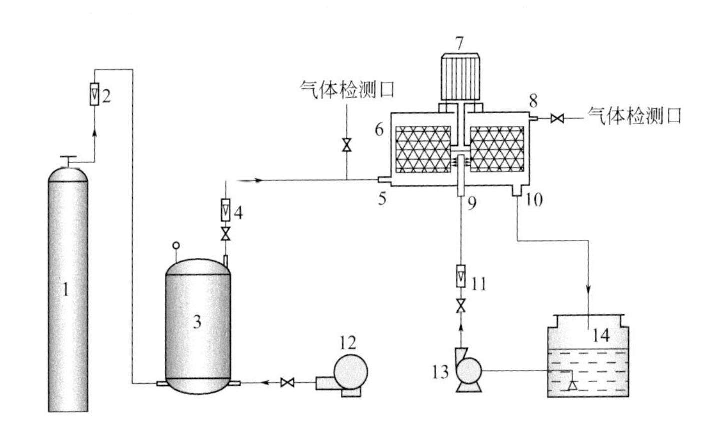

图 2-10 超重力脱碳工艺流程图

1—CO_2钢瓶；2,4—气体转子流量计；3—缓冲罐；5—气体进口；
6—旋转填料床；7—变频电机；8—气体出口；9—液体进口；10—液体出口；
11—液体转子流量计；12—风机；13—液泵；14—储液槽

通过改变操作参数：气体流量 G（5 ～ 15m³/h）、液体流量 L（20 ～ 120L/h）、超重力因子 β（9 ～ 150），研究混合胺配比、液体流量、气体流量、液气比、超重力因子、吸收液循环液量、温度等因素对吸收效果的影响规律，主要研究结果如下。

（1）吸收液类型对吸收效果的影响

与单一的 MDEA 吸收液相比，用 0.5mol/L 的 TETA+1.0mol/L 的 MDEA 混合胺作为吸收液，CO_2 的脱除率提高了一倍，见图 2-11。

（2）吸收液中 CO_2 负荷对脱除率的影响

在室温、液气比为 8L/m³、超重力因子为 120、时间为 100min、每隔 10min 取 1 次样的条件下，得到不同吸收液中 CO_2 负荷与脱除率的关系，结果如图 2-12 所示。

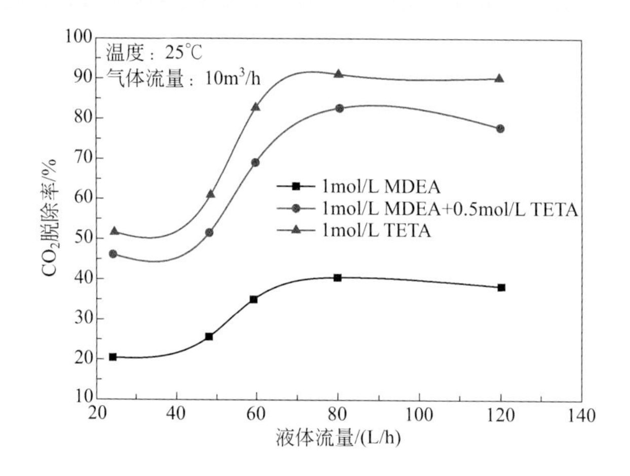

图 2–11　吸收液类型对脱除率的影响

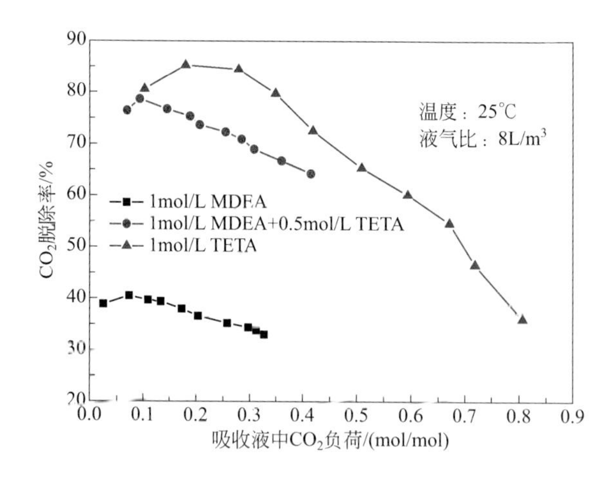

图 2–12　吸收液中 CO_2 负荷对脱除率的影响

从图 2-12 可以看出，三种吸收液在超重力旋转填料床中的脱除率均随吸收液中 CO_2 负荷的增加而降低。其中，MDEA 吸收液的吸收速率较慢，100min 时的吸收负荷为 0.335，此时 CO_2 的脱除率也很低，仅为 33.5%；而 TETA 的吸收速率最快，在 100min 时吸收负荷就达到了 0.8，CO_2 负荷较大。由此可知，TETA 不能单独在工业上使用。值得关注的是，MDEA 与 TETA 混合吸收液的 CO_2 负荷变化较小，在 100min 时 CO_2 负荷为 0.42，此时其脱除率仍高达 64.3%。由此可见，MDEA 与 TETA 的混合吸收液具有更好的吸收能力，易于再生及循环使用。

（3）超重力因子对脱除率的影响

在气体流量为 $10m^3/h$、混合胺溶液（0.6mol/L 的 TETA+1.4mol/L 的 MDEA）流量为 80L/h 条件下，超重力因子改变对 CO_2 脱除率的影响如图 2-13 所示。

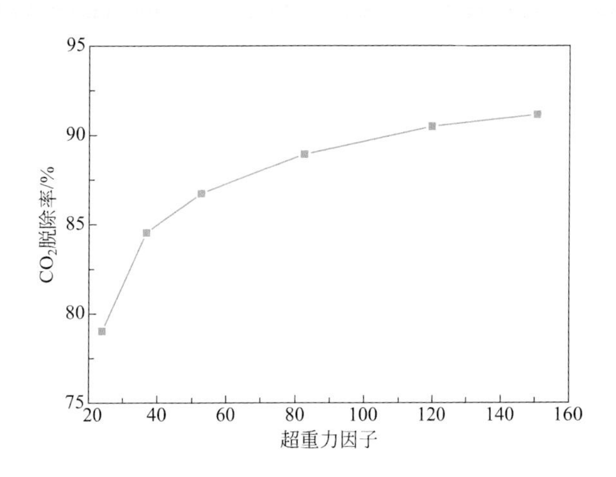

图 2-13　超重力因子对脱除率的影响

从图 2-13 可看出，CO_2 脱除率随超重力因子的增大呈先迅速增大后增大变缓的趋势。需要注意的是超重力因子增大，会使得液体停留时间减小，从而缩短气液接触时间，不利于提高总传质效果。

超重力脱除高浓度 CO_2 气体的最佳操作条件：超重力因子 β 为 120、液气比为 $10L/m^3$、吸收液循环液量 W 为 2L、温度为 30℃。在最佳操作条件下，高浓度 CO_2 气体的脱除率达到 82.64%。

总之，相对于传统塔设备，旋转填料床脱除合成氨原料气中 CO_2 提高了气液相接触总比表面积，强化了气液间的传质速率和吸收效率，具备较稳定的脱除率和较好的操作性。但是，与超重力吸收配套的解吸操作、吸收液再生及循环使用等有待考察。

另外，中国石油大庆化工研究中心也对超重力吸收 CO_2 进行了研究[28]。选用二乙基胺（R_2NH）为活性剂，MDEA 作为吸收剂，混合吸收剂组成（质量比）为：H_2O 60%、MDEA 28%、R_2NH 12%。采用超重力旋转填料床为吸收设备，对合成氨工艺中的变换气进行脱碳实验研究。通过改变操作参数：液体流量（50 ～ 110L/h）、转子转速（700 ～ 1300r/min）、反应温度（50 ～ 110℃）、气体流量（1000 ～ 1600L/h），研究四种因素对脱碳效果的影响。主要研究结果如下：①超重力脱除高浓度 CO_2 的最佳操作条件为，液体流量为 80 ～ 90L/h，转子转速为 1200r/min，反应温度为 80 ~ 90℃。在此条件下，当气体流量为 1200L/h 时，CO_2 的脱除效果可达到合成氨工艺对变换气脱碳的要求（CO_2 的体积分数 0.2%）。②与传统塔设备相比，超重力旋转填料床具有 CO_2 脱除率高、处理能力大、能耗和运行费用低、占地面积小、操作简便等优点，具有良好的工业应用前景。③针对大庆石化 30×10^4t/a 合成氨，超重力脱碳工艺相对于填料塔脱碳工艺，降低运行成本 365 万元，降低设备投资 1940 万元。

上述研究可以看出，超重力脱碳较传统脱碳工艺具有明显的经济优势。

2. 低浓度二氧化碳的脱除

新鲜空气中 CO_2 体积分数约为 0.04%，室内 CO_2 体积分数约为 0.07%，而人群密集处 CO_2 浓度往往会比正常值高出数倍。在人群聚集场所、密闭舱室和密闭环境中，环境空气中的 CO_2 会不断聚集。当 CO_2 浓度达到 1% 时，人会感到气闷、头昏、心悸；达到 4% ～ 5% 时会感到眩晕；达到 6% 以上时会使人神志不清、呼吸逐渐停止以致死亡。因而，对室内过量 CO_2 进行治理或在线处理越来越被关注。

中北大学[29] 以 NaOH 溶液为吸收剂，采用气流对向剪切旋转填料床（CAS-RPB）作为脱碳设备，对气体中低浓度 CO_2（≤ 1.2%）进行了脱碳研究，特别针对极低浓度 CO_2 净化处理进行了专门的脱碳实验，结果见图 2-14。

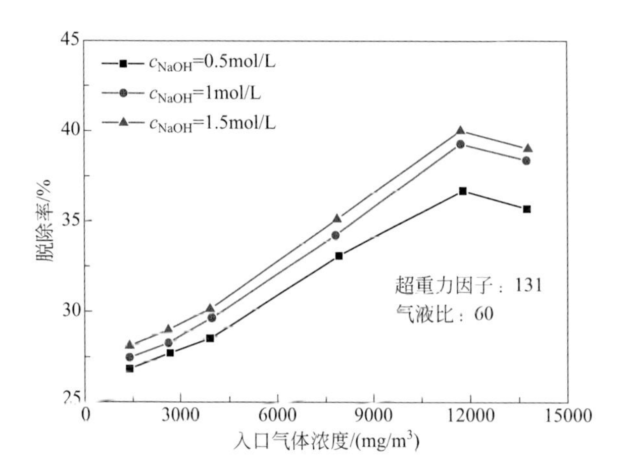

图 2-14　入口气体浓度对 CO_2 气体脱除率的影响

由图 2-14 可以看出，CO_2 浓度小于 12000mg/m^3 的情况下，脱碳率随入口气体浓度的增加而增大，反映出 CO_2 浓度越低，脱碳越不易进行，当 CO_2 浓度为 1000 ～ 4000mg/m^3 时，脱碳率为 26.8% ～ 30.2%，说明 CO_2 浓度在略高于大气组成中 CO_2 浓度的情况下仍具有相对较高的脱碳率。因为在 CO_2 浓度较低或接近大气组成浓度的情况下，CO_2 的分压很小，吸收推动力很弱，此时较高的脱碳率得益于超重力旋转填料床对气液接触传质过程的强化，是常规吸收技术难以达到的。

在实际过程中，可以采取将含 CO_2 的气体进行多次循环操作的方法实现进一步脱碳处理，以达到空气质量指标要求。该技术可对人群聚集场所、密闭舱室、密闭环境中的空气净化以及对 CO_2 精细化等化工生产提供技术支持。

四、硝烟尾气中氮氧化物的净化

火炸药、硝酸、氮肥、染料等化工生产过程排放大量高浓度 NO_x 废气，俗称“硝烟”。不同于工业锅炉烟气，硝烟的浓度通常达 10000 ～ 560000mg/m^3，排气口呈深黄色，也常被称为“黄龙”。硝烟成分复杂，主要为 N_2O、NO、NO_2、N_2O_4、N_2O_5 的混合物，相对于锅炉烟气而言，其排放量较小，排放点多且分散，扩散速度快，危害严重，治理难度更大。国外通常采用加压吸收技术净化废气，如德国 PLINKE 公司的加压塔吸收技术，主要用于本身为加压工况的硝烟气体净化处理或硝酸生产过程。但对于常压硝烟，须将其经四级特制压缩机（需配套制冷装置及其循环冷却系统）加压至 0.6 ～ 0.7MPa，所有设备及管道要求高、投资巨大，且运行费用高。国内仅在硝酸生产工艺中采用加压吸收技术，而对于常压尾气的治理通常采用湿法吸收，其吸收装置以填料塔、泡罩塔和筛板塔等为主，经常采用多塔串联技术。如某火炸药生产企业的硝烟尾气采用了 7 个填料塔串联吸收净化处理，多塔吸收后的尾气仍有氮氧化物存在，由于这类塔传质性能不高，对氮氧化物的吸收效率偏低，导致多塔串联的流程长、投资高、效率低、达不到排放标准等问题。湿法吸收主要包括水吸收法、酸吸收法、碱吸收法、氧化吸收法、吸收还原法、络合吸收法等，表 2-3 为几种典型的湿法处理氮氧化物技术的比较。

表2-3　几种湿法处理氮氧化物技术的比较

处理方法	技术要点	主要缺点
臭氧 / 氧化吸收	把臭氧和氮氧化物混合，使 NO 氧化，然后用水溶液吸收	臭氧要用高电压电离制取，设备昂贵，耗电量大，费用高
ClO_2/ 氧化吸收还原	ClO_2 将 NO 氧化为 NO_2，然后用 Na_2SO_3 水溶液吸收，使 NO_x 还原成 N_2	设备易腐蚀，氧化剂及吸收液处理较困难
吸收还原	将 NO 用还原剂还原成 N_2	NO_x 氧化度对吸收效果影响大
络合吸收	Fe^{II}EDTA 配合物将 NO 固定，然后用 Na_2SO_3 将 NO 还原成 N_2	配位剂损失及再生造成成本高

分析湿法吸收氮氧化物过程发现，水合反应是快过程，扩散传质是整个过程的控制步骤，即 $NO(g)\longrightarrow NO(l)$；$NO_2(g)\longrightarrow NO_2(l)$；$N_2O_3(g)\longrightarrow N_2O_3(l)$。从气相向液相传递过程的速率是影响吸收效率的关键因素之一，为此，需要创新吸收装备，强化传质速率，以减小吸收设备数量和体积。此外，NO 不溶于水，即使原气体中无 NO，但在吸收 NO_2 的同时会转化产生 NO，NO 气相氧化速率慢，会导致多级吸收后的尾气中仍有较高浓度的 NO，难以达标。为此，需要开发合适的吸收工艺，如采用络合或氧化，其中氧化剂分为气相氧化剂和液相氧化剂。气相氧化剂有 O_2、O_3、Cl_2、ClO_2 等，液相氧化剂有 HNO_3、$KMnO_4$、$NaClO_2$、NaClO、H_2O_2、$KBrO_3$、$K_2Cr_2O_7$、Na_2CrO_4、$(NH_4)_2Cr_2O_7$ 等。随着 NO_x 浓度的增加，成本显著增加，企业难以承受而无法推广使用该技术。因此，提出依 NO_x 浓度分级处理的技术方案。首先，用气液传质效率高的超重力吸收大部分的 NO_x。然后，再采用氧化法或络合法处理低浓度氮氧化物。下面重点介绍超重力强化硝烟的吸收治理技术和络合法吸收 NO 技术。

1. 超重力常压净化高浓度氮氧化物

中北大学[10,30]提出采用常压超重力吸收法治理硝烟技术，创建了超重力常压净化高浓度氮氧化物的水冷新工艺，如图 2-15 所示。以水或稀硝酸为吸收剂吸收 NO_x，吸收剂循环使用。第一级超重力装置的吸收液采用板式冷却器冷却降温，以保证常温吸收，当吸收液中硝酸达到一定浓度后，第一级循环吸收液排出，返回车间使用，第二级循环液输送至第一级循环槽吸收高浓度氮氧化物，从第二级补加工艺水，以保持各循环槽的液位。硝烟经两级超重力装置吸收大部分氮氧化物后，剩下少量的氮氧化物在塔中采用分解剂还原分解为 N_2，实现达标排放。其中，采用

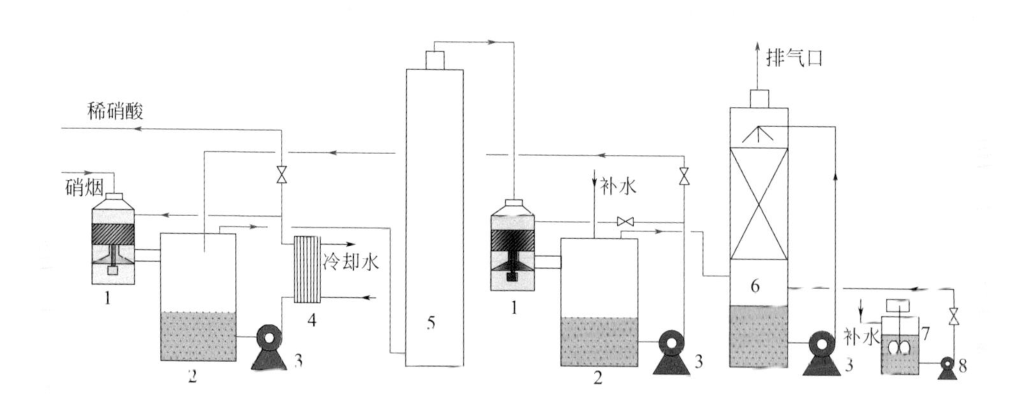

图 2-15　超重力净化硝烟工艺

1—超重力装置；2—循环罐；3—循环泵；4—换热器；5—氧化罐；6—分解塔；7—分解剂配制槽；8—输送泵

超重力装置强化硝烟中 N_2O、NO、NO_2、N_2O_4、N_2O_5 等快速由气相转移到液相的过程，显著提升吸收速率和净化效果。超重力对吸收液的高度分散可以减少吸收剂的循环量和填料体积，降低通过设备的气相阻力，节省循环泵及风机的电耗。

由于采用水和稀硝酸吸收氮氧化物，每吸收三个 NO_2 分子，就会产生一个 NO 分子，而 NO 不溶于水和酸，难以被吸收。为此，在两级超重力吸收装置中间增加一个氧化罐，延长尾气停留时间，利用尾气中富余的氧气或补加气相氧化剂 O_3 直接将 NO 氧化成 NO_2，以达到高效吸收与转化。

基于上述技术方案，在某化工车间现场硝烟侧线进行实验，研究结果表明，在适宜操作条件下，以水为吸收剂，超重力单级吸收率可达 63.7%，接近水吸收理论平衡值（66.7%）的 95.5%，比单塔吸收率提高了 23%，超重力吸收的总体积传质系数为筛板塔总体积传质系数的 480 倍。以开发的 A/ 添加剂（A 为分解剂或氧化剂）为吸收剂时，超重力单级吸收率达到了 85%，说明超重力强化氮氧化物吸收传质效果显著，对高浓度氮氧化物尾气能够实现高效治理。

该技术成功应用于山西某化工厂硝化车间的硝烟尾气治理工程，采用两台 ϕ1200mm×2800mm 的超重力装置串联。来自车间的硝烟，首先进入第一级超重力装置与稀硝酸接触吸收，吸收液通常循环使用。当吸收液中硝酸浓度达到 50% 时，送至酸回收车间处理后用于硝化工段，短缺的吸收液由第二级超重力装置的吸收液来补充。而硝烟进入氧化罐，使得 NO 进一步氧化；氧化后的硝烟气体进入第二级超重力装置吸收，吸收液通常循环使用。当吸收液量减少（或将吸收液送至第一级）时，用水作为补充。而硝烟气体进入分解塔，使得氮氧化物还原分解以降低氮氧化物浓度。

超重力常压净化高浓度 NO_x 的现场如图 2-16 所示。硝烟尾气中氮氧化物初

图 2-16　超重力常压净化高浓度 NO_x 尾气工业运行现场

始浓度为 18000mg/m^3 左右，通过两级超重力装置吸收后，氮氧化物浓度降至 2000mg/m^3 以下。然后，再经分解塔分解后，硝烟浓度可降到 240mg/m^3 以下，达到了国家排放标准，运行参数见表 2-4。与原来的“三塔 + 碱液吸收”工艺相比，总吸收率提高了 26%，同时副产 50% 左右的稀硝酸，运行成本降低 50% 以上。

表2-4　超重力吸收工艺条件及操作参数

项目	操作参数	项目	操作参数
硝烟处理量 /(m^3/h)	600 ～ 20000	操作气速 /(m/s)	0.2 ～ 0.5
NO_x 进口浓度 /(mg/m^3)	18000 ～ 20000	吸收停留时间 /s	0.3
NO_x 出口浓度 /(mg/m^3)	≤ 2000	氧化停留时间 /s	60
液气比 /(L/m^3)	20	水力负荷 /[m^3/(m^2 • h)]	10 ～ 20

工程示范显示，该技术工艺流程简单、设备数量少，常温常压易于操作，占地少、投资省，净化后的尾气达标排放，技术优势突出。与加压吸收技术相比，设备成本可降低 30% 以上，投资节省 75%，运行费用降低 79%，填补了常压吸收硝烟技术的空白，为低成本、高效率处理常压高浓度硝烟污染问题提供了新途径。

当然，从原理上讲，在加压条件下，气液吸收的推动力增大，超重力吸收的效率会更高。超重力吸收技术既可用于常压吸收，也可用于加压吸收。

2. 超重力 Fe^{II}EDTA 络合法吸收 NO

如前所述，氮氧化物吸收过程中产生的低浓度 NO 气体难以快速氧化，成为水溶液（酸性或碱性）吸收氮氧化物的技术瓶颈。根据有关报道，NO 的氧化速率方程为：$r_{NO_2} = kc_{NO}^2$，其氧化速率与 NO 浓度的平方成正比 [31]。当 NO 浓度较低时，氧化速率很慢，如当 NO 浓度低于 0.1% 时，氧化速率实际上已接近于 0。于是，国内外学者对 NO 的氧化吸收过程展开研究，主要集中在两个方面：①改变反应平衡，如增加系统压力；②提高反应速率，即加入催化剂或氧化剂如 $NaClO_2$、H_2O_2、$KMnO_4$ 等。然而，这些方法由于受到操作条件和吸收剂成本等问题的限制，在实际应用中存在一定的困难。

一些学者采用过渡金属络合物吸收 NO 气体发现，NO 可与过渡金属络合物发生配位反应而被直接吸收去除 [32-34]。研究发现，在常温常压下，亚铁类络合物 Fe^{II}EDTA 对 NO 的络合吸收具有反应速率快、吸收容量大、Fe^{2+} 对环境友好、不会造成二次污染等特点，被认为是具有工业化应用前景的 NO 吸收剂之一。

中北大学上菲 [11] 采用亚铁络合物 Fe^{II}EDTA 作为吸收剂，通过考察吸收液浓度、NO 气体浓度等对吸收速率的影响，推导给出 NO 吸收过程的动力学模型。经实验证明，Fe^{II}EDTA 吸收 NO 是一个拟一级快速反应。在此基础上，以 Fe^{II}EDTA 作为吸收剂，采用超重力技术络合吸收 NO 气体，工艺流程如图 2-17 所示。重点考察了超重力因子 β、吸收剂初始浓度、液气比 L/G、气体流量 G、NO 入口浓度、

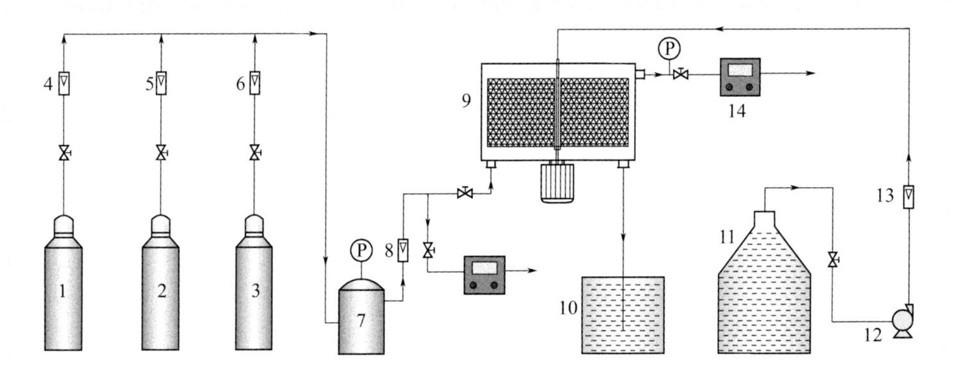

图 2-17　超重力技术络合吸收 NO 气体工艺流程图

1—NO钢瓶；2—N_2钢瓶；3—O_2钢瓶；4~6,8—气体流量计；7—气体缓冲罐；
9—超重力旋转填料床；10—吸收后液体储槽；11—吸收剂储槽；
12—液泵；13—液体流量计；14—NO气体检测仪

吸收温度和吸收液的 pH 值等因素对 NO 脱除率 η 和气相总体积传质系数 $K_G a$ 的影响。通过回归计算得到总体积传质系数与影响因素之间的关联式（2-6）。

$$K_G a = \frac{2.625 c_B^{0.2798} \beta^{0.2730} G^{0.9144}}{c_A^{0.03201} R^{0.1427}} \tag{2-6}$$

式中　$K_G a$——总体积传质系数，s^{-1}；

c_A——NO 浓度，mg/m^3；

c_B——吸收液浓度，mg/m^3；

β——超重力因子；

G——气体流量，m^3/h；

R——气液比。

实验结果表明，在有氧气存在的条件下，增大超重力因子在强化吸收的同时有效抑制了氧气与吸收剂的反应。对 NO 的脱除率 η 和总体积传质系数 $K_G a$ 均随超重力因子 β、液气比、吸收剂浓度的增大呈上升趋势，随 NO 进口浓度增大而缓慢减小。但 $K_G a$ 随进气流量增大而增大，而 η 则随进气流量增大而缓慢减小。温度升高、pH 值过高或过低均不利于 NO 的吸收。

适宜操作条件为：超重力因子 β 为 80 ～ 90，液气比为 18L/m^3 左右，吸收剂浓度为 0.02mol/L，pH 值为 7.0 左右，吸收温度为室温，在 NO 进口浓度为 200 ～ 2000mg/m^3（即体积浓度为 0.01% ～ 0.1%）范围，其脱除率达 70% 以上，相较于填料塔吸收率提高了 50% 以上，总体积传质系数增大 147%，且有氧存在的硝烟尾气络合吸收剂寿命更长。

五、硝酸磷肥行业尾气中氨的净化

硝酸磷肥尾气来源于生产中酸解、过滤、中和、转化工序的气体，混合后温度达到 70℃，主要含有含氟气体、氨气、水汽、氮氧化物等[12]，其组成见表 2-5。

表2-5 冷冻法硝酸磷肥尾气组成

位置	温度/℃	NH_3 浓度/(mg/m³)	NO_x 浓度/(mg/m³)	F 浓度/(mg/m³)	H_2O/%
烟囱	70	7960	751	62	20.6

由表可以看出，硝酸磷肥尾气具有以下特点：①氨气浓度过高，根据《恶臭污染物排放标准》（GB 14554—93），排气筒高度大于 60m 时，最高允许排放浓度为 739mg/m³，对比氨气的实际排放浓度可以得出，当氨气的吸收率高于 90.72% 时，才能达到排放标准。②水汽含量高，体积分数达到 20.6%，计算其湿度为 0.1782kg 水 /kg 干气，远远高于大气状态下的饱和湿度，该尾气排放进入大气后，温度骤然降低，从而使得硝酸磷肥尾气排放后形成“工业白烟”。要达到排放标准，必须使排放尾气中水汽含量不高于大气状态下的饱和水汽含量。③含有一定量的氮氧化物和氟，这两种成分的处理达标相对容易。为此，磷肥尾气达标排放一直是化肥行业的难题。

采用分别治理硝酸磷肥尾气中的有害气体的方法，存在工艺复杂、流程长、投资运行费用高等诸多问题，不能被多数企业所接受。从尾气的组成来看，氨气和水汽是关键组分，整体方案应该集中在对关键组分的有效处理。首先，对于氨气[12,35]，如采用水或酸性溶液作为吸收剂、塔为吸收设备，存在吸收效率较低、设备体积大、占地面积大、基建及投资费用高的问题，特别是对现有工艺进行技术改造、增加脱氨新装置时，场地空间严重受限，难以实施。其次，对于水汽处理，目前除湿方法主要有冷却除湿、吸附除湿、吸湿除湿、膜法除湿等[36]。针对硝酸磷肥尾气排放量大、湿度高、温度高的特点，若采用冷却法，从尾气组成可看出，将尾气冷却需要的换热量很大，尾气被冷却的速率和效率是技术的关键。此外，氮氧化物及氟含量相对较低，在除氨脱湿的过程中会同时被脱除，溶于水中，达标相对容易。因此，寻求传热传质效率高、占地面积小、脱氨脱氮除湿一体化的新型技术是解决此类问题的技术关键。由此，中北大学[12]提出超重力吸收法处理硝酸磷肥尾气的技术思路，通过湿法脱氨基础研究和对工艺参数的优化，推进了工程化关键设备设计与工艺技术创新，在企业实施推广应用，取得了显著的经济和环境效益。

1. 超重力湿法脱氨工艺参数优化及脱除效果

以错流旋转填料床为吸收设备，模拟生产工艺产生的废水为吸收剂，对氨进行吸收实验研究。研究结果证明了该工艺技术的可行性，通过对工艺参数进行优化，取得了工程化的重要基础数据。

① 通过实验建立了体积传质系数经验关联式[12]（2-7），并与实验值进行拟合，得到超重力装置的传质系数为传统塔设备的1734.2倍。

$$k_{y}a_{e}=6604\frac{pDa_{f}}{RTR'}Re_{G}^{0.5}Re_{L}^{0.2118}\beta^{0.03354} \tag{2-7}$$

式中 $k_{y}a_{e}$——气相体积传质系数，mol/(m³·s)；

p——系统总压力，kPa；

Re_{G}——气相雷诺数，无量纲；

Re_{L}——液相雷诺数，无量纲；

D——扩散系数，m²/s；

a_{f}——填料比表面积，m⁻¹；

T——温度，K；

R——摩尔气体常数，kJ/(kmol·K)；

R'——当量直径，m；

β——超重力因子，无量纲。

② 通过实验，建立了气相体积传热系数经验关联式，与实验值进行比较，得到超重力装置传热系数为塔设备的89.9倍，传热速率提高极大，表明超重力装置具有优良的传热性能。

③ 当气液比为1000时，随着超重力因子的增加（30～90），氨气和水汽的脱除率呈现上升的趋势。在液体流量为0.2～0.8m³/h时，脱氨率和除湿率随着液体流量增大而提高，如图2-18和图2-19所示。当超重力因子、液体流量上升到一定值后，脱除率逐渐趋于定值。

④ 当混合气中初始氨气浓度为7960mg/m³时，在超重力因子为90、进气量为500m³/h时，脱氨率可达91%，除湿率可达62.4%，达到理论值的92.7%，此时出

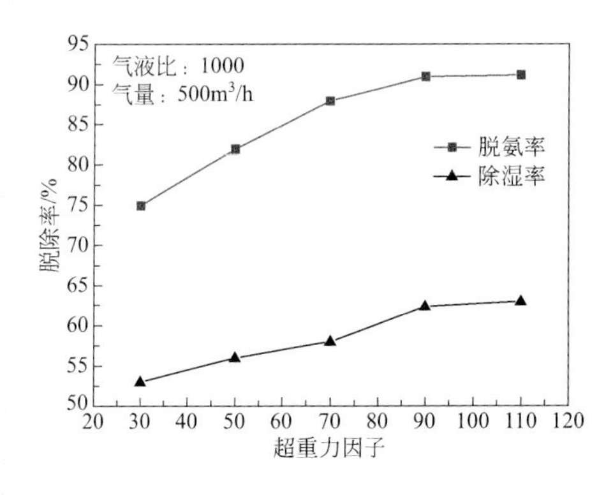

图2-18 超重力因子对净化效果的影响

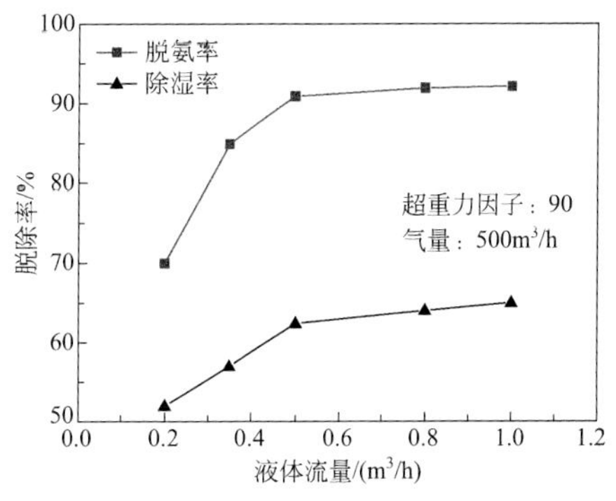

图2-19 液体流量对净化效果的影响

口混合气中氨气浓度为716.4mg/m³，达到磷肥尾气中氨的排放要求。

2. 超重力脱氨脱氮除湿技术及实施方案

基于实验基础，研究者提出"硝酸磷肥尾气中脱氨脱氮除湿工艺及装置"专利技术。超重力脱氨脱氮除湿一体化处理硝酸磷肥尾气技术工艺流程如图2-20所示。该技术以发明的脱氨脱氮除湿工艺及装置（同轴异径双层填料的超重力装置）为

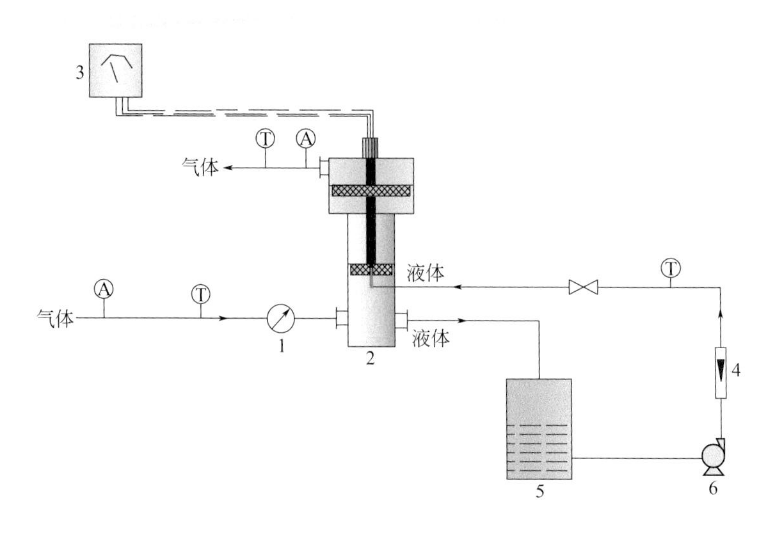

图2-20　旋转填料床脱氨脱氮除湿工艺流程图

1—气体流量计；2—旋转填料床；3—变频器；4—液体流量计；5—液体循环槽；6—液体循环泵

基础，将该装置作为吸收设备，以硝酸磷肥生产工艺中产生的酸性废水为降温脱氨脱氮除湿的吸收剂（降温媒介），尾气经吸收降温处理后，氨生成的铵盐、NO_x生成的硝酸类化合物和除湿生成的水，均进入工艺酸性废水中，返回生产系统循环利用。

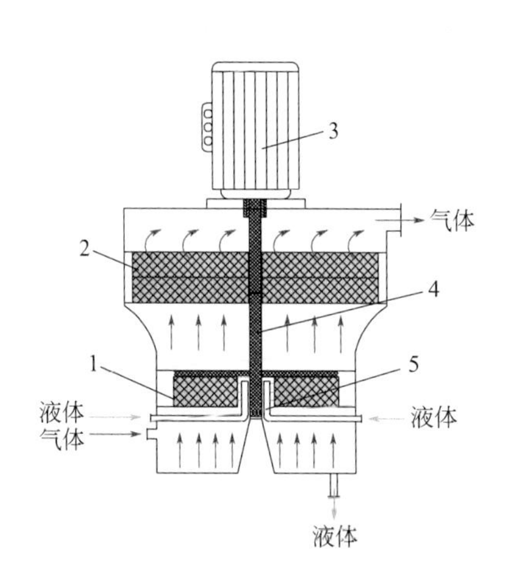

图2-21　同轴异径双层填料旋转填料床

1—下层填料；2—上层填料；3—电机；4—转轴；5—液体分布器

发明的同轴异径双层填料的超重力装置[37]如图2-21所示，其中在装置下部设置的下填料层以湿填料形式运行，而在上部设置的上填料层以干填料形式运行。两层填料层之间设置了扩张段，以减小气体流速。工艺产生的酸性废水（吸收液）从液体进口

进入下层填料，硝酸磷肥尾气从超重力装置底部进入下层填料，气液在旋转的填料中进行接触。在此过程中，水中酸性物质与尾气中的氨气发生化学反应，同时，气液进行直接接触换热，尾气温度急速降低，水汽从尾气中冷凝进入酸性废水中。此外，尾气中的 NO_x 也在此时被水吸收，转入液体中。

从下层填料出来的气体，经过扩张段（区间）气速缓慢降低后，进入上层高速旋转的干填料层。在填料中，旋转填料对气体的剪切和强烈碰撞作用使得气体中夹带的液膜、液雾快速凝并和捕集，进一步降低气体中的水分含量。

由此，在同轴异径双层填料的超重力装置中，实现了脱氨脱氮除湿一体化处理。

3. 超重力脱氨脱氮除湿应用

该项目于 2009 年在山西某企业进行了工程化实施，主要是对原有尾气治理流程进行技术改造，由于现场空间位置与场地受限，其他传统吸收装备无法安放，超重力装置体积小、占地少的特点得以充分体现。

单台超重力装置处理气量为 $5.5\times10^4m^3/h$，以生产工艺的原酸性废水为吸收液，装置运行平稳，脱氨率为 92%，NH_3 被吸收液吸收，生成的铵盐返回主生产工艺，年回收氨 3220t，实现了资源循环利用。除湿率为 60.8%，年回收水 4.35 万吨。尾气治理系统压降损失小于 1000Pa，不需要另增设风机。

该技术实现了脱氨脱氮除湿一体化，具有占地面积小、脱氨脱氮除湿率高、安装维修方便、投资费用小和运行成本低等优点，解决了硝酸磷肥行业的难题，推广应用于山东等地脱氨脱氮除湿工程，节能减排效果显著，带动了相关工艺的进步。

六、挥发性有机物的净化

根据世界卫生组织（WHO）的定义，挥发性有机物（Volatile Organic Compounds, VOCs）是在常温下沸点为 50 ～ 260℃的各种有机化合物[38]。在我国，VOCs 是指常温下饱和蒸气压大于 70Pa、常压下沸点＜ 260℃的有机化合物，或在 20℃条件下蒸气压≥ 10Pa 且具有挥发性的各种有机化合物。由于 VOCs 有毒、有恶臭及“三致”作用[39]，不仅会危害人体健康，部分有机废气还会形成光化学烟雾，从而导致雾霾天气，氟氯烃（CFC）类化合物还具有破坏臭氧层的作用。因此，世界各国尤其是发达国家纷纷颁布法律对 VOCs 的排放进行控制。2010 年，我国首次将 VOCs 列为大气污染控制的重点污染物之一。

工业 VOCs 废气一般来源于溶剂生产和使用溶剂的部门，如医药生产过程、内装饰过程、喷涂行业、包装印刷以及石油化工、燃料燃烧、机动车和飞机的尾气排放过程等。表 2-6 列举了我国部分行业排放的典型 VOCs 种类[40]。

表2-6　我国部分行业排放的典型VOCs

行业	典型 VOCs	行业	典型 VOCs
炼油与石化	苯系物，1,3- 丁二烯，已烷	合成纤维	甲醛，苯
油品储运销	已烷，苯，甲苯，二甲苯	纺织	甲醛
半导体及电子	苯系物，甲醛，三氯乙烯，二氯甲烷	炼焦、钢铁	苯，甲苯，乙苯
印刷、油墨	甲苯，二甲苯，乙二醇	人造板	甲醛
合成橡胶	甲苯，二甲苯，苯并 [a] 芘	建筑涂装	甲苯，甲醛，乙醛
涂料	甲苯，二甲苯，二氯甲烷，乙二醇	玻璃钢	苯乙烯
胶黏剂	甲醛，甲苯，二甲苯，四氯化碳	防水卷材	苯系物，苯并 [a] 芘

我国工业 VOCs 处理技术和设备已有较大的发展，冷凝、吸附、吸收、催化及膜分离等传统工艺在治理工程中得到了广泛的应用。但随着我国经济的发展，人们对环境质量的要求不断提高，一些环保、无二次污染和节约能源的新型技术（如低温等离子体处理技术、光催化处理技术、生物降解处理技术、超重力技术等）成为研究热点并步入实际应用。

工业化处理 VOCs 的方法较多，吸收法作为其中之一，其处理 VOCs 的适用条件为：组分简单，一般为单组分；吸收后通过解吸将有机物回收利用；吸收剂廉价易得、安全稳定；若采用水作吸收剂，应有配套的废水处理装置。在满足适用条件的同时，同其他吸收一样，VOCs 的吸收应重点解决吸收剂和吸收设备及二者的匹配问题。

下面根据处理体系的不同，探讨超重力技术吸收 VOCs 的应用及效果。

1. 含能材料生产排放的醋酸尾气的回收

某含能化合物生产过程中，硝解过程的温度升高、热量集聚，导致大量醋酸尾气从反应器挥发出来，由于间歇操作，尾气排放量和醋酸蒸气的浓度随时间而变化，尾气量变化大，浓度波动范围宽。由于缺乏与之相适应的高效率、低成本尾气吸收技术，在相当一段时间都直接排放，造成醋酸资源严重浪费和环境污染，直接影响操作工人的身体健康。

超重力吸收技术具有吸收效率高、体积小、开车停车快捷方便、操作弹性大等优点，能够很好地适应间歇操作排放的尾气治理。如超重力技术开车停车快捷方便，能及时响应主生产线的开停车；超重力技术吸收效率高、操作弹性大，能快速响应尾气排放不稳定的工况变化，吸收效率稳定有保证。

超重力装置作为吸收器，对某企业制造车间排放的含醋酸高达 $60g/m^3$ 的尾气进行了工程化实施，见图 2-22。超重力装置的气体进口管直接与车间尾气的排出口相连，处理气量为 $4500m^3/h$，处理后的尾气进入原设计排气筒。超重力装置采用不锈钢多孔波纹板改性亲水性填料，超重力因子为 50 ～ 90，用水作吸收剂循环使用，当吸收液中醋酸浓度达到70%左右时，送至精馏塔分离回收醋酸，醋酸纯度达99%以上，年回收醋酸527t，有效解决了行业溶剂回收的共性难题。

图2-22 某含能材料生产企业超重力回收醋酸尾气现场图

2. 挥发性甲醇气体的吸收

甲基叔丁基醚（MTBE）裂解制备的高纯度异丁烯是合成烷基化汽油的重要原料，目前世界上采用甲基叔丁基醚裂解法生产异丁烯的生产能力已占异丁烯总生产能力的70%以上。MTBE裂解产生异丁烯和甲醇两种气体，甲醇气体易溶于水，而异丁烯难溶于水，采用水为吸收剂可将甲醇吸收，从而得到高纯度异丁烯。

目前国内现有MTBE裂解生产高纯度异丁烯过程中，脱除异丁烯中甲醇气体的分离工段通常采用填料塔、板式塔等，由于塔式装置气液传质速率低，因而通常需几个吸收塔串联使用，导致气相阻力增大、吸收液循环量大、能耗和生产成本增加。

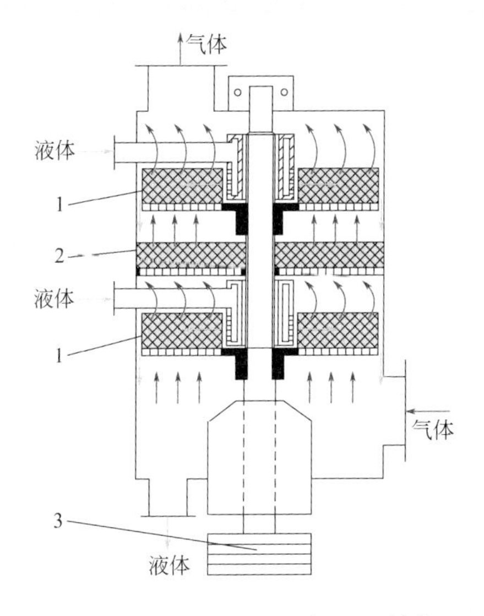

图2-23 多级错流旋转填料床结构示意图

1—转子；2—定子；3—电机

甲醇的吸收过程为气膜控制，为了强化气流的扰动进而强化甲醇的吸收过程，杜杰[41]研发出新型超重力设备——多级错流旋转填料床（Multilevel Cross Flow Rotating Packed Bed，MC-RPB），结构如图2-23所示。MC-RPB将“动”与“静”相结合，构建“转子+定子”多级错流结构。即整体由三个填料组成，上下两个为旋转填料（转子），中间是固定填料（定子），且与上、下两个填料分别形成两个间隙空间。气体沿轴向经过三个填料及填料之间的间隙，液体靠离心作用分别在各填料中沿径向通过填料，与气体形成错流流动。该结构可显著提升气液滑移速度和接触时间，特别是气体由旋转填料进入固定填料、再由固定填料进入旋转填料的过程，气体受到旋转剪切作用，流向突然急剧变化，导致气体产生高强度湍流脉动速度，从而强化气液间传质速率，提高气膜控制体系的吸收效果。

为了对比定子与转子间的气相湍动程度，分别测定有无定子两种结构的总体积传质系数 K_Ga 和对甲醇的吸收效果，结果如图 2-24 和图 2-25 所示。采用相同体系和相同操作条件进行实验，对比发现：当有定子存在时，甲醇气体的 K_Ga 是无定子的 1.33 ～ 2.36 倍，甲醇的吸收率是无定子的 1.15 ～ 1.54 倍，说明 MC-RPB 的填料定子使气体得到重新分布，有效提高了气流的扰动与分散，同时增大了气体与填料间的相对滑移速度，降低了气膜侧阻力，使气相传质效果明显提高。

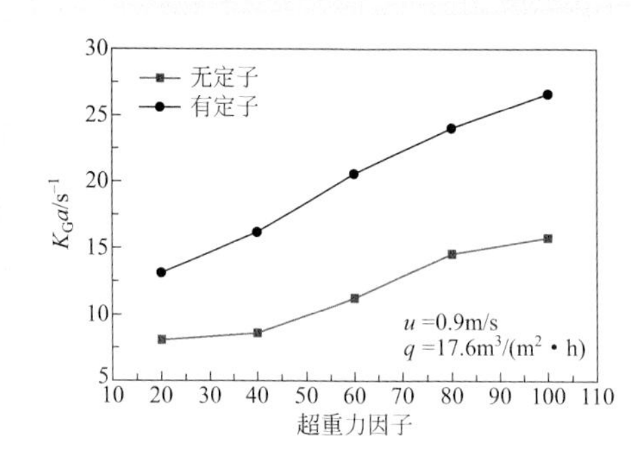

图 2-24　超重力因子对 K_Ga 的影响

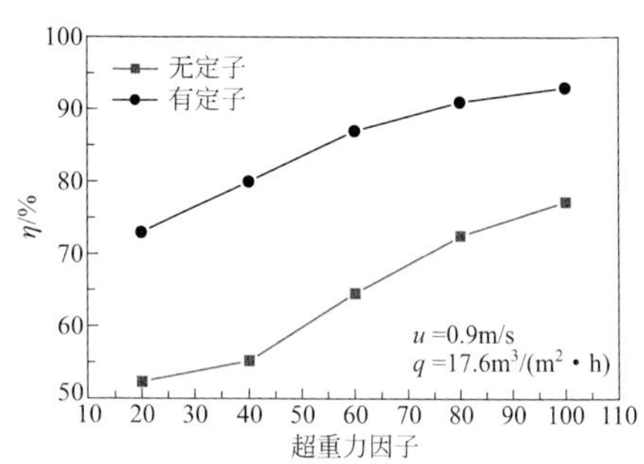

图 2-25　超重力因子对脱除率的影响

在相近操作条件下处理相同体系时，采用鲍尔环作为填料的 K_Ga 是挡板填料逆流旋转床的 1.1 ～ 3.9 倍 [42]，是挡板填料错流旋转床的 2.0 ～ 7.7 倍 [43]，液气比为挡板填料错流旋转床的 1/3。表明 MC-RPB 能够有效强化甲醇气体吸收传质过程，可大幅度降低吸收液循环量，节能降耗显著，且空床气速是挡板填料错流旋转床的 3 ～ 10 倍，处理能力显著提升，易于工业化推广应用。

当 MC-RPB 采用规整金属丝网为填料时，在相近操作条件下，MC-RPB 比现采用的水洗填料塔节省吸收液 57.0%；当甲醇进口质量分数为 1.4% 时，MC-RPB 可代替一个水洗塔，设备高度降低至 1/10，易于工业化放大，比传统塔适用的气体速度范围宽，不易发生液泛，填料层径向尺寸更小。因此，MC-RPB 在吸收异丁烯中甲醇气体领域具有较大的应用潜能 [44]。

3. 其他挥发性气体的吸收

Chen 和 Liu[6] 研究了在逆流旋转填料床中以水吸收含异丙醇、丙酮和乙酸乙酯的废气，考察了转速、液体流量、气体流量等因素对传质系数的影响，实验流程如图 2-26 所示。通过分析发现旋转填料床强大的离心力场使得气液有效相间接触面积增大，从而使气相总体积传质系数增大，强化了气液两相之间的传质，并得出了

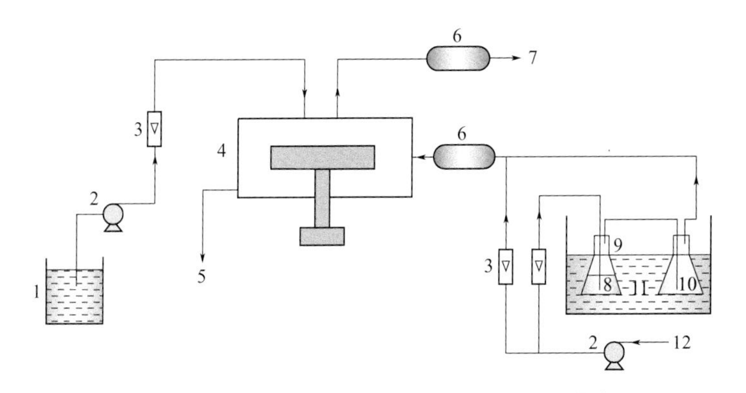

图 2-26 逆流旋转填料床稀释吸收 VOCs 工艺流程图

1—水储罐；2—离心泵；3—流量计；4—旋转填料床；5—液体出口；6—气体检测口；7—气体出口；8—VOCs溶液；9—鼓泡器；10—缓冲罐；11—水浴槽；12—空气进口

关于逆流旋转填料床气相总体积传质系数的经验关联式。

$$\frac{K_G a H_y^{0.27} RT}{D_G a_t^2} = 0.077 Re_G^{0.323} Re_L^{0.328} Gr_G^{0.18} \tag{2-8}$$

式中 a_t——填料总比表面积，m^2/m^3；

D_G——气体扩散系数，m^2/s；

H_y——无量纲亨利常数；

Gr_G——气体格拉晓夫数。

Chia-Chang Lin 等[45]利用中试错流旋转填料床从废气中吸收异丙醇，研究了转速、气体流量和液体流量对气相总体积传质系数的影响，并与逆流旋转填料床进行了对比，结果表明，错流旋转填料床的传质单元高度高于逆流床，气相总体积传质系数是逆流床的 13 ～ 77 倍，说明错流旋转填料床的传质效率明显优于逆流床。中试结果表明，当气体流量为 150 ～ 300m^3/h 时，气相总体积传质系数为 81 ～ 165s^{-1}，传质单元高度为 2.5 ～ 3.6cm，初始浓度为 100 ～ 300mg/m^3 的异丙醇废气脱除率可达 95%，具有很高的吸收效率。

Chiang 等[46]在错流旋转填料床中以高沸点有机溶剂硅油吸收废气中疏水性有机物甲苯和二甲苯。结果显示，采用填料内径为 1.3cm、外径为 5.45cm、高为 10.4cm 的旋转填料床，在硅油流量为 500mL/min、甲苯和二甲苯废气流量为 10.4L/min、初始浓度为 1200mg/m^3、转速为 1600r/min 时，甲苯和二甲苯废气脱除率高达 98%，以较小尺寸的旋转填料床得到了较好的吸收效果。

Lin 等[47]研究了挡板旋转填料床吸收 VOCs 的传质性能。实验用水分别吸收乙醇、丙酮和乙酸乙酯，研究了气体流量、液体流量和转速对气相总体积传质系数 $K_G a$ 的影响。实验表明：① $K_G a$ 随转速、气体流量和液体流量的增大而增大；②转速不影响气相总体积传质系数，而气液有效接触面积随转速增大而增大，与转速的0.55次方成正比；③转速提高是吸收VOCs过程中强化传质的主要原因。

Lin团队还研究了挡板式旋转填料床中用水分别吸收甲醇和正丁醇及其二元混合物的传质过程[48,49]，结果表明：①二者的脱除率随转速和液体流量增大而增大，随气体流量增大而减小；②二者的气相总体积传质系数K_Ga随转速、气体流量和液体流量增大而增大，气体和液体流量对K_Ga影响较大；③甲醇和正丁醇吸收过程由气相传质控制；④甲醇和正丁醇吸收的传质单元高度随转速和液体流量的增大而减小，随气体流量的增大而增大。

第五节 展望

超重力吸收过程传质速率高，意味着在完成同样任务的情况下，所需设备的体积更小，成本更低。设备高度降低到3～4m，液体输送的高度大幅度降低，输送能耗节省70%以上。气体压降小，尾气不需要另设风机增压，可直接进入超重力装置进行处理，减少设备投资和运行费用。超重力装置开车数分钟就可达到稳定运行，停车更容易，操作简单、维护方便。高速旋转的作用使得填料不易被堵塞，具备自清洗功能，维修周期延长，应用领域拓宽。设备小、占地小、投资省，更适合空间受限的特殊场合气体的处理，对车间场地空间受限的技术改造更显优势。

超重力吸收技术作为一种新兴的过程强化和节能减排技术，越来越受到关注，技术优势逐渐被认可。但是还需要进一步深入研究和不断完善，以促进产业化推广应用，拓展其应用领域。根据不同物系的分离要求，可与其他技术耦合，实现技术优势互补，提升整体工艺的技术水平和经济效益，为我国国民经济和社会发展做出贡献。

参考文献

[1] 刘有智 . 超重力化工过程与技术 [M]. 北京 : 国防工业出版社 , 2009.

[2] Burns J R, Ramshaw C. Process intensification: visual study of liquid maldistribution in rotating packed beds[J]. Chemical Engineering Science, 1995, 51(8): 1347-1352.

[3] Jiao W Z, Liu Y Z, Qi G S. Gas pressure drop and mass transfer characteristics in cross flow rotating packed bed with porous plate packing[J]. Industrial & Engineering Chemistry Research, 2010, 49(8): 3732-3740.

[4] 陈昭琼，熊双喜，伍极光．螺旋型旋转吸收器 [J]. 化工学报，1995, 46(3): 388-391.
[5] 汪大翠，贾缨，杜有根，等．化学法测定旋流塔板气液相界面积的研究 [J]. 化学工程，1985, (2): 30-35.
[6] Chen Y S, Liu H S. Absorption of VOCs in a rotating packed bed [J]. Industrial & Engineering Chemistry Research, 2002, 41(6): 1583-1588.
[7] 陈海辉，邓先和，张建军，等．化学吸收法测定多级离心雾化旋转填料床有效相界面积及体积传质系数 [J]. 化学反应工程与工艺，1999, 15(1): 97-103.
[8] 赵海红．错流多级旋转填料床流体力学及传质性能研究 [D]. 太原：中北大学，2004.
[9] 时钧，汪家鼎，余国琮，等．化学工程手册 [M]. 北京：化学工业出版社，1996.
[10] 李鹏．超重力法治理高浓度氮氧化物的研究 [D]. 太原：中北大学，2007.
[11] 王菲．Fe(Ⅱ) EDTA 络合法吸收 NO 气体实验研究 [D]. 太原：中北大学，2015.
[12] 孟晓丽．超重力法硝酸磷肥尾气除氨脱湿的基础研究 [D]. 太原：中北大学，2008.
[13] 袁志国．旋转填料床 - 磷酸钠湿式再生烟气脱硫基础研究 [D]. 太原：太原理工大学，2014.
[14] 张芳芳．气流对向剪切旋转填料床脱除船舶烟气中 SO_2 的工艺研究 [D]. 太原：中北大学，2016.
[15] 谷德银．形体阻力件对气流对向剪切旋转填料床传质性能的影响 [D]. 太原：中北大学，2015.
[16] Jiao W Z, Yang P Z, Qi G S, et al. Selective absorption of H_2S with high CO_2 concentration in mixture in a rotating packed bed[J]. Chemical Engineering & Processing: Process Intensification, 2018, 12(7): 142-147.
[17] 邱尚煌，刘有智，韩江则，等．超重力环境下选择性脱除气体中的硫化氢的工艺研究 [J]. 天然气化工，2011, 36(1): 30-33.
[18] Zou H K, Sheng M P, Sun X F, et al. Removal of hydrogen sulfide from coke oven gas by catalytic oxidative absorption in a rotating packed bed[J]. Fuel, 2017, 204(9): 47-53.
[19] 朱振锋，刘有智，罗莹，等．错流旋转填料床中络合铁法脱除气体中硫化氢 [J]. 天然气化工，2014, 39(1): 77-81.
[20] Qi G S, Liu Y Z, Jiao W Z. Study on industrial application of hydrogen sulfide removal by wet oxidation method with high gravity technology[J]. China Petroleum Processing & Petrochemical Technology, 2011, 13(4): 29-34.
[21] 赵祥迪，孙万付，徐银谋，等．超重力技术在危化品气体处理中的应用 [J]. 安全、健康与环境，2016, 16(7): 1-4.
[22] 姜秀平．超重力柠檬酸钠法烟气脱硫技术基础研究 [D]. 太原：中北大学，2011.
[23] 于娜娜．超重力湿法深度脱除烟气中 SO_2 技术研究 [D]. 太原：中北大学，2013.
[24] 邢银全，刘有智，王其仓，等．超重力法脱除合成氨原料气中二氧化碳的实验研究 [J]. 天然气化工，2007, 33(1): 29-33.

[25] 邢银全，刘有智，王其仓，等．旋转填料床用于合成氨原料气脱碳的试验研究 [J]. 中氮肥，2008, (3): 55-58.
[26] 张君．超重力场强化氨水脱除 CO_2 生成碳酸氢铵晶体的研究 [D]. 淮南：安徽理工大学，2006.
[27] 刘有智，申红艳．二氧化碳减排工艺与技术——溶剂吸收法 [M]. 北京：化学工业出版社，2013.
[28] 曾群英，白玉洁，杨春基．超重力法脱除变换气中 CO_2 的实验研究及应用前景 [J]. 天然气化工，2010, 35(1): 23-54.
[29] 师小杰，刘有智，祁贵生，等．超重力法处理室内过量 CO_2 的实验研究 [J]. 化工进展，2014, 33(4): 1050-1053.
[30] Li Y, Liu Y Z, Zhang L Y, et al. Absorption of NO_x into nitric acid solution in rotating packed bed[J]. Chinese Journal of Chemical Engineering, 2010,18(2): 244-248.
[31] Hüpen B, Kenig E Y. Rigorous modelling of absorption in tray and packed columns[J]. Chemical Engineering Science, 2005, 60(22): 6462-6471.
[32] Weisweiler W, Blumhofer R, Westermann T. Absorption of nitrogen monoxide in aqueous solutions containing sulfite and transition-metal chelates such as Fe (Ⅱ)-EDTA, Fe (Ⅱ)-NTA, Co (Ⅱ)-Trien and Co (Ⅱ)-Treten [J]. Chemical Engineering and Processing: Process Intensification, 1986, 20(3): 155-166.
[33] Chien T W, Hsueh H T, Chu B Y. Absorption kinetics of NO from simulated flue gas using Fe (Ⅱ) EDTA solutions[J]. Process Safety & Environmental Protection, 2009, 87(5): 300-306.
[34] Sada E, Kumazawa H, Hikosaka H. A kinetic study of absorption of nitrogen oxide (NO) into aqueous solutions of sodium sulfite with added iron(Ⅱ)-EDTA chelate[J]. Industrial & Engineering Chemistry Fundamentals, 1986, 25(3): 386-390.
[35] 孟晓丽，刘有智，焦纬洲，等．旋转填料床净化磷肥尾气中的氨气 [J]. 化工进展，2008, 27(2): 308-310.
[36] 焦纬洲，孟晓丽，刘有智，等．旋转填料床用于气体除湿的研究 [J]. 天然气化工，2011, 36(3): 17-20.
[37] 刘有智，焦纬洲，祁贵生，等．硝酸磷肥尾气中脱氨脱氮除湿工艺及装置 [P]. CN 200710139291.2. 2009-11-25.
[38] 陆震维．有机废气的净化技术 [M]. 北京：化学工业出版社，2011.
[39] 刘鹏，周湘梅．VOC 的回收与处理技术简介 [J]. 石油化工环境保护，2004, 24(3): 39-42.
[40] 陈颖，李丽娜，杨常青，等．我国 VOC 类有毒空气污染物优先控制对策探讨 [J]. 环境科学，2011, 32(12): 3469-3475.
[41] 杜杰．分层填料错流旋转床吸收异丁烯中甲醇气体研究 [D]. 太原：中北大学，2017.
[42] Hus L J, Lin C C. Binary VOCs absorption in a rotating packed bed with blade packings [J].

Journal of Environmental Management, 2012, 98: 175-182.

[43] Chen Y S, Hus L J, Lin C C, et al. Volatile organic compounds absorption in a cross-flow rotating packed bed [J]. Environmental Science & Technology, 2008, 42(7): 2631-2636.

[44] 周继东，刘敏．异丁烯制备工艺脱甲醇分离流程的优化 [J]. 石油化工设计，2002, 19(4):18-20.

[45] Lin C C, Wei T Y, Hsu S K, et al. Performance of a pilot-scale cross-flow rotating packed bed in removing VOCs from waste gas streams [J]. Separation & Purification Technology, 2006, 52(2): 274-279.

[46] Chiang C Y, Liu Y Y, Chen Y S, et al. Absorption of hydrophobic volatile organic compounds by a rotating packed bed [J]. Industrial & Engineering Chemistry Research, 2012, 51(27): 9441-9445.

[47] Lin C C, Chien K S. Mass-transfer performance of rotating packed beds equipped with blade packings in VOCs absorption into water [J]. Separation & Purification Technology, 2008, 63(1): 138-144.

[48] Lin C C, Lin Y C, Chien K S. VOCs absorption in rotating packed beds equipped with blade packings [J]. Journal of Industrial & Engineering Chemistry, 2009, 15(6): 813-818.

[49] Lin C C, Lin Y C, Chen S C, et al. Evaluation of a rotating packed bed equipped with blade packings for methanol and 1-butanol removal [J]. Journal of Industrial & Engineering Chemistry, 2010, 16(6): 1033-1039.

第三章

解　吸

解吸是吸收的逆过程，又称气（汽）提，是将吸收的溶质与吸收剂分开的操作，也是液相中的溶质组分向与之接触的气相转移的传质分离过程。解吸的作用是回收溶质，获得纯度较高的气体溶质；同时使吸收剂得以再生和循环使用（恢复吸收溶质的能力）。为此，解吸与吸收操作可同步使用，构成完整的吸收分离操作过程；也可单独作为一种分离操作，如吹脱氨氮废水等过程。解吸可分为物理解吸和化学解吸，前者无化学反应，后者伴有化学反应。凡对吸收不利的条件皆有利于解吸，所以常用的解吸方法是减压、升温或吹气（空气或水蒸气）。这三种方法都能造成液相中的溶质平衡分压大于其气相分压，促使溶质从液相中解吸出来。

在实际生产中，通常是升温与吹气并用，且多用水蒸气作为解吸剂，自下而上地通入解吸塔，待解吸的溶液则自上而下流动。两相逆流接触，可使解吸进行得相当完全。从塔底得到再生的吸收剂，从塔顶引出水蒸气和溶质。如果溶质与水不互溶，水蒸气冷凝后就可得到高纯度的溶质，当吸收剂也具有挥发性时，则须用精馏分离溶质和吸收剂。

解吸过程中气液两相流体相互接触与传质，因而存在过程热力学或化学平衡的极限问题，提高传质效率是解吸过程的关键。在化工生产过程中，解吸通常使用塔作为解吸设备，在重力场下，气液两相的传递速率不高，造成解吸设备庞大且数量多，能耗和运行成本高。

超重力化工技术是将常规重力条件下的化工过程置于超重力环境下，传质系数比常重力提高 1～3 个数量级，液体实现微纳尺度，相界面得到快速更新，效率提高数十倍[1]。在第二章论述了超重力场下的吸收操作，与之相反的过程即是超重力解吸过程。一般解吸与吸收的区别在于物质传递的方向相反，通常气液吸收过程是放热过程，降低操作温度有利于吸收。而解吸过程是吸热过程，升高温度有利于解吸。吸收和解吸操作均同时存在传热、传质过程。吸收过程一般热效应小，不予专门讨论，但依靠热作用的解吸过程则需考虑传热情况。因此，本章首先介绍超重力强化热解吸过程的热、质同传特性，然后以超重力场下吹氨、聚合物脱挥、提溴等为例对解吸过程进行讨论。

第一节 超重力强化热解吸过程的热、质同传

对于热解吸过程需要实现热、质同传功能，采用超重力可同时强化传热、传质过程，本节结合热空气解吸氨水过程来探讨超重力强化传热、传质的原理和特性。

一、热、质同传理论

超重力场强化传质过程并不改变传质过程的极限，过程仍受溶解平衡限制，图3-1为传质推动力示意图。

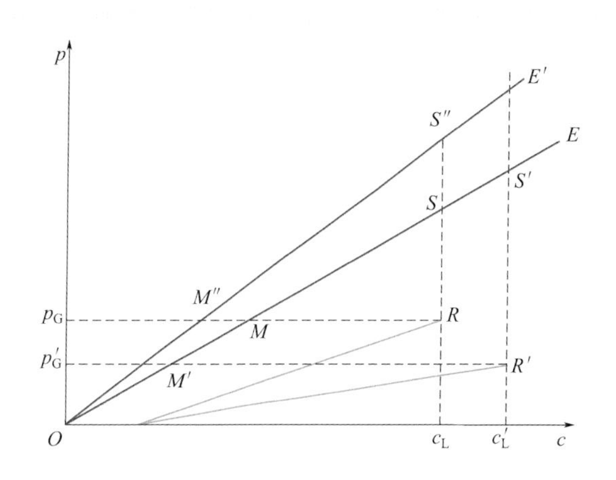

图 3–1 传质推动力示意图

以直线 OE 表示服从亨利定律的平衡关系 $p^*=c_L/H$，在解吸设备的某截面，相互接触的气液组成分别为 p_G、c_L，可在图中用点 $R(c_L, p_G)$ 表示操作点。R 点离平衡线 OE 越远，说明推动力越大，传质速率将越高，这可以通过提升平衡线 OE 的斜率（即通过升温或降压来提高亨利系数 E）以及将操作点 R 向右下角 $R'(c_L', p_G')$ 移动（即通过增加液相中溶质游离氨浓度 c_L 或降低气相中氨的分压 p_G）来实现。这涉及空气 - 氨 - 水体系的解吸平衡以及溶液中游离氨与铵离子的解离平衡。

1. 热力学分析

在氨水吹脱过程中，氨水中的游离氨存在两个平衡，分别是氨的电离平衡和氨的气液相平衡，如式（3-1）、式（3-2）所示。

$$NH_3 + H_2O \rightleftharpoons NH_4^+ + OH^- \tag{3-1}$$

$$NH_3(l) \rightleftharpoons NH_3(g) \tag{3-2}$$

对于电离平衡，不同温度下的氨电离平衡常数 K_b 如表 3-1 所示，可以看出 K_b 随温度的升高而增大，说明升高温度有利于电离平衡式（3-1）向左移动，有利于游离氨的生成。

表3-1 游离氨电离平衡常数K_b与温度的关系

T/℃	0	10	20	25	30	40	50
$K_b \times 10^5$	1.37	1.57	1.76	1.80	1.84	1.94	2.02

对于气液相平衡，氨在水中的溶解度随温度变化曲线如图 3-2 所示。氨在水中的溶解度很大，每 100g 水在一个标准大气压、20℃条件下能溶解 52g 的 NH_3。随温度的升高，氨的溶解度呈下降趋势，将有助于氨由液相转入气相。换言之，升高温度可促进游离氨从液相传递至气相。

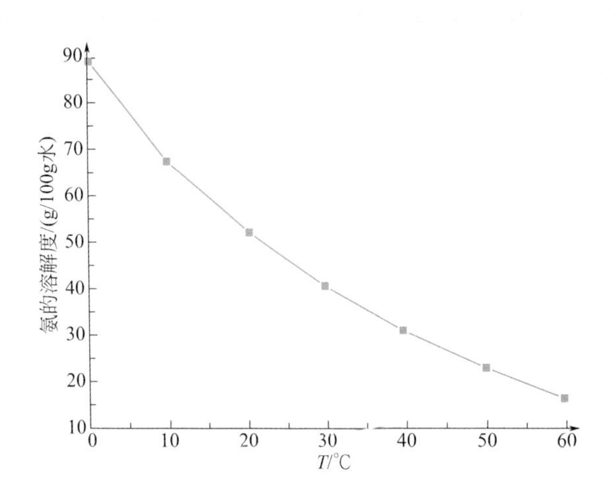

图 3-2 氨溶解度与温度关系图

2. 超重力强化传热过程分析

超重力热解吸中的传热过程属于直接接触式传热，在传热同时进行着传质过程，传热方向和传质方向由气液两相的温度和分压决定。

在旋转填料床中，热的气体在压力作用下自转子外周进入填料层，穿过填料进

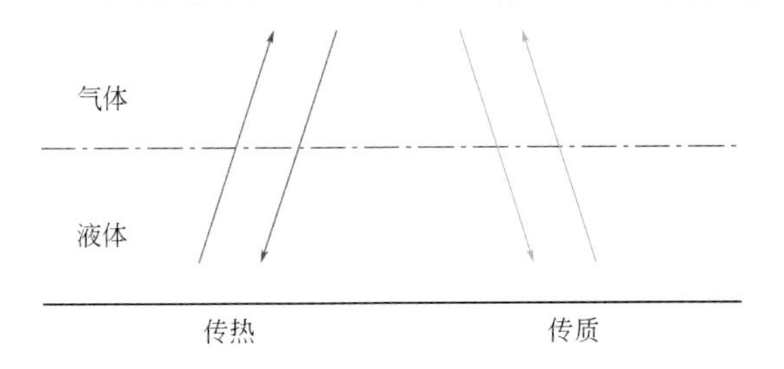

图 3-3　错流旋转填料床中热解吸过程的传热、传质方向

入转子内腔，经气体出口排出；待解吸溶液从进液口进入转子内腔而喷淋到填料内缘，在离心作用下穿过填料层，与气体充分接触混合而进行热、质同时传递，液体在壳体聚集后由底部离开。其中，液体穿过填料层时，被旋转的填料强制剪切与聚集，实现液体多次雾化分散和聚集，液体被分散成极微小的液滴、液雾、液膜等微纳尺度的液体单元，在填料中与气体充分接触而强化解吸过程的传热和传质。一方面，形成极大的液体表面积，为传热、传质提供极大的相间接触面积；另一方面，使得相内的传热、传质距离大幅度缩减，相内的传递阻力减小。气液在填料中多次分散与聚集，扰动加剧，使得相间的传递阻力大幅度减小，从而使得总的传递（传热和传质）速率得到数量级的提升。

错流旋转填料床中热解吸过程的传热、传质方向如图 3-3 所示，气体的温度高于液体的温度，热量由气相传递至液相，此时液相获得热量使温度升高，液体少量汽化为气体，表现为液体获得显热后以潜热的方式随汽化的溶剂向气相传递，使得液相温度升高，但升高幅度相对于气体较小。同时，质量由液相向气相传递，特别是挥发性溶质更容易转移到气相，此过程的热、质反向传递[2]。

二、热、质同传特性研究

热空气吹脱氨水的过程是一个典型的热解吸过程，传热和传质相伴。在此以超重力场下热空气解吸氨水中的氨为例，介绍其热、质同传特性。超重力解吸氨水（脱氨）流程如图 3-4 所示，空气经罗茨鼓风机 1 进入空气缓冲罐 2，经阀门 3 调节和转子流量计 4 控制后进入空气加热器 5，加热到指定温度后进入超重力装置壳体内，热空气穿过旋转填料床填料层。同时，原料罐 10 中的氨水在离心泵 9 的作用下，经阀门 3 调节和液体流量计 11 控制后，通过超重力装置的液体进口进入位于转子中心的液体分布器，将其均匀地喷洒在填料内缘，在离心力的作用下沿径向向外运动，氨水溶液被剪切为液丝、液滴、液膜等微纳尺度的液体形态，为传热、传质提供了巨大的相界面积，加之界面更新速率高，同时极大地提高了热空气与氨水在旋转填料床内直接换热的速率和氨解吸过程的速率，游离氨快速从液相转移到气

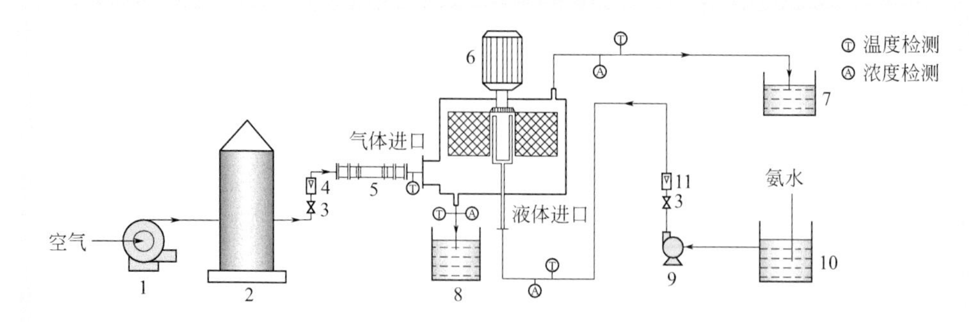

图 3-4 超重力解吸氨水流程图

1—罗茨鼓风机；2—空气缓冲罐；3—阀门；4—转子流量计；5—空气加热器；
6—错流旋转填料床；7—氨气回收槽；8—储液槽；9—离心泵；10—原料罐；11—液体流量计

相中。氨气直接供脱硝工艺使用或回收利用，解吸液排入到储液槽。在液体和气体的进出口分别设置温度传感器实时检测温度。

通过实验研究工艺条件对气相总体积传质系数和总传热系数的影响规律，得出：

① 超重力强化传热效果显著，提高进气温度更有利于流体间的传热过程和超重力强化传热性能的提升；吹脱后氨水的温度升高，提高进气温度既有利于进一步强化传热，又有利于强化传质（吹脱）过程。

② 总的传质系数和传热系数随超重力因子的增大而增加，当增大到一定程度后，其增幅减弱。

③ 总的传质系数和传热系数随气速增大而增大，其受填料类型影响较大，其中丝网填料的总传质系数和总传热系数均比乱堆填料高。

④ 总的传质系数随液体喷淋密度的增大而减小，而总的传热系数随液体喷淋密度增大而增大，且丝网填料更有利于热解吸过程的传质和传热。

第二节 关键技术

超重力解吸过程必须要解决以下两方面的问题：①解吸工艺匹配；②开发相匹配的强化传质装置，以实现气液两相的充分接触混合，使溶质高效地从液相释放到气相。

一、解吸工艺匹配

由上述传热、传质特性分析知，采用超重力解吸技术可以同时强化传热和传质，从而使解吸装置体积大幅度缩小，引起配套设施缩减和工艺的改变，比如泵和风机的选型、设备空间布局调整、超重力装置与工艺匹配问题、解吸出来的溶质的回收等。结合超重力装置和物系特点开发匹配的工艺及优化其参数是应用超重力解吸技术的关键所在。如物料在超重力场中停留时间极短、传热传质快的特点，对于高黏度物系可以适当提高解吸温度，降低黏度，以进一步提高解吸速率和效率；而对于一些热敏性物料，可利用超重力强化传质传热速率快、温度梯度小的特点，适当降低解吸温度，增加解吸剂流量，避免物料分解；对于需要高真空条件的减压解吸，可以利用超重力传质效率高、压降小的优势适当降低真空度，节省运行能耗。

二、超重力装置开发

前面已介绍，按流体间接触方式，超重力旋转填料床的结构有逆流、错流和并流。接触方式的选择主要依据解吸要求和液气比大小，如逆流可使解吸传质推动力最大化，但气相阻力损失大；而错流气相阻力较小，但会降低推动力。如解吸处理对象是液体，不管哪一种结构，其液相流动路径均是从转子中心的内缘开始，沿径向穿过填料层，从转子外缘离开填料后汇集于壳体。此过程即是超重力转子填料对液体实现多次分散 - 聚并 - 再分散 - 再聚并的过程，使液体得到极限的分散和微纳化液体单元，形成绝对大的相界面积，且获得快速更新的相界面，为溶质快速离开液相创造了充分的条件。因此，解吸用转子填料微通道的结构设计是超重力装置开发的关键之一。如对于高黏度液体，可设计孔道分布规则和流线型好的专用填料，实现高度分散、聚并与再分散，以降低流动阻力。如果是热解吸过程，需要构建有利于同时强化传热和传质的机制及其结构，如开发规整丝网结构的填料。对于油性物系需要选择亲油性填料，而对于水性物系则选择亲水性填料，以便更容易地分散液体。对于非牛顿流体的解吸，需要构建有利于液体高速剪切的转子结构，使非牛顿流体聚合物的表观黏度相对减小，从而进一步增大传热、传质速率。与吸收不同，解吸的主要目的是处理液体。因此，超重力装置的放大需要根据液体流量大小和解吸要求共同确定转子直径大小和轴向厚度。

第三节 应用实例

超重力解吸技术与传统的解吸方法相比，具有解吸效果好、设备体积小、成本低等优点，有利于解吸液中溶质的释放。目前，超重力解吸技术已应用于氨水的吹脱、氨氮废水处理、脲醛胶脱甲醛、卤水提溴、吹碘等方面。

一、电厂烟气脱硝中氨水的吹脱

选择性非催化还原法（SNCR）是当前电厂 NO_x 治理中广泛采用的炉内脱硝技术之一，该技术是将含有 NH_x 基的还原剂（如氨气、氨水或者尿素等）喷入炉膛或烟道温度为 900 ～ 1100℃的区域，还原剂通过安装在过热器区域的喷枪喷入，迅速热分解成 NH_3 和其他副产物，随后 NH_3 与烟气中的 NO_x 进行非催化还原反应而生成 N_2 和 H_2O[3]。该方法具有脱硝率高、氨逃逸率低、无二次污染、工艺设备紧凑、运行可靠等优势。氨气主要来源是将液氨气化，再配空气稀释，稀释后空气中氨含量为 5% 左右，该技术目前存在的主要问题是液氨在贮存、运输及使用过程中均存在爆炸、泄漏等安全隐患，危险性极高。为了消除这一安全隐患，采用氨水吹脱替代液氨源，但传统吹脱法一般采用吹脱池（也称曝气池）和吹脱塔两类设备，存在传质速率小、效率低、设备体积庞大、动力消耗和运行费用高等缺点，关键是难以控制气相中氨的浓度，不利于脱硝使用。

将超重力解吸技术用于氨水的吹脱，不仅具有传热传质速率快、吹脱效率高、体积小、能耗低等优点，而且操作范围宽，可以灵活调节氨水流量或解吸用烟气流量来精确控制脱硝所需的氨浓度。其强化原理见第一节，该技术将为 SNCR 脱硝的本质安全提供技术支撑。

1. 超重力吹脱氨水工艺

超重力吹脱氨水流程与超重力解吸氨水流程相似，见图 3-4，不同的是解吸气采用烟气替代，无需加热，解吸后的含氨烟气与另一股烟气稀释成所需浓度的氨气进入脱硝工段，同时实现氨总量与需求匹配同步可调，以确保烟气的脱硝效果，且避免氨逃逸。

2. 超重力吹脱氨水工艺参数优化

超重力吹脱氨水的工艺参数优化及效果如下。

（1）进气温度

在其他操作条件不变时，气相中氨浓度随着进气温度的增大而增大。氨浓度为 21.5% ～ 31.3%、进气温度为 120℃时吹脱率最高可达 47%。当进气温度为 30℃时，氨浓度高于 10%，说明采用排放烟气作为解吸气即可满足此要求。

（2）超重力因子

吹脱率和气相中氨浓度随超重力因子的增加呈先增大后不变的趋势。产氨浓度为 24.3% ～ 31.5%、超重力因子为 58 时吹脱率可达 47%。综合能耗等因素，超重力因子为 35 ～ 58 比较适宜。

（3）气液比

吹脱率随气液比的增加呈线性增大，而气相中氨浓度随气液比的增大呈线性减小。氨浓度为 24.4% ～ 33.3%、气液比为 1000 时吹脱率达到 71.4%，说明通过调节解吸烟气流量便可精确控制气相中氨浓度和氨源总量。

（4）氨水的蒸发过程和吹脱过程

实验测得，在适宜超重力因子（58）、气液比（500）、进气温度（120℃）和液体进口温度（20℃）条件下，液体出口温度为33℃，吹脱率为47.3%，气相中氨浓度为31.5%。而通过热量衡算和物料衡算可知，蒸发氨水产生的氨气浓度仅为0.28%，远小于吹脱所产生的氨浓度。由此说明，氨水吹脱过程对产氨浓度的影响远大于氨水蒸发过程对产氨浓度的影响，即氨水吹脱为主要产氨过程。因此，超重力吹脱制氨工艺与氨水蒸发工艺不同，可解决氨水蒸发工艺存在的效率低、能耗高等问题。

3. 超重力吹脱氨水应用于烟气脱硝过程的效果

中北大学将超重力吹氨技术应用于山西某煤矸石发电公司的循环流化床锅炉烟气脱硝工程中，如图3-5所示。超重力设备直径仅为800mm，高度2.4m，处理氨水流量为0.1～0.8m³/h，解吸烟气用量为1000～2400m³/h，氨水吹脱率可达90%以上，烟气中NO_x排放浓度小于100mg/m³，甚至可小于50mg/m³，且氨逃逸浓度小于8mg/m³，比直接喷氨水时的脱硝率提高30%以上，且氨逃逸大幅度减小，避免了二次污染，充分体现出该技术具有设备体积小、生产成本低、本质安全性更高等特点。

图3-5 超重力吹氨技术的工业运行现场

二、超重力吹脱氨氮废水

废水中的氨氮浓度远不及氨水高，吹脱过程的气液传质推动力小，要达到超低排放的标准很有挑战性。

1. 超重力吹脱氨氮废水技术原理

废水中的铵离子（NH_4^+）和游离氨（NH_3）存在平衡关系，$NH_3+H_2O \rightleftharpoons NH_4^++OH^-$，该化学平衡与pH值和温度等有关，当pH＞7，提高pH值、升高温度、降低氨的气相分压，都会打破平衡关系，使反应向左移动，有更多的游离氨产生，利于吹脱。

超重力吹脱氨氮废水，就是在碱性条件下，使废水中的氨氮转换成游离氨，用大量的空气（降低氨的分压）与废水在超重力装置的旋转填料中有效接触，使氨从液相转入气相中，达到去除氨氮的目的。

2. 超重力吹脱氨氮废水工艺流程

氨氮废水在调节池内调节水质、均衡水量，并加碱调节 pH 值为 10 ～ 11 后，进入超重机处理。废水经超重机分布器均匀喷洒在填料内缘，在超重力作用下液体被填料粉碎成液滴、液丝，沿填料径向甩出，经筒壁汇集后从超重机底部流出。同时，空气经超重机进气口进入超重机壳体，在一定风压下，由超重机转子外腔沿径向进入内腔。在填料层内，气液两相在高湍动、大的气液接触面积的情况下完成气液接触，将水中的游离氨吹出。气体送至除雾器将夹带的少量液体分离后，在吸收装置脱氨后排空。

通常，吹脱法与生化法联合使用治理氨氮废水，经超重力吹脱后，废水中氨氮质量浓度降至 300mg/L 以下。符合生化法处理氨氮废水的进水标准后（必要时可进行多级吹脱），接入生化处理系统，其工艺流程示意图如图 3-6 所示。

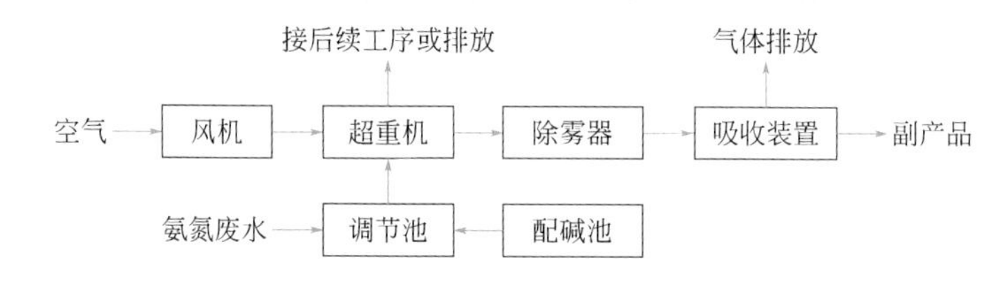

图 3-6 超重力吹脱氨氮废水工艺流程示意图

3. 超重力吹脱氨氮废水技术特点

中北大学[4-7]通过实验研究，确定超重力吹脱氨氮废水的适宜操作条件为：pH 值 10.5 ～ 11.0、液气比 0.83L/m³、超重力因子 100、温度 35 ～ 40℃。

超重力法与传统吹脱法处理氨氮废水的各项指标比较见表 3-2。

表3-2 超重力法与传统吹脱法比较

方法	液气比 /(L/m³)	吹脱率 /%	床层压降 /Pa	设备规格 /mm	风机功率 /kW
超重力法	0.83 ～ 1.67	75 ～ 85	850 ～ 1500	1200×3500	15
传统吹脱法	0.21 ～ 0.42	20 ～ 55	3000 ～ 4600	3500×28000	45

注：氨氮废水处理量为 15m³/h。

从实验研究及连续运行结果分析，超重力吹脱氨氮废水技术具有如下特点：

① 气相动力消耗小。一是气液比仅为传统方法的 1/4 左右时，所需风量减少 75%；二是超重机的压降很小（＜ 1500Pa）。因此，风机能耗小，运行费用低。

② 脱除效率高。吹脱率是传统法的 2 ～ 3 倍。在最适宜的工艺条件下，单程吹脱率＞ 85%。当浓度＜ 2000mg/L 时，一级处理可达生化处理进水标准 300mg/L。

③ 超重机体积小、占地省、质量轻。设备及基建费用少，在数分钟内可完成开车或停车，同水泵一样易于开车、停车。

④ 气液比仅为传统吹脱的 1/4，吹脱后气体中氨的浓度提高了 3 倍，有利于氨的回收利用。同时对易挥发油类组分、COD 等都有较好的去除作用。

⑤ 设备具有自清洗作用。在离心作用下，污垢及好氧生物和藻类不易沉积，抗堵性能强。克服了传统塔易结垢、填料易堵塞的问题。

⑥ 设备操作弹性大。超重机对气液变化不敏感，在气液流量变化的情况下仍可正常操作，这是塔类设备无法比拟的。

⑦ 超重力法气液传质作用高效，强化了吹脱空气中的氧气溶于水的速率，提升了水中溶氧量，为后续的生化处理提供了充足的氧源。

超重力吹脱技术对含油类物质较少的氨氮废水，如稀土生产废水，氨氮的脱除率可达到 85% 以上，对较难处理的焦化氨氮废水也可达到 75% 左右。超重力吹脱技术对原水调节（温度、pH 等）没有特殊要求，易于实施传统吹脱技术的改造。

总之，超重力吹脱氨氮废水技术具有氨氮脱除率高、压降低、能耗小、运行费用少、占地面积小、操作简便、易于工程化等优点，在经济上合理、技术上可行，具有良好的工业应用前景。

三、聚合物脱挥

在聚合物生产中，从反应单元出来的聚合物含有低分子量的组分，如单体、溶剂及副产物等，统称为挥发分，其含量一般为 10% ～ 80%。挥发分的存在通常影响聚合物的品质、物理化学特性、应用性能等，还会在使用过程中危害健康、破坏环境。聚合物脱挥 [8] 是从聚合物产品中脱除挥发分的工艺过程，是聚合物生产加工的关键技术。随着安全、环保与健康水平的不断提高，通常要求将其降至 5% 以下甚至 mg/m^3 级，其脱挥过程的能耗常常占到聚合物生产总能耗的 60% 以上。脱挥的高精度、节能降耗的新要求，向聚合物脱挥技术提出严峻的挑战。

基于相平衡原理，提高温度、降低挥发分分压均有助于脱挥推动力的增大，提高传热速率、增大聚合物的表面积及更新速率均有助于脱挥过程阻力的减小。另外，脱挥过程伴随传热、传质，随着挥发分含量降低，聚合物的黏度会越来越大，脱挥难度增大。为此，依据聚合物中挥发分含量从高到低，分别采用闪蒸脱挥、气泡脱挥和扩散脱挥方法，使用闪蒸式、落条式、狭缝式、薄膜蒸发式、单螺杆式和双螺杆式脱挥设备。但是，这些脱挥技术普遍存在脱挥速率慢、效果差、处理能力小、能耗高、适用范围窄等不足。如螺杆式脱挥设备依赖螺杆的转动来促进聚合物溶液的表面更新，流体剧烈的搅动加快了气泡的破裂、释放、再成核，主要应用于黏度特别高的聚合物挥发分的脱除。由于是负压操作，在排气口处容易冒料，脱挥率一般不高，且受黏度影响显著，停留时间长，容易引起聚合物变性。落条式脱挥设备是靠重力使聚合物在其表面流动，更新界面，实现挥发分的脱除，其设备简单、可靠、经济，但是仅适用于溶液黏度特别低、易于流动的聚合物，设备的体积大，脱挥率低，一般只有 30% ～ 40%。

与常规解吸分离过程相比，聚合物脱挥的难点在于：①物系黏度大，且随脱挥进行，体系黏度会持续增大，脱挥的难度随之增大；②脱挥过程传质系数小，导致脱挥设备体积巨大、聚合物停留时间过长；③为提高脱挥的效率，操作通常在高温下进行，会使聚合物发生变色或降解。

超重力技术可较好地解决以下问题：①利用高速旋转的高剪切及拉伸作用，使聚合物形成滴、丝、膜等微小尺寸的形态，增大气液相际面积，提高传热、传质效率；②应用聚合物在超重力装置中停留时间短的特点，可适当提高脱挥过程温度，降低聚合物黏度，提高其脱除率；③在离心力作用下，聚合物的表观黏度相对减小，从而进一步增大传热、传质速率。

在此，以尿醛树脂脱挥为例，介绍超重力聚合物脱挥技术及应用。

1. 超重力脱除脲醛树脂中甲醛的技术原理

脲醛树脂胶黏剂价格低廉、使用方便、胶合强度较高，被广泛用于纤维板、胶合板等人造板的制造和木材加工工业，约占木材胶黏剂的 80%。然而，脲醛树脂胶黏剂 [9,10] 一般含 1.5% 左右的游离甲醛，用其胶结的板材在使用过程中会释放出甲醛，造成室内污染。

当脲醛树脂合成后，采用超重力技术脱除甲醛。在旋转填料床中加入惰性气体（一般用空气、CO_2、N_2 等惰性气体）作为起泡剂，由于甲醛沸点很低（−19.5℃），很快从胶液中挥发，与惰性气体形成混合气，并与胶液形成气液两相，进行传质、传热，即每一气泡中的微量甲醛与胶液液膜形成新的平衡。同时由于惰性气体的加入降低了甲醛气体的分压，加快了胶液中甲醛的扩散速率。另外，在加热的状况下，高黏性胶液进入旋转填料床后由于受到高剪切力作用，表观黏度减小，表面更新速率加快，传质系数增大，有利于胶液中的甲醛挥发，从而使气液传质速率更高。加热的胶液在惰性气体吹脱作用下，部分水分蒸发，使胶液中的甲醛被带出，有利于进一步提高胶液中游离甲醛的脱除率。同时加热还会使脲醛胶中被包覆的游离甲醛和不稳定结构如羟甲基和醚键热分解释放甲醛。

由于旋转填料床的高速旋转，胶液被分散成细小的液膜、液丝和液滴，增大了气液的接触面积。由表面更新理论知，胶液在旋转填料上形成薄膜，表面更新速率大大提高，使气液的传质、传热系数增大，最终大大增加了脱挥速率及脱挥率。中北大学 [11,12] 研发了超重力脱除脲醛树脂中甲醛的成套装置，取得了高效的脱除效果。

2. 超重力脱除脲醛树脂中甲醛工艺流程

原料脲醛树脂中含游离甲醛 1.5%，超重力脱除脲醛树脂中甲醛的工艺流程如图 3-7 所示。

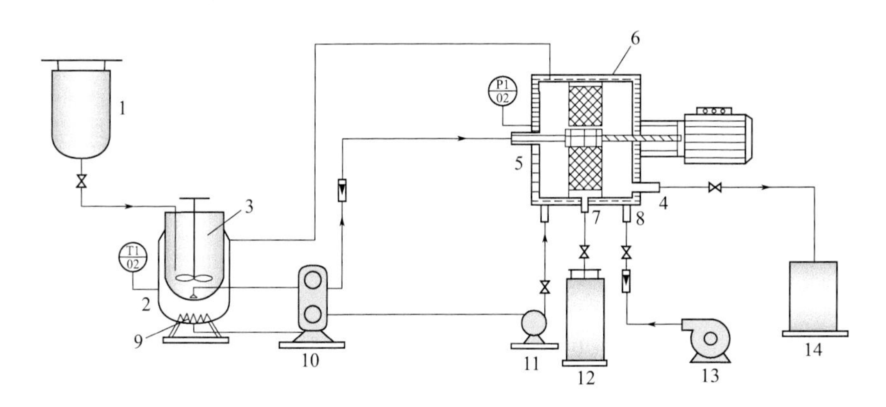

图 3-7 超重力脱除脲醛树脂中甲醛的工艺流程图

1—原料罐；2—原料预热罐；3—搅拌器；4—出气口；5—进液口；6—夹套；7—出液口；8—进气口；9—电热丝；10—齿轮泵；11—热水泵；12—产品罐；13—鼓风机；14—气体吸收装置

3. 超重力脱除脲醛树脂中甲醛的工艺条件

（1）预热温度

脲醛树脂的预热温度升高，物料的黏度和密度降低，传质系数随之增加，同时升高温度有利于原料中甲醛单体形成气泡，对气泡的形成、生长和凝并都有利，并且还有利于甲醛单体的扩散，故随温度的升高甲醛的脱除率也逐渐上升，但是随温度的继续升高，温度对甲醛脱除率的影响变小。

（2）超重力因子

甲醛脱除率随超重力因子的增大而增大，当超重力因子增大到 75 左右后对甲醛脱除率的影响变小。因物料黏度相对较高，扩散困难，按照表面更新理论树脂中游离甲醛的扩散需要较大的传质面积和快速的表面更新速率，以利于挥发性组分的脱除 [13]，而旋转填料床具有良好成膜及表面快速更新能力，所以超重力因子的提高有利于黏度较高物系中挥发物的脱除。

（3）进料量

在条件一定的情况下，随进料量的增大甲醛脱除率先增大后减小，其原因主要是：旋转填料转速一定时，进料量是影响填料内成膜的决定因素。进料量过小，填料可能没有完全润湿，成膜状况和膜面更新速率不好；进料量过大，形成的液膜过厚，在填料中的停留时间过短。进料量过大和过小都不利于树脂中甲醛单体的扩散。

（4）气提气量

在进液量一定的前提下，甲醛脱除率随进气量的增大先增大后减小。首先，随气提气量的增大，甲醛蒸气气相分压降低，甲醛的扩散速度加快，脱除率增大；但是随气量的上升，气液比过高，产生雾沫夹带现象，从而降低了传质效果，导致甲醛脱除率的下降。因此，气体流量要控制在一定范围，以防止产生雾沫夹带。

4. 超重力脱除脲醛树脂中甲醛的效果

脱除脲醛树脂中游离甲醛的最佳操作条件：原料预热温度 80℃，脱挥操作温度 85℃，气液比 100 ～ 300，超重力因子 75 ～ 100。瞬时的高温不会对脲醛树脂的性质产生影响，经瞬时的高温处理后，树脂可顺利脱除由羟甲基和次甲基醚键分解产生的甲醛，同时经瞬间高温处理后的树脂存放稳定，可以大幅减少脱水工艺时间。在最佳参数下试验的各项性能指标平均值见表 3-3。脱挥后游离甲醛的平均含量为 0.23%，优于国家标准（0.3%），其他性能得到明显改善。

表3-3　脲醛树脂产品脱挥前后性能检测结果

项目	原料	吹脱后	项目	原料	吹脱后
pH	7.92	8.01	固含量 /%	52.3	62.5
游离甲醛含量 /%	1.48	0.23	固化时间 /s	55.5	48.5
黏度 /mPa・s	380.5	419.8	适用期 /h	4.5	10

5. 超重力脱挥技术优势

超重力脱挥技术应用于脲醛树脂中游离甲醛的脱除，甲醛含量低于 1.5% 的脲醛树脂经过脱挥后，甲醛含量优于国家标准要求，并且脲醛树脂的性能不受影响，提高了品质，脱挥率稳定在 85% 以上，气相压降≤ 1000Pa，停留时间≤ 1s。与其他脱挥设备相比，具有脱挥率高、能耗小、停留时间短、投资及运行费用低等优点。

四、卤水提溴

溴素是一种重要的盐化工产品，主要用于加工高技术含量、高附加值、高创汇的无机和有机溴系列产品，广泛用于阻燃、医药、农药、印染、感光、油田开采和军工等多个领域[14-16]。目前国内外卤水提溴工艺包括传统的水蒸气蒸馏法和空气吹出法两大主流工艺以及树脂吸附法、气态膜法、乳状液膜法等新型提溴工艺[17-20]。工业化提溴技术以水蒸气蒸馏法和空气吹出法为主。由于水蒸气蒸馏法的蒸汽消耗量大、成本高，使用受限，目前，我国 90% 以上的溴由空气吹出法生产，工艺主设备是填料塔。为获得较高的脱溴率，通常加大空气用量和气速，但气速的提高受到液泛的限制，因而十分有限。加之卤水含有泥沙等杂质和工艺中易形成硫酸钙结晶，堵塔现象严重。因此，空气吹出提溴工艺吹脱率低、能耗大。

以超重力装置为吹出设备的超重力空气吹出技术，利用离心力场取代重力场，使含溴原料在填料表面和间隙分布，与空气接触进行解吸操作。其特点在于在高速离心作用下，液体在气体中被分散为尺度极小的液膜、液丝和液滴等形式，极大地提高了传质比表面积，气液传递阻力降低，传质效率提高极大，解吸过程得到强化。

超重力空气吹出法卤水提溴工艺如图 3-8 所示，包括卤水的酸化氧化、吹出、吸收和精制等工序，其原理是利用空气作为游离溴的载体，在超重力装置内进行解吸操作，将酸化氧化后的卤水中的游离溴吹出，再通过吸收塔，利用亚硫酸溶液或碱液等吸收剂将解吸过程中得到的游离溴吸收，实现溴的富集。

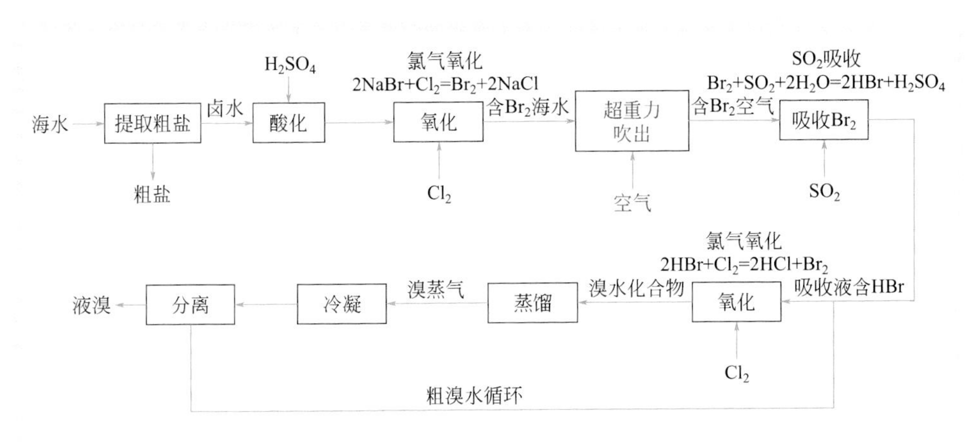

图 3-8　超重力空气吹出溴工艺流程示意图

1. 超重力吹脱氧化液中游离溴

超重力空气吹出溴工艺流程如图 3-8 所示。

超重力吹脱氧化液中游离溴工艺参数优化及效果如下：

① 氧化液中游离溴吹脱率随着液气比的减小呈增大趋势。当液气比从 16.7L/m³ 减小到 8.3L/m³ 时，吹脱率增大速度较快；但当液气比大于 8.3L/m³ 后，吹脱率上升趋于平缓。因此，液气比为 8.3L/m³ 较为适宜。

② 氧化液中游离溴吹脱率随着脱氧液喷淋密度的增大呈先快速增大后缓慢减小的趋势。当喷淋密度从 6.3m³/(m²·h) 增加到 10.5m³/(m²·h) 时，吹脱率从 78.6% 增大至 90.1%；当喷淋密度超过 10.5m³/(m²·h) 后，吹脱率开始减小。因此，较适宜的喷淋密度为 10.5m³/(m²·h)。

③ 氧化液中游离溴的吹脱率随着超重力因子的增大逐渐增大，当超重力因子大于 42 后，吹脱率增大趋势减缓，因此，超重力因子选择 42 较为合适。高浓度

氧化液（2000mg/L）游离溴吹脱率的变化趋势比低浓度（50～450mg/L）的显著，当超重力因子大于19时，前者的吹脱率高于后者，较强的超重力场对高浓度氧化液中游离溴的吹脱效果影响更显著。

④ 当pH从4.5降至3.5时，吹脱率由79.75%增至88.36%，变化幅度较大；当pH小于3.5后，氧化液中的溴绝大部分以游离态存在，吹脱率的增大趋势减缓。因此，从吹出效果和SO_4^{2-}对下游制盐工序的影响等方面综合考虑，氧化液的pH选择3.5较适宜。

⑤ 氧化液中游离溴的吹脱率随总溴浓度的增大而增大。当总溴浓度由50mg/L增加到250mg/L时，游离溴的吹脱率快速上升；当浓度大于250mg/L后，吹脱率增大趋势减缓。

⑥ 单级吹脱较适宜的工艺条件为：温度为20～25℃，氧化液pH为3.5，超重力因子为43，液气比为8.3L/m³。游离溴的第二级吹脱率变化趋势与单级相似。当总溴浓度从250mg/L变化至450mg/L时，游离溴的第二级吹脱率由91.6%增加至93%，吹脱率提高较少；游离溴的第三级吹脱率由93.3%增加至95.3%。总体来看，第三级较第二级吹脱率的增大趋势不如第二级较单级吹脱率的增大趋势显著，对吹脱率贡献较低。

2. 超重力卤水提溴技术优势

与其他技术相比，超重力应用于提溴过程具有如下优势：

① 与现有工艺中的填料塔相比，可大大提高游离溴的吹脱率。空气吹出氧化液中游离溴的传质系数为$0.1238s^{-1}$，是现有工序中填料塔传质系数（$0.000728s^{-1}$）的170倍；

② 提高了溴离子的氧化率，使氯气利用率提高，减小了配氯率，降低了氯气消耗量；

③ 提高了提溴率，减小了空气用量，运行成本降低31%；

④ 对于浓度较高的氧化液中的游离溴，超重力的吹脱率提高效果更为显著；

⑤ 与填料塔相比，超重力的气相阻力比其他设备至少减小30%，从而降低了风机的风压，节省设备投资和运行费用；

⑥ 本技术操作弹性大，设备体积仅为传统塔设备的1/28，成本低，安装维修方便，有利于在卤水资源丰富的地方建厂。

五、湿法磷酸中碘的回收

碘是世界稀缺资源，世界上主要产碘国有日本、智利、美国。日本是以天然气钻井水和卤水为原料提碘，智利是由天然硝石矿制硝酸钠副产碘，美国是以石油钻井水提碘。我国主要从海带浸出液和井盐卤水中提碘。目前，我国碘的年产量只有几百吨，远达不到碘的需求量，导致国内市场碘的售价昂贵，而且每年都要花费大量的外汇从国外进口碘物资。因此，碘的生产和回收越来越受到重视。

1. 超重力空气吹出法回收湿法磷酸生产碘

传统工艺吹出塔一般多为填料塔，液相流体以较厚流体层缓慢流动，形成的相间传递面积小，更新频率低，导致相间的传递过程受到限制。通常用提高气体速度来改变液相流体的流动状态，进而强化传递过程，受液泛的限制，气速的提高十分有限。这就导致空气吹出法对原料液含碘量要求高（原料液含碘＞0.03%），工艺能耗高。生产实践还表明：原料酸液含泥沙及其他黏稠物，沉积物的长期积累会使气液流道变窄，气液接触面积变小，甚至导致填料阻塞。轻者使塔内压降偏大，导致送风能耗陡升。重者造成设备堵塞，被迫停车清理检修。因此，传统塔吹出技术要求原料含碘浓度高、能耗大、易堵塞、难以稳定运行。

超重力吹脱法回收湿法磷酸中碘的工艺流程图如图 3-9 所示，先向原料液中通氯气（或氯水），将碘离子氧化成游离碘，反应式为：$2NaI+Cl_2 \longrightarrow I_2+2NaCl$。含有游离碘的料液进入超重力装置与鼓入的热空气逆流相遇，使碘被热风吹出。含碘的空气再进入吸收塔，碘被自塔上喷淋的二氧化硫溶液吸收，还原成氢碘酸，反应式为：$SO_2+I_2+2H_2O \longrightarrow H_2SO_4+2HI$。吸收液经多次循环操作，当碘质量浓度达 150g/L 时，进入析碘器。向析碘器中通入氯气进行氧化，反应式为：$2HI+Cl_2 \longrightarrow 2HCl+I_2$，即析出固体碘，分离得到粗碘。析碘后母液含有较多游离酸和碘，返回储槽中用于原料液的酸化和氧化。将粗碘加浓硫酸熔融精制，冷却结晶后，即得成品碘。

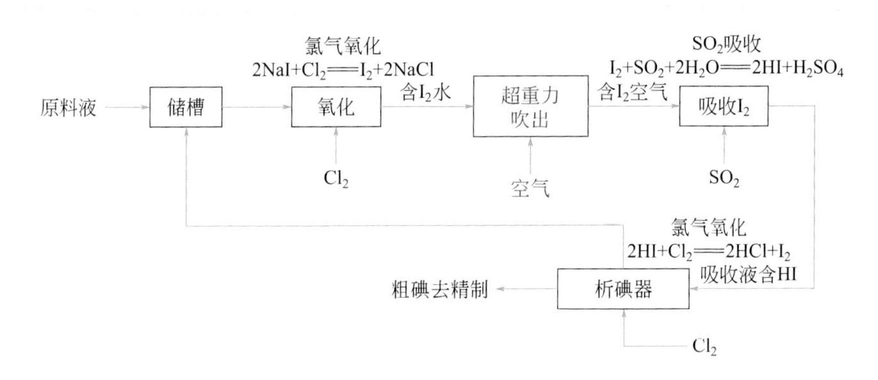

图 3-9　超重力空气吹出碘工艺流程示意图

与传统塔吹出技术相比，超重力吹出工序是用超重力装置替代了塔设备。经氯气氧化后的含碘水从超重力装置的进液口进入，液体经分布器后均匀喷洒在高速旋转的填料内缘处，在离心作用下形成液丝、液滴和液膜等微纳尺度的液体形态，在沿径向通过填料层的过程中与热空气在旋转的填料中逆流接触。由于这些液丝、液滴和液膜的比表面积很大，且表面更新速度快，极大地强化了含碘废水与热空气的传热、传质速率和效果，使得水中的游离碘快速从水相进入气相，完成吹脱过程。

2. 超重力吹脱法回收稀磷酸中碘的工艺参数优化及效果

贵州某公司从稀磷酸中回收碘的工艺装置为世界首套，但由于稀磷酸中含有杂质，加之受温度影响，固相物会不断析出，造成塔内结垢和堵塞，严重影响装置运行，开工率不足 50%。在该企业进行了应用示范实验和工程化技术改造实施，主要技术优势如下。

① 对总碘浓度为 35.2 ～ 45.1mg/L 的原料进行吹脱处理，其吹脱率达到 91.27%，是传统塔设备吹脱率的 2.80 倍。打破了传统空气吹出法只能处理碘浓度较高（＞ 300mg/m^3）的原料的技术局限，超重力吹出法适用范围更宽，吹出效果更好。

② 气液比由原工况的 133 减小到 34 左右（空气量减少 2/3），吹脱率仍在 58% 以上，料液残余碘为 8mg/m^3。空气量减少使得吹脱后气体中碘浓度增高，利于后续碘的吸收。

③ 超重力设备具有自清洗作用，不易结垢和堵塞，提高了吹脱装置开工率。

④ 可从碘含量仅为 60mg/m^3 的稀磷酸中回收碘，为我国极为匮乏的卤素资源利用提供新途径。

六、废水中丙烯腈的吹脱

作为合成纤维、合成橡胶和合成塑料的重要有机单体，丙烯腈（AN）在化学合成工业和人们日常生活中用途广泛。近年来，随着丙烯腈生产规模的不断扩大，丙烯腈产量逐年增加，而每生成 1t 丙烯腈就有 1.5t 丙烯腈废水生成，丙烯腈废水排放量也逐年增加。2013 年，国内丙烯腈废水排放量约为 190 万吨[21]。丙烯腈废水主要来自丙烯腈、腈纶以及丙烯腈 - 丁二烯 - 苯乙烯（ABS）塑料的生产过程[22]，具有毒性高、降解难等特点。若该废水不经处理或处理不当，不仅会破坏水体生态系统，而且还会危害人类的健康[23]，所以丙烯腈废水必须经过严格的处理，合格后才允许排放。

目前工业上使用最广泛的丙烯腈废水处理方法是焚烧法[24,25]，中石油抚顺石化公司腈纶化工厂、中石化上海石化股份有限公司、中石化安庆分公司、中石油吉化集团公司、中石化齐鲁石化公司等均采用此法。焚烧法是一种简单、常见且高效的废水处理方法，但焚烧废水后产生的烟气遇冷会产生结垢、堵塞和腐蚀锅炉等问题，烟气直接排空，不仅严重浪费能源，而且会形成二次污染，产生温室效应和光化学烟雾等环境问题。同时，焚烧废水消耗的辅助燃料油量相当惊人，从而使废水处理成本偏高。因此探索高效、实用的丙烯腈废水处理方法成为了国内外学者亟待解决的难题。在众多研究方法中，气提法操作流程简单且处理费用较低，是一种快速、高效、经济的工业废水处理方法，在含高浓度挥发性有机物的废水处理方面有着无可比拟的优势。

常用的气提设备为填料塔、板式塔和曝气池等，在这些设备中气液传递速率不够高，导致投资和运行费用高。这是因为处理前废水中丙烯腈质量浓度较低，且越靠近塔顶，气相主体浓度越接近于平衡浓度，气液传质推动力更小。同时，较大的液滴粒径、液膜厚度增大了传质阻力。即目前气提法处理丙烯腈废水因传统气提设备中气液两相传质过程受限使得丙烯腈去除效果较差，脱除率低于 20%。

为此，下面介绍超重力气提技术在常温条件下处理含丙烯腈废水的情况[26-28]。

1. 超重力气提法处理丙烯腈废水工艺

超重力气提法处理丙烯腈废水实验流程类似于图 3-7 所示，不同之处是废水不需要预热。丙烯腈废水用去离子水溶解分析纯丙烯腈配制，丙烯腈质量浓度为 2000 ～ 4000mg/L，以空气为解吸气，通过改变操作参数：超重力因子 35 ～ 70、液气比 0.7 ～ 2.5L/m³、液体喷淋密度 0.9 ～ 2.3m³/(m² • h)，研究超重力气提过程的总体积传质系数 $K_x a$、传质单元高度 H_{OL} 和丙烯腈脱除率 η 的变化规律。

2. 超重力气提法处理丙烯腈废水的工艺参数优化及脱除效果

① 气液比对总体积传质系数 $K_x a$、丙烯腈脱除率 η 的影响最为显著，液体喷淋密度次之，超重力因子和初始浓度的影响最小。

② 总体积传质系数 $K_x a$ 和脱除率随着超重力因子、气液比和喷淋密度的增加而增大，随着初始浓度的增加先增大后减小，而传质单元高度随着超重力因子和气液比的增加而减小，随着液体喷淋密度的增加先增大后减小，随着初始浓度的增加先减小后增大。

③ 超重力单级气提较适宜的工艺条件为：常温，常压，超重力因子为 50，液气比为 0.77L/m³，液体喷淋密度为 1.60m³/(m² • h)。

④ 在上述工艺条件和初始浓度为 (3000±100)mg/L 的条件下，超重力单级气提时，丙烯腈脱除率为 69.7%，二级气提时脱除率为 88.8%，三级气提时脱除率为 97.1%，三级气提后废水中丙烯腈浓度为 192mg/L，与平衡浓度的差距仅为 2.9%，总体积传质系数 $K_x a$ 为 0.86kmol/(m³ • s)，传质单元高度 H_{OL} 为 3.06cm。

⑤ $K_x a$、H_{OL} 和 η 的经验关联式可表示为：

$$K_x a = 4.2340\times10^{-4}\beta^{0.3307}R^{0.6215}q^{0.6801}c_{in}^{0.1812}$$

$$H_{OL} = 37.2240\beta^{-0.2948}R^{-0.5960}q^{0.1578}c_{in}^{-0.2085}$$

$$\eta = 0.9243\beta^{0.1884}R^{0.3698}q^{-0.0494}c_{in}^{0.1127}$$

3. 与其他气提设备对比

① 与塔气提法和搅拌法相比，丙烯腈脱除率分别提高了 2.6 倍和 13 倍。

② 与塔气提法相比，超重力气提法的总体积传质系数 $K_x a$ 提高了 8 倍，传质单元高度 H_{OL} 降低至 1/63，而解吸气阻力仅为 1/10。

③ 解吸后丙烯腈浓度更接近理论平衡值，且强化传质和节能降耗效果显著，在治理丙烯腈废水方面具有良好的工业应用前景。

七、高浓度硝基苯废水中硝基苯的吹脱

硝基苯（Nitrobenzene，NB）作为一种重要的化工原料，广泛应用于石油化工、染料、材料和焦化等行业中[29,30]。但其易挥发、化学性质稳定，且不易被生物降解，具有强烈的致癌致突变性，已被中、美等多国列为优先控制污染物[31,32]。

目前处理硝基苯废水的方法主要有生物法、物理法和化学法。在高浓度挥发性有机废水预处理阶段通常采用空气吹脱法[33,34]，由于硝基苯脱除过程主要受传质过程控制，所以利用超重力技术强化气液传质速率可大大提高硝基苯的吹脱率。

1. 超重力吹脱硝基苯废水工艺

超重力吹脱高浓度硝基苯废水工艺类似图 3-7，吹出气体经尾气处理装置吸收硝基苯后排空。采用试剂硝基苯和去离子水配制成硝基苯浓度为 550mg/L 左右的模拟废水，初始 pH 值为 7.5，在室温 (20±3)℃条件下进行超重力空气吹脱实验，考察超重力因子 (40 ～ 150)、液气比（0.8 ～ 4.0L/m^3）、喷淋密度 [1.0 ～ 3.5m^3/(m^2•h)] 等因素对硝基苯吹脱率的影响规律。

2. 超重力吹脱硝基苯废水的工艺参数优化及脱除效果

① 硝基苯吹脱率随超重力因子和液气比的增加而增大，随喷淋密度的增加呈先增大后减小的趋势。

② 实验条件范围内的适宜参数为：超重力因子 80，液气比 1.0L/m^3，喷淋密度 1.5m^3/(m^2 • h)，单级吹脱率为 17.4%。

③ 经过 10 次吹脱，硝基苯总吹脱率达 85.2%，吹脱后水中的硝基苯含量降低到 90mg/L，完全适合生化处理要求，经破坏治理可显著降低处理成本。

八、水脱氧

水脱氧过程在工业上具有重要的意义。过高的水溶氧含量会引发严重的铁质管路及设备的氧腐蚀，造成运行故障，还会引发水中微生物的滋生，增加水中悬浮物数量，影响水质。特别是锅炉给水中的溶解氧会导致给水系统和自身的氧腐蚀，又称为氧去极化腐蚀，据不完全统计，锅炉的各种故障中与氧腐蚀有关的占 40%，约

有 70% 的锅炉存在不同程度的氧腐蚀，给经济和生产造成了重大损失。因此，必须控制给水中的含氧量。一般中、高压锅炉用水，以热力法除氧为主。热力法除氧器的除氧效果取决于除氧器结构和运行工况，运行工况应保证水被加热至沸腾状态，进入除氧器的水量要稳定，从除氧器解吸出来的氧和蒸汽及其他气体能通畅地排出。但是热力法除氧器受气液接触条件限制，传质速率小，导致脱氧效果差、设备体积大、能耗高，且水中含氧量远高于其相应的平衡浓度，难以达到锅炉用水国家标准。

超重力技术用于上述热力法传质过程能极大地提高传质、传热速率，突破传统除氧器的局限性，使得热力法脱氧过程的气液接触面积和表面更新速率得到数量级的增加，脱氧后水中含氧量降至 7μg/L 以下，接近理论平衡值。北京化工大学超重力 + 低压水蒸气脱氧技术应用于某动力分厂的 70t/h 高压锅炉给水脱氧系统现场侧线试验工程，运行结果表明，出口氧含量和脱氧率等指标达到国家标准，节省了大量高品位蒸汽，经济效益显著。超重力解吸装置既可与水蒸气热力脱氧工艺结合，又可与真空脱氧工艺结合，具体视现场条件和工况需求而定，过程不需要化学试剂，脱氧效果远优于传统脱氧器，且设备简单，成本低，在进水温度、压力、投资等各方面有显著优势，是一种应用前景广阔的脱氧方法[35-37]。

超重力解吸技术不仅具有强化传质效果显著的特点，而且具有强化传热效果，特别适合热解吸过程，使得解吸过程效率更高，节能降耗效果显著，解吸后液体中溶质浓度接近理论平衡值，无需添加其他化学试剂等即可达到相应标准或使用需求。但超重力解吸的工程应用还相对较少，需要将超重力解吸装置与实际解吸过程相结合，加强装备结构及特征与工艺的匹配性及工程放大，在强化传质、传热机理及放大效应等方面还需人们进一步探索和研究，以便发明新型超重力装置及其专用填料，创新工艺及匹配工艺条件，以充分发挥超重力解吸优势，突破传统解吸器处理范围窄、适应领域小、解吸不彻底等技术瓶颈，促进解吸过程的高效、低耗发展。

参考文献

[1] 刘有智 . 超重力化工过程与技术 [M]. 北京 : 国防工业出版社 , 2009.

[2] 李艳 . 超重力场传热研究 [D]. 太原 : 中北大学 , 2007.

[3] 刘丽梅 , 韩斌桥 , 韩正华 . 燃煤锅炉 SNCR 脱硝系统常见问题及对策 [J]. 热力发电 , 2010, 39(6): 65-67, 70.

[4] 焦纬洲 , 刘有智 , 刘建伟 , 等 . 超重力旋转床处理焦化氨氮废水中试研究 [J]. 现代化工 , 2005, 25(S1): 257-259.

[5] 祁贵生 , 刘有智 , 王建伟 , 等 . 超重力法吹脱氨氮废水技术应用研究 [J]. 煤化工 , 2007, (1): 61-63.

[6] 谷德银, 刘有智, 祁贵生, 等. 新型旋转填料床吹脱氨氮废水的实验研究 [J]. 天然气化工 : C1 化学与化工, 2014, 39(4): 1-4.
[7] 梁晓贤, 刘有智, 焦纬洲, 等. 超重力技术在工业废水处理中的应用进展 [J]. 造纸科学与技术, 2013, 32(1): 95-98.
[8] Ramon J A. 聚合物脱挥 [M]. 赵旭涛, 龚光碧等译. 北京 : 化学工业出版社, 2005: 105-110.
[9] 严顺英, 顾丽莉. 脲醛树脂的研究现状与研究前景 [J]. 化工科技, 2005, 13(4): 50-54.
[10] 许红英, 张俊杰, 李红霞. 溴系精细化学品发展现状综述 [J]. 河北理工学院学报, 2006, 28(3):88.
[11] 刘有智, 刘振河. 脱除脲醛树脂中游离甲醛的设备 [P]. CN 2892854Y.2007-04-25.
[12] 刘有智, 刘振河. 脱除脲醛树脂中游离甲醛的方法及设备 [P]. CN 100427522C.2008-10-22.
[13] 谢建军, 潘勤敏, 潘祖仁. 聚合物系脱挥研究进展 [J]. 合成橡胶工业, 1998, 21(3):135-141.
[14] 孙培现, 张万峰. 我国溴及溴系产品的现状及发展思路 [J]. 海湖盐与化工, 2000, 30(1): 7-8.
[15] 王国强, 冯厚军, 张凤友. 海水化学资源综合利用发展前景概述 [J]. 海洋技术, 2002, 21(4): 62-63.
[16] 王寿武, 等. 溴素生产现状及展望 [J]. 中国井矿盐, 2004, 35(2): 12.
[17] 李海民, 程怀德, 张全有. 卤水资源开发利用技术述评 [J]. 盐湖研究, 2003, 11(3): 63-64.
[18] 闫树旺, 安莲英, 唐明林, 等. 离子交换法从卤水富集溴的技术进展综述 [J]. 海湖盐与化工, 1996, 23(6): 14-16.
[19] 张力军, 王薇, 王修林. 溴素生产技术及溴系列产品的开发 [J]. 海洋科学, 1998, (5): 20.
[20] 朱昌洛, 寇建军. 树脂吸附法由卤水中提溴 [J]. 矿产综合利用, 2003,10(5): 14.
[21] 黄金霞, 陆书来, 纪立春. 2013 年丙烯腈生产与分析 [J]. 化学工业, 2014, 32(4): 36-40.
[22] 王科, 沈峥, 张敏, 等. 丙烯腈废水处理技术的研究进展 [J]. 水处理技术, 2014, 40(2): 8-14.
[23] 北京医学院劳动卫生与职业病教研组. 丙烯腈中毒的防治 [M]. 北京 : 石油化学工业出版社, 1976: 4-9.
[24] 阚红元. 赛科丙烯腈废水焚烧炉简介 [J]. 化工设备与管道, 2007, 44(5): 24-27.
[25] 孙永敏. 丙烯腈污水处理 [J]. 沈阳化工, 1996, (4): 48-50.
[26] Xue C F, Liu Y Z, Jiao W Z. Mass transfer of acrylonitrile wastewater treatment by high gravity air stripping technology [J]. Desalination and Water Treatment, 2016, 57(27): 12424-12432.
[27] 薛翠芳, 刘有智, 焦纬洲. 超重力气提法处理丙烯腈废水 [J]. 化工进展, 2014, 33(9): 2501-2505.

[28] 薛翠芳，刘有智，焦纬洲．不同填料旋转填料床废水气提效果研究 [J]. 化学工程，2015, 43(5): 16-19.

[29] Jiao W Z, Liu Y Z, Liu W L, et al. Degradation of nitrobenzene-containing wastewater with O_3 and H_2O_2 by high gravity technology [J]. China Petroleum Processing & Petrochemical Technology, 2013, 15(1): 85-94.

[30] 郭亮，焦纬洲，刘有智，等．含硝基苯类化合物废水处理技术研究进展 [J]. 化工环保，2013, 33(4): 299-303.

[31] Carlos L, Nichela D, Triszcz J M, et al. Nitration of nitrobenzene in Fenton's processes [J]. Chemosphere, 2010, 80(3): 340-345.

[32] Nichela D A, Berkovic A M, Costante M R, et al. Nitrobenzene degradation in Fenton-like systems using Cu(Ⅱ) as catalyst. Comparison between Cu(Ⅱ)- and Fe(Ⅲ)-based systems [J]. Chemical Engineering Journal, 2013, 228: 1148-1157.

[33] Ghoreyshi A A, Sadeghifar H, Entezarion F. Efficiency assessment of air stripping packed towers for removal of VOCs (volatile organic compounds) from industrial and drinking waters [J]. Energy, 2014, 73: 838-843.

[34] Quan X J, Cheng Z L, Xu F, et al. Structural optimization of the porous section in a water-sparged aerocyclone reactor to enhance the air-stripping efficiency of ammonia [J]. Journal of Environmental Chemical Engineering, 2014, 2(2): 1199-1206.

[35] 超重力锅炉水脱氧技术及设备 [J]. 化工科技市场，2003, (3): 69.

[36] 刘会雪，刘孟．锅炉（给）水脱氧技术研究的进展 [J]. 腐蚀科学与防护技术，2007, 19(6): 432-434.

[37] 陈建铭，宋云华．用超重力技术进行锅炉给水脱氧 [J]. 化工进展，2002, 21(6): 414-416.

第四章 蒸馏

第一节 概述

自 20 世纪 70 年代超重力技术[1]诞生以来，国内外科研工作者对其进行了蒸馏操作的相关研究。超重力蒸馏装置是 1979 ～ 1983 年 Colin Ramshaw 科研小组提出的专利，又称为超重力机，或 Higee（High “g” 中 High 和 “g” 的发音）。

1979 年，ICI 公司投资建造了两个直径为 0.762m 的超重力蒸馏示范装置，用于分离甲醇 - 异丙醇混合物，其分离能力相当于高 30.48m、直径 0.91m 的常规填料塔。

1983 年，ICI 公司报道了工业规模的超重力蒸馏装置进行乙醇与异丙醇和苯与环己烷的分离成功运转数千小时的情况，肯定了这一新技术的工程与工艺可行性。它的传质单元高度仅为 10 ～ 30mm，较传统填料塔的 1 ～ 2m 下降了两个数量级。Ramshaw[2] 研究得到当转子平均半径的加速度为 1000g 时，液泛率约为 15kg/(m^2·s)，实际安全操作时为液泛率的 70%，理论塔板高度为 10 ～ 20mm。Richard Baker[3] 以异丙醇 - 乙醇为物系，用两台直径为 800mm 的超重力蒸馏装置串联进行了实验，在转速为 1500 ～ 3000r/min、平均加速度为 200g ～ 1000g 时，得到 40 层理论塔板。

1989 年浙江大学陈文炳等[4]进行超重力场下精馏过程的研究，以一个外径为 300mm、高 40mm、内装 ϕ6mm×6mm×0.1mm 不锈钢压延 θ 环填料的超重力精馏装置为设备，在常压、全回流操作下，以乙醇 - 水为物系进行研究，在回流率为 6.9t/

(m²·h)、转速为 900r/min 的操作条件下，每块理论塔板当量径向的填料厚度为 3.93cm，即每米填料相当于 25 块理论塔板的分离效果。

1992 年，美国 Martin 与 Martelli 以环己烷 - 正庚烷为物系，采用网状金属填充物，转子内径为 175mm、外径为 600mm、比表面积为 2500m²/m³、空隙率为 0.92 的超重力装置为蒸馏设备，得到的理论塔板数在 4 ～ 6 之间，相当于 30 ～ 50mm 的理论塔板高度。

1996 年，Trevour 等 [5] 以环己烷 - 正庚烷为物系，采用直径为 914mm 的超重力蒸馏装置进行了实验研究。转子内径为 87.5mm、外径为 300mm、轴向高度为 150mm、总体积为 0.0388m³，填料比表面积为 2500m²/m³、空隙率为 0.92。在操作压力为 166 ～ 414kPa、转速为 400 ～ 1200r/min、全回流操作条件下，得到 6 个理论塔板数，即理论塔板高度为 30 ～ 90mm。

2001 年至今，浙江工业大学计建炳等 [6-35] 以折流式超重力精馏装置模拟超重力场，以折流板、折流板间填充的不同填料（如鲍尔环、三角形螺旋填料）为对象，研究了流体力学和精馏性能，考察了折流板小孔分布和折流板间距等参数对性能的影响规律，传质单元高度为 30 ～ 40mm，现已应用于甲醇、乙醇、DMF 等溶剂的回收和高黏度、热敏性物料中残余溶剂的蒸馏过程。

2001 年至今，中北大学刘有智等 [36-67] 进行了超重力精馏过程的研究。分别以乙醇 - 水、甲醇 - 水为物系，研究了超重力精馏过程的基本原理、超重力精馏装置的分离效率及流体力学性能，并建立了相关经验模型，为考察超重力装置的分离效率和气相压降提供了计算方法，同时为超重力精馏装置的工业化提供了实验数据与理论依据；开发了超重力精馏用液体分布器、填料（螺旋线轴型填料、翅片导流板填料）及高效旋转精馏床，并对其传质性能和流体力学性能进行了考察，翅片导流板填料传质性能最优，传质单元高度为 4.8 ～ 11.9mm。

2002 年，台湾的 Lin Chia Chang 等 [68] 以甲醇 - 乙醇为物系进行了新型超重力蒸馏装置的应用研究。得到理论塔板高度为 30 ～ 90mm，理论塔板高度与超重力因子的 0.23 ～ 0.26 次方成正比。

2010 年，北京化工大学陈建峰等 [69,70] 开发了一种新型多级逆流式超重力旋转填料床（MSCC-RPB），在常压下通过以乙醇 - 水为研究体系的连续精馏实验对 MSCC-RPB 的精馏性能进行了研究。分别考察了旋转床转速 (n)、进料浓度 (x_F)、进料热状况 (q)、回流比 (R) 对 MSCC-RPB 的理论塔板数 (N_T) 的影响规律。结果表明：MSCC-RPB 的 N_T 随 n 的增加先增大后减小，随 x_F 的增加变化不大，随 q 的增加而增大，随 R 的增加而增大。在实验考察范围内，最佳操作转速为 800r/min，MSCC-RPB 理论塔板高度在 19.5 ～ 31.4mm 之间。

第二节　超重力强化精馏原理

超重力精馏装置如图 4-1 所示，待分离的液体混合物由再沸器汽化后，气相从气体进口管进入超重力装置的外腔，在压力的作用下自旋转填料的外侧沿径向通过填料层到达填料内侧，汇集于超重力装置的中心管，然后从气体出口离开超重力装置。冷凝回流的液体从液体进口管进入超重力装置的中央分布器，通过喷嘴均匀分散到填料的内侧，在超重力的作用下，液体自旋转填料内侧沿径向通过填料层向外侧甩出。

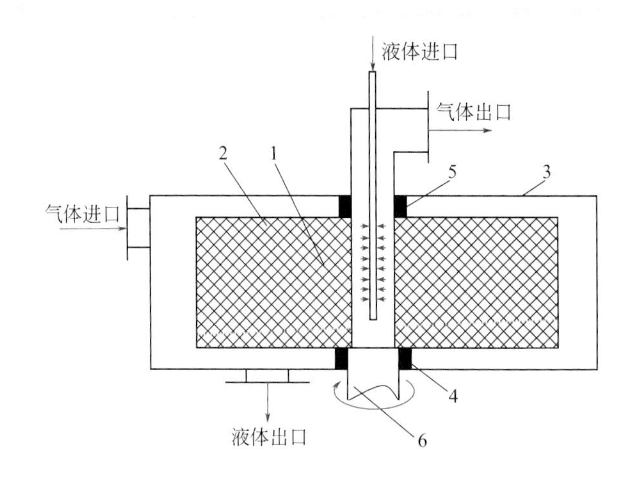

图 4-1　超重力精馏装置结构示意图

1—填料；2—转子；3—壳体；4,5—密封；6—轴

在填料（以丝网波纹填料为例）中，液体受超重力与摩擦力的双重作用，使液体形成微米至纳米级的液膜、液丝和液滴，产生巨大的和快速更新的相界面，使气液相的流速及填料的有效比表面积大大提高，液体在高分散、高混合、强湍动及界面急速更新的情况下与气体以极大的相对速度在弯曲流道中逆流接触，使气液相在通过每一层填料时能进行高效的传质、传热，多次部分冷凝和汽化，快速达到相平衡，使混合物在较短的时间内进行分离提纯。

超重力精馏原理与普通精馏原理是相同的，都是依据溶液中各组分相对挥发度（或沸点）的差异，经过多次部分冷凝与汽化，使组分得以分离。不同的是前者是在超重力场中完成这种多次部分冷凝与汽化过程的，分离效果远优于普通精馏过程。从本质上讲，在传统精馏过程中最基本的气液传质单元是气泡，而在超重力精馏过程中，填料内只有液膜、液滴与充满填料空间的气相，无气泡存在，基本的气液传质单元是液膜与液滴。

第三节 关键技术

超重力精馏是典型的“三传”过程，流体的流动形式对同时传热、传质过程影响重大，气液两相的有效接触更为重要。一方面，要保证进入旋转填料层的液体分布合理；另一方面，填料的结构和技术参数等需满足精馏过程气液接触和强化传递速率的要求。为此，液体分布器和旋转填料结构设计等是超重力精馏的关键技术。

一、液体分布器

原料进入旋转填料床，首先要经液体分布器以某种方式分布在填料表面，其分布的均匀性和稳定性对传质、传热有显著的影响。通常液体分布器设在被填料围绕的中心位置。填料内缘与液体分布器安装有一定的间隙，以确保液体分布器喷洒的液体能全部进入填料。填料沿轴向有一定的高度，液体不但要沿填料内缘圆周方向合理分布，而且同时要沿填料轴向做好分布。因此，液体分布呈圆柱体面（两端面除外）的立体式分布。

1. 旋转填料床用液体分布器

在旋转填料床中，通常在中心进液管上沿圆周方向安装 2 ～ 4 根液体分布管，并在每根分布管的不同高度处径向开孔，作为液体分布器。通过这些孔将液体沿圆周方向喷洒在旋转填料的内侧面。由于液体在分布管不同高度处受到的液体压力各不相同，导致从各个孔排出的液体流速和流量存在差异，特别是喷洒在填料轴向下方和上方的液体流量差异就更明显。由于该类分布器结构简单、容易更换，安装和调试方便、对液体处理要求不高的情况可以使用；超重力精馏过程，处理的对象就是液体，液体的分布关系到气液有效接触，多次部分汽化、多次部分冷凝等过程，因而液体分布器技术格外重要。

栗秀萍等[54]发明的液体分布器，包括上盘片、下盘片和导液管，其特征在于液体分布器的中心处与转轴固定连接，上盘片上设有液体进口，下盘片上设有若干轴向和径向的凹槽，其外围依次设有若干根高度不同的半圆柱形导液管，任意一根导液管的侧面最高处都设有出液孔，出液孔与填料的内缘相对应。

单根导液管与下盘片是相连的，因其高度不同，故与上盘片不相连，若干根导液管之间是相互连接的。导液管在下盘片外围具体的设置方式为：导液管为半圆柱形状，每根导液管高度不同但相差不大，若干根导液管依次排列在下盘片的外围。

该液体分布器的整体结构类似于圆柱状，液体分布器在转轴的带动下同时旋转，此时，液体分布器中的液体处于超重力场中，以“U-N”形流动方式从液体分布器进入填料内缘。其具体的流动方式为：液体从上盘片的液体进口管进入液体分布器的内腔，并沿着下盘片的径向和轴向凹槽以“N”形流入所有导液管的管口处，然后在压力作用下液体自下而上强制性流过导液管，在导液管中的液体在转轴的带动下高速旋转，故同时受到超重力作用并于导液管侧面最高处的出液孔甩向不同高度的填料内缘，液体在液体分布器中的整体流动方式为“U”形。液体在液体分布器的导液管内同时受离心力和压力的作用，故在导液管侧面最高处的出液孔会形成较薄的液膜。如图 4-2 ～图 4-4 所示。

上述设计使液体在液体分布器中形成了良好的初始速度分布，规范了液体在填

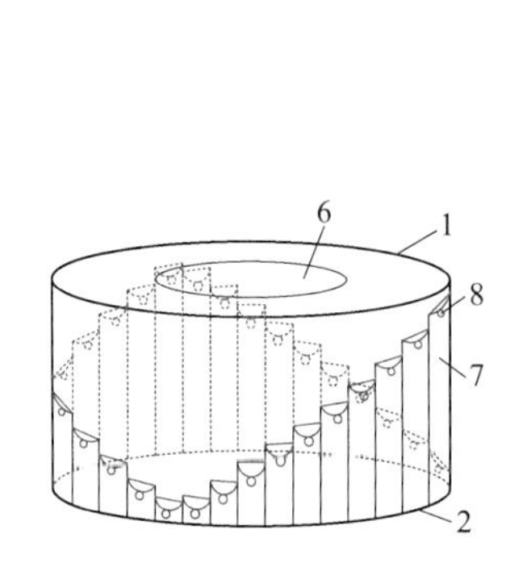

图 4-2　旋转填料床用液体分布器的立体结构图

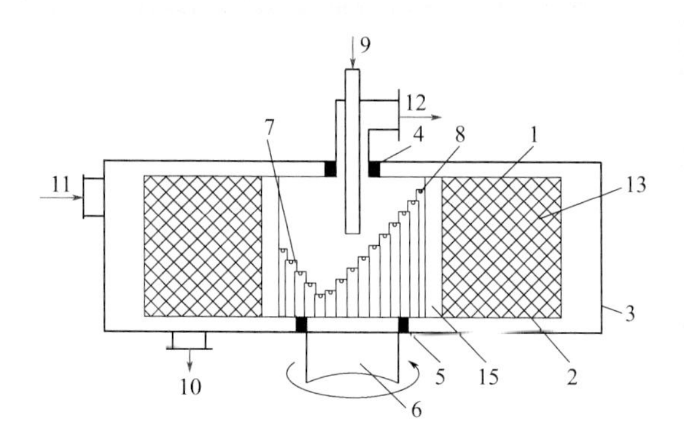

图 4-3　旋转填料床用液体分布器的主视图

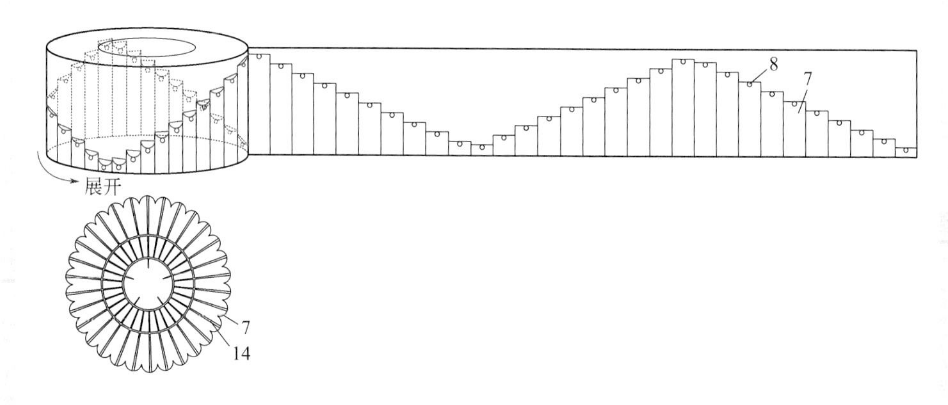

图 4-4　旋转填料床用液体分布器的展开图

1—上盘片；2—带凹槽的下盘片；3—壳体；4—机械密封；5—动密封；6—转轴；7—导液管；8—液体分布器出液孔；9—液体进口；10—液体出口；11—气体进口；12—气体出口；13—填料；14—凹槽；15—气液接触区

料中的流动路径，延长了液体在填料中的流动路程与时间，提高了液体在填料中的分布均匀性，增大了相间接触面积，强化了填料的传递效果，进而大大提高了设备的性能。

2. 多级旋转精馏床用液体分布与再分布器[55]

多级旋转精馏床用液体分布与再分布器是一种由静态液体分布的管式及锥形液体分布器和动态液体分布的U形及盘片式液体分布器组成的分布器，包括进液管、锥形受液及分布器和U形平盘旋转液体分布器三部分。

进液管前端设有N个液体分布槽，锥形受液及分布器上设有N个螺旋槽。U形平盘旋转液体分布器结构包括圆筒、中空环状平盘和环状U形槽，环状平盘装在圆筒外侧下边缘，环状U形槽装在圆筒外侧上边缘，U形槽底部设有小孔。U形平盘旋转液体分布器有N个，每个分布器的直径、轴向高度不同，直径大的轴向高度小，根据圆筒直径从小到大，呈同心圆状、由下到上排列设置。如图4-5～图4-7所示。

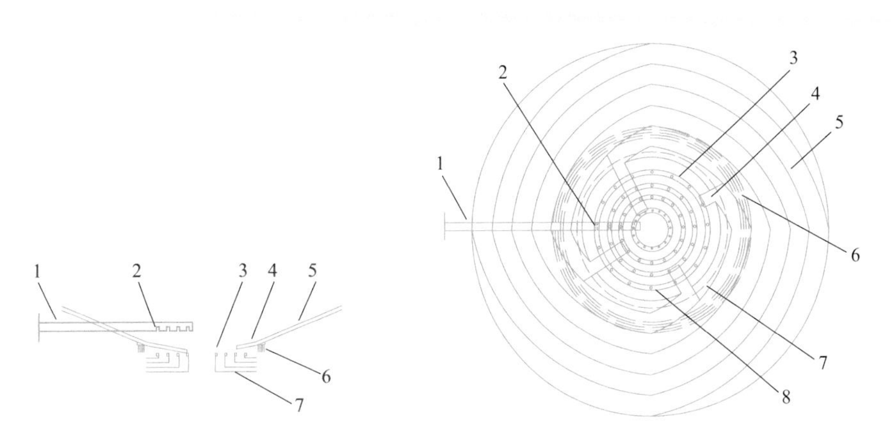

图4-5　多级旋转精馏床用液体分布与再分布器的主视图　　图4-6　多级旋转精馏床用液体分布与再分布器的俯视图

1—液体进口管；2—液体分布槽；3—锥形螺旋受液盘；4—U形分液槽；5—迷宫；6—液体分布孔；7—平盘；8—布液孔

本液体分布器的优点是使用了多种结构组合，不仅能使液体在液体分布器中形成良好的初始径向、轴向和周向分布，而且通过气液在液体分布与再分布器中的曲折流动，可延长液体在旋转填料床中的停留时间，实现液体在设备中的均匀分布与再分布，提高设备的传质效果与空间利用率，并实现上下两层填料间气体密封，是一种结构简单、安装方便的液体多功能分布器。可应用于各种单级或多级逆流旋转填料床中，能强化气液传递过程，提高传递效率。

二、填料

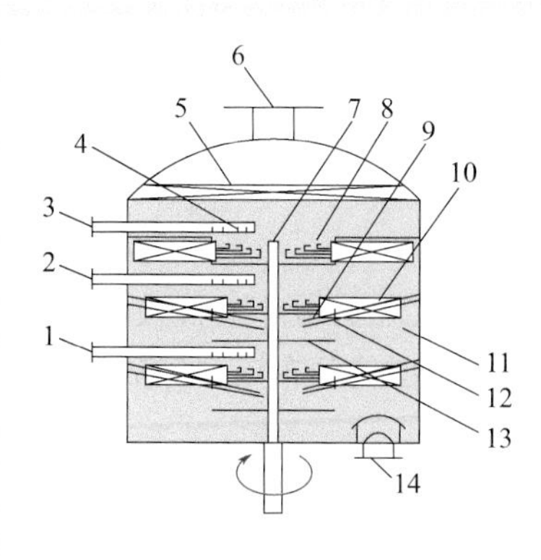

图 4-7 旋转填料床中多级液体分布器的结构示意图

1—液体进口管；2—布液孔；3—回流液进口；4—液体分布槽；5—除雾器；6—气体出口；7—轴；8—锥形螺旋受液盘；9—U形分液槽；10—迷宫；11—填料；12—液体分布孔；13—平盘；14—液体出口

精馏操作的主设备有旋转填料床和板式旋转床两大类，板式结构也可视为一种特殊结构的填料或一种规整填料。精馏操作伴随传热、传质过程，其填料的结构、比表面积、空隙率以及安装方式等对流体的流动、气液两相的接触效果有着重要的影响。填料的结构分为散装式、拟规整结构式和规整结构式，后者更能保证填料中的空隙有序和均匀排布，有利于促进气液接触均一性的提高，同时有利于强化传质、传热和相界面快速更新。另外，延长气液在旋转填料中的停留时间（接触的时间）是提高总传递效果的另一关键因素，因此在填料设计方面也要尽量考虑这个要素。

1. 螺纹管线轴型规整填料[56]

螺纹管线轴型规整填料包括圆筒、位于圆筒两端的上盘片和下盘片。上盘片中心处开有圆孔，在下盘片上沿圆筒周围设有若干根布液管，任意一根布液管的管口与圆筒内相通，布液管沿圆筒外周螺旋绕行设置。单根布液管是连续的，在下盘片和上盘片之间往返同向螺旋环绕。

螺纹管线轴型规整填料的整体结构为圆柱状，下盘片在轴的带动下一起旋转，使填料内具有离心力场。液体从上盘片中心孔处进入填料内侧，经圆筒进入所有的布液管，沿着布液管以“S”形流动（螺旋型），然后整体以“N”形从填料内侧向外流过整个填料。液体在布液管内受离心力的作用和布液管螺旋缠绕的作用，在细管内形成厚度较薄的液膜。气体从填料外侧布液管端口进入布液管（在填料中，气液为逆流接触），或气体从填料内侧布液管端口进入布液管（在填料中，气液为并流接触），气体充满布液管整个腔体，在压力的作用下以“S-N”形从填料一侧流向另一侧。如图 4-8 ～图 4-10 所示。

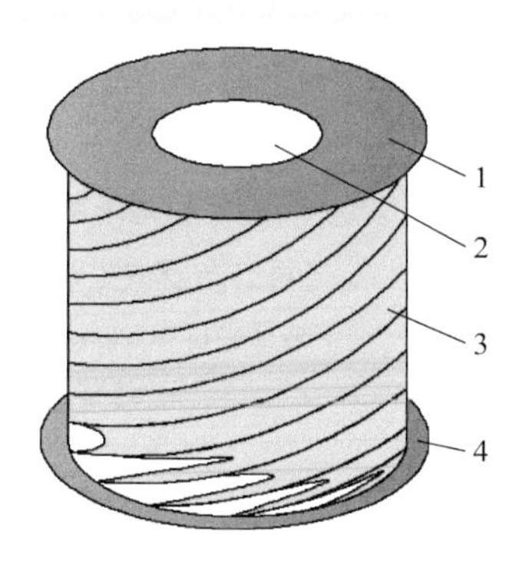

图 4-8 螺纹管线轴型规整填料的整体结构示意图

1—上盘片；2—圆筒；3—布液管；4—下盘片

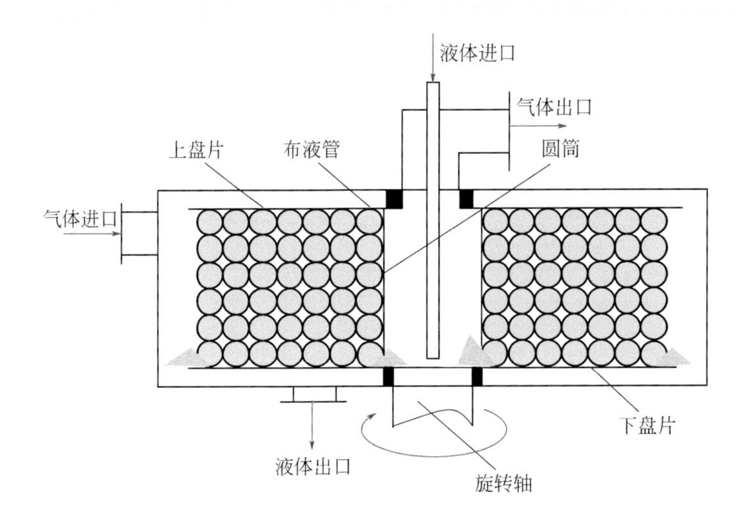

图 4-9　螺纹管线轴型规整填料结合旋转床的内部结构示意图（剖面图）

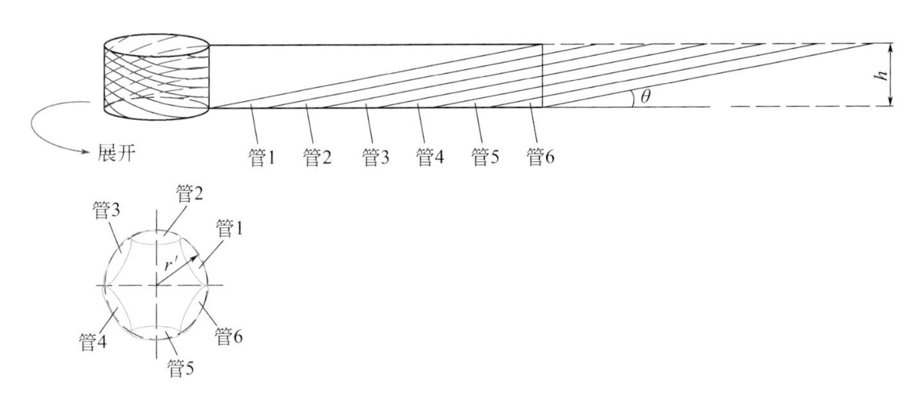

图 4-10　螺纹管线轴型规整填料单层布液管的结构展开图

螺纹管线轴型规整填料提高了旋转床填料的空间利用率，规范了流体在填料中的流动路径，延长了流体在填料中的流动距离与时间，提高了流体在填料中分布的均匀性和设备的传递效果。

2. 翅片导流规整填料[57]

翅片导流规整填料包括上盘片和下盘片，上盘片上设有若干直径不同的筒状上导流板，下盘片上设有若干直径不同的筒状下导流板，上导流板和下导流板交错嵌套排列，上导流板和下盘片之间留有流体通道，下导流板和上盘片之间留有流体通道，上导流板上设有若干向下方倾斜的翅片，下导流板上设有若干向上方倾斜的翅片，如图 4-11 和图 4-12 所示。

若干导流板根据直径大小由里到外等距离固定在上、下盘片上，上、下盘片用

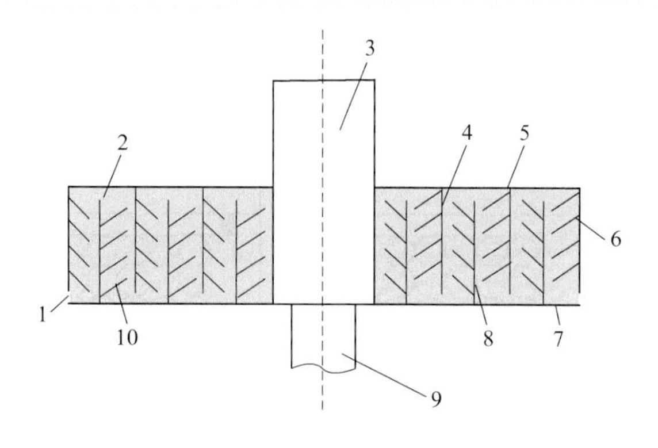

图 4-11　旋转填料床翅片导流规整填料内部结构示意图

1,2—流体通道；3—中心管；4—上导流板；5—上盘片；6,10—翅片；
7—下盘片；8—下导流板；9—转轴

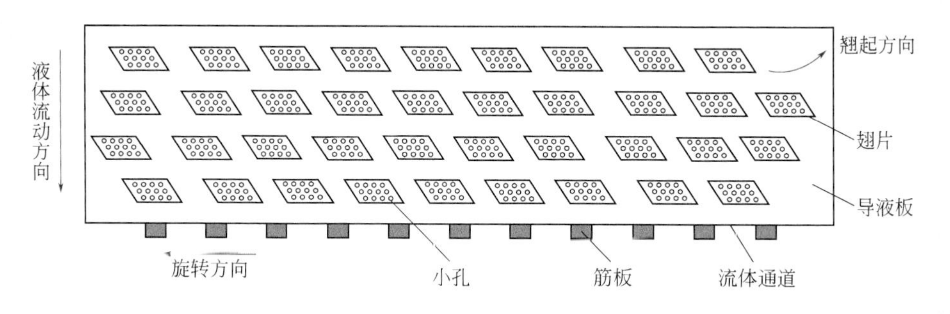

图 4-12　上翅片导流填料展开示意图

螺栓固定在一起，在轴的带动下一起旋转，使填料内具有离心力场，液相流体沿半径方向由内向外依次交替通过下导流板和上导流板，形成“脉冲波形（⎍⎍）”通道。气相流体则沿半径方向由外向内与液体相向依次交替通过上导流板和下导流板。液体在导流板上由于受离心力的作用而克服了液体表面张力的作用，形成较薄的液膜，可增大导流板上相间的接触面积，强化设备的传质效果。根据液体的流动方向和导流板的旋转方向，在导流板内侧安装交错排列的平行四边形翅片，翅片与导流板存在一定夹角，使液体在相邻内、外两层导流板间以“Ƶ”形路线流动。由于受惯性力和离心力的双重作用，液体从翅片流出后，一部分直接碰撞到内层导流板的外侧，使内层导流板的外侧润湿，增大了相间的接触面积与填料的表面利用率，另一部分被直接甩到安装翅片的导流板上，使液体在相邻内、外两层导流板间以“Ƶ”形路线流动，提高了填料的空间利用率，达到增大相间的接触面积、延长液体在填料中的流经距离和气液的接触时间的目的，强化了设备的分离效果。在翅片上均匀分布若干小孔，小孔以三角形或平行四边形排列。液体由于受强大离心力的作用而形成厚度为几微米的液膜，顺着盘片向前流动，而不会通过小孔甩到安装翅片的导流板上，这样增大了每个翅片上相间的接触面积，达到强化设备传质效果的目的。

第四节 超重力精馏特性

一、旋转折流板床精馏特性

1. 旋转折流板床结构

旋转折流板床（Rotating Zigzag Bed，RZB）结构如图 4-13 所示。RZB 的核心部件由转子和定子组成，转子由动盘 1 和一组动折流圈 2 构成，定子由静盘 5 和一组静折流圈 4 构成；动、静两组折流圈相对嵌套布置，动、静折流圈之间的环隙空间，以及动折流圈与静盘、静折流圈与动盘之间的缝隙，提供了流体流动的通道。

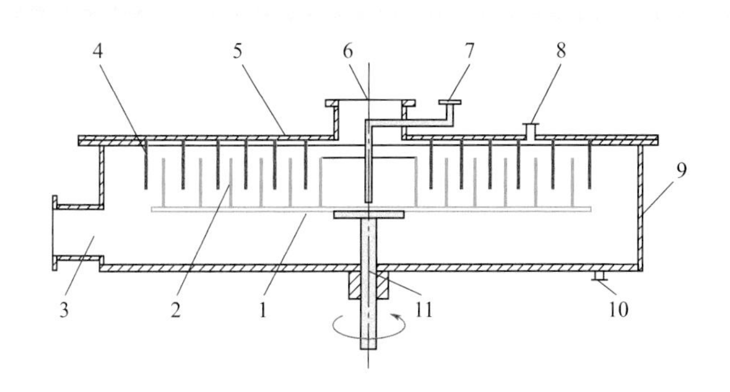

图 4-13 旋转折流板床结构简图

1—动盘；2—动折流圈；3—气体进口管；4—静折流圈；5—静盘；6—气体出口管；7—液体进口管；8—中间进料管；9—壳体；10—液体出口管；11—转轴

三层旋转折流板床的结构如图 4-14 所示，每层转子与单层旋转床相比，其中心处增加了导液管 8，将来自上层转子外缘的液体引入到下层转子的中心，实现液体在各层转子之间的依次流动。多层结构还设置有多个液体进口管 4，进料位置既可以在转子之间（4-1，4-2），也可以在某层转子上（4-3），这样可以在一台多层超重力床中实现带有多股进出料的精馏过程。

对于单层旋转床，操作时气体由气体进口管自切向进入壳体，然后在压差作用下沿着动静折流圈之间的环隙空间、动折流圈和静盘以及静折流圈和动盘之间的缝

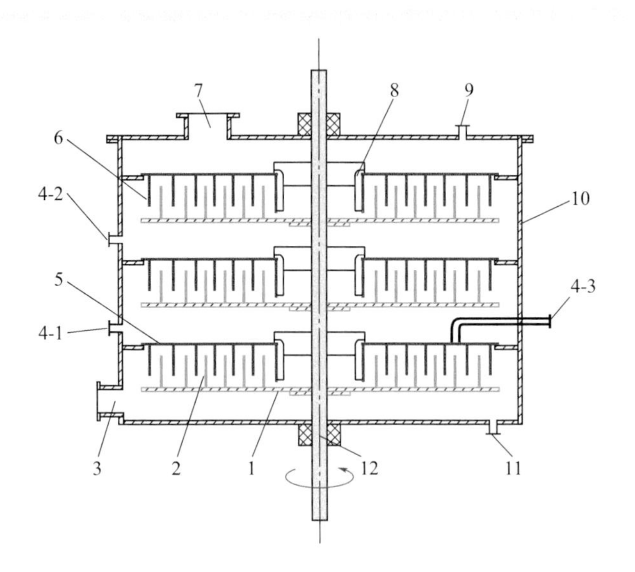

图 4-14 三层旋转折流板床结构简图

1—动盘；2—动折流圈；3—气体进口管；4-1,2,3—液体进口管；5—静盘；6—静折流圈；
7—气体出口管；8—导液管；9—回流管；10—壳体；11—液体出口；12—转轴

隙所形成的“S”形通道曲折地由转子外缘流向转子内缘，最后经气体出口管离开转子。液体由液体进口管进入转子，并被引至动盘的中心，然后被高速旋转的动折流圈通过小孔甩向静折流圈，液体在静折流圈上汇集后受重力作用流到动盘上，然后再次被动折流圈甩出，如此反复，最后液体在壳体内收集后由液体出口管离开旋转床。

对于多层旋转床，操作时来自下一层转子中心的气体自动流向上一层转子的外缘，然后在压差作用下沿径向自其外缘向中心运动，在其中心处离开，进入更上一层转子。来自上一层转子外缘的液体会自动流到下一层转子的静盘上，然后被其中心的导液管引入该层转子动盘的中心，沿径向自中心向外缘运动，液体在外缘处被壳体收集后再次进入更下一层转子。这样，气体自下而上依次流过各层转子，在转子内自外缘向中心流动，液体由上而下顺序流过各层转子，在转子内自中心向外缘流动，实现了单个壳体内气液两相的逆流接触，成倍地增加了设备的分离能力。

2. 旋转折流板床的传质性能

旋转折流板床形成超重力场的核心部件由转子和定子构成，这样的结构保证了气液在超重力场内高效传质。气液在核心部件内沿规定的通道有规则地流动，不走短路，液体不断地被分散和聚集，表面更新速率快，在整个部件内有一系列高效的“端效应”。动、静折流圈可起到液体分布和再分布的作用，而部件内有一系列的动、静折流圈，故液体在整个部件内分布均匀，放大效应小。

在旋转折流板床的转子中，液体经历了多次分散 - 聚集的过程，气体经历了曲折流动的过程。进入转子的液体被动折流圈上的小孔分散成雾滴，这些雾滴受高速旋转的动折流圈的作用获得了非常高的速度，并以此速度沿切向被甩离动折流圈撞向静折流圈，在静折流圈上聚集的液膜受重力作用降落到动盘上，在离心力作用下流向下一个动折流圈，然后再次被分散成细小液滴，如此反复，直至到达转子外缘。进入转子的气体受压差作用，沿着动、静折流圈之间的环隙以及动折流圈和静盘、静折流圈和动盘之间的缝隙所形成的“S”形通道自转子外缘向中心流动，与转子内液体进行接触。旋转折流板床中气液流动和接触情况如图 4-15 所示。在转子内部，气液两相总体上呈逆向流动，在动、静折流圈之间构成一个传质单元。在一个传质单元内气液接触传质过程可分解成三步。第一步为分散的雾滴被甩离动折流圈时，与轴向运动的气体错流接触，雾滴的直径小于 0.3mm，具有瞬间更新和极高的比表面积。第二步为聚集在静折流圈壁上的液体由于受旋转气体的带动和重力作用而旋转向下运动时，与环隙中旋转向上运动的气体进行逆流接触，液体因旋转气体带动而沿壁面旋转运动，与不断被甩出的液体碰撞挤压，表面更新极快，具有极高的传质速率，这类似于经过一系列液体表面更新极快的湿壁塔，由于有一系列静折流圈，因此可认为是超重力场中的湿壁群。第三步为离开静折流圈的液体进入动盘过程中，被旋转径向流动的气体分散，形成新的液滴，与气体接触传质，此处气体径向和周向的速度很大，气液相对速度也很大，同样具有很高的传质速率。由此可知，每个传质单元内气液具有极高的传质速率，在转子内具有一系列的传质单元，因此，整体效率高。

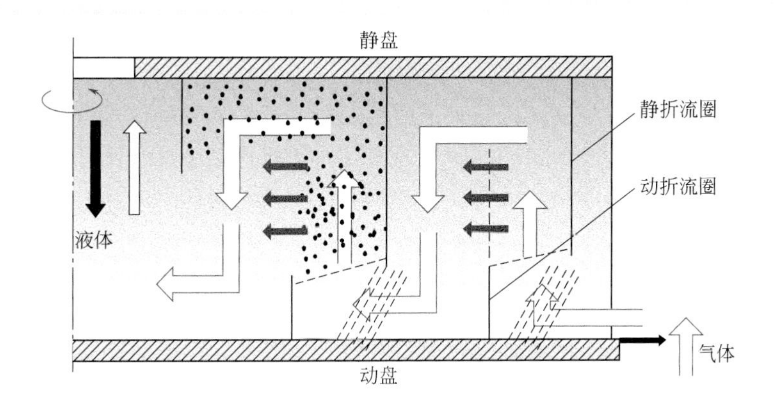

图 4-15　旋转折流板床中气液流动和接触情况

传质性能测定实验在双层旋转折流板床内进行，实验装置流程如图 4-16 所示。旋转床壳体直径为 800mm、高度为 550mm，壳体内包含两个相同的转子，外径为 630mm、内径为 200mm、高度为 80mm。壳体内上层转子作为精馏段，有 10 个静

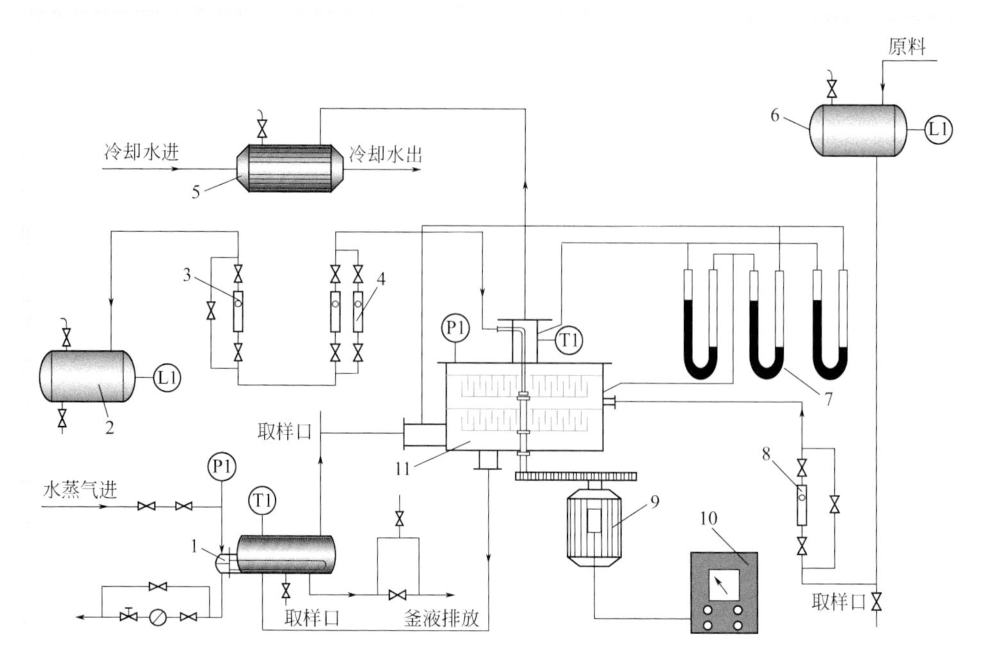

图 4-16　旋转折流板床传质性能测试实验流程图

1—再沸器；2—产品储槽；3—产品转子流量计；4—回流转子流量计；
5—冷凝器；6—原料高位槽；7—U形压差计；8—原料转子流量计；
9—调速电机；10—调频器；11—双层旋转折流板床

折流圈和 9 个动折流圈，下层转子作为提馏段，有 9 个静折流圈和 8 个动折流圈。实验测试物系为乙醇 - 水，由再沸器产生的蒸汽从旋转床的切向进口进入下层转子，在床内沿着“S”形路径通过高速旋转的转子，从下层转子中心处离开，到达上层转子外缘，再进入上层转子，最后从上层转子中心处的升气管通入冷凝器。在正常操作时，一部分冷凝液作为回流经转子流量计计量后，从旋转床中心处进入上层转子中心，由液体分布器均匀地甩向动盘上的第一列动折流圈，在转子内与蒸汽逆向接触后被甩出转子，经旋转床的外壳收集后由导液管引入下层转子中心，从下层转子再甩向外壳汇集，进入再沸器。另一部分冷凝液作为产品经转子流量计计量后进入产品储槽。原料液从高位槽流出，经转子流量计计量后进入旋转折流板床上、下两层转子的中间，这样便将上、下两层转子区分为精馏段和提馏段。残液从再沸器的液封管自动溢出。旋转床的转速通过电机变频器进行调节，传质效率用理论板数来描述。通过对冷凝器、再沸器和进料的取样分析得到乙醇的浓度，采用逐板计算法求得理论板数，再沸器视为一块理论塔板。

传质性能如图 4-17 所示。图中气相 f 因子用动、静折流圈的环隙面积计算，由于可以通过调节动、静折流圈之间的径向距离使气体从转子外缘到中心实现等面积流动，所以转子内外缘的 f 因子相等。从图 4-17 可知，其分离能力可达到 25 块理

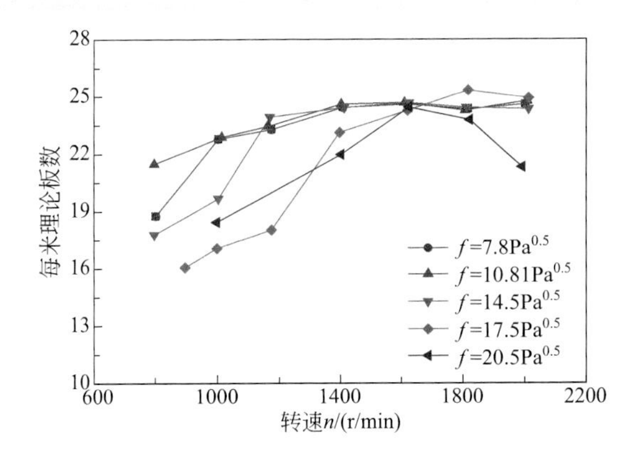

图 4-17 理论板数随转速的变化关系

论板 /m，转速从 800r/min 增大到 1200r/min，效率提升较大，之后效率趋于平缓。f 因子大于 15Pa$^{0.5}$ 时，在较低转速下效率较低，因此，通量较大时需要更高的转速才能达到比较高的效率，在设计时要根据通量选择适宜的转速。不同通量下压降随转速的变化关系如图 4-18 所示，转速增大有利于提高传质速率，但同时压降增大，所以每块理论板的压降呈现先下降后上升的趋势。

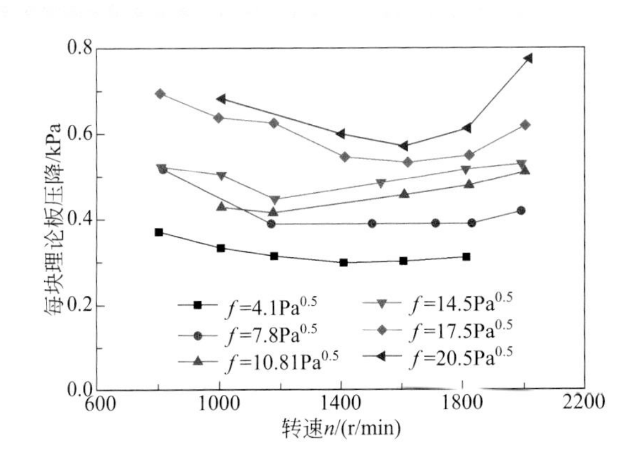

图 4-18 压降随转速的变化关系

3. 旋转折流板床的流体力学性能

旋转折流板床内气液以折流旋转的形式逆向流动，与其他结构的超重力床不同，因此具有独特的流体力学性能。转子内液量为零时，CFD 模拟的气体流动的速度矢量分布如图 4-19 所示。

由图 4-20 可知，气体在动折流圈与动盘的间隙中产生大量的旋涡，这个区域也是气体流动的主要阻力所在，计算结果表明，不同的气体流量下，此处阻力占气体流动阻力的 55% ～ 73%，但也是气液接触最为激烈的区域。图 4-21 是计算得到的轴向和转弯处的气体压降比例。气体在动折流圈和静折流圈之间构成的通道内流动，具有径向、轴向和切向三个速度，径向和轴向的流动速度可由流通面积计算得到，切向速度由转子的转速和转子对气体的剪切力共同决定。对壳体直径为 450mm，转子内外径分别为 101mm 和 284mm，动折流圈数分别为 6、7、8 和 9 的转子进行 CFD 模拟，结果如图 4-22 所示。由图可知，进入腔内的气体，其切向速度很快达到了与转子外缘相同的旋转速度，在转子内气体的切向速度大于相同直径处的转子线速度，这有利于气液在转子内形成较大的相对速度差，从而强化传质过程。

旋转折流板床的气相总压降 Δp_T 由进口管压降、转子压降和出口管压降三部分组成。

可以采用数学模型法分析旋转折流板床的转子压降 Δp_R。Δp_R 由气体流通截面

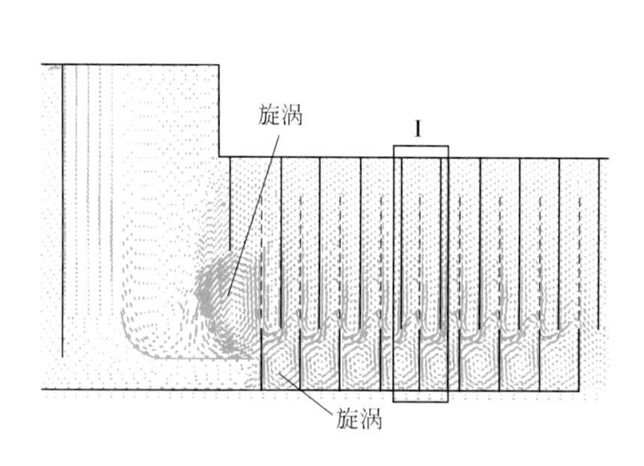

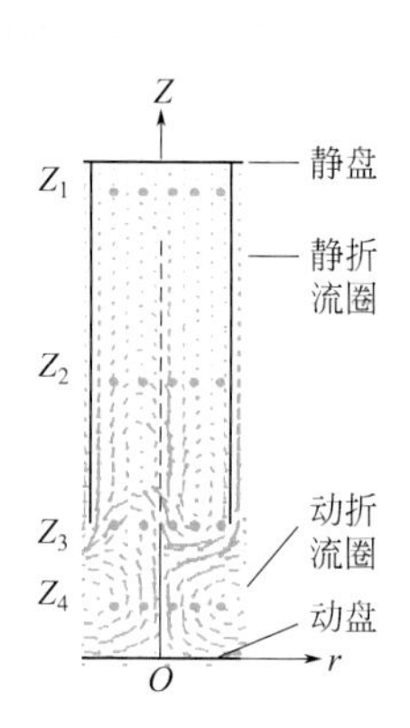

图 4-19　旋转折流板床内气体速度矢量分布

图 4-20　图 4-19 中 I 处放大图

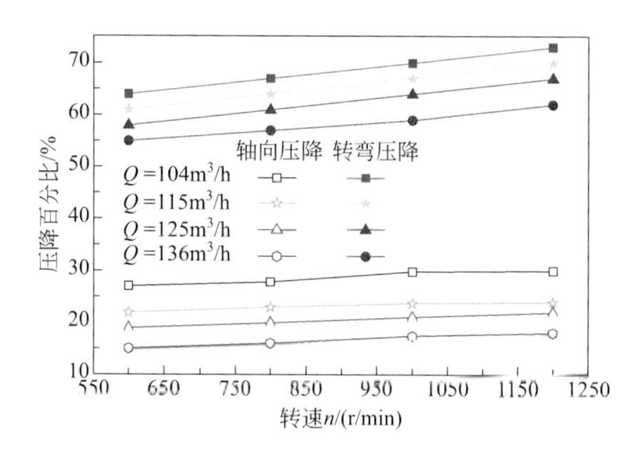

图 4-21　转子轴向和转弯处的气体压降比例

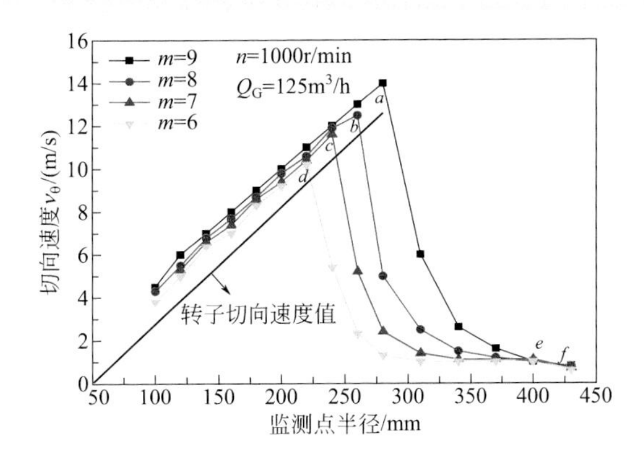

图 4-22　转子内气体切向速度随径向位置变化

收缩产生的压降 Δp_m、离心压降 Δp_c 和摩擦压降 Δp_f 三部分组成。这三部分压降的计算公式如式（4-1）所示。

$$\Delta p_m = \rho_G \int_{r_i}^{r_o} \frac{v_r^2}{r} dr = \frac{\rho_G}{2}\left(\frac{G}{2\pi H\varphi}\right)^2\left(\frac{1}{r_i^2}-\frac{1}{r_o^2}\right) \tag{4-1a}$$

$$\Delta p_c = \rho_G \int_{r_i}^{r_o} \frac{v_\theta^2}{r} dr \tag{4-1b}$$

$$\Delta p_f = \rho_G \int_{r_i}^{r_o} f_r \frac{v_r^2}{2d_h} dr = \frac{\rho_G}{2\varphi^2 d_h}\left(\frac{G}{2\pi H}\right)^2\left[\alpha \frac{2\pi H\mu_G}{G d_h \rho_G}\ln\frac{r_o}{r_i}+\beta\left(\frac{1}{r_i}-\frac{1}{r_o}\right)\right] \tag{4-1c}$$

式中　φ——气体流通截面的开孔率；

d_h——动折流圈的水力学直径，m；

r——径向位置，m；

r_i——转子内径，m；

r_o——转子外径，m；

H——转子高度，m；

v_θ——气体切向速度，m/s；

v_r——气体径向速度，m/s；

ρ_G——气体密度，kg/m³；

μ_G——气体黏度，Pa・s；

G——气体流量，m³/s；

α、β——系数。

在转子结构尺寸一定的情况下，气体切向速度 v_θ 是气量 G、液量 L、转速 n

和径向位置 r 的函数；而系数 α 和 β 是液量 L 和转速 n 的函数。气体切向速度 v_θ、系数 α 和 β 通过实验测得。实验在壳体直径为 700mm 的单层旋转折流板床内进行，实验装置流程如图 4-23 所示，所用旋转折流板床转子外径为 486mm、内径为 214mm、高度为 104mm，内含 4 个动折流圈和 4 个静折流圈。气体切向进入床内，进入转子中心，气液在转子内逆流接触。转子转速范围为 600 ～ 1200r/min，离心加速度约为 141g ～ 563g(以转子的平均半径计)。实验采用空气 - 水作为测试物系，总压降和转子压降用 U 形管压差计进行测量。同时，采用五孔探针测量了不同径向位置处的气体切向速度 v_θ。

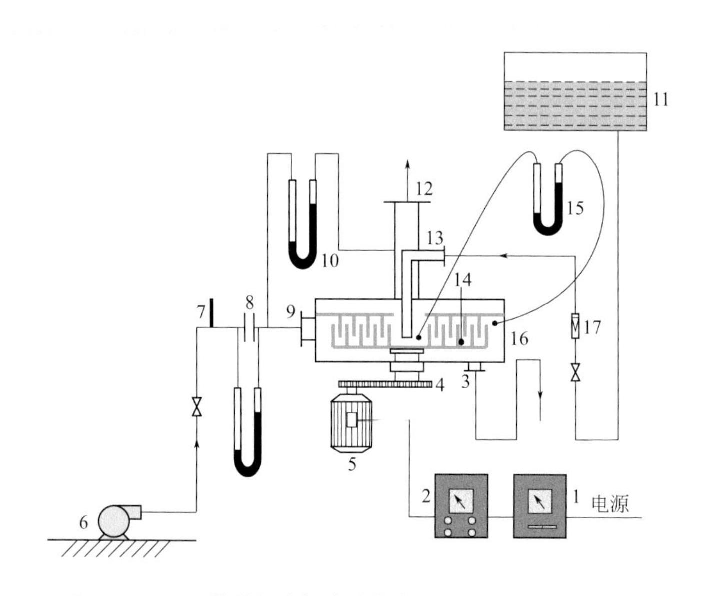

图 4-23　旋转折流板床流体力学性能测试实验流程图

1—三相电度表；2—调频器；3—液体出口管；4—传动皮带；5—调速电机；6—旋涡气泵；7—温度计；8—孔板流量计；9—气体进口管；10—测量总压降的U形压差计；11—高位槽；12—气体出口管；13—液体进口管；14—五孔探针；15—测量转子压降的U形压差计；16—旋转折流板床；17—转子流量计

液量为零时，不同气量和转速下，气体切向速度 v_θ 随径向位置 r 的变化如图 4-24 所示，其变化形状与图 4-22 显示的 CFD 模拟得到的变化形状总体相似。图 4-24 中，实线表示气体切向速度 v_θ 随径向位置 r 的变化曲线，虚线表示转子的线速度随径向位置 r 的变化线。由于气体切向进入旋转床，故转子外缘和腔内壁之间的气体切向速度 v_θ 即为气体进口管内的气速，转子外缘线速度大于该气体切向速度 v_θ。根据气体角动量定理，转子外缘对气体的摩擦力矩推动气体旋转，气体切向速度 v_θ 迅速增大。气体进入到转子内部，气体切向速度 v_θ 随转子半径减小而继续增大直至达到极大值。此时，气体切向速度 v_θ 均大于转子线速度，因而转子对气体的摩擦力矩阻碍气体旋转，气体切向速度 v_θ 随转子半径减小而下降。在转子内

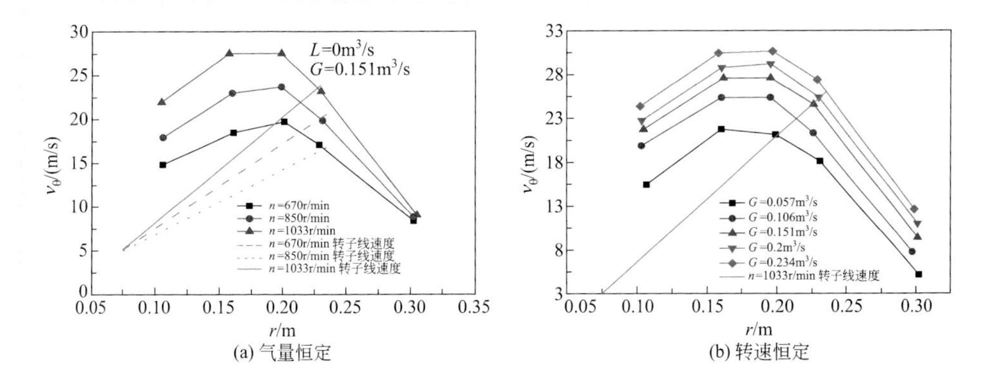

图 4-24　液量为零时气体切向速度 v_θ 随径向位置 r 的变化

部，相同径向位置 r 下的气体切向速度 v_θ 与转子线速度之差基本不随转速而变化，但随气量增大而增大。因为气量增大，气体进口管内的气速增大，转子外缘和腔内壁之间的气体切向速度 v_θ 增大，导致转子内的气体切向速度 v_θ 增大，故而气体切向速度 v_θ 与转子线速度之差增大。

有液体时，气体切向速度 v_θ 随径向位置 r 的变化如图 4-25 所示。当液体进入旋转床转子，气体切向速度 v_θ 整体减小。因为进入旋转床的液体被转子内的动折流圈小孔撕裂成液滴，液滴沿动折流圈的切线方向离开，故液滴的切向速度等于动折流圈的线速度，即等于转子线速度。而气体切向速度 v_θ 大于转子线速度，即大于液滴的切向速度。因而，液滴阻碍气体的旋转，导致气体切向速度 v_θ 整体减小。气体切向速度 v_θ 随液量的增大而缓慢减小。

根据图 4-24 和图 4-25，把气体切向速度 v_θ 与径向位置 r 以及气量 G、液量 L 和转速 n 进行关联，代入式（4-1b），就可得到离心压降 Δp_c 的计算公式。通过式（4-1a），可以直接计算出气体流通截面收缩产生的压降 Δp_m。转子压降 Δp_R 通过实

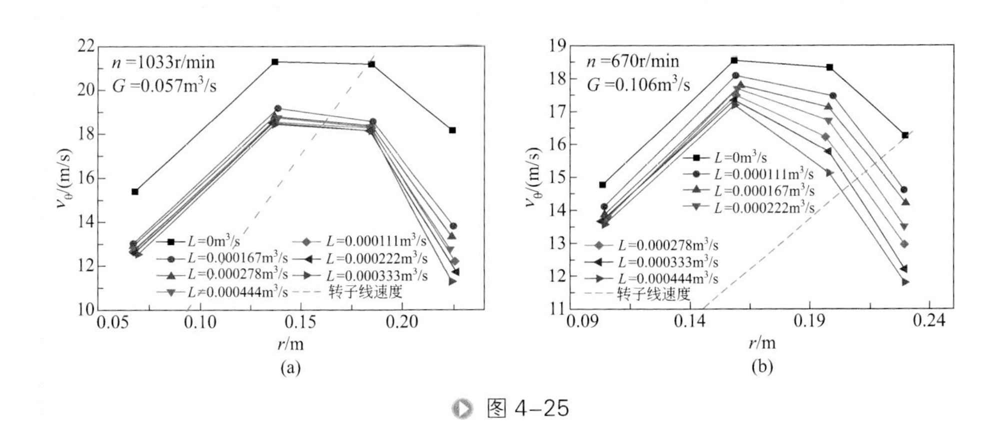

图 4-25

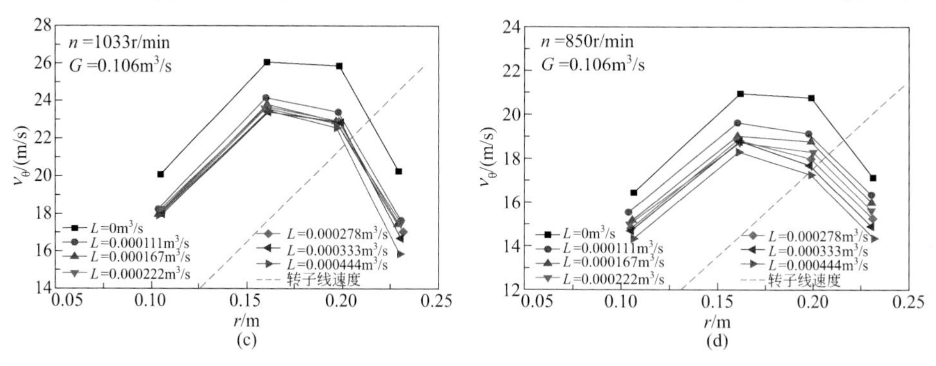

图 4-25 有液量时气体切向速度 v_θ 随径向位置 r 的变化

验测量得到，进而得到式（4-1c）的系数 α 和 β 的值，从而得到摩擦压降 Δp_f 的计算公式。转子压降 Δp_R 及其三个分压降 Δp_m、Δp_c 和 Δp_f 随液量、气量和转速的变化如图 4-26 所示。由于气体流通截面收缩产生的压降 Δp_m 与液量 L 和转速 n 无关，仅与气量 G 有关，所以在图 4-26（b）和图 4-26（c）中，液量 L=0m³/s 的 Δp_m 曲

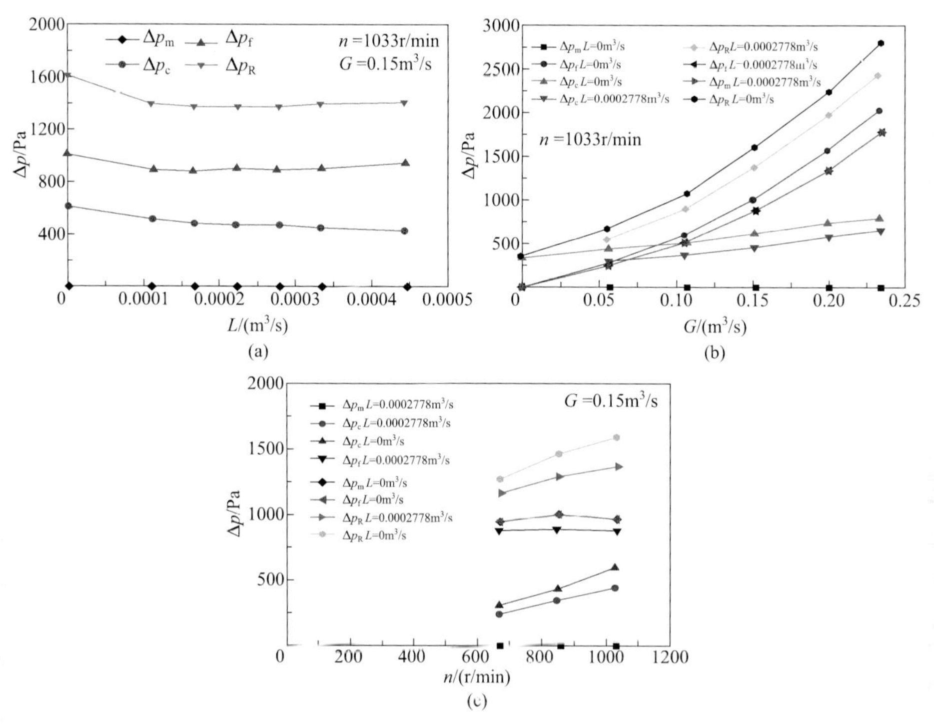

图 4-26 转子压降 Δp_R 及其三个分压降 Δp_m、Δp_c 和 Δp_f 随液量、气量和转速的变化

线和液量 L=0.0002778m³/s 的 Δp_m 曲线重合。

根据图 4-26，气体流通截面收缩产生的压降 Δp_m 可以忽略不计，离心压降 Δp_c 大约占转子压降 Δp_R 的 25% ～ 38%，而摩擦压降 Δp_f 大约占转子压降 Δp_R 的 62% ～ 75%。摩擦压降 Δp_f 随气量增大而增大，随转速增大基本不变，这是由于转速的变化对气体流动产生的摩擦损耗基本没有影响。离心压降 Δp_c 随液量增大先减小而后缓慢减小，这是由于气体切向速度 v_θ 随液量增大先减小而后缓慢减小。而摩擦压降 Δp_f 随液量增大先减小而后缓慢增大。由于液体进入转子导致气体切向速度 v_θ 减小和气体切向速度 v_θ 与转子线速度之差减小，气体穿过动折流圈小孔产生的摩擦损耗减小，故摩擦压降 Δp_f 减小。当液量继续增大时，液体占据更多的空间，导致气体流动，与液体产生的摩擦损耗增大，摩擦压降 Δp_f 缓慢增大。

转子压降 Δp_R 随气量和转速增大而增大。而随液量增大，离心压降 Δp_c 先减小而后缓慢减小，摩擦压降 Δp_f 先减小而后缓慢增大，Δp_m 可以忽略不计，所以转子压降 Δp_R 先减小而后基本不变。对于同样是气液传质设备的填料塔和板式塔，其气相压降必定随液量增大而增大；但对于旋转折流板床，气相压降随液量增大先减小而后基本不变，这是由于旋转床的气体切向速度对压降的变化产生影响。

旋转折流板床的总压降 Δp_T 还可以通过经验关联式来计算。通过图 4-23 的实验装置测得在不同气量 G、液量 L 和转速 n 下的总压降 Δp_T，如图 4-27 所示。总压降 Δp_T 随 G、L 和 n 的变化趋势和转子压降 Δp_R 基本相同。总压降 Δp_T 随气量 G 和转速 n 的增大而增大。随着液量 L 的增大，总压降 Δp_T 先减小而后基本不变或缓慢增大。通过图 4-27 的实验数据，得到如下旋转折流板床干床总压降 Δp_{Td} 和湿床总压降 Δp_{Tw} 经验关联式（4-2）

$$\Delta p_{Td} = \frac{1}{2}\rho_G\left(\frac{u_{Gr,avg}}{\varphi}\right)^2\frac{f_{Td}}{d_h}(r_o - r_i) \tag{4-2a}$$

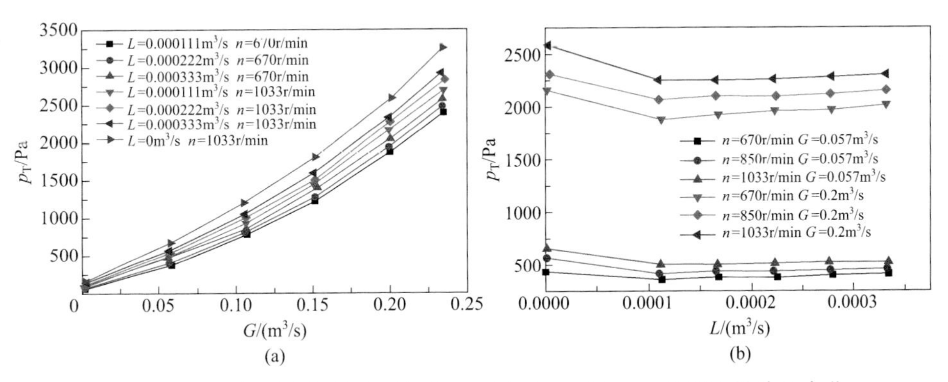

图 4-27　旋转折流板床的气相总压降 Δp_T 随液量、气量和转速的变化

$$u_{Gr,avg}=\frac{G}{2\pi H r_m}$$

$$f_{Td}=(1.013\times10^7)Re_G^{-4.004}+0.001942Re_G^{-0.903}Re_\omega^{1.151}$$

$$\Delta p_{Tw}=\frac{1}{2}\rho_G\left(\frac{u_{Gr,avg}}{\varphi}\right)^2\frac{f_{Tw}}{d_h}(r_o-r_i) \tag{4-2b}$$

$$f_{Tw}=0.1159Re_G^{-1.308}Re_L^{0.0384}Re_\omega^{0.936}+3.819Re_L^{-0.0331}$$

式中 Δp_{Td}——干床总压降，Pa；

Δp_{Tw}——湿床总压降，Pa；

ρ_G——气相密度，kg/m³；

$u_{Gr,avg}$——平均表观气速，m/s；

G——气量，m³/s；

φ——气体流通截面的开孔率；

d_h——动折流圈的水力学直径，m；

r_i——转子内径，m；

r_o——转子外径，m；

r_m——转子平均半径，m；

f_{Td}——干床总压降系数；

f_{Tw}——湿床总压降系数；

Re_G——气相雷诺数；

Re_L——液相雷诺数；

Re_ω——气相旋转雷诺数。

液泛点是气液传质设备的操作上限。对于填料塔，随气量增大塔压降急剧增加时的气速为液泛点；而对于旋转折流板床，随气量增大其气相压降并不会急剧增加。因而，在测定旋转折流板床的液泛点时，固定气量和转速，随液量增大，气相总压降急剧增加时的液量为液泛点。实验装置如图 4-23 所示，所用旋转折流板床腔体直径为 380mm、转子外径为 284mm、内径为 101mm、高度为 51mm，内含 9 个动折流圈和 9 个静折流圈。将处于旋转折流板床液泛点的气量 G、液量 L 和转速 n 整合成 $[u_{G,\Delta r}^2/(r_i\omega^2\Delta r)](\rho_G/\rho_L)$ 和 $(L_m/G_m)\sqrt{\rho_G/\rho_L}$ 两个参数。以 $(L_m/G_m)\sqrt{\rho_G/\rho_L}$ 作为横坐标，以 $[u_{G,\Delta r}^2/(r_i\omega^2\Delta r)](\rho_G/\rho_L)$ 作为纵坐标，在双对数坐标系中标绘出液泛点，如图 4-28 所示。同时，对液泛点进行关联，得到如下液泛公式

$$\lg\left[\frac{u_{G,\Delta r}^2}{r_i\omega^2\Delta r}\left(\frac{\rho_G}{\rho_L}\right)\right]=-2.281-0.9788\left[\lg\left(\frac{L_m}{G_m}\sqrt{\frac{\rho_G}{\rho_L}}\right)\right]-0.1605\left[\lg\left(\frac{L_m}{G_m}\sqrt{\frac{\rho_G}{\rho_L}}\right)\right]^2 \tag{4-3}$$

式中 $u_{G,\Delta r}$——按转子最内层动、静折流圈之间环隙面积计的液泛气速，m/s；

r_i——转子内径，m；

ω——角速度，rad/s；

Δr——转子最内层动、静折流圈之间的径向距离，m；

ρ_G——气相密度，kg/m³；

ρ_L——液相密度，kg/m³；

L_m——按转子内缘面积计的表观液体质量通量，kg/(m² • s)；

G_m——按转子内缘面积计的表观气体质量通量，kg/(m² • s)。

将式（4-3）标绘在图 4-28 中，即为旋转折流板床的液泛曲线，同时把 Singh 得到的旋转填料床的 Sherwood 液泛曲线也标绘在图 4-28 中。从图 4-28 可以看出，旋转折流板床液泛曲线靠近并在 Sherwood 的液泛曲线下方，这是由于与旋转填料床中受离心力作用而径向向外流动的液体相比，在旋转折流板床静折流圈内壁上受重力作用而往下流动的液膜更容易被向上流动的气体夹带而产生液泛。

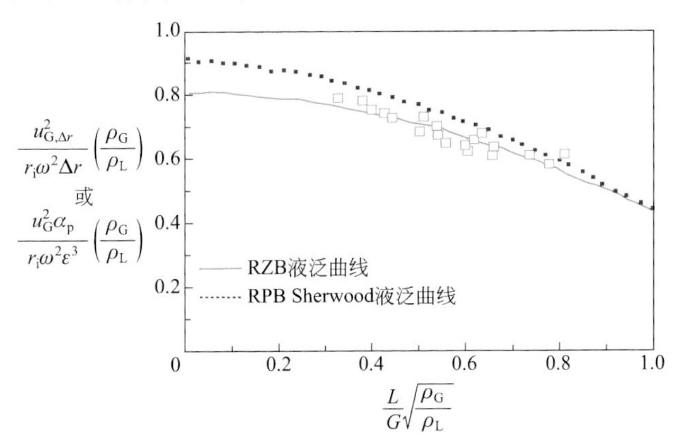

图 4–28　旋转折流板床的液泛点和液泛曲线

4. 旋转折流板床轴功率

旋转折流板床的轴功率由四部分组成，分别为液体通过转子需要消耗的功率 N_L、转子旋转与腔内气体摩擦而消耗的功率 N_W、旋转轴克服机械摩擦而消耗的功率 N_M、气体通过转子需要消耗的功率 N_G。旋转折流板床转子内的液体在动、静折流圈之间反复被动折流圈加速和静折流圈截流，因此 N_L 占轴功率的比例最高。

通过数学模型和实验来研究 N_L。假设：①转子内液体流动为没有摩擦损失的理想液体流动；②动折流圈上的液体切向速度和动折流圈的线速度相同；③沿切向方向离开动折流圈的液滴切向速度等于动折流圈线速度。由此建立数学模型，并得到气量为零时液体通过转子需要消耗的理想功率 N_{LD}。

$$N_{LD} = \rho_L L\omega^2\left[r_{11}^2 + \sum_{i=1}^{m}\left(r_{11}^2 - \frac{r_{1,i-1}^2}{r_{1,i}^2}\right)\right] \tag{4-4}$$

式中 ρ_L——液体密度，kg/m^3；

L——液量，m^3/s；

ω——角速度，rad/s；

r_{11}——转子最内层动折流圈半径，m；

$r_{1,i}$——转子从内往外第 i 层动折流圈半径，m；

m——动折流圈的层数。

式（4-4）表明 N_{LD} 与角速度的平方呈正比，与液量的一次方呈正比。

实验在图 4-23 所示的装置中进行，旋转折流板床腔体直径为 800mm，转子外径为 621mm、内径为 250mm、高度为 80mm，内含 6 个动折流圈和 6 个静折流圈。实验通过秒表计量三相电度表电能的方法测量了不同气量、液量和转速下的电动机输入功率。电动机输入功率随液量和转速的增大而增大，随气量增大而缓慢增大，如图 4-29 所示。液量增大，N_{LD} 增大，进而轴功率和输入功率增大。转速增大，N_{LD} 增大，同时 N_W 和 N_M 也增大，进而轴功率和输入功率增大。气量增大，电动机输入功率缓慢增大，说明 N_G 占轴功率的比例很低。

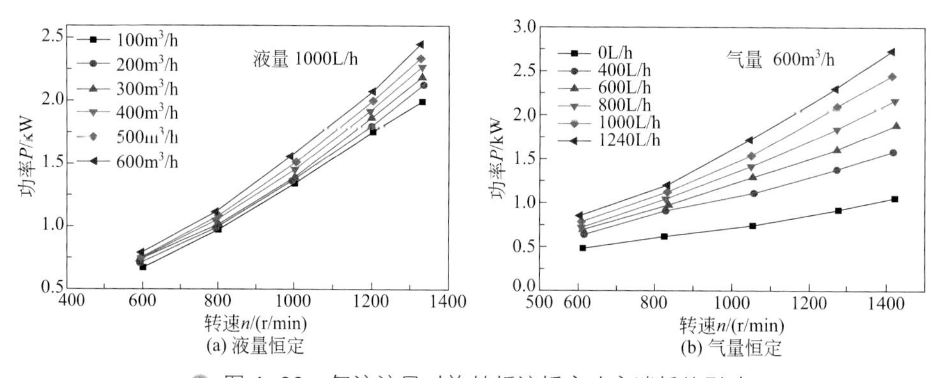

图 4-29 气液流量对旋转折流板床功率消耗的影响

电动机输入功率乘以功率因素再乘以传递效率，即为轴功率。气量和液量都为零时的不同转速下的轴功率即为 N_M 和 N_W 之和。液量为零时不同气量和转速下的轴功率减去 N_M 和 N_W 之和，即为 N_G。气量为零时不同液量和转速下的轴功率减去 N_M 和 N_W 之和，得到气量为零时液体通过转子需要消耗的功率 N_{LR}。不同气量、液量和转速下的轴功率减去 N_M、N_W 和 N_G 之和，得到液体通过转子需要消耗的功率 N_L。

N_{LR} 与 N_{LD} 的关系以及 N_L 与 N_{LR} 的关系用如下公式表示

$$N_L=K_1N_{LR} \tag{4-5a}$$

$$N_{LR}=K_2N_{LD} \tag{4-5b}$$

式中　K_1、K_2——系数。

系数 K_1 和 K_2 通过实验得到，故液体通过转子需要消耗的功率 N_L 可以通过式（4-4）和式（4-5）计算得到。N_M、N_W 和 N_G 通过实验数据得到各自的经验关联公式。

当转速大于 1000r/min 时，液体通过转子需要消耗的功率 N_L 占轴功率的 60.7% ~ 66.1%，转子旋转与腔内气体摩擦而消耗的功率 N_W 占轴功率的 3.7% ~ 4.3%，转轴克服机械摩擦而消耗的功率 N_M 占轴功率的 28.3% ~ 35.0%，气体通过转子需要消耗的功率 N_G 占轴功率的 0.6% ~ 1.3%。

二、旋转填料床精馏特性

1. 旋转填料床的结构

旋转填料床精馏用填料如图 4-30 所示。填料可分为一级或多级，气液在填料中的流动形式为逆流。单级旋转填料床的结构如图 4-1 所示，多级旋转填料床的结构如图 4-31 和图 4-32 所示。

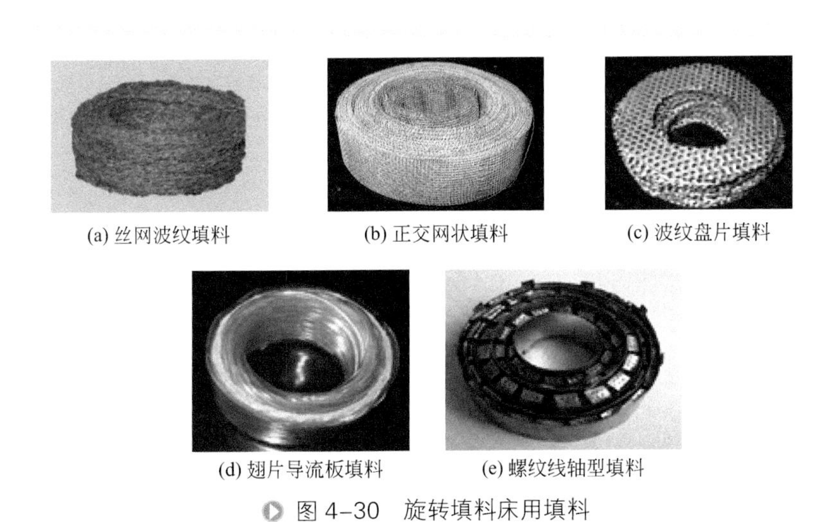

(a) 丝网波纹填料　(b) 正交网状填料　(c) 波纹盘片填料　(d) 翅片导流板填料　(e) 螺纹线轴型填料

图 4-30　旋转填料床用填料

2. 旋转填料床的传质性能

研究工艺流程图如图 4-33 所示。采用两级旋转填料床，一级作为精馏段，一级作为提馏段。原料在泵的作用下，经转子流量计计量后进入旋转填料床的下层填料，受离心力作用由填料内侧沿径向穿过填料，同时与从再沸器进入填料的蒸汽接触，使得原料液被部分汽化，蒸汽被部分冷凝。然后，液体经液体出口流出后，进入再沸器；而未冷凝的蒸汽进入上层填料，在填料中与回流液进行接触，使得回流液被部分汽化，蒸汽被部分冷凝。未被汽化的液体与原料液一起进入下层填料，而

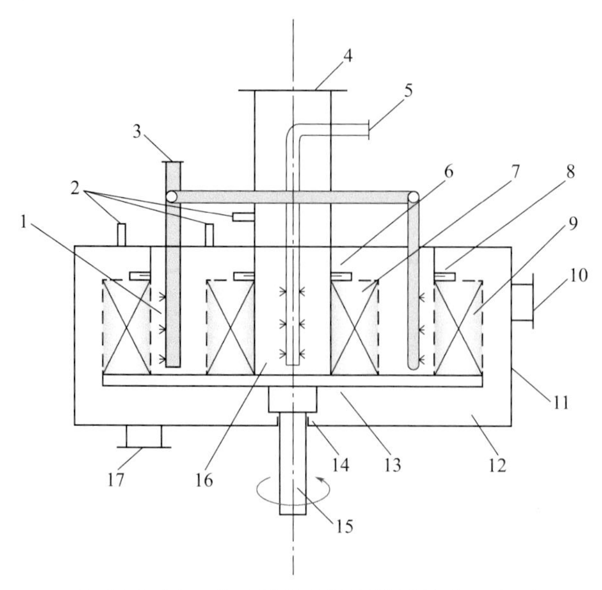

图 4-31　两级超重力精馏装置结构示意图

1—液体分布器；2—测压口；3—原料液进口；4—气体出口；5—回流液进口；6,8—密封；7—第一级填料；9—第二级填料；10—气体进口；11—超重力精馏装置外壳；12—超重力精馏装置外腔；13—转子；14—轴承；15—转轴；16—超重力精馏装置内腔；17—液体出口

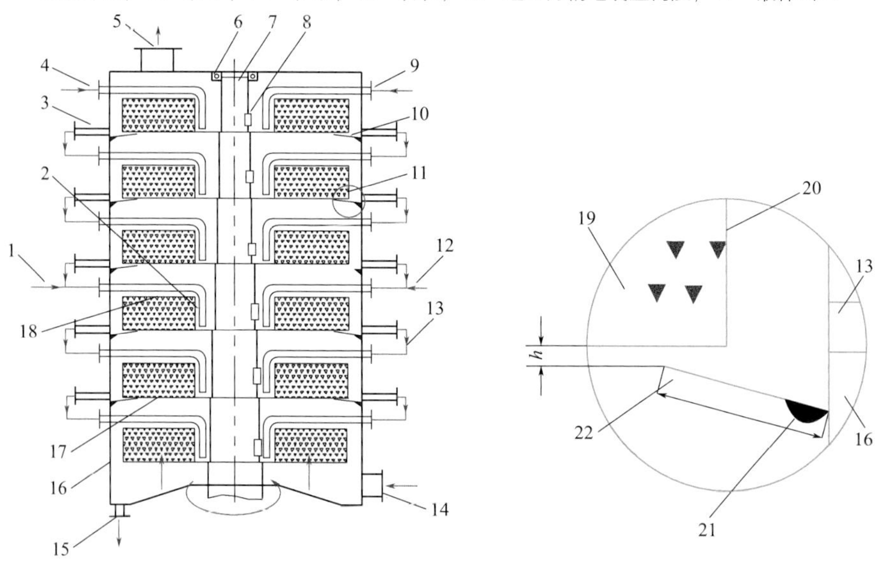

图 4-32　单层错流、总体逆流超重力精馏装置示意图

1,12—原料进口；2—液体分布器；3—取样口；4,9—回流液进口；5—气体出口；6—轴承轴；7—转轴；8—转子固定楔；10—受液盘；11—转子；13—降液管；14—气体进口；15—液体出口；16—旋转床外壳；17—填料下支撑盘片；18—填料上支撑盘片；19—旋转填料床专用填料；20—转子外转鼓；21—受液盘与旋转填料床外壳的焊缝；22—受液盘内边缘

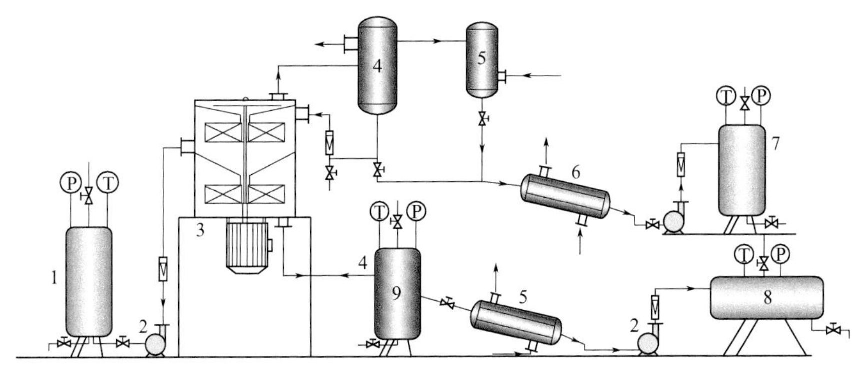

图 4-33 超重力连续精馏工艺流程示意图

1—原料储槽；2—泵；3—多级旋转床；4—冷凝器；5—全凝器；
6—换热器；7—产品罐1；8—产品罐2；9—再沸器

未被冷凝的蒸汽从顶部出去后，进入冷凝器被冷凝。冷凝后的液体，部分作为回流液返回到上层填料中，部分作为产品进入产品罐。

旋转填料床的传质性能与填料、转子尺寸和操作参数有关。下面以超重力精馏分离乙醇水混合物为例，设定操作条件范围：超重力因子为 1.99 ～ 48.88，回流比为 1 ～ 3.5，原料流量为 8 ～ 24lL/h。讨论在给定转子尺寸（如表 4-1 所示）和填料参数（如表 4-2 所示）的超重力装置中精馏过程的传质特性。

表4-1　转子物性参数

名称	外径 /mm	内径 /mm	高 /mm	厚 /mm	空隙率	材料
转子 Ⅰ	180	60	40	2	0.65	不锈钢
转子 Ⅱ	180	80	40	2	0.65	
转子 Ⅲ	140	80	40	2	0.65	
转子Ⅳ	110	60	30	2	0.65	

表4-2　填料物性参数

填　料	堆积密度 /(kg/m³)	几何比表面积 /(m²/m³)	空隙率	材料
填料 Ⅰ（波纹盘片）	950	400	0.82	不锈钢
填料 Ⅱ（正交网状）	1100	1750	0.86	不锈钢（丝直径 0.285mm）
填料 Ⅲ（丝网波纹）	400	1100	0.95	不锈钢（丝直径 0.285mm）
填料Ⅳ（翅片导流板）	735	450	0.5	不锈钢

（1）不同操作参数对旋转填料床传质性能的影响

以转子Ⅳ为载体，填料Ⅰ、Ⅱ、Ⅲ在原料流量为 15L/h、回流比为 3 时，和填料Ⅳ在原料流量为 12L/h、回流比为 2 时的理论板数随 β 的变化曲线如图 4-34 ～图 4-37 所示。对不同物性参数的填料，旋转填料床的理论塔板数均随超重力因子 β 的增加而增加。因为其他条件不变时，超重力因子增大，液体在丝网填料中的液膜变薄，气液接触面积增大。同时，液体周向绕流流动速度也相应增大，由于液体在填料中不均匀分布，因此，单位时间内填料的润湿面积增大，气液接触面积增大，两者均有利于强化传质过程。旋转填料床的理论塔板数最多为 4.3 块（图 4-37 中精馏段），最少为 0.5 块（图 4-34 中提馏段），也就是说旋转填料床的理论塔板高度为 5.8 ～ 49.0mm。

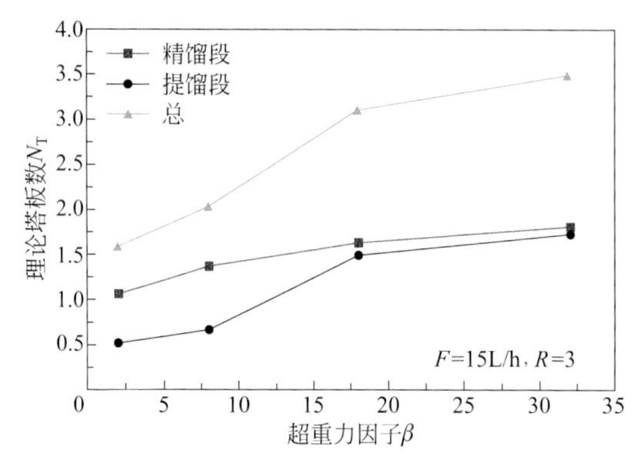

图 4-34 填料Ⅰ超重力因子对理论塔板数的影响

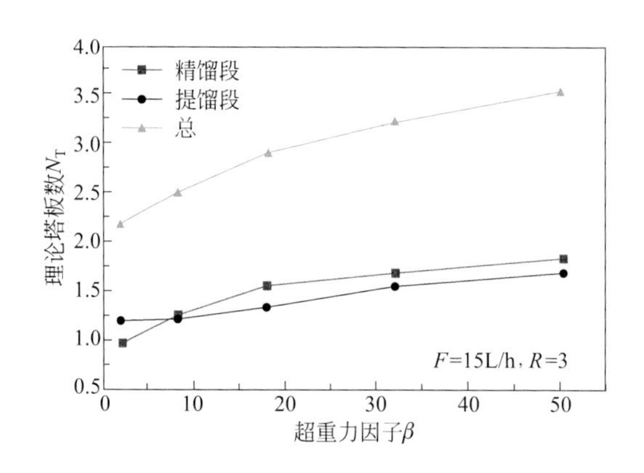

图 4-35 填料Ⅱ超重力因子对理论塔板数的影响

填料Ⅰ、Ⅱ、Ⅲ在超重力因子 β 为 17.95、原料流量为 20L/h 时，和填料Ⅳ在 β 为 18.54、原料流量为 12L/h 时的理论塔板数随回流比的变化曲线见图 4-38 ～图 4-41。精馏段的理论塔板数与整个系统的理论塔板数均随回流比的增大而增加，填料Ⅰ、Ⅱ、Ⅲ提馏段的理论塔板数随回流比的增大而减小，填料Ⅳ提馏段的理论塔板数随回流比的增大而增大。因为不论回流比情况如何，精馏段的液体流量总是远

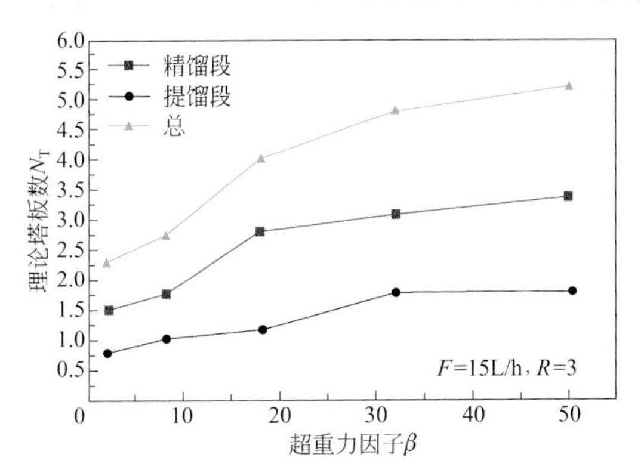

图 4-36　填料Ⅲ超重力因子对理论塔板数的影响

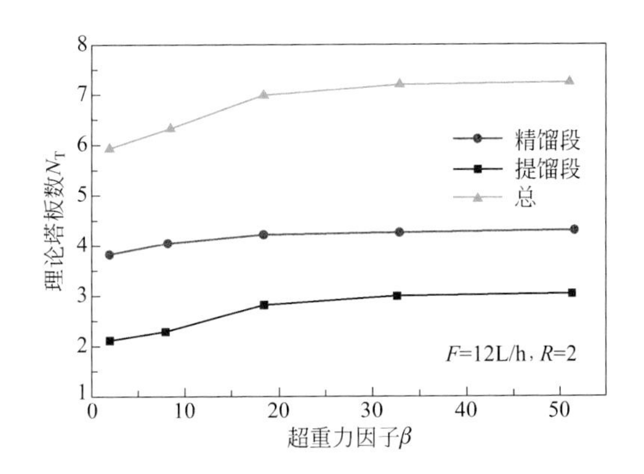

图 4-37　填料Ⅳ超重力因子对理论塔板数的影响

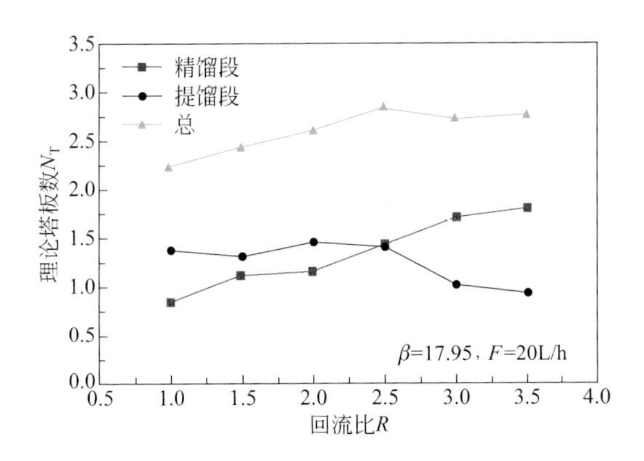

图 4-38　填料Ⅰ回流比对理论塔板数的影响

小于提馏段的液体流量。当回流比较小时，精馏段的液体流量小，会存在填料不能被完全润湿，致使上升的气体不能完全与回流液体在填料面上接触，不利于传质进

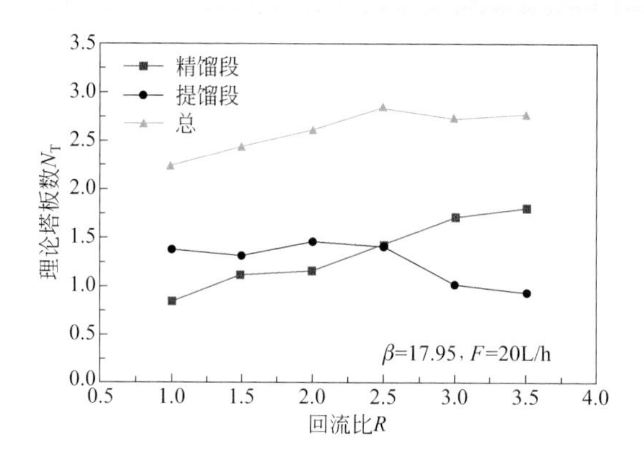

图 4-39　填料Ⅱ回流比对理论塔板数的影响

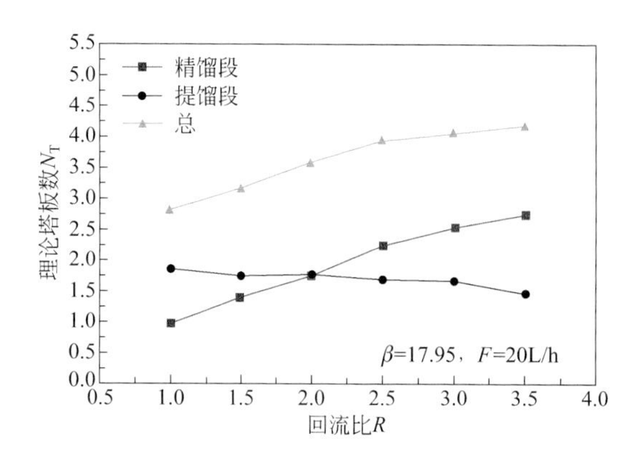

图 4-40　填料Ⅲ回流比对理论塔板数的影响

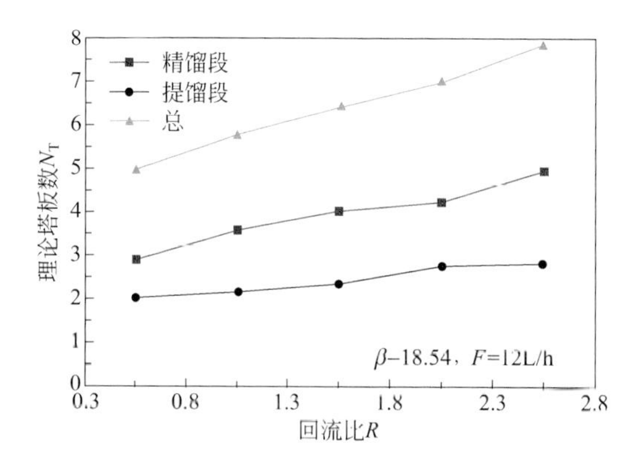

图 4-41　填料Ⅳ回流比对理论塔板数的影响

行的情况。随着回流比的增大，填料润湿面积不断增大，传质性能得到强化。而在提馏段，随着回流比的增大，在超重力因子不变时，液膜厚度相应增大，不利于传质进行。在实验条件下，旋转填料床的理论塔板数最多为 4.98 块（图 4-41 中精馏段），最少为 0.84 块（图 4-38 中提馏段）。理论塔板高度为 4.93 ～ 29.76mm。

填料Ⅱ在超重力因子 β=49.85、回流比 R=1 时，和填料Ⅳ在 β 为 18.54、回流比 R=1 时的理论塔板数与原料流量的关系如图 4-42 和图 4-43 所示。理论塔板数随原料流量的增加而增加。理论塔板数主要与填料的润湿面积、液膜厚度和气液接触时间有关。

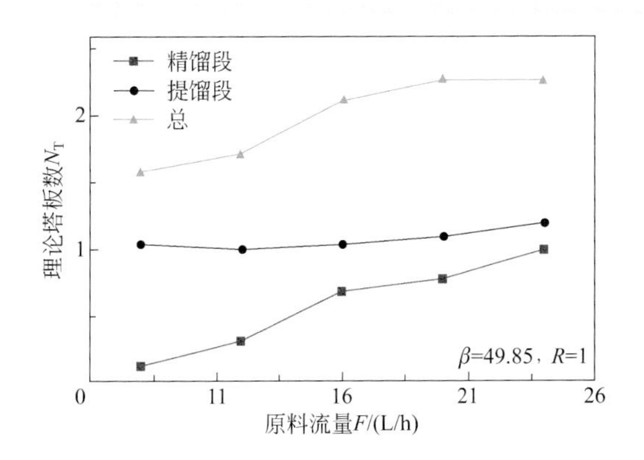

图 4-42　填料Ⅱ原料流量对理论塔板数的影响

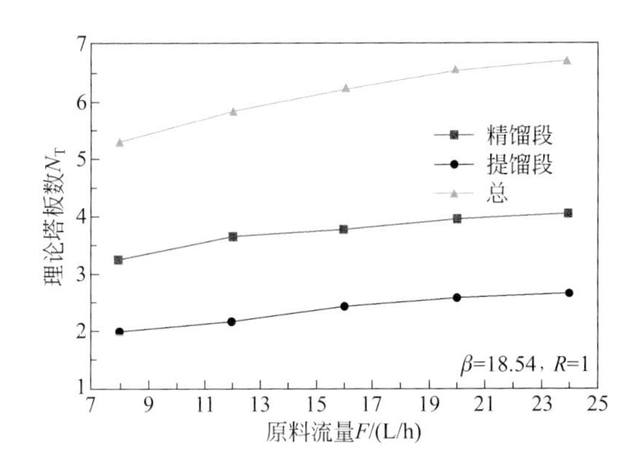

图 4-43　填料Ⅳ原料流量对理论塔板数的影响

（2）不同填料的传质性能

以转子Ⅳ为载体，在原料流量为 8L/h、回流比为 1 时，不同填料的传质性能如图 4-44 和图 4-45 所示。四种填料的理论塔板数均随着 β 的增大而增加。填料Ⅰ的理论塔板高度在 13.6 ～ 24.6mm 之间，填料Ⅱ的理论塔板高度在 14.6 ～ 21.0mm 之间，填料Ⅲ的理论塔板高度在 10.2 ～ 20.0mm 之间，填料Ⅳ的理论塔板高度在

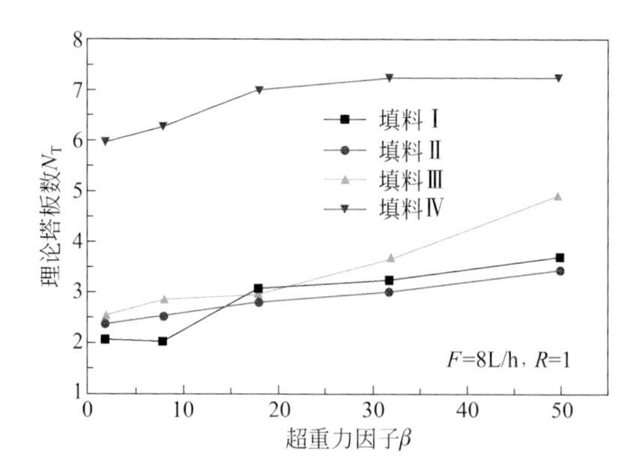

图 4-44　不同填料 β 对理论塔板数的影响

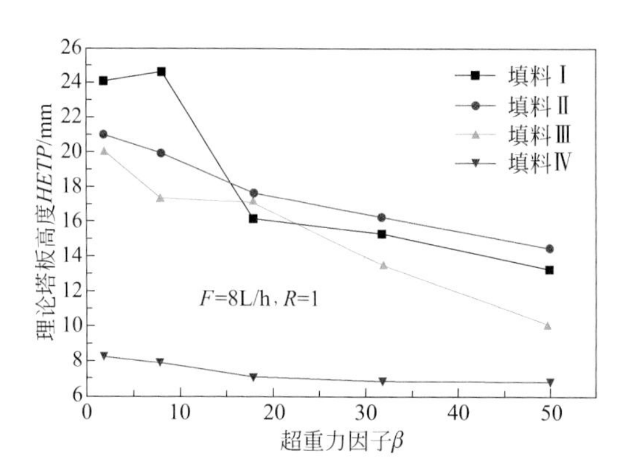

图 4-45　不同填料理论塔板高度与 β 的关系

6.9 ～ 8.4mm 之间，说明填料Ⅳ的传质效果最好。超重力精馏过程的传质性能是与填料的结构和特性密切相关的。在四种填料中，填料Ⅰ的几何比表面积最小，气液的接触面积最小，不利于强化传质，同时，盘片填料结构简单，气液流动通道单一，只在一个水平的盘片上流动，气液的接触时间也较丝网填料短，导致其传质性能比丝网填料差。对于填料Ⅱ与填料Ⅲ，尽管均为丝网填料，且丝网的直径也相同，但填料的有效比表面积不同。填料Ⅲ的堆积密度小，填料空隙率大，导致填料的有效比表面积比填料Ⅱ大，且填料Ⅲ为不规整填料，在安装中会形成更为复杂的气液流动通道，增大了气液的接触时间，有利于传质进行，因此，填料Ⅲ的传质性能优于填料Ⅱ的传质性能。在填料Ⅰ、Ⅱ、Ⅲ中，液体基本沿径向流动，受超重力的作用，液体在填料中的停留时间较短。对于填料Ⅳ，液体以“ΠΠΖ”的形式流动，大大延长了气液接触时间，提高了分离效率。

在原料流量为 12L/h、超重力因子为 17.95 时，不同填料理论塔板数、理论塔板高度随回流比的变化曲线如图 4-46 和图 4-47 所示。不同填料的理论塔板数随着回流比的增大而增加。填料Ⅰ的理论塔板高度在 17.6 ～ 21.2mm 之间，填料Ⅱ的理论塔板高度在 17.6 ～ 22.6mm 之间，填料Ⅲ的理论塔板高度在 12.8 ～ 19.0mm 之间，填料Ⅳ的理论塔板高度在 6.59 ～ 8.84mm 之间。

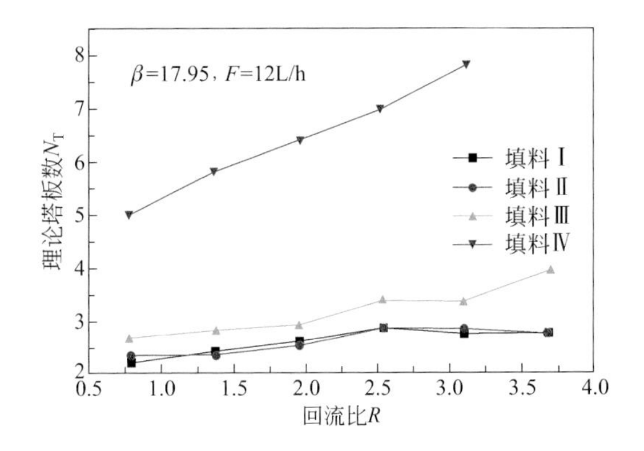

图 4-46　不同填料回流比对理论塔板数的影响

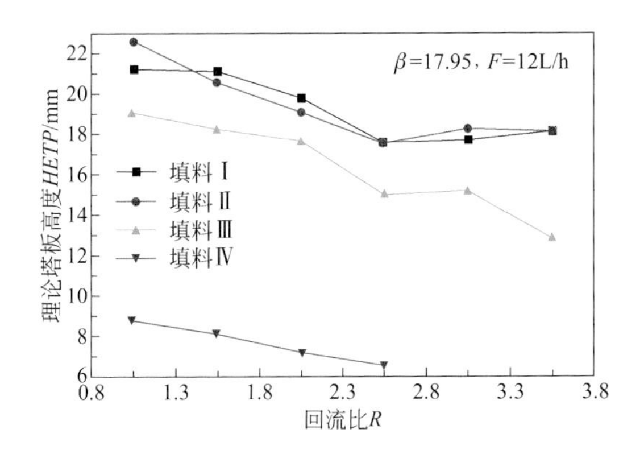

图 4-47　不同填料回流比对理论塔板高度的影响

在超重力因子为 17.95、回流比为 1 时，不同填料理论塔板数随原料流量的变化曲线如图 4-48 所示。四种填料的理论塔板数均随原料流量的增大而增加，表明实验设备的处理能力还可加大。图 4-49 为相同操作条件下不同填料理论塔板高度与回流比的变化关系。填料Ⅰ的理论塔板高度在 18.7 ～ 25.4mm 之间，填料Ⅱ的理论塔板高度在 11.8 ～ 23.6mm 之间，填料Ⅲ的理论塔板高度在 15.2 ～ 25mm 之间，填料Ⅳ的理论塔板高度在 6.76 ～ 9.63mm 之间，再次表明填料Ⅳ的传质效果最好。

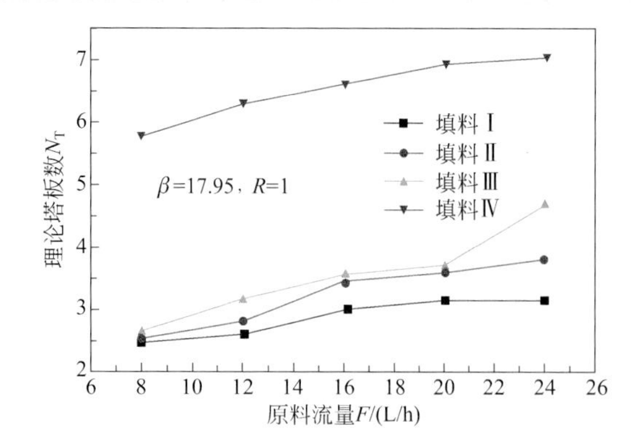

图 4-48　不同填料原料流量对理论塔板数的影响

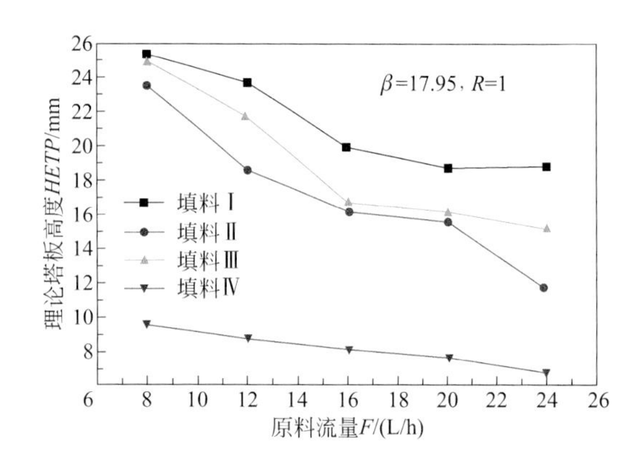

图 4-49　不同填料原料流量对理论塔板高度的影响

（3）不同结构转子的传质性能

气液在超重力精馏装置中的流动状况十分复杂，在气液逆流接触的旋转填料床中，蒸汽从转子外缘向转子内缘流动，蒸汽在填料中通过的通道横截面积不断减小，在填料的外缘处最大，到内缘处最小，蒸汽流速逐渐变大。而液体从转子内缘向转子外缘流动，通道的横截面积逐渐扩大，液相流体的流速并没有因为通道横截面积逐渐扩大而减小，恰恰相反，液体由于受离心力的作用流动速度逐渐增大。因此在填料中蒸汽流速最大的区域是液体流速最小的区域。相关研究表明：转子的结构设计非常重要，否则会出现液体在填料中分布不均匀和不利于传质的情况。

以不锈钢丝网波纹为填料（填料Ⅲ），在常压、全回流、超重力因子为10.74～386.58、气相动能因子为0.22～0.91、回流量为4.4～20L/h的操作条件下，不同转子的传质性能如下。这三个转子的差异在于转子内外径不同，具体结构参数见表4-1。

在回流量为10.4L/h时，不同转子的理论塔板数、理论塔板高度随超重力因子的变化曲线如图4-50和图4-51所示。三种转子的理论塔板数随着β的增大有相同的变化规律，即均随着β的增大先逐渐增大后减小，变化曲线有最大值。转子Ⅰ的理论塔板高度为10.9～14.0mm，转子Ⅱ的理论塔板高度为9.42～10.55mm，转子Ⅲ的理论塔板高度为10.0～11.5mm，转子Ⅱ的传质效果最好。内径较小时，气速较大，容易形成液沫夹带，致使传质效率降低。液体在其外环处分散的面积较大，即气液接触面积大，有利于强化传质，同时，转子Ⅱ的径向厚度较大，气液接触时间较长，亦有利于传质强化。

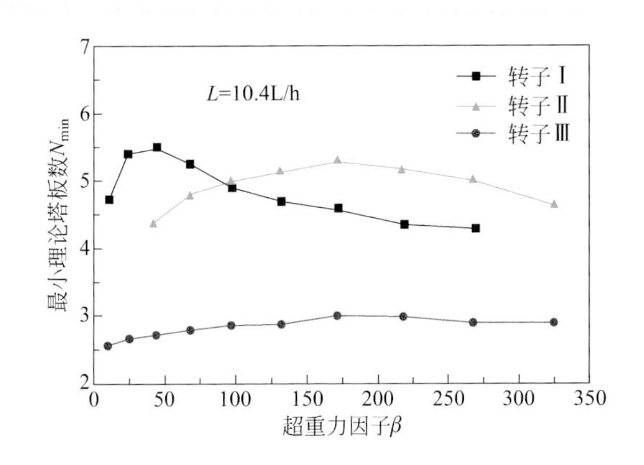

图4-50　不同转子理论塔板数随超重力因子的变化

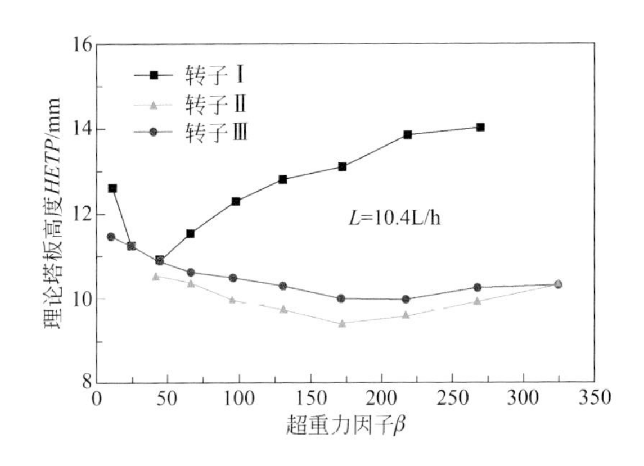

图4-51　不同转子理论塔板高度随超重力因子的变化

图4-52、图4-53为超重力因子为171.8时不同转子的理论塔板数、理论塔板高度随气相动能因子的变化曲线。随着气相动能因子的增大，三种转子的理论塔板数均出现极大值。分析其原因为f增大，气体在填料中的流速增大，气液湍动程度加剧，有利于强化传质。同时，在全回流操作中，f增大，液体回流量相应增大，

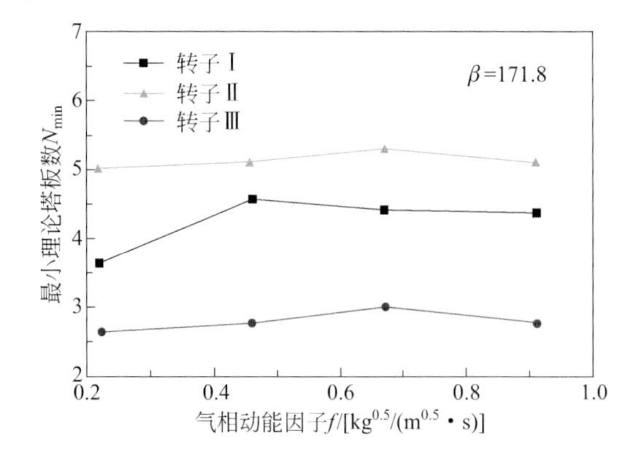

图 4-52　不同转子理论塔板数随气相动能因子的变化

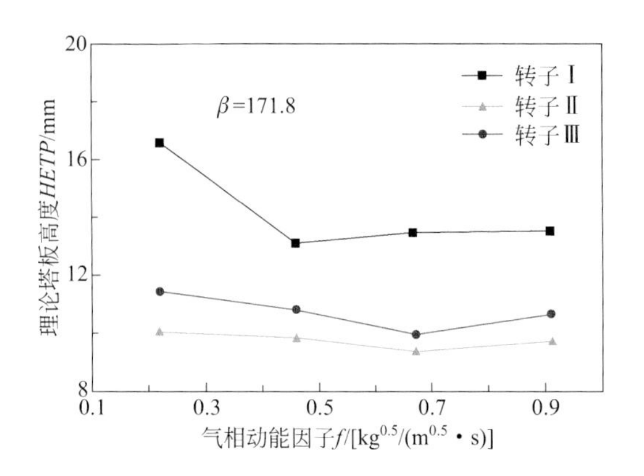

图 4-53　不同转子理论塔板高度随气相动能因子的变化

填料的润湿面积增大，亦有利于传质进行。但是，f增大，物料在填料中的停留时间变短，填料内径处气速增大，巨大的气流易将液体带出，造成雾沫夹带，两者均降低了设备的传质效果。

转子Ⅰ的理论塔板高度为13.1～16.6mm，转子Ⅱ的理论塔板高度为9.4～10.0mm，转子Ⅲ的理论塔板高度为10～11.4mm。

在全回流操作条件下，回流量对不同结构转子传质性能的影响规律应与气相动能因子对不同结构转子传质性能的影响规律相同。图4-54和图4-55分别为超重力因子为171.8时不同转子超重力精馏装置的理论塔板数随回流量的变化曲线与理论塔板高度随回流量的变化曲线。图4-54、图4-55分别与图4-52、图4-53基本相似，亦体现出转了Ⅱ的传质效果最好。

（4）超重力精馏设备的传质特性与传统精馏塔的比较

超重力精馏装置与传统精馏塔传质性能的比较如表4-3所示。

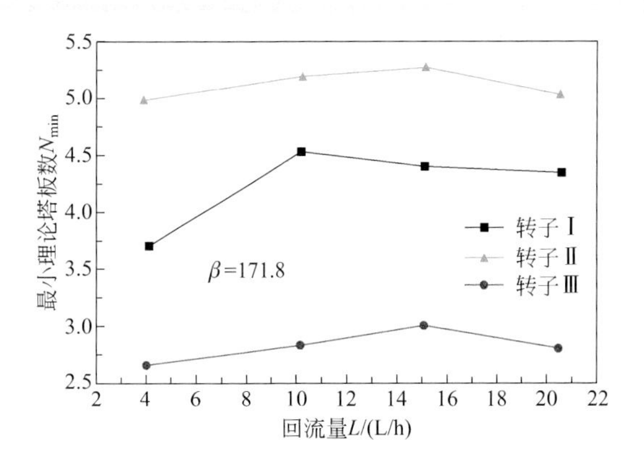

图 4-54　不同转子回流量对理论塔板数的影响

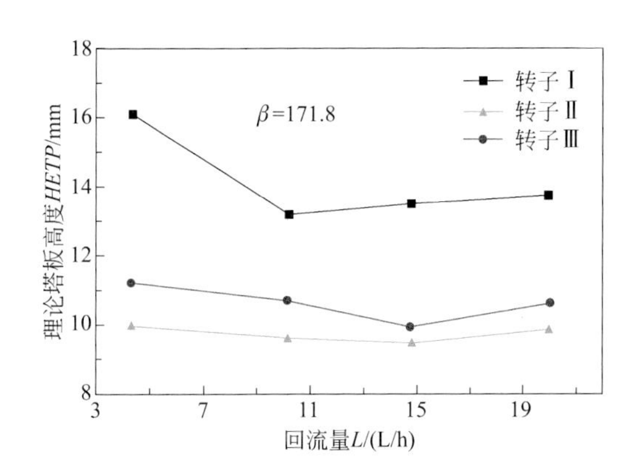

图 4-55　不同转子理论塔板高度随回流量的变化

表4-3　超重力精馏装置与传统精馏塔传质性能的比较

精馏塔	填料名称	比表面积 /(m^2/m^3)	每米理论塔板数
传统填料塔 [53]	孔板波纹填料	250 ～ 450	2.5 ～ 3.5
	网孔波纹填料	650	6 ～ 9
	陶瓷波纹填料	470	4 ～ 6
超重力精馏装置	波纹盘片填料	400	20.8 ～ 76.9
	正交网状填料	1750	47.2 ～ 56.8
	丝网波纹填料	1100	56.8 ～ 91.7
	翅片导流板填料	450	101.6 ～ 151.7

表 4-3 显示，超重力精馏装置的每米理论塔板数为 20.8 ～ 151.7，而传统精馏塔的每米理论塔板数为 2.5 ～ 9，表明超重力精馏装置的传质效率比普通填料塔的

传质效率高 1 ～ 2 个数量级，是一种新型的过程强化传质设备。

3. 旋转填料床的流体力学性能

精馏过程中，影响动量传递的因素有操作条件、设备结构和填料的物理性能等。转子内径为 60mm、外径为 180mm、轴向高度为 40mm、丝网波纹填料直径为 0.285mm、空隙率为 0.95 时，在常压、全回流操作条件下，旋转填料床精馏工艺流程图如图 4-56 所示。

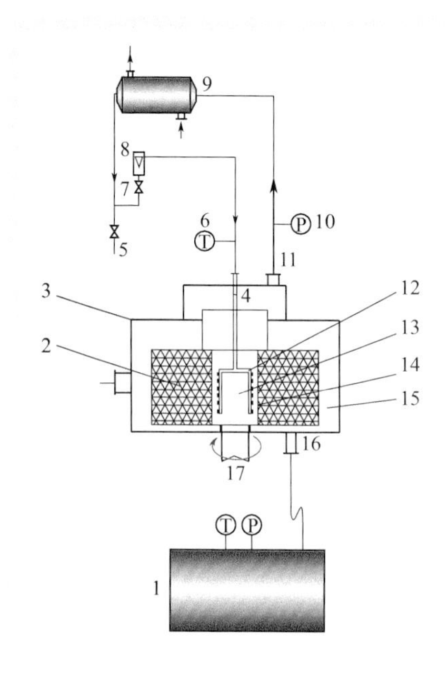

图 4–56　旋转填料床精馏工艺流程图

1—再沸器；2—填料；3—机壳；4—液体入口；5—取样口；6—温度计；7—阀门；8—流量计；9—冷凝器；10—U形压差计；11—气体出口；12—液体分布器；13—中心管；14—喷嘴；15—外腔；16—液体出口；17—转轴

待分离的液体混合物，由再沸器汽化后，经气体流量计控制流量、压力表测压和温度计测温后，从气体进口管进入超重力精馏装置的外腔，在气体压力作用下自外向内强制性流过填料层，汇集于超重力精馏装置的中心管，然后在超重力精馏装置的气体出口经测压后进入冷凝器。冷凝液体通过液体转子流量计计量和温度计测温后进入超重力精馏装置的中央分布器，经喷嘴喷入旋转填料内侧，填料在电机的带动下高速旋转，形成超重力场，液体受超重力作用被甩向外侧，经超重力精馏装置的外壳收集后，从液体出口流回再沸器进行循环。

旋转填料床的气相压降 (Δp) 与气相动能因子、超重力因子和回流量的关系如图 4-57 ～图 4-59 所示。在其他条件不变时，旋转填料床的气相压降随气相动能因子、超重力因子和回流量的增大而增大，总压降为 54 ～ 368Pa。

表 4-4 为旋转填料床在不同超重力因子和气相动能因子下每层理论塔板的气相

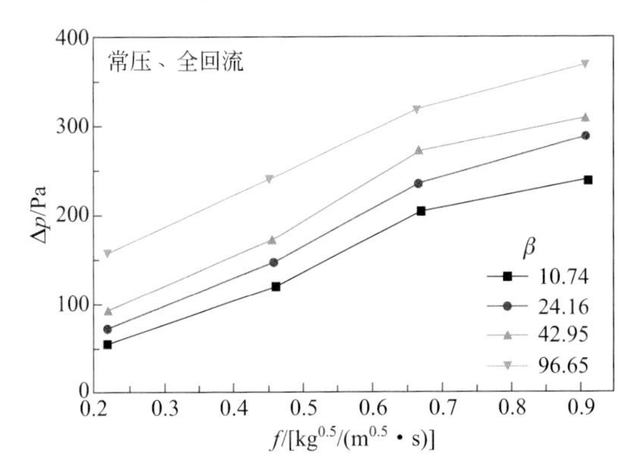

图 4-57　气相压降与 f 因子的关系

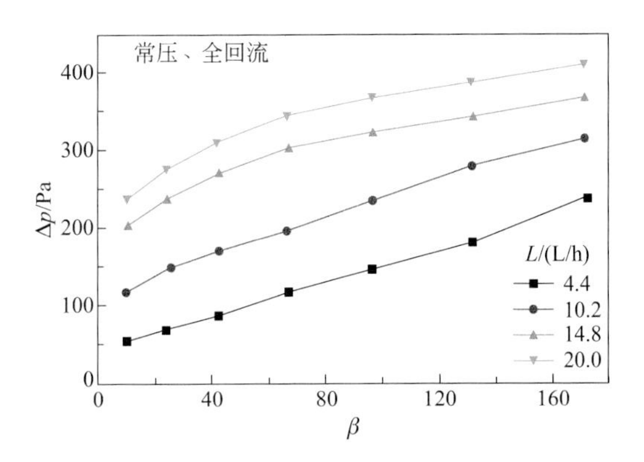

图 4-58　气相压降与超重力因子的关系

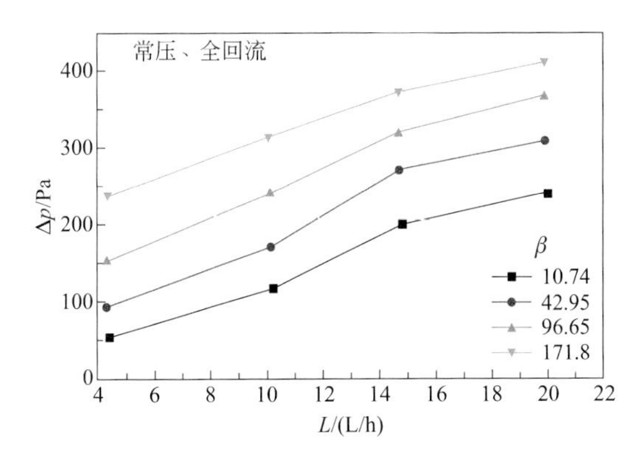

图 4-59　气相压降与回流量的关系

压降。从表 4-4 得到，旋转填料床在不同操作条件下每层理论塔板的气相压降在 14.84 ～ 88.75Pa 范围内。传质效率最好时的单板压降为 31.18 ～ 37.41Pa。

表4-4 旋转填料床每层理论塔板的气相压降 单位：Pa

β	f/[kg$^{0.5}$/(m$^{0.5}$ • s)]			
	0.22	0.46	0.67	0.91
10.74	14.84	24.78	46.74	54.06
24.16	18.60	27.37	55.47	62.64
42.95	22.5	31.18	56.03	64.75
67.11	29.21	37.41	57.91	72.32
96.65	38.99	48.16	68.51	74.21
131.55	45.14	59.48	74.56	83.07
171.8	66.25	68.70	82.77	88.75

三、超重力精馏装置与传统精馏塔性能比较

超重力精馏装置是一种新型的过程强化传质设备，传质效率与压降都是重要的指标。表 4-5 列出超重力精馏装置和传统填料塔几个主要特性的比较，传统填料塔的实验数据来自文献 [71]。

表4-5 超重力精馏装置与传统填料塔几个主要特性的比较

精馏塔	填料名称	比表面积 /(m^2/m^3)	传质单元高度（范围）/mm	单位床层高度的理论塔板数	每块理论塔板的最小压降 /Pa
传统填料塔	孔板波纹填料	250 ～ 450	280 ～ 400	2.5 ～ 3.5	38.1
	网孔波纹填料	650	120 ～ 180	6 ～ 9	29.6
	陶瓷波纹填料	470	180 ～ 250	4 ～ 6	100
超重力精馏装置	丝网波纹填料	7100	10.9 ～ 17.6	56.8 ～ 91.7	14.8
	翅片导流板填料	450	4.82 ～ 11.88	101.6 ～ 151.7	13.5

从表 4-5 可知，超重力精馏装置的传质单元高度在 4.82 ～ 17.6mm，说明传质效果较高；而传统填料精馏塔在 120 ～ 400mm，与超重力精馏装置相比相差一个数量级，传质效果就显得低了很多。超重力精馏过程传质的高效率，足以使得设备的体积缩小数十倍。预示着在完成相同的分离任务时，超重力精馏装置可以替代比它大数十倍的精馏塔设备，这种变化将带来精馏操作的新发展。超重力精馏装置体积小、占地少、节省投资、减小动力消耗等优点，以及在超重力作用下不易发生液

泛，操作气速可再提高，使其具有广泛的应用前景。

从表 4-5 可以看出，超重力精馏装置可以使用比表面积更大的填料，这是填料塔所不及的。通常高比表面积填料堆积密度大、空隙率低，在精馏塔中使用会造成气相阻力增大，受到一定的限制。在超重力精馏过程中，液体在超重力作用下是以微纳尺度的液体形态通过填料层，其液气比远比填料塔小得多，即使比表面积比普通精馏塔高 10 倍，其气体阻力（压降）也不高于填料塔设备阻力的一半。

尽管超重力精馏装置显示出诸多优点和广泛的应用前景，但还需要在规模化和工程化的进程中，不断解决发现新问题并加以完善。

第五节 应用实例

旋转折流板床作为一种在超重力场作用下的新型高效精馏设备，相比于传统的精馏塔，具有设备高度低、体积小的优点。从 2004 年第一套装置应用以来，已有数百台套设备成功地应用于甲醇 - 水、乙醇 - 水、丙酮 - 水、DMSO- 水、DMF- 水、乙酸乙酯 - 水、甲醇 - 甲缩醛 - 水、甲醇 - 叔丁醇、乙酸乙酯 - 甲苯 - 水、甲醇 - 叔丁醇、氯化苯 - 异己烷、三乙胺 - 甲基异丙胺 - 水、二氯甲烷 - 硅醚、吗啉 - 甲醇 - 水、二氯甲烷 - 水共沸精馏，THF- 甲醇 - 水、无水酒精和无水乙腈萃取精馏等数十种精馏体系的普通和特殊精馏过程，部分装置已连续运行十多年，设备操作稳定，性能良好。

1. 普通精馏

在医药、染料和农药等精细化工行业中，溶剂使用品种多、批量小，普遍采用精馏操作回收溶剂。旋转折流板床具有持液量小、开停车时间短的优点，特别适合多品种小批量物料的精馏。从工程角度讲，旋转折流板床体积小、安装灵活、操作维护方便，可显著节约厂区空间，优化设备布局。旋转折流板床用于连续精馏过程的现场如图 4-60 和图 4-61 所示。在目前已实现工业应用的旋转折流板床中，浙江某制药厂用于乙醇 - 水物系精馏的旋转床，其转子直径为 630mm，有两层转子，外壳直径为 800mm、高为 550mm。连续精馏操作，进料乙醇体积分数为 40%，回流比为 2.5。所得产品乙醇体积分数为 95%，再沸器残液中乙醇体积分数为 0.5%，产品出料量为 4.5t/d。嘉兴某化工有限公司用于甲醇 - 水溶液精馏的旋转床，其转子直径为 750mm、厚度为 80mm，有三层转子，外壳直径为 830mm、高为 800mm。连续精馏操作，进料甲醇质量分数为 70%，回流比为 1.5。所得产品中甲醇质量分数大于 99.7%，再沸器残液中甲醇质量分数小于 0.5%，产品出料量为 12t/d。在工艺条件相同的情况下，表 4-6 给出了旋转折流板床与传统填料塔高度和体积的比较

图 4-60　旋转折流板床用于乙醇 - 水精馏现场

图 4-61　旋转折流板床用于甲醇 - 水精馏现场

结果，从表中可以看出旋转折流板可极大地降低设备高度，缩小设备体积，是一种资源节约型的小型化气液传质设备，为超重力技术用于连续精馏过程提供了一个很好的范例。

表4-6　相同精馏任务旋转折流板床和传统填料塔的尺寸对比

物系	设备	直径 /m	高度 /m	体积 /m^3	高度 / 体积比
乙醇 - 水	旋转折流板床	0.8	0.55	0.276	16.4/4.1
	填料塔	0.4	9.0	1.13	
甲醇 - 水	旋转折流板床	0.83	0.8	0.433	13.8/7.2
	填料塔	0.6	11.0	3.11	

2. 特殊精馏

某制药企业采用旋转折流板床萃取精馏生产无水酒精，流程如图 4-62 所示，现场照片如图 4-63 所示。质量分数为 90% 的乙醇原料进入无水乙醇旋转床 1，顶部得到乙醇含量大于 99.7% 的无水酒精，底部萃取剂和水的混合物进入萃取剂回收旋转床 2，该旋转床为负压操作，水从顶部馏出，底部萃取剂经冷却后循环使用。表 4-7 给出了两台超重力床的尺寸和主要操作参数。

3. 高黏度热敏产品精馏

医药、农药和染料等精细化工行业经常遇到高黏度热敏产品的精馏，采用传统精馏塔分离时，由于热敏物料在设备内停留时间长导致产品分解或聚合，容易堵塔，因而通常采用塔釜进料，使产品产率下降。物料在超重力床内停留时间极短，精馏时热分解很少或几乎不分解，同时高黏度物料由于受到强大的超重力作用，在转子内不易堵塞，可以从转子中间进料。某公司维生素 B_5 生产中需要脱除溶剂，

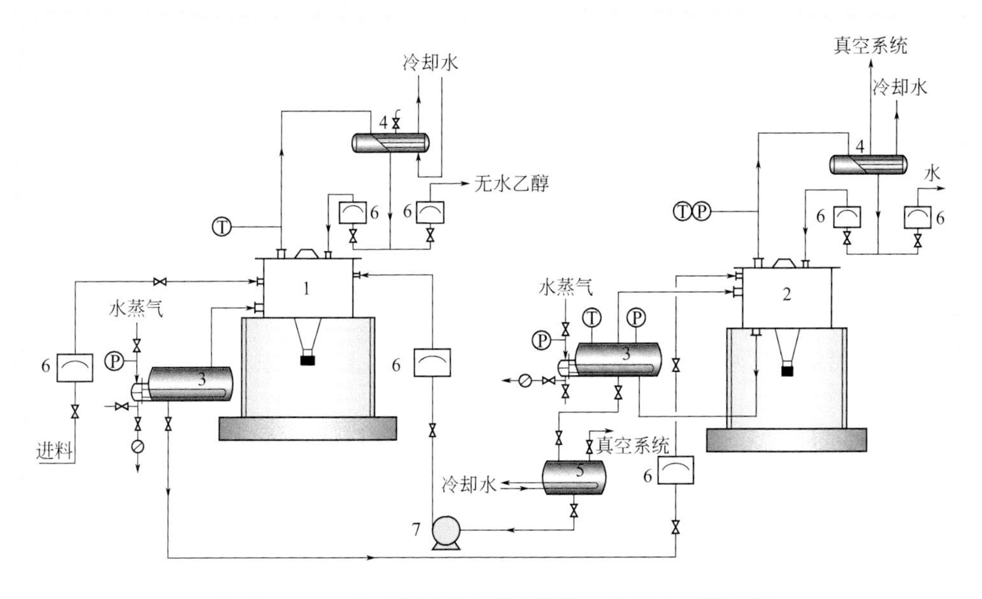

图 4-62　旋转折流板床萃取精馏生产无水酒精流程

1—无水乙醇旋转床；2—萃取剂回收旋转床；3—再沸器；4,5—冷凝器；6—流量计；7—泵

图 4-63　旋转折流板床萃取精馏生产无水酒精现场图

表4-7　无水酒精生产中超重力床的尺寸和相关操作参数

序号	转子		壳体		功率 /kW	回流比	处理量 /(t/d)	产品含水量 /%
	直径 /m	层数	直径 /m	高度 /m				
1	0.75	3	0.83	0.8	11	1	9.6	<0.3
2	0.75	2	0.83	0.6	5.5	1	—	<0.2

原采用填料塔操作，由于物料容易堵塞填料，采用塔釜进料，直接蒸汽加热釜中料液，间歇操作，结果产品溶剂含量高，难以达到出口标准，且物料在釜中停留时间长，产品分解明显。同时，为了防止产品分解采用真空操作，以降低温度，溶剂蒸气需用冷冻液冷凝，配备了真空和冷冻机机组，生产过程不仅产品质量难以达标，而且能耗高。改用旋转折流板床后，物料直接进入转子中间，不使用再沸器，蒸汽直接进入旋转床。由于物料停留时间极短，可适当提高操作温度，将真空操作改为常压，溶剂蒸气只需用循环冷却水冷凝，无需真空和冷冻机组，最终使设备投资、体积和能耗均大幅度下降，产品质量显著提高，达到出口要求。两者工艺流程如图 4-64 所示，现场图如图 4-65 所示，表 4-8 为新工艺和原工艺主要技术经济指标对比。

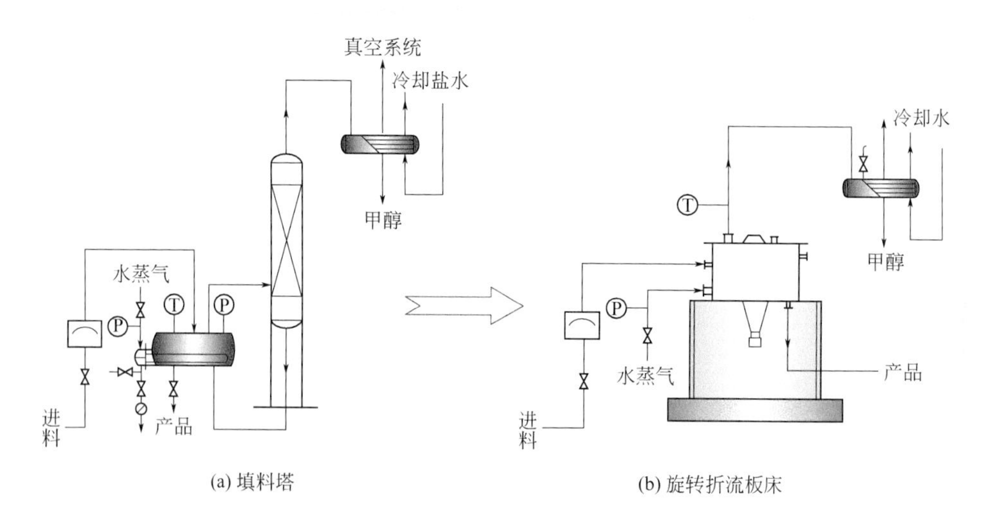

图 4-64　维生素 B_5 溶剂脱除流程图

图 4-65　旋转折流板床脱除维生素 B_5 中溶剂生产现场图

表4-8　旋转折流板床和填料塔工艺主要技术经济指标对比

名称		旋转折流板床	填料塔
原料处理量 /(t/h)		2	2
产品溶剂含量 /%		0.1	0.3
再沸器容积 /m³		无	8
冷却剂		自来水	冷冻盐水
真空系统		无	有
电机功率 /kW	冷冻机组	无	20
	真空机组	无	15
	旋转床电机	18	无
	总电功消耗	18	35
装置占地面积 /m²		4	16
装置所占空间 /m³		12	80

4. 分布式精馏模式

旋转折流板床与传统塔设备相比具有体积小和高度低的优点，一方面能大幅节约设备材料、空间和土地资源，可带来显著的经济效益；另一方面避免了安装、调试、操作和维护过程中高空作业带来的危险，同时减少地震、台风、雷击等自然灾害的破坏作用，提高了生产的安全性和稳定性，可带来潜在的社会效益。旋转折流板床精馏装置安装位置灵活，不但可以充分利用空间，而且有利于形成分布式精馏模式。基于这一思想，目前许多化工企业的溶剂回收过程可以分散进行［见图 4-66（a）］，而不必集中处理［见图 4-66（b）］。这样便可大大减少工厂内部物流的数量，降低管网的投资费用和输送能耗，同时减少了溶剂的泄漏，避免了来源不同的溶剂

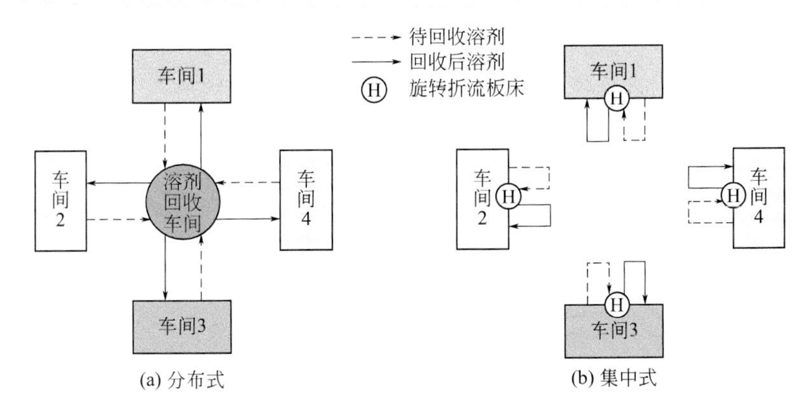

图 4-66　集中式和分布式溶剂回收模式示意图

交叉污染。此外，溶剂就地回收还可以节约劳动力，提高生产的安全性，进而带来可观的经济效益和环保等社会效益。超重力装置为多步有机合成产品的中间体提纯带来了很大方便，只要在每一台反应釜旁边安装一套超重力精馏装置，就可使中间体达到理想的纯度，从而显著提高产品总产率。某公司使用了100台旋转折流板床精馏装置，如图4-67所示，用于溶剂分布式回收和中间体分离，取得了巨大的经济效益。因此，旋转折流板床的开发及推广应用具有广阔的前景。

图4-67 旋转折流板床溶剂分布式回收和中间分离生产现场

5. 废氨水回收

某些生产过程中产生的低浓度废氨水，可以精馏浓缩为氨含量25%的工业氨水循环利用。通常采用氨精馏塔和氨尾气吸收塔的双塔流程，在尾气吸收塔中，用水吸收氨气热效应显著，需要用冷却器不断去除吸收热。该废氨水回收流程比较复杂，投资也较大。

旋转折流板床的静折流圈可以设计成具有换热功能的元件，在吸收过程即可移走热量，不仅设备结构紧凑，而且移热效果好。如图4-68所示，低浓度废氨水在床的下部两层转子之间进料，底层转子作为提馏段，上一层转子作为精馏段，由蒸汽直接加热，底部排放液氨含量达到相应国家标准，精馏段出来的氨蒸气经冷凝器冷凝，得到氨含量25%（质量分数）以上的工业氨水，含有氨气的尾气进入顶层转子，用清水吸收，剩余的气体达标排放。由于尾气吸收热效应显著，故顶层转子的静折流圈设计制造成具有冷却功能的元件，用冷却水带走热量。实际应用的工艺参数为：处理量 >1t/h，母液含氨约1.5%，氨水浓度 >25%。利用多层旋转折流板床传质效率高、进出料方便和具有换热功能的优势，可以将传统双塔工艺集成在一台小型旋转折流板床内，大大简化了设备流程，节约了空间，降低了投资。图4-69是多层旋转折流板床蒸氨装置工业应用现场，已有数套装置在工业上得到成功应用。

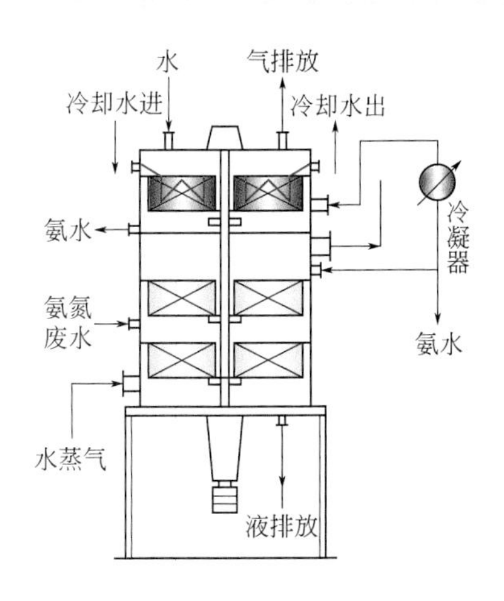

图 4-68　旋转折流板床蒸氨装置工艺流程图

图 4-69　多层旋转折流板床蒸氨装置工业应用现场

第六节　展望

蒸馏是应用最广泛、技术最成熟的分离方法之一，在化工生产中占有相当的比重。但存在设备投资大、分离能耗高等问题。资源节约型和环境友好型的发展对蒸馏技术提出了更高的要求，研究新的蒸馏技术，开发新型、高效的工艺流程，都将产生巨大的经济效益和社会效益。

超重力蒸馏技术正是在这种背景下应运而生的，研究开发的填料式超重力蒸馏床和折流板式超重力蒸馏床，解决了轴密封、液体分布器和内部动密封等关键工程化问题，并已投入工业化应用。超重力对气液传质过程的强化作用，使得超重力蒸馏设备小型化，回流比显著减小，呈现出节能降耗、投资省、占地少、开停车方便等技术优势和巨大的发展潜力与应用前景。但目前主要应用于医药、染料和农药等精细化工领域的小批量物料分离，尚未实现较大规模的应用。

从超重力蒸馏技术现状来看，需要继续加大研发力度，强化产学研合作，直面工程化问题，做好以下工作：①建立更加精确的超重力蒸馏传热、传质模型，为工业化应用提供指导；②研究开发新型高效规整填料，提高传质、传热系数，延长气液接触时间，提高分离能力；③解决蒸馏操作温度工况下的轴承润滑的工程化问题；④提升工程化超重力蒸馏装备设计与制造能力。

超重力蒸馏作为一种外场强化的新兴蒸馏技术，从诞生到工程化、再到被社会普遍接受必定是一个漫长的从理论到实践的探索过程。相信通过广大科研人员的共同努力，这些问题将逐渐得以解决，超重力蒸馏技术必然取得发展进步，在不久的将来超重力蒸馏技术将会更广泛地应用于化工、石油、食品、医药等众多生产领域，发挥节能减排降耗的作用，造福于人类。

参考文献

[1] Todd D B, Maclean D C. Centrifugal vapor-liquid contacting [J]. British Chemical Engineering, 1969, 14(11): 598-607.

[2] Ramshaw C. Higee distillation—an example of process intensification [J]. The Chemical Engineer, 1983, 2: 13-14.

[3] Richard B. New mass-transfer find is a matter of gravity[J]. Chemical Engineering, 1983, 21(2): 23-29.

[4] 陈文炳, 金光海, 刘传富. 新型离心传质设备的研究 [J]. 化工学报, 1989, 40(5): 635-639.

[5] Trevour K, James R F. Distillation studies in a high-gravity contactor [J]. Industrial & Engineering Chemistry Research, 1996, 35: 4646-4655.

[6] 计建炳, 王良华, 徐之超. 旋转填料床的流体力学性能研究 [J]. 石油化工设备, 2001, 30 (50): 20-23.

[7] 鲍铁虎. 超重力旋转填料床流体力学和传质性能的研究 [D]. 杭州: 浙江工业大学, 2002.

[8] 徐欧官, 计建炳, 鲍铁虎, 等. 折流式旋转填料床的精馏研究 [J]. 浙江化工, 2003, 34(3): 3-5.

[9] 徐之超, 俞云良, 计建炳. 折流式超重力场旋转床及其在精馏中的应用 [J]. 石油化工, 2005, 34(8): 778-781.

[10] 计建炳, 俞云良, 徐之超. 折流式旋转床——超重力场中的湿壁群 [J]. 现代化工, 2005, 25(5): 52-54.

[11] 俞云良, 计建炳, 徐之超. 折流式旋转床液相耗能的研究 [J]. 浙江工业大学学报, 2006, 34(1): 56-58.

[12] 赖水红, 朱星剑. 一种新型高效的精馏器——折流式超重力旋转床 [J]. 石油和化工设备, 2007, 10(2): 33-35.

[13] 陈正达, 隋立堂, 徐之超, 等. 利用折流式超重力旋转床回收乙腈工艺的研究 [J]. 浙江化工, 2008, 39(1): 4-6.

[14] 张友华, 阮奇, 李玲, 等. 三角形螺旋填料旋转床全回流精馏性能研究 [J]. 现代化工, 2008, 28(s1): 29-32.

[15] 朱星剑, 赖水红, 徐之超, 等. 一种高效精馏设备—— 折流式超重力旋转床 [J]. 机电信息, 2008, (35): 42 44.

[16] 俞云良, 徐之超, 王广全, 等. 一种新型高效的精馏器——折流式超重力旋转床 [J]. 科技通报, 2008, 24(1): 114-118.

[17] 隋立堂，徐之超，俞云良，等．折流式超重力旋转床转子结构对气相压降的影响 [J]. 高校化学工程学报，2008, 22(1): 28-33.

[18] 王广全，徐之超，俞云良，等．折流式旋转床的流体力学与传质性能研究 [J]. 现代化工，2008, 28(s1): 21-24.

[19] 隋立堂．折流式超重力旋转床的气相压降与流场模拟 [D]. 杭州：浙江工业大学，2008.

[20] Deng D S, Wang R F, Zhang L Z, et al. Vapor-liquid equilibrium measurements and modeling for ternary system water plus ethanol+1-butyl-3-methylimidazolium acetate [J]. Chinese Journal of Chemical Engineering, 2011, 19(4): 703-708.

[21] 谢爱勇，李育敏，徐之超，等．折流式超重力旋转床液泛和气相压降的实验研究 [J]. 化工时刊，2009, 23(2): 14-16.

[22] 谢爱勇，李育敏，徐之超，等．两种动折流圈折流式超重力旋转床气相压降的实验研究 [J]. 浙江工业大学学报，2010, 38(1): 23-25.

[23] 李育敏，计建炳，俞云良，等．折流式旋转床液相功耗数学模型 [J]. 高校化学工程学报，2010, 24(2): 203-207.

[24] 王广全，徐之超，俞云良，等．超重力精馏技术及其产业化应用 [J]. 现代化工，2010, 30(s1): 55-57.

[25] 王营，李肖华，李育敏，等．喷射式超重力旋转床传质模型及实验研究 [J]. 石油化工，2011, 40(4): 392-396.

[26] 童政富，李肖华，李育敏，等．喷射式超重力旋转床的流体力学与传质性能的研究 [J]. 石油化工，2010, 39(3): 275-279.

[27] 李肖华，计建炳，徐之超．一种新型高效精馏设备——折流式超重力旋转床 [C] // 中华中医药学会．中华中医药学会会议论文集．2009: 179-182.

[28] 徐之超，计建炳，王广全，等．折流式旋转床用于四氢呋喃甲醇水体系的萃取精馏 [J]. 现代化工，2012, 32(6): 94-96.

[29] 钱伯章．超重力旋转床成为节能利器 [J]. 化工装备技术，2012, (1): 9.

[30] 姚文，李育敏，郭成峰，等．网板填料复合旋转床的流体力学与传质性能 [J]. 化工时刊，2012, 26(3): 1-4.

[31] 郭成峰，王广全，高升，等．新型折流式超重力旋转床传质性能的研究 [J]. 石油化工，2013, 42(1): 47-52.

[32] 姚文，李育敏，郭成峰，等．网板填料复合旋转床的传质性能 [J]. 高校化学工程学报，2013, 27(3): 386-392.

[33] 杨森．利用折流式超重力床进行溶剂精馏分布式布局设计及比选 [D]. 杭州：浙江工业大学，2014.

[34] Lu X H, Xu Z C, Ji J B. Effects of pulse ultrasound on adsorption of geniposide on resin 1300 in a fixed bed [J]. Chinese Journal of Chemical Engineering, 2011, 19(6): 1060-1065.

[35] Li Y M, Ji J B, Yu Y L, et al. Hydrodynamic behavior in a rotating zigzag bed [J]. Chinese

Journal of Chemical Engineering, 2010, 18(1): 34-38.
[36] 栗秀萍, 李宁, 刘有智, 等. 超重力减压间歇精馏的传质性能 [J]. 化工进展, 2016, 35(7): 2001-2006.
[37] 栗秀萍, 刘有智, 张艳辉. 旋转填料床的理论研究及其应用进展 [J]. 华北工学院学报, 2003, 24 (增刊): 140-143.
[38] 栗秀萍, 刘有智, 祁贵生, 等. 旋转填料床精馏性能研究 [J]. 化工科技, 2004, 12(3): 25-29.
[39] 栗秀萍, 刘有智, 刘连杰. 精馏过程中转子对旋转填料床传质性能的影响 [J]. 化工进展, 2005, 24(3): 303-306.
[40] 栗秀萍, 刘有智, 杨明. 蒸馏过程中旋转填料床的传质和流体力学特性 [J]. 过程工程学报, 2005, 5(4): 375-378.
[41] 栗继宏, 栗秀萍, 刘有智. 旋转填料床传质性能研究 [J]. 中北大学学报 : 自然科学版, 2005, 26(1): 42-45.
[42] 喻华兵, 刘有智, 栗秀萍, 等. 旋转填料床精馏过程流体力学性能研究 [J]. 能源化工, 2006, 27(2): 24-25.
[43] 栗秀萍, 刘有智. 超重力场精馏过程探讨 [J]. 现代化工, 2006, 26(z2): 315-319.
[44] 栗秀萍, 刘有智, 栗继宏, 等. 超重力连续精馏过程初探 [J]. 现代化工, 2008, 28(s1): 75-79.
[45] Li X P, Liu Y Z, Li Z Q, et al. Continuous distillation experiment with rotating packed bed [J]. Chinese Journal of Chemical Engineering, 2008, 16(4): 656-662.
[46] 陈健. 超重力旋转填料床精馏实验研究 [D]. 太原 : 中北大学, 2009.
[47] 雷锋斌, 栗秀萍, 刘有智. 新型精馏旋转床的基础理论及应用研究 [J]. 中北大学学报 : 自然科学版, 2009, 30(3): 261-267.
[48] 陈健, 刘有智, 栗秀萍. 旋转填料床甲醇精馏工艺 [J]. 化工进展, 2009, 28(8): 1333-1336.
[49] Li X P, Liu Y Z.Characteristics of fin baffle packing used in rotating packed bed[J]. Chinese Journal of Chemical Engineering, 2010, 18(1): 55-60.
[50] 张振翀, 栗秀萍, 刘有智. 两级分离式超重力精馏实验研究 [J]. 现代化工, 2010, 30(4): 79-81.
[51] 栗秀萍, 刘有智, 张振翀. 超重力精馏传质过程强化理论分析 [J]. 化学工程, 2010, 38(12): 8-11.
[52] 栗秀萍, 栗继宏, 李俊妮, 等. 一种旋转填料床用液体分布器 [P]. CN 102512913B. 2013-11-20.
[53] 刘有智, 栗秀萍, 申红艳, 等. 多级旋转精馏床用液体分布与再分布器 [P]. CN 103272398B. 2015-03-25.
[54] 栗秀萍, 刘有智, 栗继宏, 等. 螺纹管线轴型规整填料 [P]. CN 101648129B. 2012-01-25.
[55] 刘有智, 栗秀萍, 王建伟, 等. 旋转填料床精馏操作用翅片导流规整填料 [P]. CN

101342477B. 2012-05-30.
[56] 栗秀萍 , 刘有智 . 高效旋转精馏床 [P]. CN 101306258B. 2010-06-16.
[57] 栗秀萍 , 刘有智 , 王晓莉 . 超重力精馏过程传热传质机理研究 [J]. 能源化工 , 2010, 31(2): 1-5.
[58] 张振翀 , 栗秀萍 , 刘有智 , 等 . 超重力精馏的应用与发展 [J]. 当代化工研究 , 2010, (7): 14-17.
[59] 栗秀萍 , 刘有智 , 张振翀 , 等 . 高效旋转精馏床的传质性能 [J]. 现代化工 , 2011, 31(2): 77-80.
[60] 栗秀萍 , 刘有智 , 张振翀 . 多级翅片导流板旋转填料床精馏性能研究 [J]. 化学工程 , 2012, 40(6): 28-31.
[61] 栗秀萍 , 李俊妮 , 刘有智 , 等 . 多级超重力精馏过程的传质性能 [J]. 化学工程 , 2013, 41(5): 14-18.
[62] 李俊妮 . 不同填料的超重力精馏性能研究 [D]. 太原 : 中北大学 , 2013.
[63] 王新成 . 基于 Aspen Plus 的超重力精馏过程模拟与优化 [D]. 太原 : 中北大学 , 2014.
[64] 宋子彬 , 栗秀萍 , 刘有智 , 等 . 超重力精馏回收果胶沉淀溶剂的应用 [J]. 化工进展 , 2015, 34(4): 1165-1170.
[65] 宋子彬 . 超重力减压精馏分离乙醇 - 水的实验研究 [D]. 太原 : 中北大学 , 2015.
[66] 李道明 , 栗秀萍 , 刘有智 , 等 . 超重力萃取精馏传质性能研究 [J]. 现代化工 , 2016, 36(2): 133-136.
[67] 李道明 . 超重力加盐精馏分离乙醇 - 水的实验研究 [D]. 太原 : 中北大学 , 2016.
[68] Lin C C, Tsungjen H O, Liu W Z. Distillation in a rotating packed bed [J]. Journal of Chemical Engineering of Japan, 2002, 35(12): 1298-1304.
[69] 高鑫 , 初广文 , 邹海魁 , 等 . 新型多级逆流式超重力旋转床精馏性能研究 [J]. 北京化工大学学报 : 自然科学版 , 2010, 37(4): 1-5.
[70] 高鑫 . 新型多级逆流式超重力旋转床精馏性能研究 [D]. 北京 : 北京化工大学 , 2010.
[71] 汪镇安 . 化工工艺设计手册 [M]. 北京 : 化学工业出版社 , 2003.

第五章

液液萃取

第一节 概述

液液萃取（或溶剂萃取）是分离液体混合物的单元操作之一，在化工分离领域发挥着重要作用。液液萃取具有分离能力大、能耗低、设备投资少、便于快速连续和安全操作等优点，一直受到工业界和研究者的重视。近年来，多样化产品的分离、高纯物质的提取、环境污染的严格防治，对萃取分离技术提出了更高的要求。从过程强化的角度出发，对萃取分离单元操作进行深入研究是十分重要的工作，尤其是开发以撞击流 - 旋转填料床（IS-RPB）为核心的超重力萃取技术，可以为萃取分离过程的强化及新型萃取分离技术的完善和发展提供必要的理论基础。

一、液液萃取概念

液液萃取，即在待分离的液体均相混合物中加入一种与其不互溶或不完全互溶的液体萃取剂，形成料液相 - 萃取相的两相系统，利用混合液中各组分在两相中的分配差异，使目标组分较多地从料液相进入萃取相，从而实现混合液的分离操作。萃取分离的基本依据是待分离组分在几乎不相溶的两液相间溶解度（分配）的差异[1,2]。典型的萃取过程如图 5-1 所示，其中混合液中待分离的组分称为溶质，加入的溶剂称为萃取剂。萃取操作时，将萃取剂加入混合液中，搅拌使其互相混合，因溶质在混合液中与萃取剂中处于不平衡状态，溶质会不断地从混合液扩散到萃取剂中，最终形成萃取相（E 相）与萃余相（R 相），实现了溶质与混合液的分离。

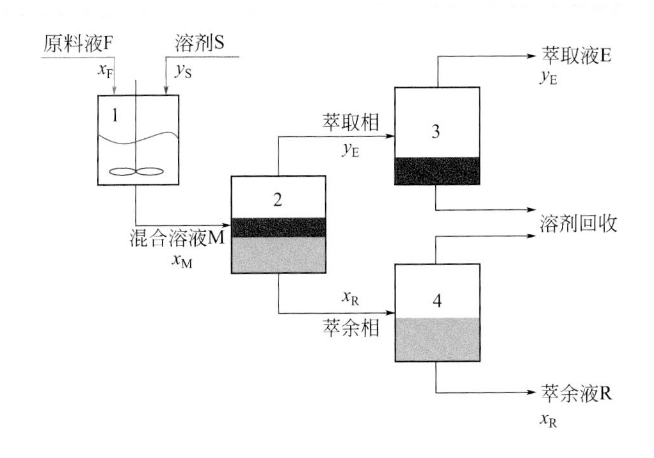

图 5-1　典型的萃取操作流程图

1—混合；2—澄清；3—萃取相分离；4—萃余相分离

可见，萃取剂与料液的混合操作是萃取分离进行的重要前提。需要注意的是，萃取相仍然是混合物，需要进一步分离，例如采用精馏或反萃取等单元操作分离溶质与萃取剂，实现萃取剂的再生，萃取剂可进行循环利用。

二、液液萃取原理

液液萃取的基本原理主要是指萃取相平衡与萃取动力学。组分在两相间的平衡代表了萃取过程的传质方向和可能进行的程度，而萃取动力学则代表组分从一相到另一相的传递速率及进行的难易程度[3]。

1. 萃取相平衡

萃取操作按性质分类，包括物理萃取和化学萃取。物理萃取，即简单分子萃取，被萃取溶质在两相中主要以分子形式存在，萃取剂与被萃取溶质之间没有化学反应。化学萃取是伴有化学反应的萃取过程，被萃取物质在两相中存在的形态不一样。化学萃取的种类很多，例如络合萃取、离子缔合萃取、协同萃取等。两类萃取过程的相平衡描述具体如下。

（1）物理萃取相平衡

物理萃取的特点是被萃取溶质在料液相和萃取相中主要以中性分子的形式存在，萃取剂与被萃取溶质之间没有发生化学缔合，萃取剂中也不含络合反应剂。决定物理萃取效果的关键是溶质分子在两相中的溶解度差异。假设被萃取物质为HA，由于物理萃取中溶质在料液相和萃取相中的形态一致，相平衡可以表示为

$$\mathrm{HA} \rightleftharpoons \overline{\mathrm{HA}} \tag{5-1}$$

式中　HA——料液中的各组分；

$\overline{HA}$——萃取相中的各组分。

根据热力学基本原理，等温等压条件下，溶质在两相中处于平衡，体系 Gibbs 自由能变为零，由 Gibbs-Duhem 定律可得

$$a_{i(w)}=a_{i(o)} \tag{5-2}$$

式中　$a_{i(w)}$——料液相中的各组分的活度；

$a_{i(o)}$——萃取相中的各组分的活度。

相平衡时，活度相等，故萃取热力学平衡常数可写为

$$K_i=a_{i(o)}/a_{i(w)} \tag{5-3}$$

活度系数 $\gamma_i=a_i/x_i$，由活度系数 γ_i 的定义得

$$x_{i(w)}\gamma_{i(w)}=x_{i(o)}\gamma_{i(o)} \tag{5-4}$$

由于分配系数 D_i 等于被萃取溶质 i 在两相中平衡浓度之比，因此

$$D_i=\frac{x_{i(o)}}{x_{i(w)}}=\frac{\gamma_{i(w)}}{\gamma_{i(o)}} \tag{5-5}$$

由此可见，在物理萃取中，分配系数可直接由被萃取溶质在两相中的活度系数 γ_i 计算得到。在热力学中，习惯上用摩尔分数 x 表示非电解质溶液浓度，γ 表示活度系数，以纯态为参考态。如果采用其他的浓度标度和与其对应的活度系数，浓度标度和活度系数间的转换公式可参考有关文献。

（2）化学萃取相平衡

化学萃取即伴有化学反应的萃取过程。由于被萃取物质在料液相和萃取相中的形态不一致，因此相平衡的分析和分配系数的计算必须考虑萃取反应平衡方程式。下面以磷酸三丁酯（TBP）萃取醋酸稀溶液为例，萃取反应平衡方程式为

$$CH_3COOH+\overline{TBP}\xrightleftharpoons{k}\overline{CH_3COOH\cdot TBP} \tag{5-6}$$

各组分物质的量增量的关系为

$$-dn_1=-dn_2=dn_3 \tag{5-7}$$

式中　n_1——CH_3COOH 物质的量；

n_2——TBP 物质的量；

n_3——$CH_3COOH\cdot TBP$ 物质的量。

根据热力学基本原理，等温等压条件下，溶质在两相达到平衡，体系 Gibbs 自由能变为零，故推导得出 TBP 萃取 CH_3COOH 的热力学平衡常数为

$$K=\frac{a_3}{a_1a_2} \tag{5-8}$$

式中　a_1——CH_3COOH 的活度；

a_2——TBP 的活度；

a_3——$CH_3COOH \cdot TBP$ 的活度。

萃取反应过程中标准生成自由能的变化可由下式求出

$$\Delta G^0 = \mu_3^0(T) - \mu_1^0(T) - \mu_2^0(T) = -RT\ln K \tag{5-9}$$

热力学平衡常数 K 在一定条件下保持恒定，具有预测功能。只要通过少量实验测出的各组分的平衡浓度以及测出或计算出的组分的活度系数，就可以得到萃取热力学平衡常数，从而预测其他条件下的萃取平衡。严格地说，萃取分配系数 D 和以浓度表示的表观萃取平衡常数的数值随体系条件的改变而变化。许多研究者在探究有机稀溶液萃取分离的规律时做出稀溶液条件下各组分的浓度与相应的活度成正比的假设，这样明显扩大了表观萃取平衡常数 K 的使用范围。实践表明，在稀溶液萃取分离中使用这一假设造成的偏差较小。对于磷酸三丁酯（TBP）- 煤油萃取醋酸（CH_3COOH）稀溶液体系，表观萃取平衡常数 K 的表达式为

$$K = \frac{\overline{[CH_3COOH \cdot TBP]}}{[CH_3COOH][TBP]} \tag{5-10}$$

再如，以磷酸三丁酯（TBP）- 煤油萃取 $UO_2(NO_3)_2$ 为例，萃取平衡反应方程式为

$$UO_2^{2+} + 2NO_3^- + 2\overline{TBP} \longrightarrow \overline{UO_2(NO_3)_2 \cdot 2TBP} \tag{5-11}$$

式中　无上划线——料液中的各组分；

　　带上划线——萃取相中的各组分。

经推导可得 TBP 萃取 $UO_2(NO_3)_2$ 的热力学平衡常数为

$$K = \frac{a_4}{a_1 a_2^2 a_3^2} = \frac{x_4 f_4}{m_1 m_2^2 \gamma_\pm^3 x_3^2 f_3^2} \tag{5-12}$$

式中　$\gamma_\pm$——平均离子活度系数，$\gamma_\pm^v = \gamma_+^{v+} \gamma_-^{v-}$；

γ_+、γ_-——正负离子的活度系数；

$v+$、$v-$——单位物质的量电解质在水中得到的正、负离子的物质的量。

萃取反应过程中标准生成自由能为

$$\Delta G^0 = \mu_4^0(T) - \mu_1^0(T) - 2\mu_2^0(T) - 2\mu_3^0(T) = -RT\ln K \tag{5-13}$$

2. 萃取动力学

萃取过程发生在非均相体系中，溶质在两相中进行质量传递时传递速率决定了萃取速率的快慢[4]。当萃取剂和料液接触时，在相界面上存在两个滞留膜，一个是料液相的水膜，另一个是萃取剂的油膜，其传质机理如图 5-2 所示。

总传质系数与双膜传质系数的关系如下

$$1/k_o + 1/k_w = 1/k \tag{5-14}$$

式中　k_w——水膜传质系数；

　　k_o——油膜传质系数；

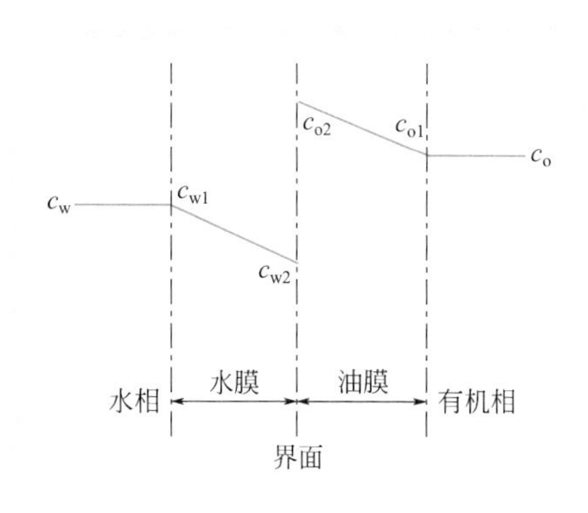

图 5-2 双膜传质示意图

k——总传质系数。

由此可推导得到总传质方程为

$$N = kA(c_s^* - c_s) \quad (5\text{-}15)$$

由上式可见，萃取传质也是由浓度差驱动进行，并与两相的接触面积成正比，与总的传质系数也有关。所以，影响萃取过程传质速率的主要因素有传质界面大小、传质推动力和总传质系数。通过增大传质推动力、增大两相接触面积和增大传质系数均可提高传质速率。

三、萃取强化设备

过程强化是在实现既定生产目标的前提下，通过大幅度减小生产设备的尺寸、减少装置的数目等方法来使工厂布局更加紧凑合理，单位能耗更低，废料和副产品更少，并最终达到提高生产效率、降低生产成本、提高安全性和减少环境污染的目的[5]。传统的萃取设备包括混合澄清槽、喷洒塔、填料塔和机械振动塔，借助过程强化技术能够进一步提升萃取设备的传质性能，并发展出各种新型萃取设备。例如，新型中空纤维萃取器用于强化丁二酸、杀虫剂以及布洛芬的分离；环状离心机和旋转喷淋塔等新型萃取设备分别用于提取苯甲醇和Cr(Ⅵ)。另外，撞击流技术也可用于强化萃取过程。同时，基于超重力强化技术提出的旋转填料床（RPB）在萃取分离领域也展示出优异的性能。近年来，超重力过程强化技术迅速发展，并在废水处理、聚合、橡胶、生物柴油等多个领域展示出优异的性能。各类常见的萃取设备传质性能对比如表 5-1 所示。

表5-1 不同接触器总体积传质系数的比较

萃取器种类	化学体系	Q_o; Q_a/[(m^3/s)×10^6]	K_La/s^{-1}
混合澄清槽[6]	水 - 丙酮 - 甲苯	0.88；0.78	0.0015 ～ 0.005
喷洒塔[7]	水 - 丙酮 - 甲苯	16 ～ 130；20 ～ 130	0.0005 ～ 0.008
填料塔[7]	水 - 丙酮 - 甲苯	16 ～ 130；8 ～ 65	0.0005 ～ 0.0055
Kuhin 塔[8]	水 - 丙酮 - 甲苯	3.9 ～ 8.9；3.9 ～ 8.9	0.005 ～ 0.0125
中空纤维萃取器[9]	水 - 布洛芬 - 辛醇	2.7 ～ 7.1；3.1 ～ 7.9	0.0045 ～ 0.042
撞击流萃取器[10]	水 - 琥珀酸 - 丁醇	1.83 ～ 5.0；1.83 ～ 5.0	0.077 ～ 0.25
环状离心机[11]	水 - 苯甲醇 - 石蜡油	0.33；0.33	0.002 ～ 0.0127
旋转喷淋塔[12]	水 -Cr(Ⅵ)- 煤油（季铵 336）	2.3 ～ 3.9；2.5 ～ 6.8	0.06 ～ 0.12
旋转填料床[13]	水 - 甲基红 - 二甲苯	0.83 ～ 2.1；4.16 ～ 20.83	0.015 ～ 0.205

注：Q_o 为油相体积流量，Q_a 为水相体积流量，K_La 为总体积传质系数。

由表中数据可知，相比于其他萃取器，旋转填料床（RPB）与撞击流萃取器（IS）总体积传质系数较高，均可强化萃取传质过程。基于 RPB 与 IS 优异的萃取性能，中北大学刘有智团队[14]创新性地提出了撞击流-旋转填料床（IS-RPB），并围绕其展开了一系列基础研究与应用推广。下面将重点介绍 IS-RPB 强化萃取过程的原理及其应用。

第二节 IS-RPB强化萃取原理

萃取操作是依靠不互溶的两液相间的混合与分相来实现的，而撞击流-旋转填料床（IS-RPB）萃取过程实质上是将 IS-RPB 应用于萃取过程中原料液与萃取剂的混合阶段，利用其强化混合过程来实现萃取过程强化。在 IS-RPB 内，撞击流装置（两喷嘴）置于转子中部的填料空腔内，两射流喷嘴同轴同心相向设置，并与转子的转轴同心（或平行）。两喷嘴的孔径和轴向安装距离依据具体情况进行设定，通常孔径为数毫米，安装距离为 5 ～ 50mm。IS-RPB 萃取流程如图 5-3 所示，原料液与萃取剂分别经离心泵加压（或压力输送），并经准确计量后分别进入两个喷嘴，以射流的形式从喷嘴喷出，两股射流相遇即刻发生撞击形成垂直于射流方向的圆（扇）形薄雾（膜）面。在其过程中两股流体完成预混合，雾面边缘随即进入旋转填料床的内腔，流体在高速旋转填料的作用下沿填料孔隙向外缘流动，在此期间液体被多次切割、凝并及分散，达到深度强制混合。最终，混合液从转鼓的外缘被甩到外壳上，在 IS-RPB 装置液体出口处汇集排出，实现了原料液与萃取剂的高效接触混合。

实际上，撞击流使两股接近等量的流体沿同轴相向流动，并在两股流体的中点处撞击。宏观上，两股射流相向撞击过程中，由于惯性，流体微元穿过撞击面渗入反向流。由于较大的动能作用，在撞击处动能转化为静压能，静压能的作用使得两

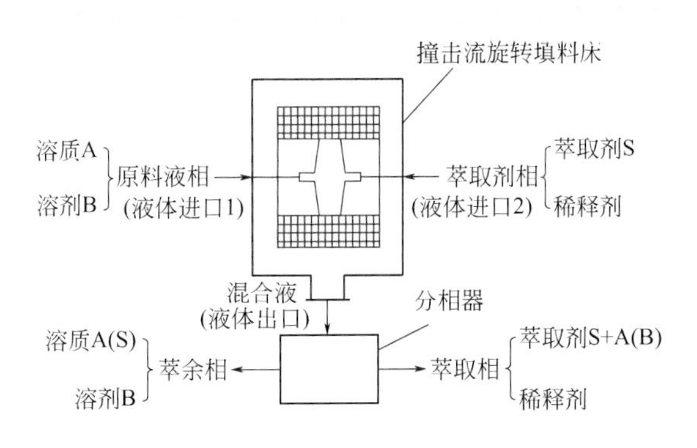

图 5-3 IS-RPB 萃取流程示意图

股流体的流向发生改变，形成与原流体流动方向垂直的撞击（雾）面。微观上，相向流体撞击产生一个较窄的高度湍动区，流体间碰撞产生的剪切力可导致液滴破碎，增大其表面积并促进表面更新，从而增大传递速率。经撞击后的液体雾面以高速进入旋转的填料内，被剪切成液体微元（液膜、液线、液丝或液滴），这些液体微元会连续快速地经历多次凝并、分散、再凝并、再分散的过程，液液混合得到了强化，实现了快速均匀的微观混合[15]。

下面将从传质过程与微观混合过程强化两方面进行具体阐述。

一、传质过程强化

萃取过程在液液两相中发生，萃取速率与化学反应速率、混合程度、相界面积、扩散速率及界面两侧膜的厚度等因素有关。溶质从原料液向萃取剂传质的速率为

$$\mathrm{d}w/\mathrm{d}t = kA\Delta c \tag{5-16}$$

式中 $\mathrm{d}w/\mathrm{d}t$——单位时间内的传质量，g/s；

k——单位体积总传质系数，$\mathrm{kg/[s(m^2/m^3)(g/m^3)]}$；

A——单位体积的两相接触面积，$\mathrm{m^2/m^3}$；

Δc——两相中溶质的实际浓度与平衡浓度的偏差，mg/L。

在常用的萃取设备中为增加液液两相的接触面积，通常将一相作为分散相，分散于另一连续相中，因此单位体积内的接触面积 A 依赖于分散相的持液量和液滴尺寸。实际上，萃取设备中的传质过程是十分复杂的。流体在萃取设备内部发生强烈的分散和湍动，传质过程和简单分子扩散差别很大，同时两相的实际接触面积未知，所以要获取传质系数几乎是不可能的。虽然一些研究人员通过实验测定并采用量纲分析等方法得到了部分经验公式，但由于所选择萃取体系不同，萃取设备的种类及大小千差万别，所以并不能用于工程计算。尽管如此，式（5-16）还是可以用来指导萃取设备的设计以及分析强化传质过程的途径等[16]。由式（5-16）可知，要提高传质速率、强化传质过程，必须增大传质面积、提高总传质系数或增加传质推动力。

1. 增大传质面积A

通常可采用搅拌、脉冲等外界输入能量使一相在另一相中分散成为微小液滴，以增加两相的接触面积。分散相液滴越小，传质面积越大，但要防止萃取剂过度分散而出现乳化现象，给后续的萃取剂分离带来困难。对于界面张力不大的体系，仅依靠密度差推动萃取剂通过筛板或填料即可获得适当的分散度，但对于界面张力较大的物质，需通过施加外力来达到适当分散的目的。值得注意的是，传质过程包括分子扩散和涡流扩散，而涡流扩散系数可能比分子扩散系数大几个数量级。因此，

增加外力作用形成涡流扩散会使液滴尺寸减小，接触面积增大，同时也增加了连续相中的湍动程度。

2. 提高总传质系数k

k值与体系的物理化学性质、设备结构和操作条件等因素有关。一般来说，通过分散相液滴的反复破碎和聚集，或强化液相的湍动程度，可增大k。根据相际传质过程中传质阻力的加和性原理可知，对于物理萃取过程，总传质阻力等于两相的分传质阻力之和。对于化学萃取过程，若两相界面上化学反应很快，被萃取组分处于平衡状态，则相界面上不存在传质阻力。但对于伴有化学反应且化学反应较慢的萃取体系，上述假设会引入很大的误差。在考虑界面化学反应阻力这一项后，总传质系数与分传质系数的关系式为

$$\frac{1}{k}=\frac{1}{k_w}+\frac{1}{k_r}+\frac{1}{k_o} \tag{5-17}$$

上式的物理意义为总传质阻力等于原料液相的传质阻力$1/k_w$、界面化学反应阻力$1/k_r$与萃取剂的传质阻力$1/k_o$之和。由此可见，对于给定的体系和设备通常可以用适当增加流速或增加输入能量等办法来提高两相的湍动程度，以提高两相的分传质系数，特别是提高传质阻力控制的那一相的分传质系数，以便有效地提高总传质系数。

3. 增加传质推动力Δc

当工艺条件一定时，与其他接触方式相比，采用逆流操作可以使整个系统维持较大的推动力，既能提高萃取相中的溶质浓度，又可以降低萃余相中的溶质浓度。因此，在多级萃取过程中，为获得最佳的萃取效果，应当尽量采用逆流的接触方式。同时，选取新鲜的不含溶质的萃取剂来进行萃取操作，也可以提高传质推动力。

综上所述，强化萃取设备传质性能的途径主要有两种：一种是通过外力作用以产生较大的传质比表面积；另一种是利用外力在液滴内部以及液滴周围产生高强度的湍动，从而减小传质阻力。对于传统的萃取设备，这两种作用同时出现是相当困难的，这是由于小液滴的运动速度较慢，不容易在连续相中作高速运动。但是，在IS-RPB内两相液体的存在形式是很小的液滴、液丝及液膜，而且这些液体微元还处于一种高湍动的状态，这样IS-RPB就为进行萃取的两相提供了极大且更新迅速的表面。同时，在这种高度湍动的情况下，两液相的分传质速率会有很大的提高。结合式(5-16)分析可知，由于IS-RPB可以极大地提高传质系数k与传质表面积A，从而可以提高萃取传质速率。另外，强化萃取传质速率的因素Δc是由萃取体系本身决定的，在单级萃取时与萃取设备没有太大的关系。

由于IS-RPB特殊的结构及特点，两液相都为分散相，这使得在萃取过程中所

处理料液与萃取剂的适应性得到了很大的提高。另外，IS-RPB 中液体微元的运动都是在外力作用下的强制运动，而且萃取过程的混合传质与分离是分开进行的，故返混现象得到了有效的控制。大型的传统萃取设备内的返混程度大于实验室规模的萃取设备，所以在萃取设备的设计与选择时要考虑放大效应，而 IS-RPB 内返混得到了有效控制，这意味着其放大效应的减小，从而在工业化应用方面展示出良好的前景。

二、混合过程强化

混合是萃取操作的基础，混合性能和效果必然影响萃取效果，而微观混合是实现分子级混合的关键，因此研究 IS-RPB 的微观混合性能就显得十分重要。刘有智团队[17,18]采用化学偶合法，即采用 α- 萘酚与对氨基苯磺酸重氮盐在碱性缓冲溶液中的偶氮化合竞争反应，研究了 IS-RPB 的微观混合性能。α- 萘酚（A）和对氨基苯磺酸重氮盐（B）的偶合串联反应如式（5-18）和式（5-19）所示，其产物为单偶氮（R）和双偶氮（S）。

$$A+B \longrightarrow R \tag{5-18}$$

$$R+B \longrightarrow S \tag{5-19}$$

在 298 K 时，反应式（5-18）为快反应，k_1=3800m³/(mol • s)；反应式（5-19）为慢反应，k_2=1.56m³/(mol • s)。对于这个反应体系，完全生成双偶氮时两反应物的摩尔计量比为 1∶2，如果采用 1∶1 的比例，反应会因为物料 B 的耗尽而终止，从而使混合对反应的影响信息及时地保存下来。用光吸收法分析产物浓度 c_R 和 c_S，用离集指数（X_S）来表示混合的效果，X_S 的定义如下

$$X_S=2c_S/(2c_S+c_R) \tag{5-20}$$

由定义可知，当系统处于理想混合（完全混合）状态时，X_S 趋近于 0；对于一般的混合状态，有 $0<X_S<1$；当 X_S 趋近于 1，意味着完全离集，即混合效果最差或无混合效果。

采用正交实验考察了超重力因子 β、撞击初速度 u_0、撞击间距 L、喷嘴直径 d、撞击角度 α（指中心对称面与喷嘴轴线的夹角，其大小是 1/2 的撞击夹角——两个喷嘴轴线的夹角）、填料种类等主要因素对微观混合效果的影响规律。结果表明：X_S 随着 β 的增大而逐渐减小，在 β 接近 100 时，趋于稳定，此时 $X_S<0.025$；X_S 随着 u_0 的增大而逐渐减小，当 $u_0>10$m/s 时，$X_S<0.025$；当 L 大于 2 倍的喷嘴直径时，X_S 的变化不大；当 α 由 30° 变化到 90° 时，X_S 呈现明显的减小趋势，α=90° 时，混合达到最佳的效果。研究者还对比了 IS-RPB、撞击流（IS）和旋转填料床（RPB）的微观混合效果，实验条件及微观混合效果如表 5-2 所示。

表5-2 几种混合设备的微观混合性能对比

混合设备	结构参数	离集指数 X_S
IS	L=5mm, d=1.5mm	$0.06<X_S<0.12$
RPB	β=150	$0.05<X_S<0.1$
IS-RPB	L=5mm, d=1.5mm, β=150	$X_S<0.025$
搅拌槽	178	$X_S>0.1$
管式反应器	—	$X_S>0.15$
Tee 混合器	—	$X_S>0.1$

由表 5-2 可见，混合效果最好的是 IS-RPB，其微观混合效果是 RPB 和 IS 的两倍以上，而 IS 和 RPB 两者的微观混合效果相当。IS-RPB 的混合效果比搅拌混合设备（CSTR）高出 40 倍，其混合效果得到了极大的强化。

近年来，随着反应动力学研究的不断深入，有的学者采用碘化物 - 碘酸盐来检测微观混合过程[19]。焦纬洲等[20,21]采用碘化物 - 碘酸盐反应体系，研究了撞击角度 α、超重力因子 β 以及撞击间距 L 等因素对 X_S 的影响规律，并采用团聚模型计算得到 IS-RPB 的微观混合时间（t_m），具体研究结果如下。

1. 撞击角度 α 对 X_S 的影响

撞击角度是影响撞击流混合及 IS-RPB 中液体初始分布的重要因素。实验条件为 $[H^+]$=0.1mol/L，超重力因子 β=106.2，缓冲溶液的液体流量 Q_1=70L/h，两溶液体积比 R=7，两流体撞击间距 L=30mm。不同撞击角度 α 对 IS-RPB 离集指数 X_S 的影响规律如图 5-4 所示。由图可知，随着 α 的增加，X_S 减小，这意味着 IS-RPB 的微观混合性能增强。主要原因为：两股物料以较大的角度进行撞击，容易产生垂直于射流面的扇形液面，液面随着其离开撞击区而变薄，以致液膜面积和空气动力增

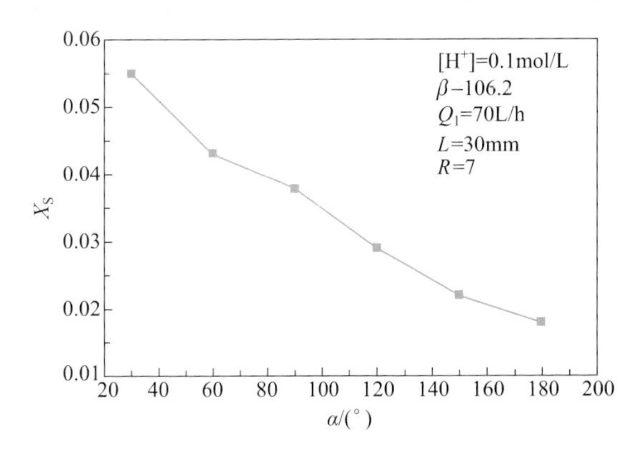

图 5-4 离集指数 X_S 随撞击角度 α 的变化关系

大，造成曲折和膨胀波，随后流团破裂成带状和液滴，射流的高度湍动通过流体动力或冲击波为液滴破碎提供了额外的能量。随着撞击角度 α 的继续增加，流体的撞击程度也更加剧烈，进一步强化了液滴的破碎过程。当 α=180° 时，X_S 达到最小值 0.018，也就意味着，两股射流相向碰撞，流体的相对速度最大，流体微元湍动能达到最大值，微观混合效果达到最佳。同时，相向碰撞的流体产生垂直的液滴雾面，有助于建立良好的液体初始分布状态。

2. 超重力因子 β 对 X_S 的影响

超重力因子 β 是影响 IS-RPB 微观混合性能的关键因素。图 5-5 为 IS-RPB 混合器 X_S 随 β 的变化曲线[21]。由图可见，随着超重力因子 β 的增加，离集指数 X_S 逐渐减小，但减小的趋势逐渐减缓，随之趋于定值。这是由于随着 β 的增大，液体被高速旋转填料产生的巨大剪切力所切割，同时由于受超重力场影响，致使液膜厚度变薄，流体微元之间的碰撞加剧，能量耗散速率增大，从而极大地促进了微观混合。此外，随着超重力因子的增大，液体在填料层中的停留时间变短，液体微元间聚并分散频率加快，湍流强度增加，分散后的微团尺度也随之减小。因此，以上两方面共同作用导致 X_S 随超重力因子 β 的增大而减小，即强化了分子级的扩散混合过程。

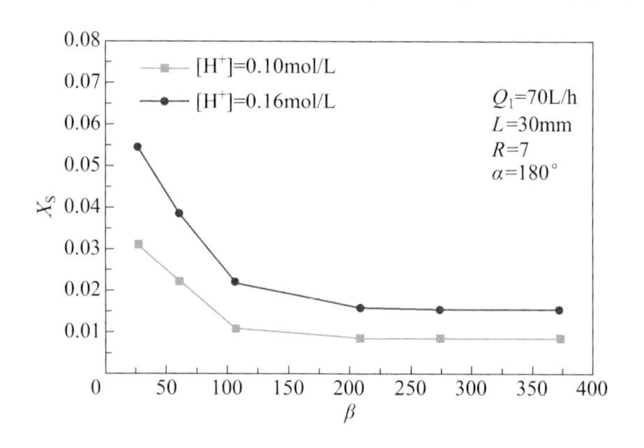

图 5-5 离集指数 X_S 随超重力因子 β 的变化关系

3. 撞击间距 L 对 X_S 的影响

当 [H^+]=0.1mol/L、超重力因子 β=106.2、缓冲溶液的流量 Q_1=70L/h、两溶液体积比 R=7、撞击角度 α=180° 时，考察不同撞击间距 L（两股射流液体喷嘴之间的距离）对 IS-RPB 离集指数 X_S 的影响规律，结果如图 5-6 所示。从图中看出，撞击间距 L 对离集指数 X_S 有显著的影响，X_S 随着 L 的增加呈先减小后增大的变化规律，可见选取合适的撞击间距有利于提高 IS-RPB 的微观混合性能。对喷嘴同轴的 IS-RPB 混合器而言，喷嘴轴线附近和撞击面中心附近区域的湍动程度明显高于周

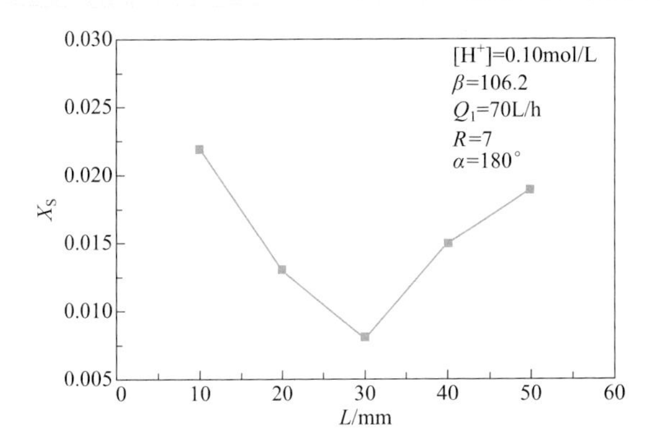

图 5-6 离集指数 X_S 随撞击间距 L 的变化关系

围区域（如回流区等）。在这种流场内，两股物料在湍动程度较高的区域尚未完成混合就进入湍动程度较低的区域，致使 X_S 增大。也就是说，当 L 较小时，两股高湍动能的流体进行撞击导致流体压力的显著变化，极有可能影响旋转填料床内缘处与撞击雾面的耦合，从而导致 X_S 增大。当撞击间距 L=30mm 时，两股物料在湍动程度较高的区域完成了较好的混合，之后进入旋转填料床中进行进一步的混合，这时旋转填料床的内径处与撞击雾面达到最佳的耦合，因此 X_S 最小。而当 L 继续增大时，流体撞击不会进一步增强 IS-RPB 的微观混合性能，所以相应的 X_S 就与单纯的撞击流设备相近，进而微观混合性能变差。

4. 流体黏度 μ 对 X_S 的影响

离集指数 X_S 随黏度 μ 的变化规律如图 5-7 所示。由图可知，X_S 随 μ 的增大而增大，即微观混合效果随 μ 的增加而变差。同时，从图中还可看出，X_S 随着流

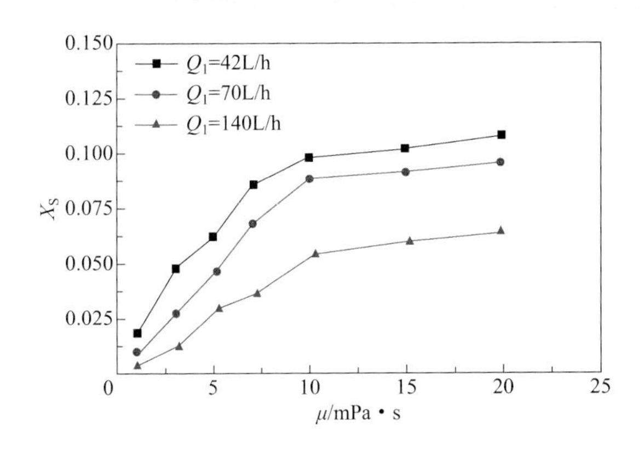

图 5-7 离集指数 X_S 随黏度 μ 的变化关系

量的增加而减小，这与前面所讨论的不同流量对 X_S 的影响规律是一致的。根据 E-model[22]，微观混合特征时间 t_m 与体系运动黏度 ν 的平方根成正比，与单位体积功 ε 的平方根成反比，即 $t_m \propto k\left(\frac{\nu}{\varepsilon}\right)^{1/2}$，所以 ν 增大或 ε 减小都能使 t_m 增大，即黏度增大会引起微观混合程度降低。在超重力场条件下，维持转子转速不变（超重力因子不变），即保持单位体积功恒定，此时改变 μ 仍对 X_S 有明显的作用，这表明 μ 变化对微观混合能力的影响大于单位体积功的影响，微观混合过程受到“涡旋卷吸”和“分子扩散”的共同影响[23]。

5. 微观混合时间 t_m

微观混合时间 t_m 最能体现设备的混合性能，是评价各类混合设备的重要指标，t_m 主要采用数值模拟获得。近年来，由 Villermaux 等[24] 提出的团聚模型（Incorporation Model）逐渐受到了关注。团聚模型最初用于计算搅拌槽的 t_m，后来被扩展到计算连续式反应器（如 Coutte 流反应器、静态混合器等）的 t_m。根据团聚模型的理论，首先建立反应体系中各离子的扩散方程，接着采用 Fortran 或 Matlab 等软件进行编程并求解各微分方程，迭代终点为 $[H^+]$ 接近于 0 时。t_m 随 X_S 的变化趋势如图 5-8 所示。由此可得，IS-RPB 的微观混合时间 t_m 为 0.004 ～ 0.03ms，IS 的微观混合时间 t_m 为 0.05 ～ 1.6ms，RPB 的微观混合时间 t_m 为 0.02 ～ 1.4ms。

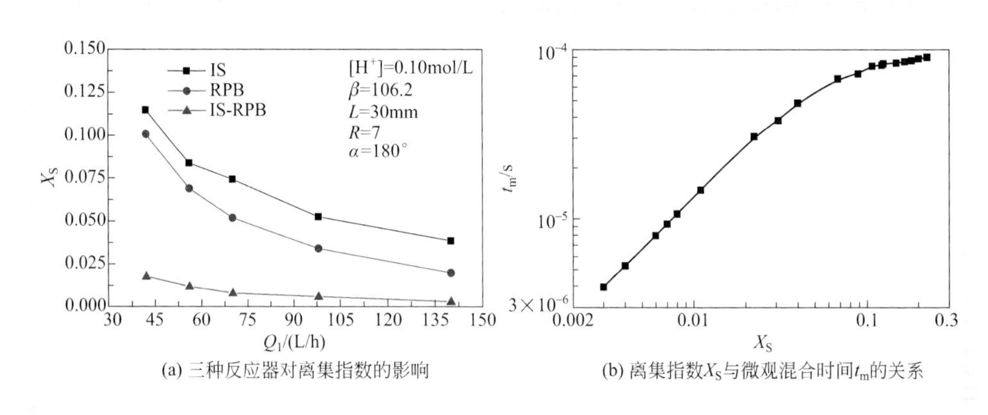

(a) 三种反应器对离集指数的影响　　(b) 离集指数 X_S 与微观混合时间 t_m 的关系

图 5-8　离集指数 X_S 与微观混合时间 t_m 的关系

6. 各类设备微观混合性能比较

随着人们对微观混合过程关注程度的不断提高，借助于强化措施或通过技术集成等手段来强化反应器微观混合性能的研究也逐渐成为热点。由于传统间歇式操作的反应器通过搅拌或撞击等方式提供能量，这些输入的能量很大部分用于反应器整体尺度的混合，且通过提高转速等方式也难以满足快速微观混合所需要的局部高能量耗散速率的要求。由于连续操作的反应器仅针对所加入的物料进行分散或混合，局部能量耗散速率比较高，其微观混合效果相对较好。因此，针对受限空间内的流体，通过提高反应器旋转部件的运动速率可以改善反应器的微观混合效果，而通过引入外场或流体混合元件可以提高传统反应器的微观混合性能。国内外研究者对静态混合器、气动搅拌器、管式反应器、撞击流反应器、T 形反应器、定转子反应器的微观混合性能进行了研究，结果见表 5-3，由此可见旋转填料床在强化微观混合性能方面具有明显的优势。

表5-3　各种反应器微观混合性能对比

反应器类型	操作方式	离集指数 X_S	微观混合时间 t_m/ms
搅拌槽 [25]	间歇	0.18 ～ 0.28	5 ～ 200
Couette Flow 反应器 [26]	连续	0.2 ～ 0.75	1 ～ 10
Sliding-Surface 混合器 [27]	间歇	—	10 ～ 100
Taylor-Couette 反应器 [28]	连续	—	6 ～ 80
浸没循环撞击流反应器 [29]	间歇	0.02 ～ 0.12	87 ～ 192
Y 形微通道反应器 [30]	连续	0.001 ～ 0.26	0.1 ～ 1
定转子反应器 [31]	连续	0.004 ～ 0.037	0.01 ～ 0.05
旋转填料床 [32]	连续	0.008 ～ 0.024	0.01 ～ 0.1

三、传质与混合过程的关联

将 IS-RPB 的萃取传质研究结果与 IS-RPB 的微观混合研究结果相对照，不难发现传质效果与微观混合效果的联系非常紧密。一般来说，混合效果越好，萃取器的级分配系数就越高。

1. 化学萃取过程

在实验设备、操作条件完全相同时，将微观混合性能实验中相比为 1、浓度为 0.05mmol/m^3 的研究数据，与萃取传质研究中相比为 1、10%TBP 为萃取剂萃取苯酚的数据进行比较，对比结果见表 5-4[33,34]。

表5-4　相同操作条件下离集指数与级分配系数的关系

离集指数 X_S	0.0239	0.0246	0.0257	0.0260	0.0296	0.0342	0.0468
级分配系数 D'	48.0	47.6	44.7	44.2	39.9	37.5	38.2
$1/X_S$	41.8	40.65	38.91	38.46	33.78	29.24	21.37

由于离集指数表征的是微观混合的程度，离集指数越小表示混合程度越好，故

离集指数的倒数可以用来衡量混合的效果。为考察混合效果与传质效果的关系，研究者以离集指数的倒数 $1/X_S$ 为横坐标、级分配系数 D' 为纵坐标作图，得到图 5-9。从图中可以看出，当 $1/X_S>29.24$ 时，衡量萃取传质效果的级分配系数与微观混合效果基本呈线性关系。这就说明，在这个范围内对于 TBP 与苯酚的萃取过程，其传质阻力主要集中在扩散过程。同时，在相界面处，TBP 与苯酚的反应速率极快，其阻力可以忽略不计，所以整个萃取过程属于扩散类型。对曲线进行线性回归后得到以下方程

$$D' = 11.68 + \frac{0.869}{X_S} \tag{5-21}$$

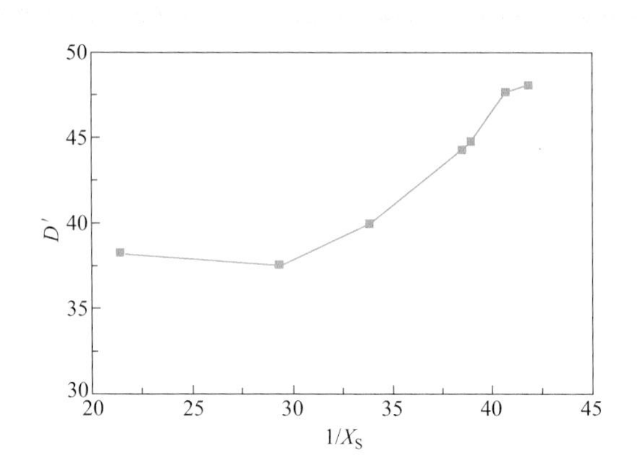

图 5-9　伴有化学反应的萃取过程 D' 与 $1/X_S$ 的关系

总传质阻力等于原料液相的传质阻力、界面化学反应阻力与萃取剂的传质阻力之和，IS-RPB 微观混合程度的增加能够极大地降低两相的传质阻力，从而提高相间传质速率，进而影响萃取的效果。然而，由于 IS-RPB 萃取器内原料液和萃取剂的停留时间都很短，界面化学反应的阻力不可忽略。所以，当 $1/X_S<29.24$ 时，增大 $1/X_S$ 并不能提高 D'，该过程中界面化学阻力占主导作用，此时萃取体系的混合程度存在极限值，即当混合程度小于这一极限时，增加混合程度对于传质速率的影响甚微，当混合程度大于该极限时，混合程度才会影响萃取过程。因此，对于给定的萃取体系必须考察其传质机理，寻求降低化学反应阻力与扩散阻力的最佳切入点，以便确定流体的混合程度。混合程度给定后，就能够确定相应的主要操作参数，例如撞击初速度与超重力因子等。这样就能在保证一定的萃取效率的同时，不至于因盲目增强混合程度而增大能耗。

2. 物理萃取过程

在相同设备及操作条件下，对于煤油 - 苯甲酸 - 水物理萃取体系，其萃取级效

率 η 与离集指数 X_S 见表 5-5。

表5-5 离集指数与萃取级效率的关系

离集指数 X_S	0.0239	0.0246	0.0257	0.0260	0.0296	0.0342	0.0468
萃取级效率 η/%	99.8	98.6	97.7	97.7	96.3	95.8	94.4
$1/X_S$	41.8	40.65	38.91	38.46	33.78	29.24	21.37

同水 - 苯酚 -TBP（煤油）体系一样，为考察物理萃取体系中 IS-RPB 微观混合效果与物理萃取传质效果之间的关系，以离集指数的倒数 $1/X_S$ 为横坐标，以萃取级效率 η 为纵坐标作图 5-10。

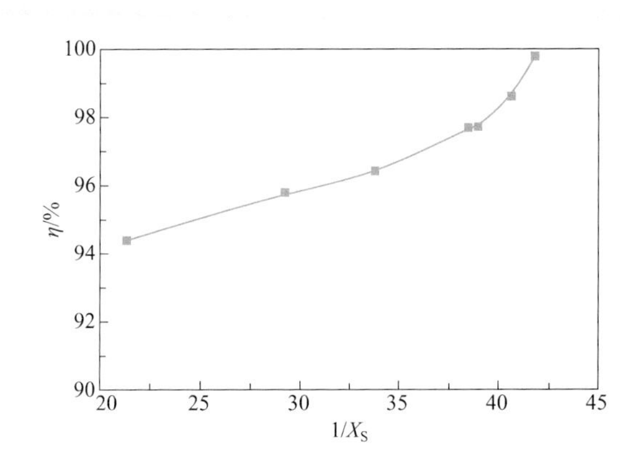

图 5-10 物理萃取过程 η 与 $1/X_S$ 的关系

对于物理萃取过程，萃取效果随微观混合程度的增加而提高。这是因为在物理萃取过程中，传质阻力就是扩散阻力，在相界面上无化学反应阻力，可以认为在相界面上两相可在瞬间达到萃取平衡。这样，对于物理萃取过程其萃取效果只与混合效果有关，而且其效果也可以由微观混合效果来预测与衡量。

3. IS-RPB的传质系数关联式

从 IS-RPB 内混合与传质机理的分析还可以看出，对于任一特定的体系有

$$k = f(D, d, u, \mu, \rho \cdots) \tag{5-22}$$

式中 k——传质系数；

D——两相的分子扩散系数；

u、μ、ρ、d——流速，黏度，密度，线性尺寸。

同时，在 IS-RPB 内，影响上述参数的因素也很多，如撞击初速度、IS-RPB 转鼓尺寸、超重力因子等。由于影响因素比较多，若逐一研究各因素对传质的影响，实验工作量大，实验数据也难以关联，通常利用量纲分析的方法来求特征数方

程式[35]。

在研究液相传质时，常用的特征数有以下几个：

Sherwood 数 $Sh = kL/D = \frac{L}{D/k}$，其中 L 是特征尺寸。此特征数为包含传质系数 k 的一个无量纲数群，可看作是长度 L 与有效滞流层厚度 D/k 之比。

Schmidt 数 $Sc = \frac{\mu}{\rho D} = \frac{\mu/\rho}{D}$，是动力黏度（$\mu/\rho$）与分子扩散系数 D 之比。

Reynolds 数 $Re = \frac{Lu\rho}{\mu}$，是流体湍流程度的量度，它等于惯性力与黏性力之比。

根据量纲分析，可以获得一些特定体系的半经验关联式。

$$Sh = \phi(Re, Sc) \tag{5-23}$$

在大多数情况下，上式可以写作

$$Sh = Sh_0 + ARe^b Sc^c \tag{5-24}$$

式中 Sh_0——仅考虑分子扩散对传质系数影响时的传质下限值；

A、b、c——待定系数。

将式（5-24）变形，得

$$\frac{(k-k_0)L}{D} = A\left(\frac{\mu}{\rho D}\right)^b \left(\frac{Lu\rho}{\mu}\right)^c \tag{5-25}$$

式中 $k-k_0$——在湍动程度增加的影响下传质速率的增加量。

整理式（5-25）得到

$$k - k_0 = AD^{1-b}\left(\frac{\mu}{\rho}\right)^{b-c} L^{c-1}u^c \tag{5-26}$$

由式（5-26）可以看出，除体系物性的影响外，传质速率的增量与体系中有代表性的一个线性尺寸及体系中流体的流速有关。

在 IS-RPB 中，混合对传质系数的影响分为两段。首先是撞击流部分，在此部分中特征尺寸 L 取喷嘴直径 d_0，u 取撞击初速度 u_0，可以得到关联式。在旋转填料床部分，线性尺寸 L 取旋转填料床的平均半径 $d_{平均}$，u 取液体在旋转填料床中的平均径向速度 $u_{平均}$。将 IS-RPB 中外加能量引起的混合对传质速率的增加作用视为撞击流与旋转填料床的简单加和，得

$$k - k_0 = AD^{1-b}\left(\frac{\mu}{\rho}\right)^{b-c} (d_0^{c-1}u_0^c + d_{平均}^{c-1}u_{平均}^c) \tag{5-27}$$

在旋转填料床部分，液体在填料中的平均径向速度 $u_{平均}$ 与液体能量及角速度之间的关系为

$$u_{平均} = BV^e(\omega^2 r)^f \tag{5-28}$$

式中　B、e、f——待定系数；

V——液体流量，m^3/s；

ω——角速度，rad/s；

r——填料平均半径，m。

考虑到在 IS-RPB 中，$V=\frac{1}{4}\pi d_0^2 u_0$，$\omega^2 r=\beta g$，各设备参数及操作参数对传质速率影响的关联式为

$$k-k_0=AD^{1-b}\left(\frac{\mu}{\rho}\right)^{b-c}\left(u_0^c d_0^{c-1}+Cd_{平均}^{c-1}u_0^{ec}d_0^{2ec}\alpha^{fc}\right) \tag{5-29}$$

$$C=B^c g^{fc}\left(\frac{1}{4}\pi\right)^{ec}$$

式中　A、b、c、e、f——待定系数。

式（5-29）明确地表示出对于给定的物系，影响 IS-RPB 传质速率的主要因素为填料平均半径 $d_{平均}$、撞击喷嘴直径 d_0、撞击初速度 u_0 及超重力因子 β。尽管上式中参数较多，一般不能应用于传质速率的计算，但它也为提高 IS-RPB 内的萃取传质速率指明了方向。需要指出的是，式（5-29）中的传质系数为两相的分传质系数，总传质系数还要根据式（5-16）来计算。在液液萃取这一特殊的传质过程中，总传质系数受三方面的影响，由式（5-17）知，现在关联的只是两相的分传质系数。此外，由于萃取设备内流体流动的复杂情况以及萃取设备的多样性，此种方法一般只能定性地对影响传质系数的各个因素做一个简单的分析，对于不同的体系、不同的萃取设备以及不同的操作条件，还应参考有关萃取设备的实测传质数据和中试设备的传质数据。

总之，超重力强化萃取的本质在于流体微观混合过程的强化，进而减小相间传质阻力。另外，IS-RPB 完成萃取过程的混合操作是连续操作，而分相操作是间歇操作，由 IS-RPB 的连续混合操作与间歇分相操作组成了萃取单元操作。根据不同的分离目的及要求，可以用多个这样的萃取单元操作组成多级萃取操作，如多级错流萃取过程和多级逆流萃取过程。

第三节　IS-RPB萃取操作

一、单级萃取

IS-RPB 应用于单级萃取操作时，其附属装置及流程如图 5-11 所示。首先，将

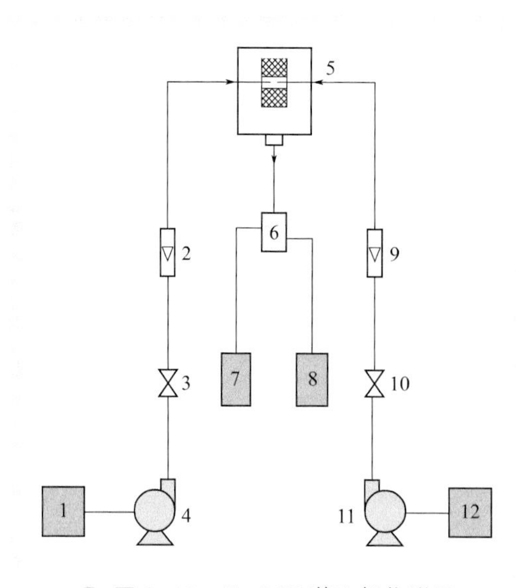

图 5-11 IS-RPB 萃取操作附属装置及工艺流程图

1,7,8,12—储槽；2,9—转子流量计；3,10—控制阀；4,11—离心泵；5—IS-RPB；6—液液分相器

待处理的料液相与萃取剂分别装入储槽 1、12 中，在离心泵 4、11 的作用下两相流体分别经转子流量计 2、9 计量后进入 IS-RPB 的进料管（可调节阀门 3、10 来控制流量和撞击初速度），两相流体经撞击混合形成撞击雾面后沿径向进入旋转填料床（转速可调）进一步混合和传质。混合液流入液液分相器 6 内，分相后萃取相与萃余相分别引入各自的储槽 7、8 内。需要注意的是，IS-RPB 萃取过程的混合阶段是连续的，而分相操作是间歇的。根据不同的分离目的，经单级萃取后的萃余相可以回收或排放（达标），也可以进入下一级萃取过程（不达标），含有溶质的萃取相通常进行反萃取，实现溶质与萃取剂的分离，使萃取剂循环使用。

二、多级萃取

IS-RPB 多级萃取过程分为多级错流和多级逆流两种操作形式[36]。其中，IS-RPB 的多级错流萃取流程如图 5-12 所示。原料液从第一级引入，每一级均加入新鲜的萃取剂，由第一级得到的萃余相引入第二级萃取器，与新萃取剂相遇再次萃取。由第二级得到的萃余相可再引入第三级继续萃取，直至最后一级排出的萃余液中所含溶质量达到分离要求。理论上，只要有足够的级数就能够把溶质从原料液中

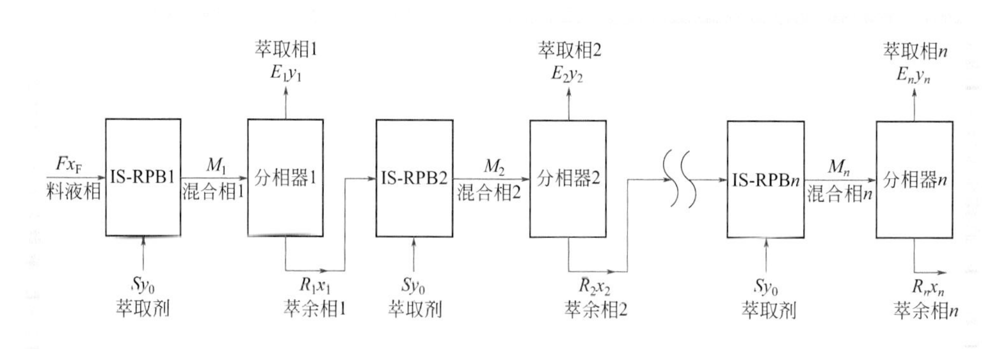

图 5-12 多级错流萃取流程图

完全萃取出来。将各级排出的萃取相汇集在一起成为混合萃取液，因其中含有大量的溶剂，所含溶质浓度低，故除分离所含溶质外，还要经过一定的处理过程以回收溶剂。在多级错流萃取中，由于各级均加入新鲜的萃取剂，萃取传质推动力大，因而总的萃取率较高，但萃取剂用量大，萃取相溶质浓度低，溶剂回收量大，费用较高。

IS-RPB 三级逆流萃取流程如图 5-13 所示。料液和萃取剂分别从系统两端引入，萃取相和萃余相分别由两端排出。下一级萃取相作为萃取剂，回流到相邻的上一级萃取器中，与刚进入的原料液相接触。总体来看，料液与萃取剂逆流接触，两相的组成在各级呈阶梯变化。在逆流操作中，萃取相中萃取出的溶质浓度高，总萃取剂用量减少，萃取剂中溶质含量较高。

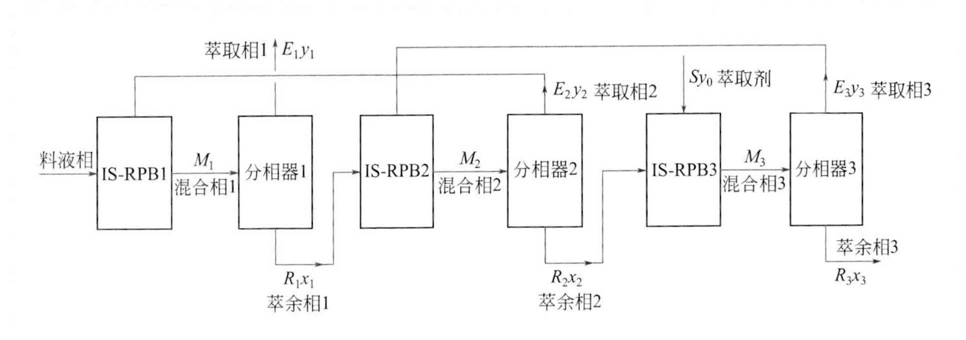

图 5-13　三级逆流萃取流程图

三、IS-RPB 萃取操作计算

1. 操作线方程

单级 IS-RPB 萃取过程中的萃取物料关系如图 5-14 所示。

初始原料液浓度为 x_0，初始萃取剂的浓度为 y_0，完成单级萃取后萃余相浓度为 x_1，萃取相浓度为 y_1。将完全达到萃取平衡时，与初始料液浓度 x_0 平衡的萃余相浓度定义为 x^*，萃取相浓度为 y^*。可见，在萃取过程中待处理相的推动力为（x_0-x^*），萃取相的传质推动力为（y^*-y_0）。这里的 x^* 与 y^* 是在两相接触后被萃取组分理论上能达到的平衡浓度。在实际的萃取设备中，由于推动力的不断减小，要达到这一平衡浓度需要接触无限长的时间，这在实际生产中是做不到的。在 IS-RPB 中，假定原料液的体积流量为 L，萃取剂的体积流量为 Q，假设在萃取过程中两相的体积均不发生变化，则可以获得单级萃取过程的物料衡

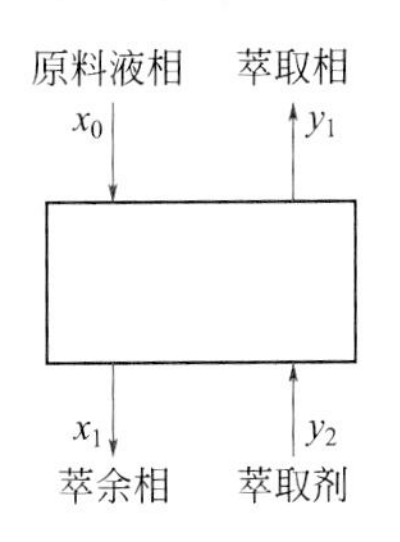

图 5-14　单级萃取过程物料关系

算关系式

$$Lx_0 + Qy_0 = Lx_1 + Qy_1 \quad (5\text{-}30)$$

式中 x_0——初始料液浓度，mg/L；

y_0——初始萃取剂的浓度，mg/L；

x_1——完成一级萃取后萃余相浓度，mg/L；

y_1——完成一级萃取后萃取相浓度，mg/L；

L——原料液的体积流量，L/h；

Q——萃取剂的体积流量，L/h。

整理得

$$y_1 = -\frac{L}{Q}(x_1 - x_0) + y_0 \quad (5\text{-}31)$$

对于萃取剂不含溶质的萃取过程上式简化为

$$y_1 = -\frac{L}{Q}(x_1 - x_0) \quad (5\text{-}32)$$

式（5-32）表示了单级萃取过程进行接触与传质的两相中被萃取组分的浓度随萃取过程的变化关系，称为单级萃取过程的操作线方程。由此方程可知，单级萃取的操作线是一条直线，其斜率为 $-L/Q$。在连续操作时，将萃取剂与待处理两相的体积流量之比定义为相比，用 R 表示。

为描述 IS-RPB 的单级萃取效果，将 IS-RPB 完成一级萃取操作后萃取液中溶质的浓度与萃余液中溶质的浓度之比定义为级分配系数 D'，即

$$D' = \frac{y_1}{x_1} \quad (5\text{-}33)$$

对于分配系数为常数的萃取体系，进料单级萃取操作的操作线方程可以简化为

$$y_1 = \frac{D'}{1 + RD'}x_0 \quad (5\text{-}34)$$

对于分配系数不为常数的萃取体系，直接用公式计算较为困难，可以用图解法进行计算，具体方法为寻找操作线与平衡线的交点。

2. 萃取效果的表征

IS-RPB 萃取效果除用级分配系数 D' 衡量外，还可用萃取级效率 η 来表征。在实际的萃取过程中，两相通过一次混合接触并不一定能够达到平衡状态，即单级萃取过程的萃取效果达不到一个理论级的要求，为了表征实际萃取过程效果与萃取理论级的接近程度引入了萃取级效率的概念，萃取级效率一般用 η 表示，根据定义可知

$$\eta = \frac{x_0 - x_1}{x_0 - x^*} \times 100\% \text{（以原料液相表示）} \quad (5\text{-}35)$$

$$\eta = \frac{y_1 - y_0}{y^* - y_0} \times 100\% \text{（以萃取剂表示）} \tag{5-36}$$

将平衡分配系数 D^* 与 D' 代入 η 的定义式，得

$$\eta = \frac{D'(1+D^*)}{D^*(1+D')} \times 100\% \tag{5-37}$$

3. 多级萃取过程的计算

IS-RPB 多级萃取过程的计算与其他逐级接触萃取设备相同[37]。在多级错流萃取过程中，若级分配系数 D' 为常数，且相比 R 保持不变时，可以由物料衡算求得 n 级萃取过程完成后，萃余相的浓度为

$$x_n = \frac{x_0}{(1+RD')^n} \tag{5-38}$$

当初始料液浓度 x_0、级分配系数 D' 和萃取要求 x_n 已知时，便可以根据公式计算出所需要的萃取级数。平衡分配系数不为常数时，可查阅相关资料中的图表，来得到所需要的萃取理论级数。

逆流萃取过程不同于错流，逆流萃取过程是将多次萃取操作串联起来，实现待处理料液相与萃取剂的逆流操作。若各级的分配系数相等、进料萃取剂不含溶质时，由物料衡算可以导出任意级 i 出口待处理料液中被萃取组分的浓度 x_i 的通式

$$x_i = x_0 \left(\frac{RD'^{(N+1-i)} - 1}{RD'^{(N+1)} - 1} \right) \tag{5-39}$$

四、IS-RPB萃取特性

1. 液体的存在形式

在液液萃取过程中，两液相的密度差小，而黏度和界面张力较大，两相的混合与分离比气液传质过程困难得多。为了使萃取过程进行得比较充分，通常需要增大相界面积。常用的工业萃取设备中，一相总是以液滴形式分散在另一相中。分散相与连续相的选择要根据两相的体积流率、传质方向、萃取体系物性、设备特点、内构件表面性质等因素进行综合考虑，使得分散相和连续相的选择更有利于通量、萃取速率和操作的稳定性。而从结构及原理可以看出，IS-RPB 内两相都是分散相，而且是均匀地、在很小尺度上的混合与分散。据文献报道，萃取体系中涉及的液滴直径多为 0.5 ～ 5mm，而 RPB 中液滴的粒径在 3 ～ 55μm 范围，由于 IS-RPB 内的微观混合优于 RPB，可以推测在 IS-RPB 内液滴的平均直径小于 55μm，因此两相的接触面积大大增加，传质平衡的时间极大地缩短。同时，在 IS-RPB 内液体的存

在形式除了液滴外，还有大量的比表面积很大且表面更新快速的液膜，这使得两相的接触面积得到了进一步的提高，这些都对萃取操作的传质过程非常有利[38]。

2. 物料停留时间

从 IS-RPB 结构及实验结果来看，IS-RPB 内物料的停留时间很短，通常小于 0.2s，对于一些快速反应及放热体系非常适用，还可以利用这一特性来处理一些特殊的物料，如易变质或有放射性的物料等。

3. 溶剂滞留量

与传统的塔式设备相比，IS-RPB 设备体积很小，填料体积仅为传统填料塔设备的 1/20，在 IS-RPB 内基本没有溶剂滞留，所以节约萃取剂的一次投入量，从而可以降低一次性投资成本。同时，更换萃取体系时只需要对设备进行简单的清洗及润洗，而这一操作对于一般的塔式、槽式萃取设备来说是相当困难的。

4. 处理能力

对于不同的萃取设备，其处理能力一般用比负荷来表示，其定义为单位时间内通过单位设备截面的两相总流量，其单位为 $m^3/(m^2 \cdot h)$。表 5-6 列出了几种主要萃取设备与 IS-RPB 的比负荷[39]。

表5-6　几种主要萃取设备与IS-RPB的比负荷

萃取设备	比负荷 /[$m^3/(m^2 \cdot h)$]	备注
混合澄清槽	0.2 ～ 1	—
萃取柱及萃取塔	2 ～ 20	—
离心萃取器	40 ～ 80	最大处理量不超过 5t/h
IS-RPB	178	放大效应不明显

从表中可以看出，IS-RPB 的比负荷为 $178m^3/(m^2 \cdot h)$。在处理能力相同的条件下，IS-RPB 的比负荷明显比其他设备高 1 ～ 2 个数量级，极大地减少了萃取设备的体积以及原料成本，展示出良好的应用前景。

5. 适应性

大多数萃取体系属于扩散控制类型，对于有化学反应参与的萃取过程，如果反应速率较快，扩散控制仍占主导地位。由于 IS-RPB 内两相流体均匀地混合、分布在填料的各个体积微元里，两相均为分散相，有助于扩散控制的萃取过程。同时，IS-RPB 萃取器将萃取的传质与相分离分开进行，从而使萃取器的使用范围得到了很大的提高。此外，IS-RPB 的结构与工作原理决定了其适用的相比范围较大。因此，对于扩散类型的萃取体系，可以获得较高的传质效率。

第四节 应用实例

一、处理含酚废水

含酚废水是一种常见的工业废水，污染范围广且危害大。通常，水体中所含酚类化合物超过 0.002mg/L，达不到饮用水标准。因此，国内外对含酚废水的排放有严格的要求[40]。同时，苯酚又是重要的基础化工原料之一，治理含苯酚废水，回收其中的苯酚，既可以改善环境又可以创造一定的经济效益。溶剂萃取法是一种被广泛采用的治理含酚废水的方法，其在处理高浓度含苯酚废水时具有明显优势。国内外已对萃取法处理含酚废水开展了大量研究，但关于萃取设备的报道并不多。刘有智等[41]研究了 IS-RPB 内磷酸三丁酯（煤油）- 苯酚 - 水的萃取过程，其中磷酸三丁酯（TBP）为萃取剂、煤油为稀释剂、苯酚为溶质，萃取流程如图 5-15 所示。苯酚是典型的 Lewis 酸，苯酚稀溶液易采用络合萃取法进行分离。TBP 是中性磷氧类萃取剂，其结构中 P═O 键的氧提供弧对电子的能力较强，属于中强 Lewis 碱，对苯酚可提供较高的平衡分配系数 D^* 值。实验过程中，采用 4- 氨基安替比林分光光度比色法测定水相苯酚浓度，有机相中的苯酚浓度由物料衡算求得。

100%TBP 对苯酚稀溶液的 D^* 值大于 400，但由于萃取过程对溶剂物性的要求，一般在使用 TBP 的时候需用煤油稀释。不同体积分数 TBP 构成的萃取剂对苯酚的

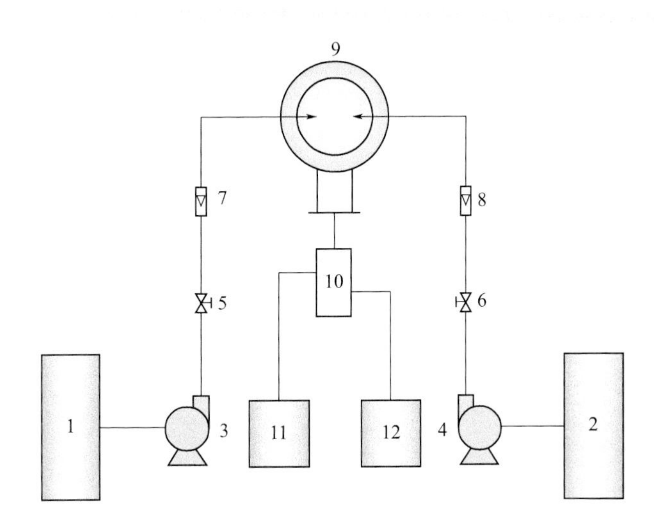

图 5-15　单级萃取或反萃取流程图

1,2—储槽；3,4—离心泵；5,6—控制阀；7,8—转子流量计；9—IS-RPB；10—液液分相器；11—轻相储槽；12—重相储槽

萃取平衡数据见表 5-7。

表5-7　磷酸三丁酯对苯酚的萃取平衡数据

萃取剂	水中溶解度 / (kg/m^3)	平衡分配系数 D^*
5%TBP（煤油）	0.02	21.6
10%TBP（煤油）	0.04	48.8
20%TBP（煤油）	0.07	103.5
30%TBP（煤油）	0.12	171.9

注：平衡数据是用锥形瓶在 20℃的恒温水浴中振荡混合得到的。振荡时间为 30min，振荡频次为 150 次 /min，澄清时间不少于 15min。

以级分配系数 D'［式（5-33）］和萃取级效率 η［式（5-37）］来表征萃取效果。实验主要研究撞击初速度（u_0）、超重力因子（β）、油水两相体积比（以下简称相比，R）、萃取剂配比等因素对级分配系数与萃取级效率的影响，具体研究结果如下。

1. u_0 对 D' 与 η 的影响

在 TBP 体积分数和超重力因子一定的条件下，D' 与 η 随撞击初速度 u_0 的变化情况如图 5-16 所示。由图可知，随着 u_0 的增加，D' 与 η 都呈增加的趋势。这是由于随着 u_0 的增加，两股流体相对运动速度增大，撞击区域湍动能增加，对撞形成的垂直于射流方向的传质面积扩大，从而有利于萃取过程的进行。同时，u_0 的增加使撞击形成的液滴或雾滴的粒径变小，缩短了传质扩散的路径，进一步强化了液液两相传质，从而使 D' 与 η 都增加。然而，当 u_0 增加到一定程度后，其影响效果不再显著。因此，考虑到传输能耗等因素，实际应用中撞击初速度应在 10 ~ 12m/s 范围内选取。

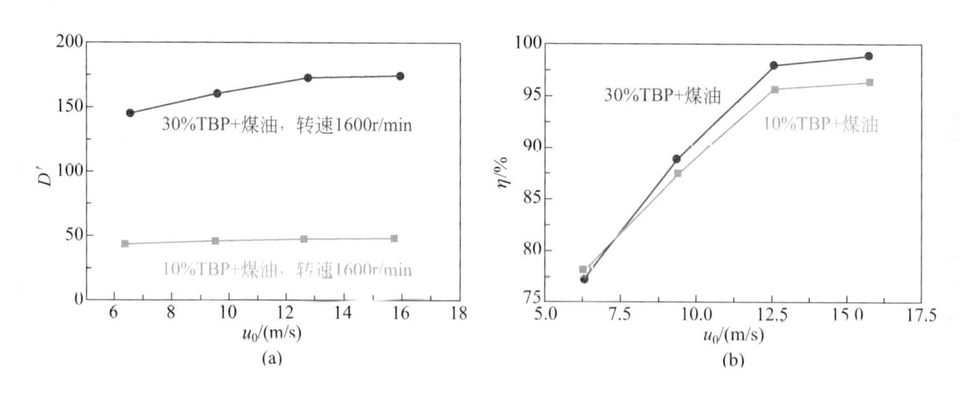

图 5-16　撞击初速度 u_0 对级分配系数 D'（a）和萃取级效率 η（b）的影响

2. β 对D'与 η 的影响

在其他操作参数固定时，改变 IS-RPB 萃取器的超重力因子β，得β与D'和η的关系如图 5-17 所示。随着β的增加，D'和η都有增加的趋势。在 IS-RPB 内，填料中的液体主要是以液滴、液膜和液丝等形式存在。当β增加时，液体在填料中的运动速度加快，填料对液滴的剪切力增强、剪切频率加快，液体在填料表面更新加快，在填料上形成的液膜减薄，填料间液滴或雾滴粒径减小，从而减小了传质扩散距离。此外，液滴的凝并与分散的概率增加，最终强化了液液两相的传质过程。考虑到节能等实际问题，通常β应控制在 200 ～ 300 之间。

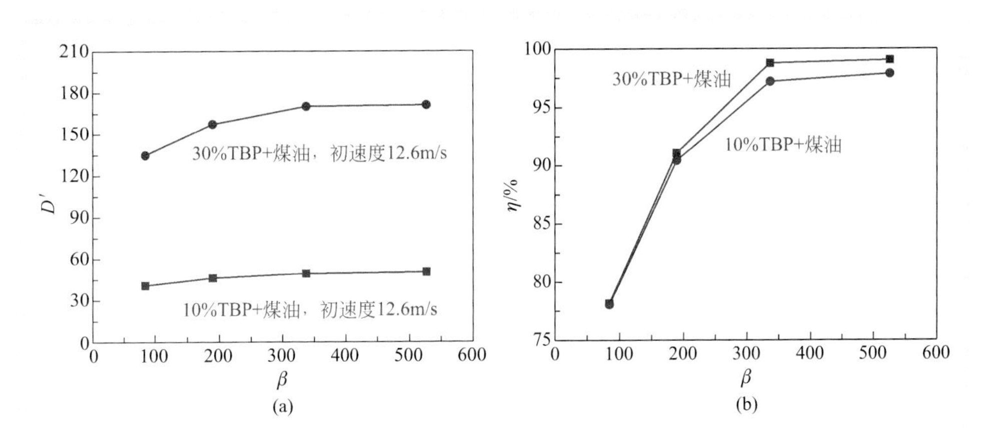

图 5-17 超重力因子β对级分配系数D'（a）和萃取级效率η（b）的影响

3. R对级分配系数D'的影响

在适宜操作条件下，相比R对 IS-RPB 设备的级分配系数D'的影响规律见

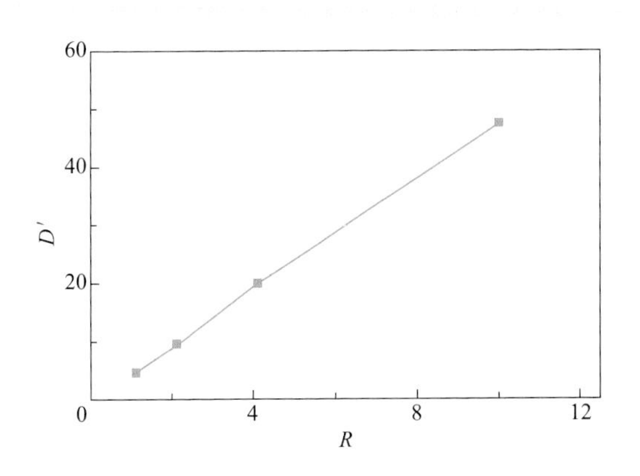

图 5-18 相比R对级分配系数D'的影响

图 5-18。需要注意的是，由于 IS-RPB 装置结构的特殊性，在改变相比的同时撞击初速度 u_0 也发生了改变。从图中可以看出，随着 R 的增大，级分配系数呈线性增加趋势，这主要由于：一方面，水相体积流量不变时，提高 R 必将引起油相（萃取剂）体积流量增大，导致水相（萃余液）中苯酚的浓度急剧下降；另一方面，油相体积流量的增加导致相应的撞击流速增大，进而强化了混合区域的湍动程度，强化传质过程。由此可以估算出 IS-RPB 在不同相比下的级分配系数，从而为工业应用提供参考。

4. 萃取剂组成对级分配系数D'的影响

萃取剂组成与级分配系数 D' 的数据如表 5-8 所示。从表中可以看出，经 IS-RPB 单级萃取后，级分配系数已基本接近平衡分配系数，且在不同萃取剂组成条件下的除酚率均高于 95%，表明 IS-RPB 的萃取效率高。考虑到环保及成本等实际问题，工业中选用 20%TBP 的煤油溶液作为萃取剂较为合适。综上所述，IS-RPB 具有优异的萃取性能，在治理含苯酚废水中极具应用价值。

表5-8　萃取剂组成对D'的影响

萃取剂	水中溶解度 /(kg/m³)	平衡分配系数 D^*	级分配系数 D'	除酚率 /%
5%TBP（煤油）	0.02	21.6	21.3	95.51
10%TBP（煤油）	0.04	48.8	47.5	97.94
20%TBP（煤油）	0.07	103.5	100.0	99.01
30%TBP（煤油）	0.12	171.9	171.4	99.42

二、浓缩醋酸

在醋酸的生产及以醋酸为原料或溶剂的产品生产过程中会有大量的醋酸稀溶液产生[42]。醋酸作为一种重要的化工原料，对其稀溶液进行浓缩回收不仅具有经济性，而且对于环境保护和资源利用也具有重要意义。但由于醋酸的密度及沸点与水都较为接近，不宜采用蒸馏法分离，而宜选用络合萃取分离法[43]。国内外学者针对醋酸稀溶液络合萃取过程开展了大量的研究工作，主要集中在萃取醋酸的平衡特性、动力学和机理研究等方面，而对于不同萃取设备内的萃取试验及工业化应用报道相对缺乏。祁贵生等[44]采用 IS-RPB 作为萃取设备，选用磷酸三丁酯（TBP）为萃取剂（稀释于煤油中），对络合萃取法分离醋酸稀溶液过程进行了研究，流程如图 5-19 所示。

本研究主要考察撞击初速度（u_0）、超重力因子（β）以及萃取级数（n）对萃取级效率（η）的影响，其研究结果可为工业中醋酸的浓缩回用提供理论指导。

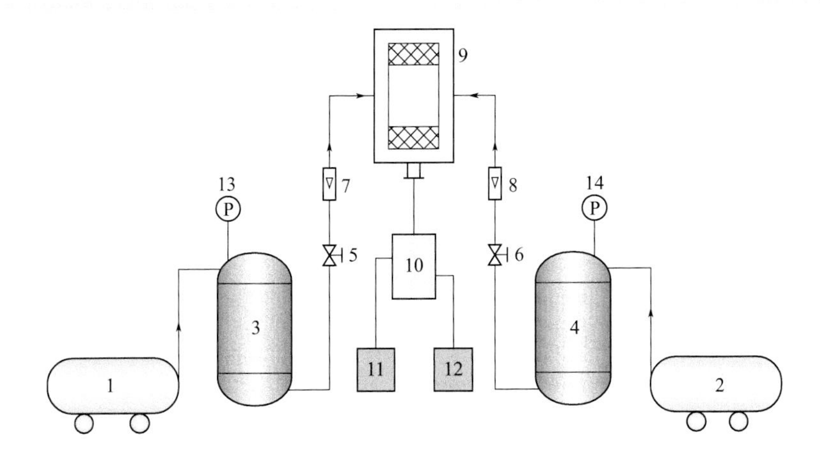

图 5-19　IS-RPB 络合萃取分离醋酸的工艺流程

1,2—空压泵；3,4—压力罐；5,6—控制阀；7,8—转子流量计；9—撞击流旋转填料床；10—液液分相器；11,12—储槽；13,14—压力表

1. u_0 对 η 的影响

撞击初速度 u_0 对萃取级效率 η 的影响结果见图 5-20，其中超重力因子 β=337。由图可知，随着 u_0 的增加，萃取级效率 η 呈增加的趋势；当 u_0>12m/s 时，萃取级效率增加的趋势逐渐平缓。撞击初速度的增加对萃取效果的强化作用主要体现在以下三个方面：①使撞击区的湍动程度大大加强，促进了该区域内两相液体的湍流扩散，降低了两相的传质阻力；②液体微元在撞击区的聚并分散频率提高，促进了萃取传质过程；③使撞击形成的雾面面积扩大，从而使两相流体在填料内缘处的碰撞更为剧烈，强化了萃取传质过程。考虑到液体输运压力等因素，在实际应用中撞击

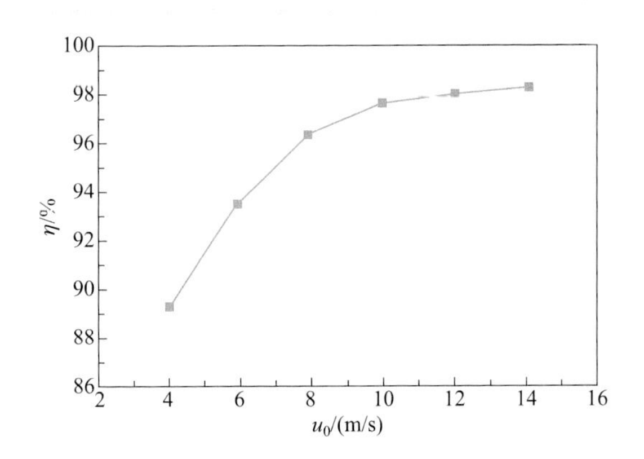

图 5-20　撞击初速度 u_0 对萃取级效率 η 的影响

初速度宜在 10 ～ 12m/s 的范围内选取。

2. β 对 η 的影响

当 u_0=12m/s 时，超重力因子 β 对萃取级效率 η 的影响规律如图 5-21 所示。由图可知，随着 β 的增大，萃取级效率增大。当 β>337 时，η 随 β 增加的幅度逐渐减小。超重力因子的增加对萃取效果的强化主要体现在：①填料剪切作用增强，流体微元的尺寸减小，极大地缩短了传质扩散距离；②液膜的厚度随超重力因子的增加而下降，两相的相间传质面积增大；③加快了液体微元的聚并分散频率，表面更新速率增大，促进了醋酸在相间的交换，从而强化了萃取传质过程。因此，实际操作中超重力因子不宜过小或过大，可在 200 ～ 300 范围内选用。

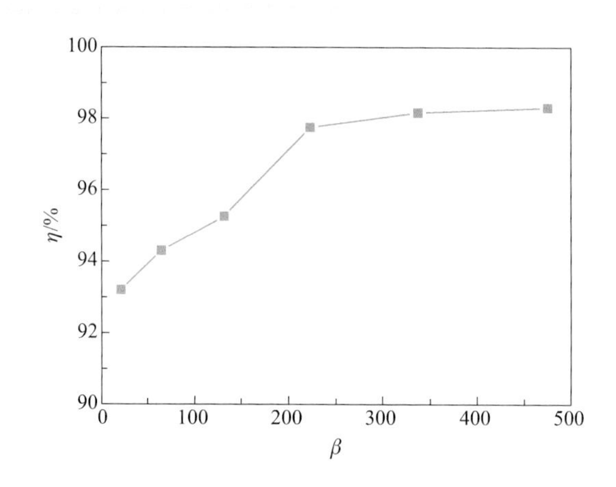

图 5-21　超重力因子 β 对萃取级效率 η 的影响

3. n 对 η 的影响

虽然在 IS-RPB 内萃取级效率高达 98% 以上，但由于 60%TBP（煤油）对醋酸的平衡分配系数仅为 1.6，醋酸的单级萃取率仅为 60% 左右，不能满足分离要求。因此，实验过程中进行了三级错流萃取实验，其实验结果如表 5-9 所示。经三级错流萃取后，醋酸总萃取率达到了 94%。总之，IS-RPB 对于磷酸三丁酯与醋酸的络合萃取过程具有良好的促进作用，在 u_0=12m/s、β=337 的条件下，醋酸的萃取级效率可以达到 98% 以上，基本达到了萃取平衡。此外，以体积分数 60% 的 TBP 为萃

表5-9　三级错流萃取实验结果

醋酸初始质量浓度 /（g/L）	一级萃余液质量浓度 /（g/L）	二级萃余液质量浓度 /（g/L）	三级萃余液质量浓度 /（g/L）	醋酸总萃取率 /%
32.43	12.62	4.98	1.96	94.0

取剂、IS-RPB 为萃取设备，经三级错流萃取后，醋酸的总萃取率达到 94.0%。可见，对于一些平衡分配系数较低的体系，可以通过增加萃取级数的方式进一步提升萃取率。因此，IS-RPB 在醋酸等平衡常数较小的体系中具有潜在应用价值。

三、萃取硝基苯

硝基苯（NB）是一种重要的化工原料，可用于合成硝基苯磺酸盐、二硝基苯、染料中间体、药剂、杀虫剂等，但其具有毒性、致癌性等，严重影响水体和生态环境[45]。对于高浓度硝基苯废水，液液萃取既可以降低废水中硝基苯浓度，又可以回收部分硝基苯，实现资源利用最大化。Yang 等[46]采用 IS-RPB 萃取器处理高浓度硝基苯废水，萃取剂为环己烷，工艺流程如图 5-22 所示。实验研究了相比（R）、撞击初速度（u_0）、超重力因子（β）对模拟废水中硝基苯脱除率和萃取级效率的影响，并获得了较适宜的操作参数，为工业硝基苯废水的治理提供参考。

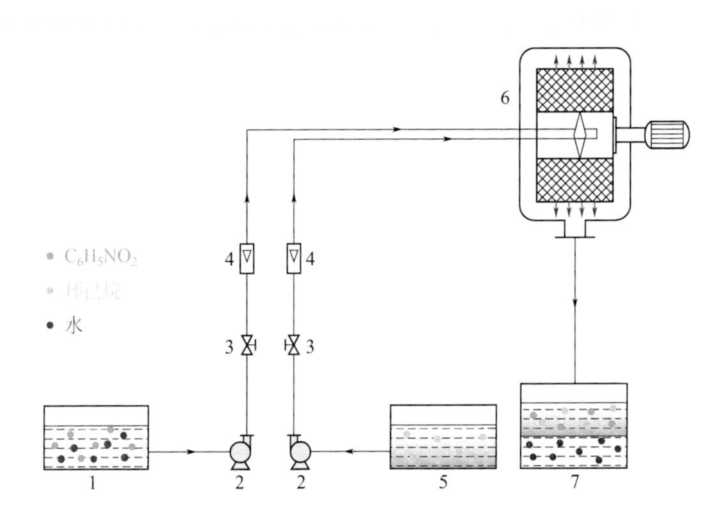

图 5-22 IS-RPB 内萃取法处理硝基苯废水工艺流程图

1—硝基苯废水储槽；2—泵；3—阀；4—液体流量计；5—环己烷储槽；6—IS-RPB；7—液液分相器

1. R 对硝基苯脱除率和萃取级效率的影响

在萃取温度 T=25℃、pH 为 6.4、液体流量 Q=50L/h（撞击初速度 u_0=7.9m/s）、超重力因子 β=10.5 时，相比 R（$V_{油}$: $V_{水}$）对硝基苯脱除率和萃取级效率的影响如图 5-23 所示。从图中看出，相比从 1 : 5 增加到 1 : 1，硝基苯脱除率从 61.4% 提高到 94.9%，萃取级效率从 64.7% 提高到 100.0%。这是因为随着相比的增加，撞击初速度逐渐增加，湍流动能增大，由此产生一个能量分布较窄的高度湍动区，加

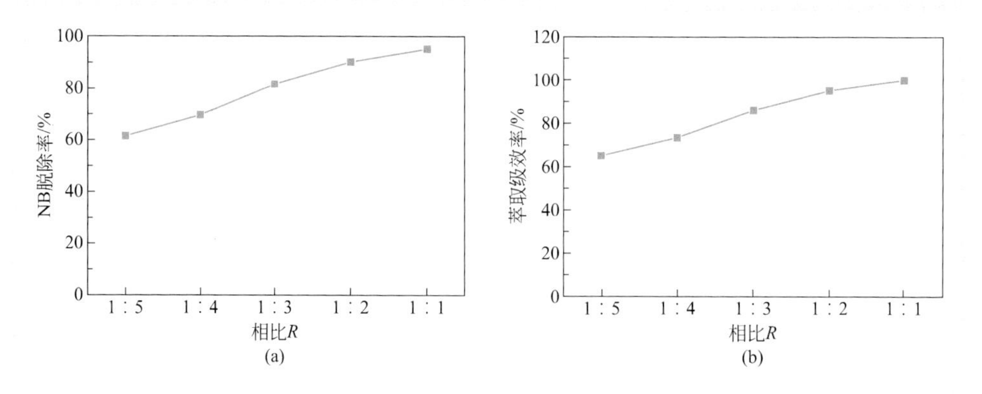

图 5-23　R 对硝基苯脱除率（a）和萃取级效率（b）的影响

快了硝基苯在相间的扩散速率，同时随着相比的增加，填料内两液体之间的碰撞频率加快，两相的接触面积增大，传质得到强化。当 R=1∶1 时，硝基苯脱除率可达 94.9%。此外，可以看出硝基苯脱除率和萃取级效率增大趋势最后会变得平缓。可见，对于 IS-RPB 设备来说，要达到较好的萃取效果，同时降低成本、减少有机溶剂用量，必须保证其体积流量比为 1∶1。

2. β 对硝基苯脱除率和萃取级效率的影响

在萃取温度 T=25℃、pH 为 6.4、液体流量为 50L/h（撞击初速度 u_0=7.9m/s）、相比 R=1∶1 的条件下，β 对硝基苯脱除率和萃取级效率的影响如图 5-24 所示。从图中看出，硝基苯脱除率和萃取级效率随着 β 的增加先增加后减小。当 β=10.5 时，硝基苯脱除率达到 94.9%。这是因为随着 β 的增加，填料对液体的切割作用逐渐增强，液滴在聚并和分散的过程中相际界面得到快速更新，微观混合得到极大强化，

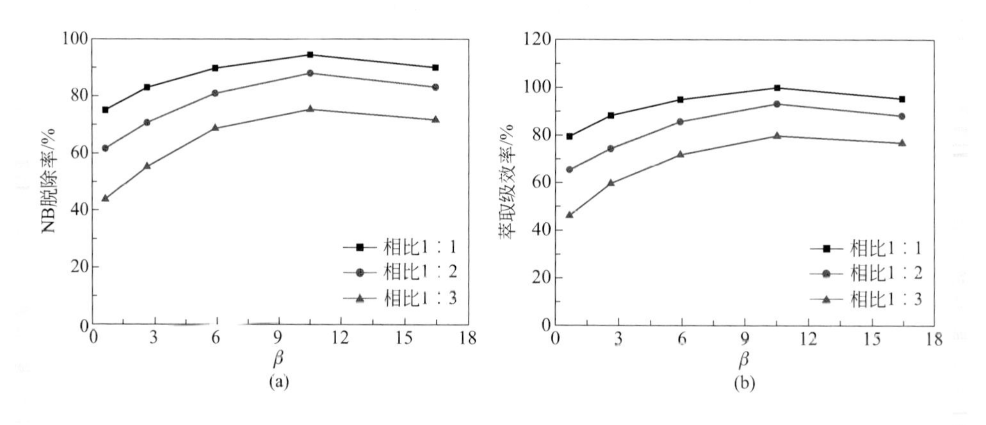

图 5-24　超重力因子 β 对硝基苯脱除率（a）和萃取级效率（b）的影响

提高了传质系数[47]。随着 β 继续增大，液体在填料中的停留时间减少，两相接触时间缩短，故硝基苯脱除率和萃取级效率降低，合适的超重力因子 β=10.5。对于不同的 IS-RPB 设备，由于其结构与尺寸大小存在差异，所以最佳的转速范围也会不同，要根据实际的处理体系进行选取。此外，由于超重力因子考虑了填料尺寸的影响，其更适合用来反映 IS-RPB 萃取设备中转速的影响。

3. 对比实验

在萃取温度 T=25℃、pH 为 6.4、液体流量为 10 ～ 50L/h（u_0=7.9m/s）、相比 R=1 ∶ 1、β=10.5 的条件下，不同萃取设备的硝基苯脱除率和萃取级效率对比结果如图 5-25 所示。由图可知，单一的 IS 设备的硝基苯脱除率小于 IS-RPB 和 RPB。当液体流量为 50L/h 时，IS-RPB 中硝基苯脱除率为 94.9%。这是因为随着液体流量的增加，撞击初速度增大，流体间碰撞可使液滴细化，增大了两相的接触面积，所以当液体流量从 20L/h 增加至 60L/h 时，在 IS-RPB 中硝基苯脱除率增加了 35.3%。当流量较小时，填料没有被完全润湿，绝大部分填料未被利用，液滴之间的碰撞频率较小，传质效率增加有限，撞击产生的作用占主导地位。这点可以从液体流量为 20L/h 时，IS-RPB 中的硝基苯脱除率仅比 IS 提高 10.3% 看出。随着流量的增大，液膜更新速率加快，传质效率得到较大幅度的提高，填料剪切的作用占主要地位，这点可以从液体流量为 50L/h 时，IS-RPB 中的硝基苯脱除率比 IS 提高 22.0%，仅比 RPB 提高 2.8% 得到验证。继续增加液体流量时，由于填料的剪切能力有限，液体在填料表面形成的液膜厚度增加，界面更新速度减小，传质速率降低。相近实验条件下，与 IS 和 RPB 相比，IS-RPB 中硝基苯脱除率提高了 2.8% ～ 22.0%，萃取级效率提高了 2.5% ～ 21.9%，展现了 IS-RPB 强化混合、传质过程的优势。值得注意的是，IS 的萃取率随流量的增大并没有趋于平缓，这可能是由于高撞击流速条件下油水两相发生了乳化，这种乳化可以在 RPB 的作用下得到缓解。可见，采用 IS-RPB

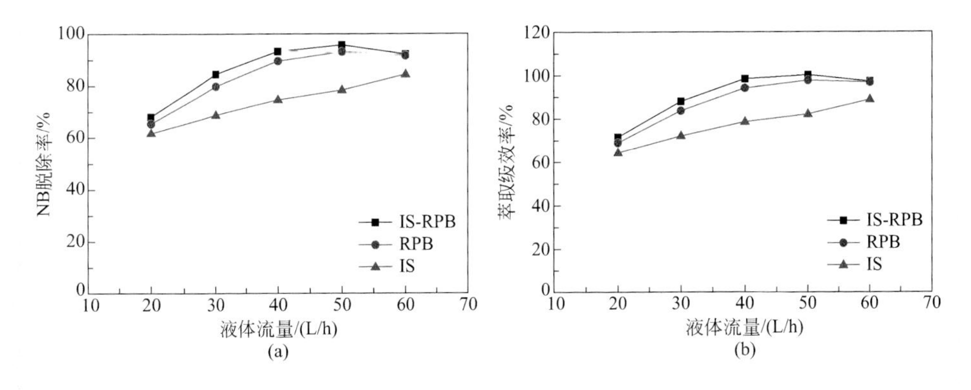

图 5-25　不同萃取设备硝基苯脱除率（a）和萃取级效率（b）的比较

不仅能够强化萃取传质过程，同时还能减弱乳化带来的负面影响，因此在萃取应用中极具潜力。

四、萃取染料

染料被广泛应用于纺织、皮革、造纸、塑料、食品、化妆品等行业中产品的着色，大部分的染料及其衍生物具有毒性与潜在的致癌性，并且会抑制水体中植物的光合作用[48]。Jayant 等采用液液萃取法处理甲基红纺织染料废水，选用的萃取设备为旋转填料床（RPB），萃取剂为二甲苯，主要研究了超重力因子（β）、水相流量（Q_a）以及相比（R）等因素对萃取级效率与总体积传质系数 K_La 的影响规律。

图 5-26 描述了不同体积流量比的情况下超重力因子 β 和水相体积流量 Q_a 对萃取级效率的影响。随着 β 和 Q_a 的增加，萃取级效率也随之提高；且 Q_a/Q_o 较小时，萃取级效率提升 5.6%。这主要是因为：随着 β 的增加，填料对液体的剪切作用增强，相际界面更新加快，传质系数得到提高；而增大 Q_a 则导致撞击区的湍动程度加强，撞击形成的雾面面积扩大，液滴碰撞频率提升，进而使两相流体传质过程得到强化；对于 Q_a/Q_o 较小的情况，萃取剂体积流量的增大必然引起水相（萃余液）中甲基红浓度的大幅下降。当 β=50.8 时，有机相流量 Q_o 固定，随着 Q_a 的增大，萃取级效率逐渐增大；在 Q_a 恒定的条件下，Q_o 增大时，萃取级效率提高 0.55% ～ 2.2%，这可能是推动力增大与有机相湍动程度加强共同作用的结果。

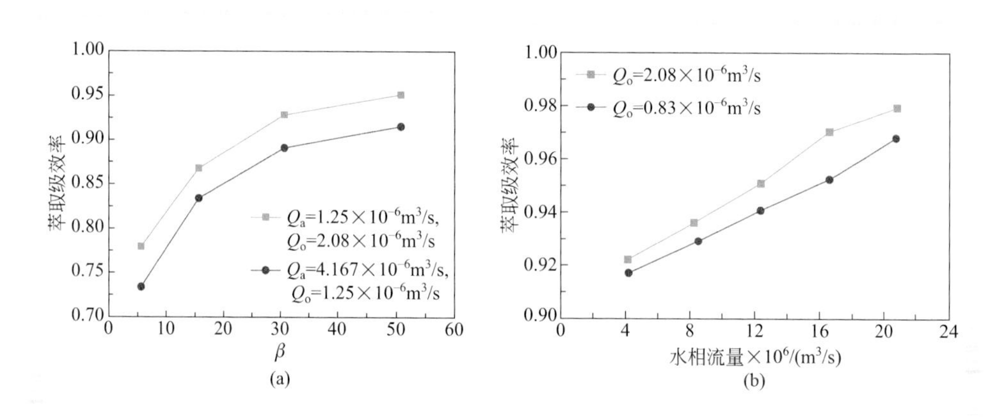

图 5-26 超重力因子 β（a）和水相流量（b）对萃取级效率的影响

超重力因子与水相流量对总体积传质系数 K_La 的影响如图 5-27 所示。随着 β 增加，K_La 不断增大，且 Q_a/Q_o 较大时萃取效果较好。当 Q_a=1.25×10^{-6}m^3/s、Q_o=2.08×10^{-6}m^3/s、β=50.8 时，K_La 接近 100%。这主要是因为随着流速的增加，分布器开口数量相应地增加，液体分散程度变大，表面更新速率加快，液体以较高的

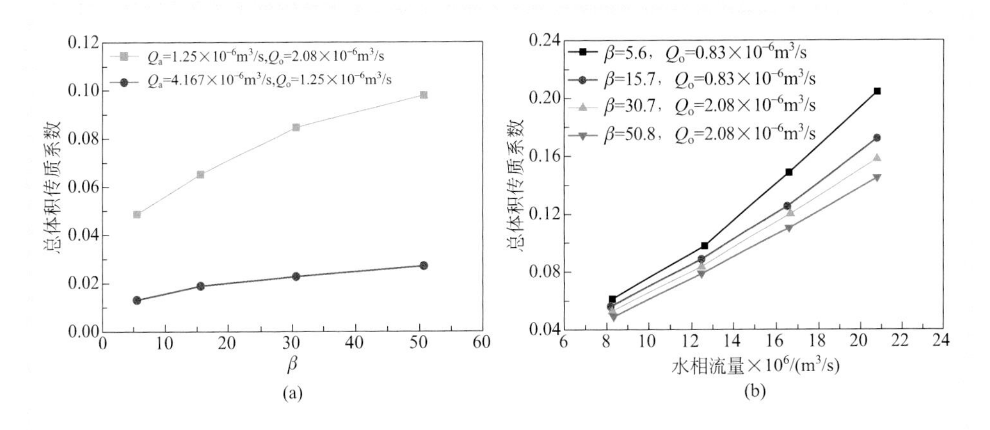

图 5-27　超重力因子 β（a）和水相流量 Q_a（b）对总体积传质系数的影响

流速在填料表面上传输。此外，随着 Q_a 增加，K_La 也呈现增加的趋势。这主要是因为在超重力因子一定时，RPB 中给定的径向距离上的液体轨迹的数目随液体流量的增加而增加，增大了液体润湿填料的表面积和两个液相之间的界面面积。值得注意的是，在给定两相流量时，较小 β 获得的总体积传质系数相对较高，这可能是由于转速较低时两相停留时间延长，且乳化过程得到了有效抑制。

综上所述，采用超重力萃取器能够极大地提升染料的传质效率，为解决染料废水的净化问题提供了有效途径。

五、萃取重金属铟离子

金属铟（In）具有延展性好、可塑性强、抗腐蚀等优良特性，且具有良好的光渗透性和导电性，被广泛应用于宇航、电子、医疗、国防、能源等领域[49]。其中 ITO 靶材（用于生产液晶显示器和平板屏幕）是铟锭的主要消费领域。近几年，由于铟的需求量极大，从湿法炼锌的副产物中回收 In 变得越来越重要，因此含铟氧化锌粉尘就成了制备 In 的原料。含铟氧化锌粉尘的浸取液中含有氧化锌和铁等杂质，必须进行分离、富集，可采用的分离方法包括吸附、离子交换、溶剂萃取等。其中，溶剂萃取是最常用的分离方法，然而对于铁和铟这类受热力学平衡限制的体系，则需要利用非平衡溶剂萃取法实现分离[50]。

基于非平衡萃取理论，Chang 等[51]以二（2- 乙基己基）磷酸（D2EHPA）为萃取剂，用 IS-RPB 从硫酸盐浸取液中分离提取 In（Ⅲ）和 Fe（Ⅲ），主要研究了有机相流量（Q_o）、相比（$R=Q_a/Q_o$）、超重力因子（β）、溶液 pH、萃取剂浓度以及初始铁离子浓度等操作参数对 In（Ⅲ）和 Fe（Ⅲ）萃取级效率 η 与分离因子 $\xi_{In/Fe}$（In 与 Fe 的分配系数之比）的影响规律。实验流程如图 5-28 所示。

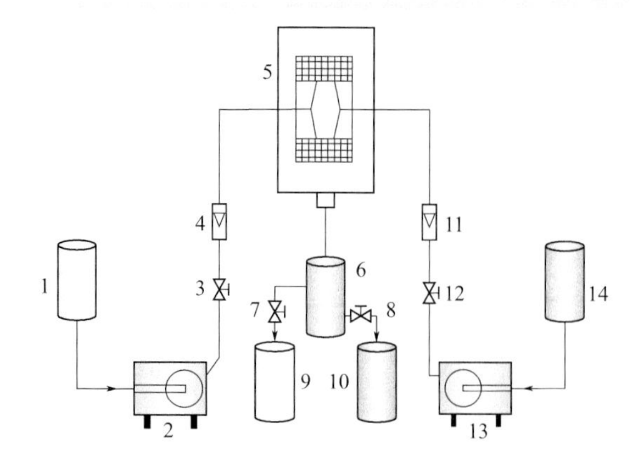

图 5-28 IS-RPB 分离 In、Fe 实验流程图

1,9—有机相储槽；2,13—蠕动泵；3,7,8,12—阀门；4,11—转子流量计；
5—IS-RPB；6—分离储槽；10,14—水相储槽

1. Q_o 对 η 和 $\xi_{In/Fe}$ 的影响

在相比 R=2∶1、有机相组成为 25% D2EHPA+75% 煤油、温度为 30℃、超重力因子为 83、料液的酸浓度为 0.3mol/L 的条件下，考察有机相流量 Q_o 对 In、Fe 分离的影响。结果如图 5-29 所示，IS-RPB 中 In 的萃取率高于 99.0%，Fe 萃取率低于 5.0%，分离因子超过 3000。在有机相流量仅为 10L/h 时，两类离子的萃取率较低。这是因为在低流速下，两相流体在撞击区不能形成足够的湍流而降低其分散程度，撞击及液体微元聚并 - 分散频率的降低导致了较差的微观混合效果。在高效的萃取条件下，有机相最佳流量为 30L/h，因为高流速将产生高微射流，两相液体与填料相对流速的增大确保了萃取传质的均相混合。当流量超过 30L/h，In 和 Fe

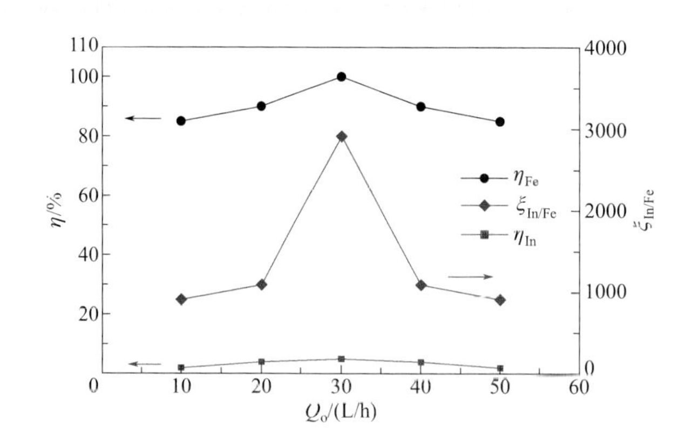

图 5-29 有机相流量 Q_o 对铁中铟分离过程的影响

的萃取级效率都减小。这是由于流速的增加导致液滴增多，对液体微元的混合过程和混合效率不利。此外，在高流速下易产生乳化现象，进而减慢分相过程。因此，实际操作中萃取剂流量不宜过小或过大，选用 Q_o=30L/h 可以达到较好的选择性分离效果。

2. R 对 η 和 $\xi_{In/Fe}$ 的影响

在有机相流量为 40L/h、组成为 25% D2EHPA+75% 煤油、温度为 30℃、超重力因子为 83、料液的酸浓度为 0.3mol/L 的条件下，考察相比 R 对 In、Fe 分离的影响，其结果如图 5-30 所示。由图可知，当相比从 0.5 增加到 5 时，In 的萃取级效率相应由 99.7% 降低至 96.6%，Fe 的萃取率由 10.3% 降至 3.3%。在有机相流量一定的情况下，R 的增加表示水相（连续相）流量的增加。R 的减小增加了两相在超重力反应器内的停留时间，而且使分散相的持液量增加。因此，R 越小，分散相在填料表面形成的接触面积越大，传质过程得到强化，In 和 Fe 的萃取级效率都明显增加。然而要实现 In 与 Fe 的分离，就必须在减少铁萃取级效率的同时保证较高的 In 萃取级效率。结果表明，当 R=2 时，In 萃取级效率大于 99.0%，铁的萃取级效率小于 5.0%，In/Fe 分离因子可达 2871。可见，采用 IS-RPB 萃取器分离重金属离子时体积流量比是重要的参数之一，实际应用中选用 R=2 可以达到良好的选择性分离效果。

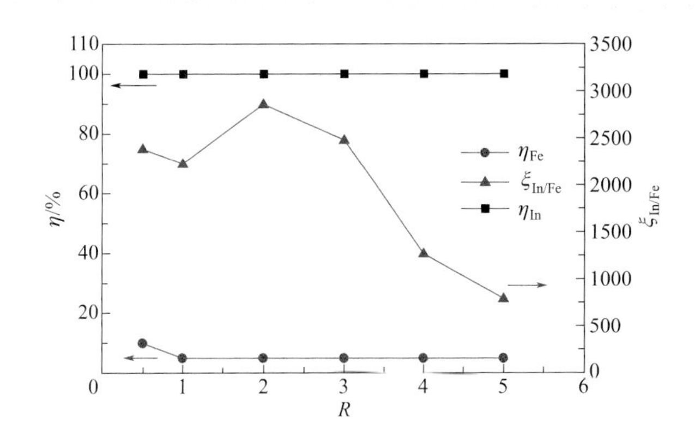

图 5-30　相比 R 对铁中铟分离过程的影响

3. β 对 η 和 $\xi_{In/Fe}$ 的影响

超重力因子 β 对铁中铟分离效果的影响如图 5-31 所示。由图可知，随着超重力因子的增大，萃取率增大，但增大的趋势逐渐减缓，当 β>83 时，萃取率随超重力因子增加而逐渐减小。当 $\beta \leqslant 83$ 时，超重力场对萃取效果的强化作用主要体现在以下几方面：①填料空隙中的流体微元尺寸更小，增大了相间传质面积；②液

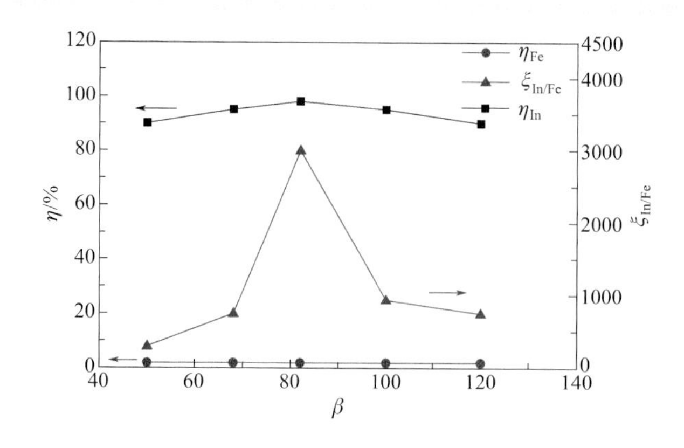

图 5-31　超重力因子 β 对铁中铟分离过程的影响

膜的厚度随超重力因子的增加而减小，两相的接触面积也得到了提高；③加快了液体微元的聚并、分散频率，从而促进了萃取传质。当 β>83 时，转速的增加导致了两相的停留时间缩短，不能保证萃取反应的完全进行，由此确定的适宜超重力因子为 83。在此条件下，萃取率可达到 99%，In、Fe 分离因子可达 3000 以上，基本达到了萃取平衡。超重力因子是 IS-RPB 萃取分离过程的关键参数之一，所以实际应用中宜选用 β=83 来分离 In 和 Fe 离子。

4. 各类萃取器对比研究

不同萃取器中 In（Ⅲ）和 Fe（Ⅲ）分离效果如表 5-10 所示。

表5-10　In（Ⅲ）和Fe（Ⅲ）分离选择比较表

萃取器类型	IS-RPB	SF	ACC
操作条件	R=2；有机相流量为 30L/h；超重力因子为 83	R=2；振荡 5min	转子直径为 20mm；转速为 2500r/min；总流量为 0.6L/h；R=2
In 萃取级效率	99.16	98.29	99.17
Fe 萃取级效率	3.68	16.32	6.85
分离因子 $\xi_{In/Fe}$	3090	287	1625
In 再生率	99.85	99.67	99.79

由表可见，IS-RPB 对铁和铟具有良好的分离效果，且在混合过程中极少发生夹带与乳化现象。在三种萃取器中，分液漏斗（SF）对铟萃取级效率最低，对铁萃取级效率最高；环形接触器（ACC）萃取效率介于另两种萃取器之间。总之，IS-RPB 萃取器在铁和铟的选择性分离应用中具有良好前景。

六、其他应用

1. 物理法萃取苯甲酸

李同川等[52]利用IS-RPB进行物理萃取，主要针对水-苯甲酸-煤油体系，其中水为萃取剂，苯甲酸为溶质。实验时苯甲酸的质量浓度为0.15～0.2g/L，水相中的苯甲酸浓度采用酸碱滴定法进行测定。物理萃取过程选择相比R=1、撞击夹角α=180°的实验条件，主要研究了撞击初速度（u_0）及超重力因子（β）两个操作参数对萃取效果的影响。由于在研究涉及的浓度范围内，苯甲酸在两相的分配比并不为常数，不能采用级分配系数来衡量萃取效果，故选用萃取级效率η来考察u_0与β对萃取效果的影响，如图5-32所示。

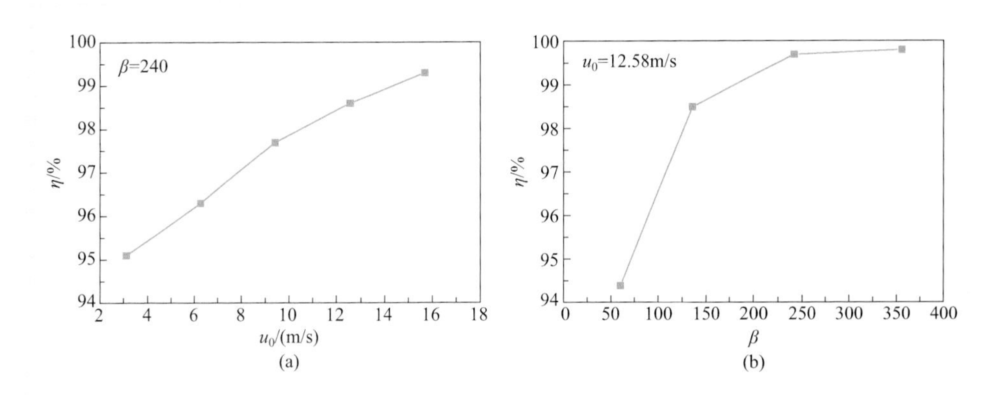

图5-32 撞击初速度u_0（a）与超重力因子β（b）对萃取级效率η的影响

对于物理萃取过程，随着IS-RPB撞击初速度及超重力因子的增加，萃取效果呈增加的趋势，其萃取级效率高达99%以上。这里要注意的是，虽然超重力技术能够强化萃取传质过程，但不改变平衡分配系数，所以要处理平衡分配系数小的体系，需要采用化学萃取法。总而言之，不论是采用化学萃取法还是物理萃取法，IS-RPB都能够极大地强化萃取传质过程。在实际应用中要特别注意IS-RPB萃取操作参数的选取，避免不当的操作引发乳化现象而影响分离效果。

2. 湿法连续萃取铜

刘有智[15]选用国内某大型湿法炼铜厂浸出的铜液，以LIX984N为萃取剂、煤油为稀释剂、IS-RPB为萃取器和反萃取器进行应用研究。结果表明在萃取剂体积分数为5%、R=1、β=135、流量为80L/h的情况下，萃取率达到98.8%。在两相分离后，以IS-RPB为反萃取器、180g/L的H_2SO_4为反萃取剂，对富含铜的油相

（LIX984N+ 煤油）进行反萃取操作，在 R=1、β=135、流量为 80L/h 的工艺条件下，一级反萃取效果良好，反萃取率为 95%。反萃取操作完成分相后萃取剂可循环使用。由此可见，将 IS-RPB 用于铜液的萃取，能大大提高铜萃取率，节省运行成本，操作简便，该设备的投入使用将大力促进湿法冶炼铜行业的发展，这在我国铜资源不足问题日益突出的形势下显得尤为重要，对我国铜工业的可持续发展具有重要意义。

3. 萃取结晶回收碳酸钠

萃取结晶，是通过向饱和盐水溶液中加入一种有机萃取剂，利用该萃取剂与水的互溶性使盐结晶分离出来。潘红霞等[53]采用 IS-RPB 萃取结晶回收无机盐，以饱和碳酸钠溶液 - 正丁醇体系为研究体系，分别考察了超重力因子、正丁醇与碳酸钠溶液体积流量比、撞击初速度等因素对碳酸钠收率的影响。实验结果表明：当 β=98.8、R=1∶1、u_0=8.9m/s 时，碳酸钠的收率最高达到 72.1%。此外，特别指出 IS-RPB 萃取过程的混合传质和分离是分别进行的，能有效地控制传统萃取设备的返混现象，从而展示了其工业化应用的良好前景。

总之，IS-RPB 既可以作为连续萃取器，也可以作为连续反萃取器，液体在设备中的停留时间短，无返混，设备中的液体滞留量极少，对处理特殊物料及更换萃取剂等较为方便。另外，IS-RPB 设备体积小，处理能力大，萃取级效率几乎达到平衡效率，这些特点必将促进萃取技术的发展。

第五节 展望

液液萃取过程在湿法冶金、废水处理、气体分离、有机物分离、生物医药分离、化学传感器与离子选择性电极等领域有着广泛的应用前景。IS-RPB 具有优异的微观混合性能，对液液萃取过程的强化效果十分显著，受到广大科技工作者的关注与认可，其有望在以下几方面取得突破：

① 建立萃取过程中非均相复杂流体的流体力学与微观混合理论，打造 IS-RPB 系列设备的先进制造平台，开展超重力分离的中试研究，为高浓度工业有机废水的高效、连续治理提供技术保障。

② 开展焦化废水、印染以及核废水中重金属离子的提取与分离研究，建立超重力场内重金属离子热力学与动力学模型；实施废水中有价金属的综合回收，在治理污染的同时实现资源的最大化利用。

③ 与超声、微波以及超临界流体技术结合，开展抗癌药物紫杉醇及其衍生物、抗疟药青蒿素、心脑血管药物银杏素内酯等天然药物成分的萃取研究，发展天然药

物提取与纯化的新工艺。

参考文献

[1] 时钧，汪家鼎，等．化学工程手册 [M]. 北京：化学工业出版社，1996.

[2] 张立新．传质分离技术 [M]. 北京：化学工业出版社，2009.

[3] 戴猷元．液液萃取化工基础 [M]. 北京：化学工业出版社，2015.

[4] 郭宇杰．工业废水处理工程 [M]. 上海：华东理工大学出版社，2016.

[5] Stankiewicz A. Reactive separations for process intensification: an industrial perspective [J]. Chem Eng and Process, 2003, 42: 137-144.

[6] Hossein A, Ali M M, Reza R S. The effects of a surfactant concentration on the mass transfer in a mixer-settler extractor [J]. Iran J Chem Eng, 2006, 25: 9-15.

[7] Seibert A F, Fair J R. Hydrodynamics and mass transfer in spray and packed liquid–liquid extraction columns [J]. Ind Eng Chem Res, 1988, 27: 470-481.

[8] Alireza H, Meisam T M, Mehdi A. Mass transfer coefficients in a Kühni extraction column [J]. Chem Eng Res Des, 2015, 93: 747-754.

[9] Williams N S, Ray M B, Gomaa H G. Removal of ibuprofen and 4-isobutylacetophenone by non-dispersive solvent extraction using a hollow fiber membrane contactor [J]. Sep Purif Technol, 2012, 88: 61-69.

[10] Dehkordi A M. Novel type of impinging streams contactor for liquid–liquid extraction [J]. Ind Eng Chem Res, 2001, 40: 681-688.

[11] Baier G, Graham M D, Lightfoot E N. Mass transport in a novel two-fluid Taylor vortex extractor [J]. AIChE J, 2000, 46: 2395-2407.

[12] Bonam D, Bhattacharyya G, Bhowal A, et al. Liquid-liquid extraction in a rotating pray column: removal of Cr(Ⅵ) by Aliquat 336 [J]. Ind Eng Chem Res, 2009, 48: 7687-7693.

[13] Jayant B M, Avijit B, Siddhartha D. Extraction of dye from aqueous solution in rotating packed bed [J]. J Hazard Mater, 2016, 304: 337-342.

[14] 刘有智．化工过程强化方法与技术 [M]. 北京：化学工业出版社，2017.

[15] 刘有智．超重力撞击流 - 旋转填料床液 - 液接触过程强化技术的研究进展 [J]. 化工进展，2009, 28: 1101-1108.

[16] 刘有智．超重力化工过程与技术 [M]. 北京：国防工业出版社，2009.

[17] 焦纬洲，刘有智，祁贵生．化学偶合法研究 IS-RPB 反应器微观混合特性 [J]. 化学工程，2007, 35: 36-39.

[18] 赵海红，欧阳朝斌，刘有智．三种反应器微观混合性能的对比 [J]. 化学工业与工程技术，2003, 24: 31-33.

[19] Guichardon P, Falk L, Andrieu M. Experimental comparison of the iodide-iodate and the diazo coupling micromixing test reactions in stirred reactors[J]. Chem Eng Res Des, 2001,

79: 906-914.

[20] Jiao W Z, Liu Y Z, Qi G S. A new impinging stream-rotating packed bed reactor for improvement of micromixing iodide and iodate [J]. Chem Eng J, 2010, 157: 168-173.

[21] Jiao W Z, Liu Y Z, Qi G S. Micromixing efficiency of viscous media in novel impinging stream-rotating packed bed reactor [J]. Ind Eng Chem Res, 2012, 51: 7113-7118.

[22] Engelmann U, Schmidt N G. Influence of micromixing on the free radical polymerization in a discontinuous process [J]. Macromol Theor Simul, 1994, 3: 855-883.

[23] Bourne J R. Mixing and selectivity of chemical reactions [J]. Org Process Res Dev, 2003, 7: 471-508.

[24] Fournier M C, Falk L, Villermaux J. A new parallel competing reaction system for assessing micromixing efficiency-determination of micromixing time by a simple mixing model [J]. Chem Eng Sci, 1996, 51: 5187-5192.

[25] Guichardon P, Falk L. Characterisation of micromixing effciency by the iodide-iodate reaction system. Part I: experimental procedure [J]. Chem Eng Sci, 2000, 55: 4233-4243.

[26] Liu C I, Lee D J. Micromixing effects in a couette flow reactor [J]. Chem Eng Sci, 1999, 54: 2883-2888.

[27] Rousseaux J M, Falk L, Muhr H, et al. Micromixing efficiency of a novel sliding-surface mixing device [J]. AIChE J, 1999, 45: 2203-2213.

[28] Judat B, Racina A, Kind M. Macro- and micromixing in a Taylor-Couette reactor with axial flow and their influence on the precipitation of barium sulfate [J]. Chem Eng Technol, 2004, 27: 287-292.

[29] Wu Y, Xiao Y, Zhou Y X. Micromixing in the submerged circulative impinging stream reactor [J]. Chinese J Chem Eng, 2003, 11: 420-425.

[30] Yang K, Chu G W, Shao L, et al. Micromixing efficiency of viscous media in micro-channel reactor [J]. Chinese J Chem Eng, 2009, 17: 546-551.

[31] Chu G W, Song Y H, Yang H J, et al. Micromixing efficiency of a novel rotor–stator reactor [J]. Chem Eng J, 2007, 128: 191-196.

[32] Yang H J, Chu G W, Zhang J W, et al. Micromixing efficiency in a rotating packed bed: experiments and simulation [J]. Ind Eng Chem Res, 2005, 44: 7730-7737.

[33] 刘有智，祁贵生，杨利锐．撞击流 - 旋转填料床萃取传质性能研究 [J]. 化工进展，2003, 22: 1108-1111.

[34] 祁贵生，刘有智，杨利锐．撞击流 - 旋转填料床处理含苯酚废水的单级试验研究 [J]. 化学工业与工程技术，2004, 25: 9-12.

[35] 祁贵生．IS-RPB 萃取性能及应用研究 [D]. 太原：中北大学，2004.

[36] 史季芬．多级分离过程 [M]. 北京：化学工业出版社，1991.

[37] 李以圭，李洲，费维扬．液 - 液萃取过程和设备 [M]. 北京：原子能出版社，1981.

[38] 陈建峰 . 超重力技术及应用——新一代反应与分离技术 [M]. 北京 : 化学工业出版社 , 2002.

[39] 石竞竞 , 刘有智 , 喻华兵 . 新型溶剂萃取技术及应用 [J]. 化学工业与工程技术 , 2005, 26: 15-18.

[40] 张锦 , 李圭白 , 马军 . 含酚废水的危害及处理方法的应用特点 [J]. 化学工程师 , 2001, (2): 36-37.

[41] 祁贵生 , 刘有智 , 杨利锐 . 撞击流旋转填料床内磷酸三丁酯对苯酚的络合萃取 [J]. 化工生产与技术 , 2004, 22(11): 13-16.

[42] 张春燕 , 郭文革 , 刘亚玲 . 采用萃取 - 反萃取技术回收废水中的醋酸 [J]. 石油化工环境保护 , 2004, 27: 30-33.

[43] 嫡丽巴哈 , 杨义燕 , 戴猷元 . 醋酸稀溶液的络合萃取 [J]. 高校化学工程学报 , 1993, 7: 174-179.

[44] 祁贵生, 刘有智, 焦纬洲. 撞击流-旋转填料床内络合萃取法分离醋酸稀溶液实验研究 [J]. 现代化工 , 2008, (11): 65-67.

[45] Xu J B, Jing T S, Yang L. Effects of nitrobenzenes on DNA damage in germ cells of rats [J]. Chem Res Chin Univ, 2006, 22: 29-32.

[46] Yang P F, Luo S, Zhang D S, et al. Extraction of nitrobenzene from aqueous solution in impinging stream-rotating packed bed [J]. Chem Eng Process: Process Intensification, 2018, 124: 255-260.

[47] Guo K, Guo F, Feng Y D, et al. Synchronous visual and RTD study on liquid flow in rotating packed-bed contactor [J]. Chem Eng Sci, 2000, 55: 1699-1706.

[48] Akgül M. Enhancement of the anionic dye adsorption capacity of clinoptiloliteby Fe^{3+} grafting [J]. J Hazard Mater, 2014, 267: 1-8.

[49] Li C X, Wei C, Xu H S, et al. Kinetics of indium dissolution from sphalerite concentrate in pressure acid leaching [J]. Hydrometallurgy, 2010, 105: 172-175.

[50] Alfantazi A M, Moskalyk R R. Processing of indium: a review [J]. Miner Eng, 2003, 16: 687-694.

[51] Chang J, Zhang L B, Du Y, et al. Separation of indium from iron in a rotating packed bed contactor using di-2-ethylhexylphosphoric acid [J]. Separation and Purification Technology, 2016, 164: 12-18.

[52] 李同川 , 祁贵生 . 撞击流 - 旋转填料床萃取器 [J]. 石油化工设备，2004, 33: 26-28 .

[53] 潘红霞 , 刘有智 , 祁贵生 , 等 . 超重力技术应用于萃取结晶回收碳酸钠的研究 [J]. 现代化工 , 2010, (11): 76-78.

第六章 液膜分离

第一节 概述

液膜（Liquid Membrane）分离是膜分离技术的重要分支之一，最早出现于1960年Martin的反渗透脱盐实验中。20世纪60年代中期，黎念之用du Nuoy环法测定含表面活性剂的溶液与油溶液之间的界面张力时，观察到相当稳定的界面膜，从而发现了无固膜支撑的新型膜，并于1968年获得纯粹液膜工作的第一件专利，从此开创了液体表面活性剂膜的研究历程[1]。1970年初，库斯勒尔（Cussler E L）将流动载体加入液膜中，使液膜的选择性得到了很大的提高。Bloch等[2]采用支撑液膜的方法研究金属提取过程；Ward与Robb[3]研究CO_2和O_2的液膜分离时，将支撑液膜称为固定化液膜。20世纪80年代后期，Marr等[4]从废液中成功回收锌，标志着液膜技术进入了实际应用阶段。液膜分离技术综合了固体膜分离法和萃取法的优点，具有高效、快速、选择性高和节能的特点，从而成为分离、富集和回收溶质的有效手段[5]。近年来，液膜分离技术在湿法冶金、废水处理、气体分离、药物提取、石油化工、化学传感器与离子选择性电极等领域的应用日益广泛[6]。

液膜，即一层非常薄的液体，这层液体可以是水溶液或者有机溶液，可用于分隔两个组成不同而又互溶的溶液，它与被分隔的两相互不相溶，是两相之间进行物质传递的“桥梁”[7]。液膜通常由膜溶剂（>90%）和表面活性剂（1%～5%）组成，有些液膜中还会加入流动载体（1%～5%）。膜溶剂是成膜的基体物质，具有一定的黏度和机械强度；表面活性剂含有亲水基和疏水基，可以定向排列来稳定膜形；

流动载体负责指定溶质或离子的选择性迁移，它对分离指定溶质或离子的选择性和通量起决定性作用。根据形状不同将液膜分为隔膜形液膜和球形液膜，球形液膜又分为单滴液膜与乳状液膜。乳状液膜（Emulsion Liquid Membrane，ELM）又称为表面活性剂膜，实质上是一种双重乳状液体系，即“水 / 油 / 水”（W/O/W）体系或者“油 / 水 / 油”（O/W/O）体系[8]。ELM 体系典型结构如图 6-1 所示，其中乳状液滴内被包裹的内相与连续外相是相溶的，而它们与膜相互不相溶。乳状液既可以是水包油，也可以是油包水。根据定义，前者构成的液膜为油膜，适用于水溶液中溶质的提取与分离，后者构成的液膜为水膜，适用于油溶液中溶质的提取与分离。本章主要围绕 ELM 体系进行讨论，其他类型的液膜分离技术可参考相关资料。

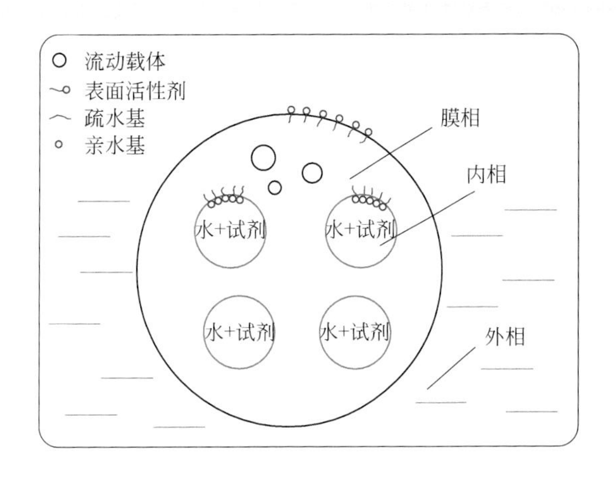

图 6-1　ELM 体系典型结构示意图

为获得 ELM 体系，首先要将互不相溶的两相在高剪切力作用下制成乳状液，再将此乳状液分散于第三相（连续相）中，液膜介于乳状液滴中被包裹的内相与连续外相之间。液膜对于各种物质的选择渗透性不同，它能将溶液中的某种物质捕集到内相或外相中，从而达到分离的目的。通常，内相的液滴直径为几微米，而 W/O 乳液的直径约为 0.1 ～ 1mm，膜的有效厚度为 1 ～ 10μm，比常用的固体膜薄得多，所以 ELM 的比表面积大、物质渗透快、分离效率高[9]。虽然，ELM 中微滴是膜相内包裹许多反应试剂的液滴的聚集体，但是由于反应试剂微滴很小，其内渗透物的浓度实质上保持为零，所以渗透物通过膜相扩散作用进行到反应试剂微滴外部即停止。因此，实际的 ELM 体系可认为与恒定壁厚的液泡等效[10]。

第二节 IS-RPB强化液膜制备与分离原理

一、乳状液膜分离机理

ELM 传质过程按不同的分离机理可分为选择性渗透和促进传递两类[11]。

1. 选择性渗透

选择性渗透是纯粹基于物理溶解的被动传递。依靠待分离组分在膜中的溶解度和扩散系数的差异，使物质透过膜的速度不同而实现分离。如图 6-2（a）所示，设料液中含有 A 和 B 两种物质，其中 A 透过膜的速率大于 B，A 透过膜相进入内相，而 B 则留在料液中，达到选择性分离的目的。但当分离过程进行到液膜两侧迁移的溶质浓度相等时，输送自行停止，因此该机理不能产生浓缩效果。

2. 促进传递

促进传递是渗透中伴有化学反应的过程，由于溶质在渗透过程中与内相或膜相发生反应，可以明显提高传质推动力和传质效率。按其反应类别的不同，可以把这些迁移过程分为Ⅰ型促进传递和Ⅱ型促进传递。

Ⅰ型促进传递是指待分离溶质从料液相溶于膜相，再渗透扩散至膜相与内相的界面，与内相中的试剂发生反应，生成不溶于膜相的新形态，无法透过膜相逆向扩散。这一反应有效地降低了内相中的溶质浓度，使内外两相浓度差保持最大，促进溶质源源不断地从外相进入内相，最后达到在内相中分离富集溶质的目的。内相液滴内化学反应如图 6-2（b）所示，溶质 C 由连续相向膜相渗透，进入内相与试剂 R 发生化学反应，生成不溶于膜相的物质 P，从而使渗透物 C 在内相中浓度为零，直到 R 被消耗完为止，因此保持了 C 在内外相中的最大浓度差，促进了 C 的传递，从而达到从料液相中分离 C 的目的。

Ⅱ型促进传递也称载体促进传递，它是在膜相中引入载体（萃取剂或络合剂），

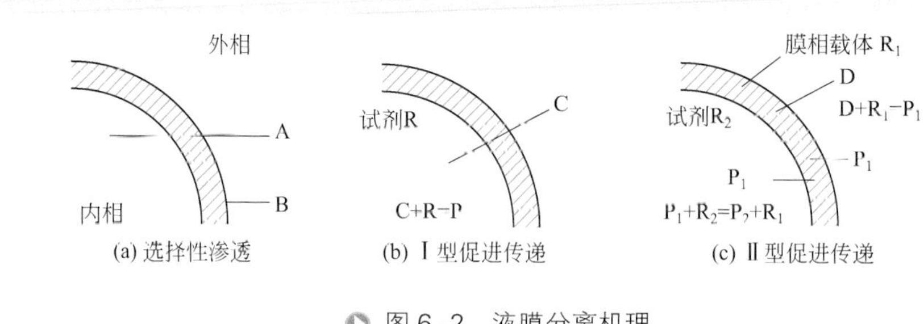

(a) 选择性渗透　(b) Ⅰ型促进传递　(c) Ⅱ型促进传递

图 6-2　液膜分离机理

载体与溶质在膜相 - 料液相界面处发生络合反应，生成的络合物溶于膜相，并在膜内扩散至膜的另一侧，在膜相 - 内相界面处与内相解络剂反应，溶质被解络而进入内相。解络后的自由载体再次进入膜相，并在膜相 - 料液相界面处继续与料液中的溶质络合。膜相化学反应如图 6-2（c）所示，料液中的溶质 D 在界面处与膜相载体 R_1 反应生成络合物 P_1，P_1 进入内相与内相试剂 R_2 反应生成不溶于膜相的 P_2，并释放出 R_1，R_1 在传递中起载体作用。

此外，ELM 的分离机理还可以按照液膜渗透过程中有无流动载体参与输送来划分 [12]，包括：①非流动载体液膜分离机理，如图 6-2（a）和图 6-2（b）所示；②含流动载体液膜分离机理，如图 6-2（c）所示，此时体系选择性主要取决于所添加流动载体的性质。

二、IS-RPB 强化液膜制备原理

开发高效的乳化装置或方法是液膜分离技术工业化的关键。IS-RPB 制备乳化液膜过程可控，所制得的乳化液膜尺度小、均匀、稳定性好。根据后续相分离（破乳）要求，通过调控超重力场强度等参数可实现制乳效能的调节。IS-RPB 乳化装置强化制乳原理为：组成膜相的体系与内水相体系从撞击流装置的两侧入口进入，两股等量流体在同轴设计的两个进料管中流动，经过喷嘴后形成射流，在两喷嘴的中点处发生撞击，动能转化为静压能，使流体方向发生改变，形成一垂直于射流方向的扇形液面，液面随着离开撞击点而变薄，导致接触面和流速增大，造成曲折和膨胀波，随后破裂成带状和滴粒。当撞击初速度足够高时，液体破碎、交互分散较均匀，两股流体在很短的时间内混合均匀，实现初步乳化 [13]。两股流体相向撞击后，产生强烈的径向和轴向湍流速度分量，混合液以一定速度均匀分散在 RPB 内部，被旋转填料粉碎成独立液体微元——液丝、液滴或液膜 [14]。由于 RPB 中产生的强大的离心力——超重力，使液体微元在高分散、高湍动、强混合以及界面急速更新的情况下，在短时间内完成多次切割、聚并和分散，实现深度乳化。欧阳朝斌等 [15] 在研究中发现，在微重力（$g \to 0$）条件下，液体不会产生相间流动，而分子间力会起主导作用，使液体团聚，失去两相充分接触的前提条件，从而导致相间质量传递效果很差，无法达到微观混合。反之，浮力因子 $\Delta(\rho g)$ 越大，流体间的相对滑动速度也越大，填料对流体的剪切增强，加快了液滴的碰撞、聚并、分散，从而极大地强化了微观混合过程。可见，由于超重力因子的增大，$\Delta(\rho g)$ 大幅度提高，使传质得到强化，也增加了液滴的碰撞频率，从而使整个混合过程加快。

IS-RPB 制备液膜的工艺流程如图 6-3 所示。液膜体系油（O）和水（W）分别在输送设备作用下进入 IS-RPB 进行撞击、混合，并分散在 RPB 的内腔，在离心力的作用下沿填料孔隙由转鼓内缘向外缘流动，混合均匀的液体从填料外缘处被甩到机体外壳的内壁，在重力的作用下汇集到出料口处，而后进入储槽，即得到所需的

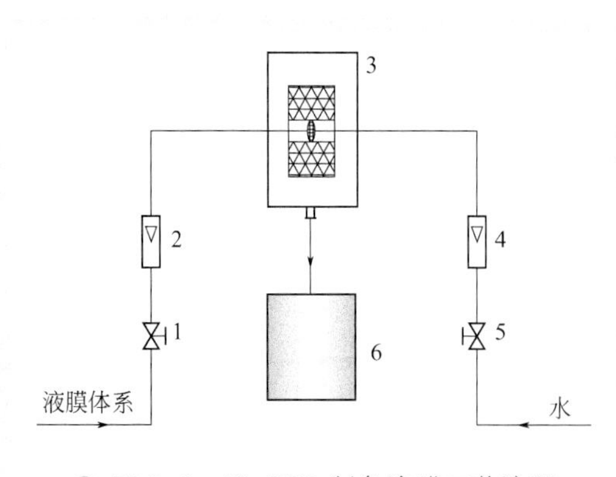

图 6-3 IS-RPB 制备液膜工艺流程

1,5—调节阀；2,4—流量计；3—IS-RPB；6—储槽

液膜乳液（W/O）。两相流体在 IS-RPB 中经过初步乳化和深度乳化两步后，实现相间的快速微观混合，使大型搅拌釜式设备用较长时间才能完成的混合操作在 IS-RPB 中快速完成。刘有智等[16,17]开展了 IS-RPB 强化甲醇 - 柴油乳化过程的系列研究，主要考察填料转速、液体流率、甲醇含量等因素对制乳过程的影响，通过 CFD 模拟分析指出：甲醇 - 柴油的乳化过程由撞击流乳化、超重力强化以及挡板和雾化三部分作用共同完成。因此，利用 IS-RPB 作为制乳设备，具有乳液粒径小且分布范围窄、乳液稳定性好、溶胀率高、操作时间短、设备体积小、占地面积小、能耗低、易于放大和连续化操作等优点，适合于大规模工业化应用。

三、IS-RPB强化液膜分离原理

为了便于讨论，下面将以苯酚和苯胺这两类物质为例，讨论它们在 ELM 体系中的分离原理，并阐明 IS-RPB 强化分离的原理。

1. ELM分离原理

（1）传质机理

乳状液膜处理废水的传质推动力为溶质在液膜两侧界面化学位之差，即溶质透过液膜的传递受控于膜两侧的浓度差。乳状液膜处理含酚或含苯胺废水多为无载体促进传递过程，由于存在化学反应，膜两侧的溶质能维持较大浓度差，进而促进溶质传递，实现溶质的富集。

图 6-4（a）为 ELM 提取苯酚示意图，外水相（料液）中的以分子形态存在的苯酚溶解于油膜，并透过膜相扩散至膜相 - 内水相界面，内水相中的 NaOH 与苯酚反应，生成酚钠[18]，离子型的酚钠不溶于油膜而被捕集于内水相。上述化学反应使内水相中分子形态的苯酚浓度保持为 0，液膜内、外相中分子形态苯酚的浓度差始终维持在很高的数值，从而为苯酚由外水相向内水相的渗透提供了很大的推动力，只要内水相中存在足够量的 NaOH，外水相中的苯酚就会不断地向内水相中渗透而得到浓缩，从而达到去除酚类物质的目的。如图 6-4（b）所示，ELM 法处理苯胺的传质推动力在于液膜两侧溶质界面化学位的差异（即膜两侧的浓度差）。类似于酚钠，离子型的苯胺盐酸盐也不溶于油膜，因而不能逆向渗透而被捕集于内水

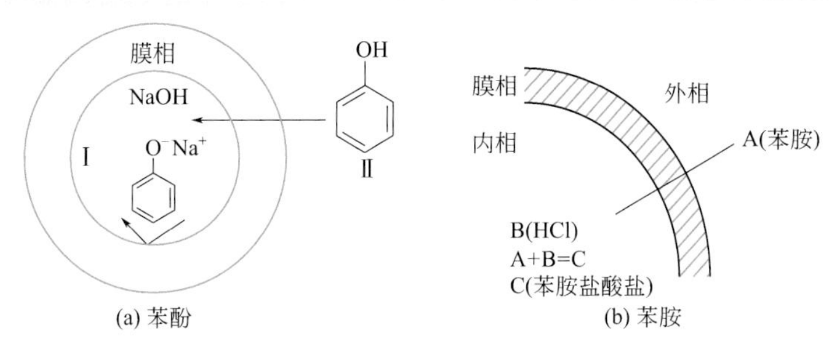

图 6-4 乳状液膜提取苯酚（a）和苯胺（b）原理图

相[19]。同样，化学反应使渗透到内相中的分子形态的苯胺有效浓度维持在 0，使液膜内、外相中苯胺的浓度差也始终维持在很高的数值，使苯胺源源不断地由外相进入到内相中，迁移扩散完成后，将乳液与废水分开，废水中苯胺因大部分扩散进内相而得到净化。

（2）传质动力学特征

ELM 具有比表面积大、渗透性强、选择性高、定向性、分离效率高等特点。苯酚、苯胺分子在膜内具有较大的溶解度，在膜面产生快速迁移，有极大的传质面积与较高的通量。在内相中发生不可逆的化学反应，生成了难以逆向扩散的产物（酚钠和苯胺盐酸盐）[20]。

$$C_6H_5OH + NaOH \longrightarrow C_6H_5ONa + H_2O \tag{6-1}$$

$$C_6H_5NH_2 + HCl \longrightarrow C_6H_5NH_3^+Cl^- \tag{6-2}$$

在这一过程中，液膜中膜相的溶质扩散和内相的促进迁移是两个主要步骤，其中控制性环节是液膜中苯酚或苯胺的扩散。其扩散方程可表示为

$$\frac{dc}{dt} = -DA\frac{\Delta c}{\delta} \tag{6-3}$$

式中 c——渗透物浓度，mol/L；

t——时间，s；

D——渗透系数，$m^{-1} \cdot s^{-1}$；

A——有效渗透面积，m^2；

δ——膜厚，m。

由式（6-3）可知，提高传质推动力和减小传质阻力是强化传质的主要途径，具体包括以下几种方案：①提高渗透系数；②扩大传质面积；③提高渗透物浓度；④减小膜厚。在给定的体系和设备中，通过适当增加流速或增加输入能量等方法可

以提高两相的湍动程度，进而提高渗透系数。同时，湍动程度的加大也加快了流体在流动过程中表面更新的速度，提高了渗透物的相对浓度。扩大传质面积的方法是通过外加能量使得传质的液滴变小，从而扩大两相的接触面积；而减小膜厚的方法，主要是降低油水比。

2. IS-RPB强化液膜分离原理

以下从微观混合及液体在填料中的分布形态两方面对 IS-RPB 传质性能进行分析，进而阐明 IS-RPB 对 ELM 分离过程的强化机理。

（1）微观混合效果

李军平[21]采用化学耦合法，以离集指数 X_S 表征微观混合的优劣，对 IS-RPB 的微观混合性能进行了实验研究，并与 IS 反应器、RPB 及传统混合器的微观混合效果进行比较，得到表 6-1 的实验结果。

表6-1　几种反应器微观混合效果对比

新型混合器	混合效果评价	传统混合器	混合效果评价
IS-RPB	$X_S<0.025$	CSTR	$X_S>0.1$
IS	$0.06<X_S<0.12$	Tee 混合器	$X_S>0.1$
RPB	$0.05<X_S<0.1$	管式反应器	$X_S>0.15$

由表可看出，混合效果最好的是 IS-RPB，其次是 IS 反应器和 RPB，IS-RPB 的微观混合效果是 IS 或 RPB 的两倍以上。IS-RPB 的混合效果比传统混合器（CSTR、Tee 混合器、管式反应器）高 4 倍左右。通过以上对比可知，微观混合过程在 IS-RPB 中得到了极大的强化，混合效果显著提高。

李崇等[22]对 IS 反应器的微观混合时间进行了研究，发现在撞击速度为 6m/s 时，微观混合时间 t_m 约为 1ms。另外，据文献报道[23]，RPB 微观混合时间 t_m 为 0.04 ～ 0.4ms，传统搅拌槽式反应器 t_m 为 5 ～ 50ms。可见，RPB、IS 反应器相比于传统搅拌槽具有更高的微观混合效率。周莉骅[24]对 RPB 中的液体停留时间进行了研究，发现转速在 1000r/min 以上时，平均停留时间小于 0.5s，且转速越高、液体流量越大，平均停留时间越短。因此，IS-RPB 可用作一种理想的快速微观混合设备，与传统搅拌器相比有更优良的微观混合性能，更适合于快速微观混合过程。

（2）液体在填料中的分布形态

张军[25]采用电视摄像和高速频闪技术，对 RPB 中的液体流动及存在形式进行研究。结果表明，填料中液体主要以液滴、液丝及液膜三种形态存在。在填料内缘，液体主要以液滴形式存在；在填料主体，主要以液膜形式存在；在填料空间内，当转速在 300 ～ 600r/min 之间时，液体主要是以填料表面上的膜与覆盖孔眼的膜的形式流动，当转速达到 800 ～ 1000r/min 时，液体主要是以填料表面上的膜与孔隙中的液滴两种形式流动。此外，他们利用人机对话图像分析方法测定了 RS 丝网波纹填料内的液滴直径分布在微米级，将超重力场中丝网填料上的液体受力进行简化分析，结合试验数据，得到平均液滴直径计算公式如下

$$d = 0.7284\left(\frac{\sigma}{n^2 R\rho}\right)^{0.5} \tag{6-4}$$

式中 σ——表面张力，N/m；

n——转速，r/s；

R——转子半径，m；

ρ——液体密度，kg/m³。

郭锴[26]采用图像分析的方法来测量液膜厚度，测得丝网填料的表面液膜厚度为 10 ～ 30μm，泡沫金属填料的表面液膜厚度为 20 ～ 80μm。郭奋等[27]对超重机内的液膜厚度建立了数学模型，得到液膜厚度的计算公式

$$\delta = 4.20\times10^{8}\frac{\nu L}{a_{\mathrm{f}} n^2 R} \tag{6-5}$$

式中 ν——运动黏度，m²/s；

L——液体通量，m³/(m²·s)；

a_{f}——填料比表面积，m²/m³；

n——填料转速，r/min；

R——填料半径，m。

由以上两式可知，随转速增大，填料中液膜厚度逐渐变薄，丝网上液滴粒径也逐渐减小。从液体在填料中的分布形态研究可知，液体在高速旋转的填料床中被高度分散成液体微元（液丝、液滴或液膜），极大地增大了液液两相的接触面积，液液混合过程得到强化，RPB 能将两股不相溶的液体快速混合均匀。

综上所述，IS-RPB 是一种快速、高效的液液微观混合设备，液液两相在比重力大数百倍至千倍的超重力环境下的多孔介质中产生流动接触，巨大的剪切力将液体撕裂成微米级的液丝、液滴和液膜。因此，在 IS-RPB 制乳过程中可显著提高乳化效果，减小内相液滴直径、缩小液滴分布范围，使乳液在废水中均匀分布，从而提高乳液的传质面积，减小液膜厚度，既增加了传质推动力也减小了传质阻力，有利于苯酚或苯胺的传质过程。

第三节 IS-RPB乳状液膜分离关键技术

ELM 分离的关键技术主要包括乳状液膜制备、分离和破乳三方面的内容。

一、乳状液膜制备技术

流动载体的选取、液膜体系的调配以及液膜的制备是影响 IS-RPB 乳状液膜制备技术的关键因素[28]。

1. 流动载体的选取

液膜分离实际是一类萃取过程，如使用含载体的液膜分离水中的金属离子，膜相中需加入流动载体（相当于萃取剂）。选择流动载体的方法与选取萃取剂的方法相似，用于溶剂萃取的萃取剂一般都可以作为液膜分离过程的流动载体。流动载体应溶于膜相而不溶于相邻的溶液相；作为有效载体，其形成的配合物应该有适中的稳定性，即该载体在膜的一侧能强烈地配合待分离物质，然后传递通过膜相，而在另一侧解除配合。此外，流动载体不能与表面活性剂反应，以免降低膜的稳定性。

2. 液膜体系的调配

膜溶剂是构成膜的基体，选择膜溶剂时主要考虑液膜的稳定性和对溶质的溶解度。一般的选用要求为：①难溶于相邻的溶液中；②不宜采用易挥发和低沸点的溶剂；③使用过程中不可有固态化转相的趋势；④具有一定黏性，维持液膜机械强度；⑤对烃类物的分离，宜选用水为膜溶剂；⑥对无载体液膜，要求溶剂对要分离的溶质能优先溶解，而对有载体液膜，溶剂应能溶解载体，不能溶解溶质；⑦油膜使用的有机溶剂一般为非极性溶剂，以保证载体在其中有最大的溶解度，并需防止与水混溶等。

一般表面活性剂的浓度与液膜的稳定性成正比，即浓度越大，液膜越稳定，但浓度过高会使液膜厚度和黏度增大，从而影响液膜的渗透性。表面活性剂的选择要求：①保证在邻接溶液中具有低溶解度，能优先促进所需溶质穿过膜进行渗透；②不影响含有流动载体液膜的选择性；③对于水溶液中的离子分离，使用非离子性表面活性剂有助于液膜的稳定性等。1982 年以来，万印华等[29]陆续筛选出一类与 ENJ-3029 结构类似的润滑油添加剂聚异丁烯二酰亚胺，如上 -205、兰 -113A、兰 -113B 用于液膜体系，取得了良好的效果。

3. 液膜的制备

为制得稳定的 ELM，内相液滴平均直径必须保持在 1 ～ 3μm，这就要求有很高的能量输入，通常可通过剧烈搅拌实现。实验室研究常采用高速搅拌机，如市售乳化器——Tekmar 均化器和 Waring 混合器，其搅拌速度高达 20000r/min[30]，有些实验室也使用超声乳化器，而乳状液的大规模制备往往采用胶体磨。对于中间规模与工业化规模操作，动态乳化器易受反萃酸的腐蚀，采用耐腐蚀材料又会使成本增大，为了解决这一问题，人们研制了静态乳化器，其制乳能力高达 600L/h，在胶黏纤维工业的液膜废水除锌工艺中已采用这种静态乳化器来制备乳状液。因此，开发高效的乳化装置是液膜分离技术实现工业化的关键。乳化装置主要有机械搅拌器、高剪切乳化机（IS-RPB 等）、高压均质器、胶体磨及超声波乳化装置等[31]。

① 搅拌器是应用最早和最广泛的制乳设备，操作简单、占地面积小，但乳液分散度低、内相粒径较大、稳定性较差、乳化时间长且为间歇性操作。刘国光等[32]采用煤油-Span80-LMS2-NaOH 液膜体系提取分离醋酸，以搅拌器为制乳装置，在制乳转速 3000r/min 下乳化 20min，乳化效果良好，分离过程中醋酸的提取率可达 96%，液膜破损率约为 5%。

② 高剪切乳化机的乳化效果明显优于搅拌器，且缩短了乳化时间，但处理量较小，适用于实验室使用。乔运娟等[33]以高剪切乳化机为制乳装置，在制乳转速 4000r/min 下制乳 15min，所得的乳液稳定性较好，静置 24h 破损率低于 10%，提取混合 20min，液膜破损率约为 5%。

③ 高压均质器的优点是热效应小、细化作用明显、能形成粒径均匀的乳液，但缺点是能耗大、易损、维护工作量大，且不适用于黏度大的物料[34]。谌竟清等[35]采用高压均质器在搅拌速度 5000r/min 下制乳 3min，适宜提取条件下，乳状液膜分离丙氨酸的提取率可达 80%，液膜破损率约为 5%，液膜溶胀率约为 40%。

④ 胶体磨结构简单、设备保养维护方便、使用范围广，但需要对物料进行预混合、操作复杂、难以实现自动化控制，且转子与物料、定子间的摩擦易产生较大热量，会改变物料性质，不能长时间连续生产。Wan 等[36]以液膜法处理酚醛树脂含酚废水，采用搅拌器预混合 1min，再用胶体磨处理 3min 后得到稳定乳液，含酚 1000mg/L 左右的废水经二级处理后，酚含量可降至 0.5mg/L。

⑤ 超声波乳化装置具有乳化效率高、乳液稳定性好的特点，但其处理能力小、时间长，因此只能在实验室使用。

对比可知，搅拌、超声等乳化设备为间歇制乳操作，只能间歇或长时间、小批量制乳，限制了乳液的工业化大规模生产；高压均质器以及胶体磨等存在能耗高、乳化剂用量大、乳化效果差的缺点，直接导致提取分离过程传质速度减慢、液膜破损增加，对整个液膜分离过程极为不利；而以 IS-RPB 为代表的高剪切乳化设备，不仅能进行连续操作，同时具备优异的传质与微观混合性能，是一种高效的乳化装置。

二、乳状液膜分离技术

乳状液膜分离的关键技术主要是指其工艺流程。对于已制备的（或成熟的）液膜体系，一般采用图 6-5 所示的工艺流程实现分离操作。

ELM 分离工艺主要分为间歇和连续两种工艺流程。间歇式乳状液膜工艺中的制乳和提取装置均为间歇搅拌式，仅适用于实验室研究，或小批量制乳和少量废水

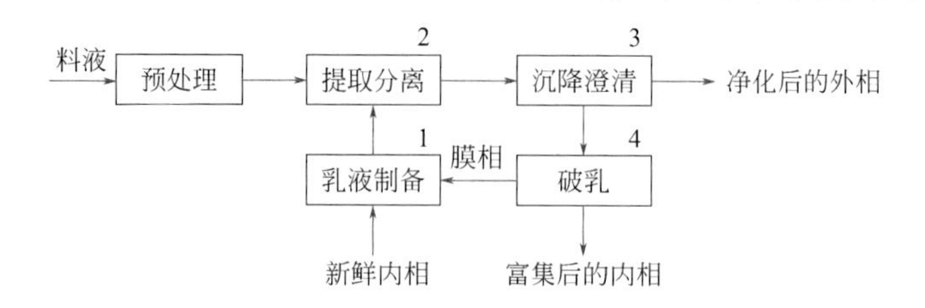

图 6-5　ELM 法分离工艺流程示意图

注：操作顺序为1-2-3-4

处理；而连续式乳状液膜工艺采用的制乳装置为超声波制乳器、胶体磨或 IS-RPB，提取装置主要采用转盘塔等塔式设备，适合大规模应用。连续式乳状液膜分离工艺流程通常如图 6-6 所示。

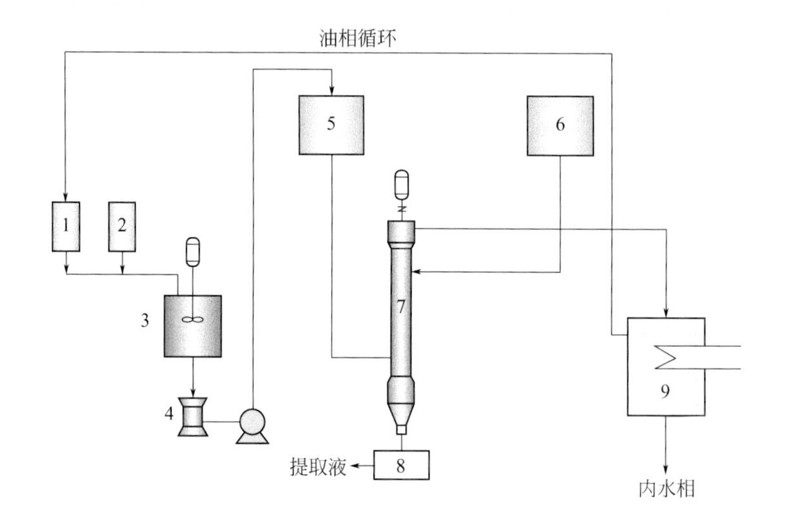

图 6-6　连续式乳状液膜分离工艺流程图

1—油相储槽；2—内相储槽；3—预搅拌器；4—胶体磨；5—乳液高位槽；6—废水高位槽；7—转盘塔；8—除油器；9—破乳器

IS-RPB 液膜分离过程一般采用连续式工艺，其中乳液和料液的充分混合是液膜分离的前提条件。IS-RPB 具有高效的相间传质与混合性能，是一种良好的液膜分离设备。如图 6-7 所示，采用 IS-RPB 进行提取分离操作时，乳状液膜和待处理物系（如含苯酚或苯胺废水）经撞击后分散在 IS-RPB 的内腔，在填料的高剪切作用下，料液沿填料孔隙由转鼓内缘向外缘流动，并从填料外缘处被甩到机体外壳的内壁，在重力的作用下汇集到出料口处，而后进入分相器内，静置分层。下层液为残余外液，即萃取后的废液；上层液为提取后的乳液，在泵的作用下进入第二台

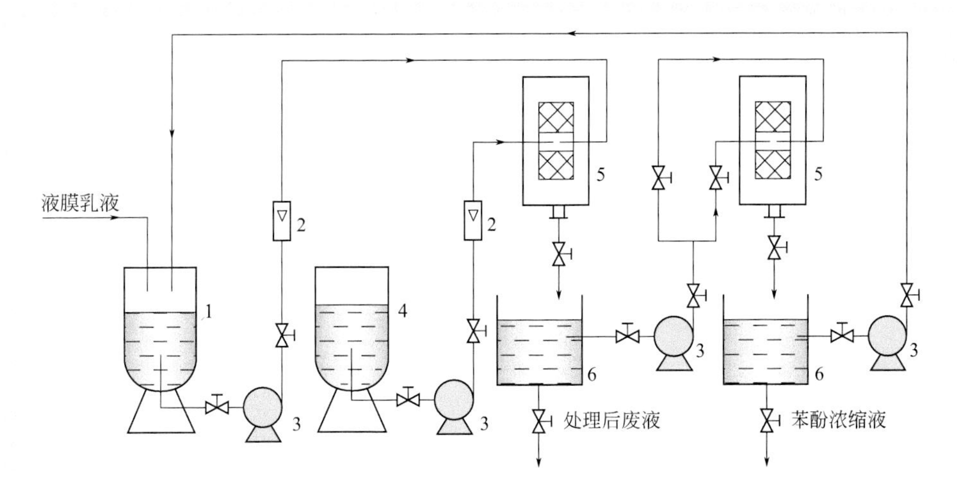

图 6-7　ELM 分离工艺流程图

1—膜乳液槽；2—流量计；3—泵；4—废液槽；5—IS-RPB；6—分层器

IS-RPB 进行撞击破乳，然后进入分层器中分层得到浓缩液和膜相体系，其中膜相体系进行回用。

溶胀是液膜分离过程中的常见现象，它是外相溶液渗透或夹带入乳液中而产生的。溶胀的结果不仅造成乳水分离困难，还会造成破乳不完全，使操作过程难以顺利进行。溶胀的方式主要有夹带溶胀和渗透溶胀，而夹带溶胀通常比渗透溶胀大得多。因此，在 IS-RPB 操作中要尽量避免溶胀的发生。王子镐等[37]认为增加黏度（包括乳状液黏度和膜相黏度）会明显降低液膜溶胀（包括夹带溶胀和渗透溶胀）。渗透溶胀由内外相溶液的活度差引起，但也与表面活性剂的特性和浓度有关，选择性能优良的表面活性剂和合适的浓度是减小渗透溶胀的有效途径[38]。Nakashio[39]的研究发现：在液膜处理过程初期，溶胀率通常是很小的，因而可以通过提高迁移率的方法缩短处理时间，从而避免溶胀的发生。

三、乳状液膜破乳技术

将分离出的乳液通过加热或者静电聚结等手段使液膜破裂，在破乳过程中排出富集溶质的内相，通过蒸馏、结晶等方式得到溶质，分离出的膜相可再次循环制乳。在该过程中，希望能减少膜相损失，并降低能量或药品消耗，以使用较低的破乳成本达到较好的破乳效果。破乳的方法有两种基本类型[40]：一种是化学破乳，另一种是物理破乳。化学破乳是添加破乳剂、电解质等使其破乳；物理破乳则是施加离心、加热、研磨、超声波、静电场等外场作用来进行破乳。这些技术单独使用时都有各自的限制。近年来，人们对新型破乳技术及多种联合破乳技术进行大量研究，并取得了较好的破乳效果，主要包括高压脉冲破乳、微滤膜破乳、微波破乳、IS-RPB 破乳、破乳剂 - 超声波联合等破乳技术[41]。

第四节 应用实例

一、处理苯酚废水

酚类物质是一种重要的化工原料，用途十分广泛。废水中酚及其衍生物的浓度超过水体的自净能力时就出现污染。工业废水中酚含量从几百到几万毫克/升不等，远超出了水体自净能力与国家排放标准（0.5mg/L）[42]。含酚废水是一种来源广、水量大、危害十分严重的工业废水之一，其危害主要表现为使水中溶解氧降低，减缓自净速率，使水质恶化，破坏水域的生态平衡，毒害动植物。因此，开展含酚废水的污染防治研究是保护环境和维持生态平衡的重要任务。

苯酚废水处理采用的装置与制乳、提取流程如图 6-8 所示。IS-RPB 主体结构尺寸为：撞击角为 90°，喷嘴直径为 1.5mm，RPB 壳体外径为 180mm，转鼓外径为 140mm、内径为 60mm，超重力因子 β=0 ～ 470。分别采用 IS-RPB 和普通搅拌槽为制乳设备，进行了制乳率、膜稳定性、膜溶胀率的比较，研究油水比、乳水比、超重力因子、提取流量、床层填料等对苯酚提取率的影响[43]。下面分别从乳状液的制备和苯酚的提取两部分介绍。

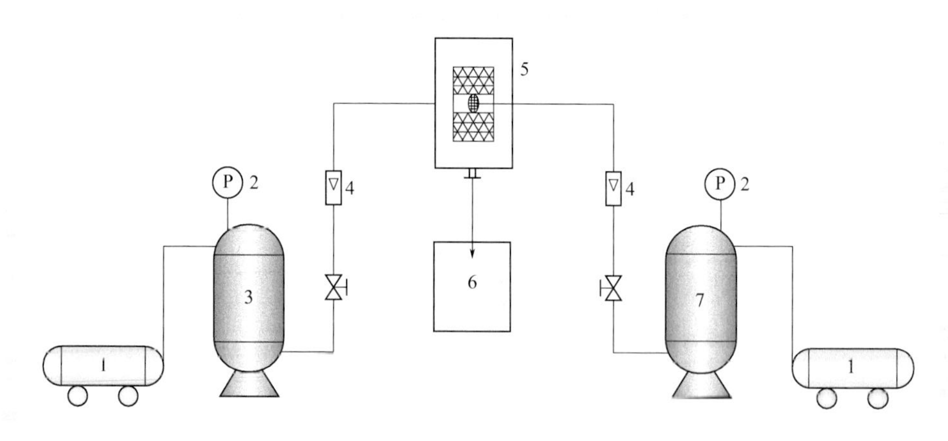

图 6-8 IS-RPB 制乳、提取实验流程装置图

1—空压机；2—压力表；3,7—压力罐；4—转子流量计；5—IS-RPB；6—分相器

① 乳状液的制备　将 Span80、液体石蜡、煤油组成的膜相体系与氢氧化钠溶液的内相体系分别装入压力罐 3、7 中，压力罐中的膜相与内相分别在空压机 1 的压力作用下输送并经流量计 4 计量后进入撞击流进料管，两相撞击混合后分散在 RPB 的内腔，在旋转填料的剪切作用下沿填料孔隙由转鼓内缘向外缘流动，混合过程得到进一步强化，接着液体从填料外缘处被甩到机体外壳的内壁，在重力的作用下汇集到出料口，而后进入分相器 6 内，得到所需的液膜乳液。

以制乳率（α）来衡量制乳的效果，因内相为 NaOH 溶液，即以 NaOH 为示踪剂进行测定，并通过测定乳液外部未进入乳液的 NaOH 的总量来计算 α

$$\alpha=\left(1-\frac{\text{乳液外部NaOH的总量}}{\text{内相起始NaOH的总量}}\right)\times 100\% \tag{6-6}$$

同样以 NaOH 为示踪剂，通过因乳液破损而进入外相的 NaOH 的量来计算破损率 ε，并以此来表征液膜的稳定性

$$\varepsilon=\frac{m_{\mathrm{wt}}-m_{\mathrm{w}0}}{m_0-m_{\mathrm{w}0}}\times 100\% \tag{6-7}$$

式中　m_{wt}、$m_{\mathrm{w}0}$——分别为搅拌时间为 t 和 t=0 时刻外相 NaOH 的量，g；

m_0——起始 NaOH 的量，g。

将含苯酚和水的乳液静置分相、澄清后，准确测定溶胀后乳液的体积，并按下式计算液膜的溶胀率 η_{s}

$$\eta_{\mathrm{s}}=\frac{V_{\mathrm{t}}-V_0}{V_0}\times 100\% \tag{6-8}$$

式中　V_{t}——混合 t 时间后的乳液体积，mL；

V_0——t=0 时的乳液体积，mL。

② 苯酚的提取　将制得的液膜乳液和 1g/L 的含酚溶液分别装入压力罐 3、7 中，具体提取方法与制备乳状液过程类似，在此期间混合传质过程得到进一步加强。在 IS-RPB 内完成酚的提取过程后，静置分层得到上层液为提取后的乳液，下层液为脱酚后的废水。脱酚后的水相中的苯酚含量采用 4- 氨基安替比林分光光度比色法，利用 721 型分光光度计进行测定，并计算苯酚提取率。

利用 IS-RPB 制备 ELM 以及结合 ELM 处理含酚废水的工艺过程受到多种因素的影响，包括填料类型、超重力因子、NaOH 用量、Span80 用量、石蜡用量等因素，下面主要讨论填料类型、超重力因子 β、相比 R_{x} 以及物性参数的影响[44,45]。

1. 填料类型对制乳率和提取率的影响

制乳条件：φ(Span80)=4%（体积分数，下同），φ(石蜡)=3%，φ(煤油)=93%，w(NaOH)=5%（质量分数），油水比（R_{oi}）为 1 : 1.5，油相流量（Q_{o}）为 60L/h。改变床层填料种类，考察其对制乳率的影响。实验分别采用塑料丝网填料和不锈钢

丝网填料两种填料进行对比研究，其变化趋势如图 6-9（a）所示。由图可见，塑料丝网填料制乳效果要略优于不锈钢丝网填料。尽管两种填料的比表面积、空隙率、当量直径都相近，但不锈钢丝网填料形状规则，表面光滑，而塑料丝网填料为不规整结构，骨架较粗、孔洞较大、骨架表面粗糙，导致填料上液膜滞留时间较长，有利于混合与传质过程，进而提升了制乳效果。

提取条件：膜相乳液流量（Q_e）为 40L/h，乳水相体积流量比（R_{ew}）为 1∶1，改变床层填料材质（塑料丝网或不锈钢丝网），填料对提取率影响的变化趋势如图 6-9（b）所示。由图可知，塑料丝网填料的提取效率要略优于不锈钢丝网填料，同样是由于塑料丝网填料粗糙的表面结构导致填料上液膜滞留时间延长。因此，采用表面粗糙的塑料填料既有利于实现 IS-RPB 设备的轻量化，又能提升液膜分离效率，但有关填料表面粗糙程度的影响规律需要通过实验研究进一步确定。

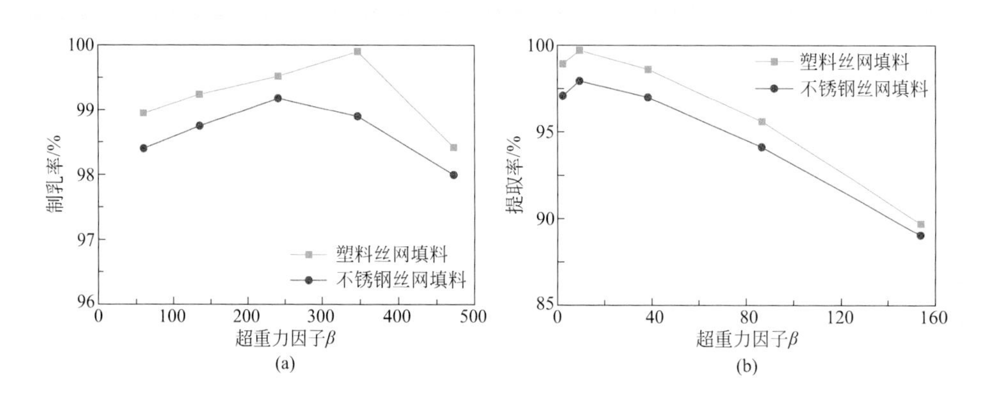

图 6-9　不同填料与制乳率（a）和提取率（b）的关系图

2. β 对制乳率和提取率的影响

制乳条件：φ(Span80)=4%，φ(石蜡)=3%，φ(煤油)=93%，w(NaOH)=5%(质量分数)，R_{oi}=1∶1.5，Q_o=60L/h。采用不锈钢丝网填料时，制乳率随超重力因子 β 的变化规律如图 6-9（a）所示。由图可知，制乳率随着 β 的变化存在最大值。当 β 小于最佳值时，随着 β 的增大，IS-RPB 中填料的转速加快，填料对两相的剪切力逐渐增大，混合强度随之提高，液滴破裂与聚并频率增加，促使制乳率不断增大。当 β 大于最佳值时，随着 β 的增大，两种液体在 IS-RPB 内停留时间逐渐变短，使得两相的混合接触不够充分。可见，采用 IS-RPB 制备乳状液膜时，超重力因子应控制在合理的范围内，考虑能耗等因素一般选取 β=300 左右。

当 Q_e=40L/h，R_{ew}=1∶1，改变超重力因子 β，苯酚提取率的变化规律如图 6-9（b）所示。由图可知，β=9.6 时达到最大提取率。这是由于当 β<9.6 时，随着 β 的

增大，床层中液膜厚度变薄，传质阻力减小，液膜更新变快，促进了提取率的增大。但是，当β>9.6时，随着β的进一步增大，两种液体在RPB中停留时间变短，RPB内混合强度增大，导致部分乳液破碎，从而减小提取率。值得注意的是，过高的混合强度会导致过度乳化，使得最后分层较为困难，这对提取过程不利。因此，进行乳状液膜提取时，超重力因子不宜过大，要兼顾提取率和后续分离效果，实际应用中β一般控制在10左右即可。

3. R_x对制乳率和提取率的影响

制乳条件：φ(Span80)=4%，φ(石蜡)=3%，φ(煤油)=93%，w(NaOH)=5%，β=346.7。改变油相体积流量和油水比（R_{oi}），研究两者对制乳率的影响，结果如图6-10（a）所示。从图中可以看出，R_{oi}恒定时，制乳率随着油相流量的增加而减小，油相流量一定时，制乳率随着R_{oi}的增大而减小。但在油水比（R_{oi}）由1∶1变为1∶1.5时，制乳流量在40～60L/h范围内，二者的制乳率几乎相等，均可达99.9%以上。这是因为在β为最优条件时所提供的剪切作用下，两相液体在IS-RPB内能充分接触，致使两相液体混合充分。当油水比（R_{oi}）超过1∶1.5时，内水相所占比例较大，不能完全被油相包裹，同时形成的液膜也较薄，导致乳液易破裂，因此制乳率较低。考虑到操作弹性与成本，实际中应采用Q_o=40L/h、R_{oi}=1∶1.5的乳化条件。

提取条件：Q_e=40L/h、β=9.6，研究R_{ew}的变化对苯酚最终提取率的影响，实验结果如图6-10（b）所示。由图可知，随着乳水比R_{ew}的增加，苯酚的提取率不断降低。这是由于随着R_{ew}增加，乳液的相对量逐渐减少，单位面积上处理量不断增加，传质交换的能力不断降低，导致提取率的逐渐降低。另外，R_{ew}超过或低于1都会导致流体撞击面偏移，进而影响混合与传质过程，所以宜选用R_{ew}=1∶1。

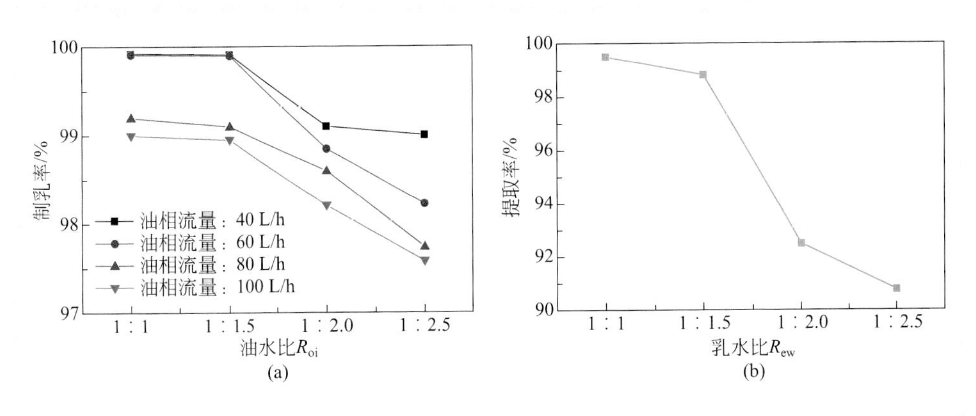

图6-10　制乳相比与制乳率（a）和提取率（b）的关系图

4. 物性参数对液膜提取过程的影响

（1）膜增强剂对液膜稳定性的影响

可选用的膜增强剂种类很多，例如正丁醇、异辛醇、磷酸三丁酯和液体石蜡。提取实验中，先将 IS-RPB 内制得的乳液放入含酚废水的外相液中，经高速搅拌器混合一定时间后，研究膜增强剂对乳液稳定性的影响规律。提取条件：膜相组成为 4% Span80、93% 煤油（均为体积分数），内相为 5% NaOH（质量分数），β=346.7，搅拌速度为 400 ～ 600r/min。由图 6-11 可以看出，虽然不同膜增强剂的破损率都会随时间延长而升高，但以石蜡为膜增强剂的液膜的稳定性能最好，异辛醇次之，正丁醇最差。由此可知：①烷烃较醇类和酯类有机物更具有增强膜稳定性的作用，这可能是因为酯类和醇类均含有亲水基团，导致溶胀加剧，乳液稳定性下降；②含碳量高的有机物比含碳量低的有机物更具有增强膜稳定性的作用。因此，选用液体石蜡作为煤油的膜增强剂有利于提升液膜的稳定性。

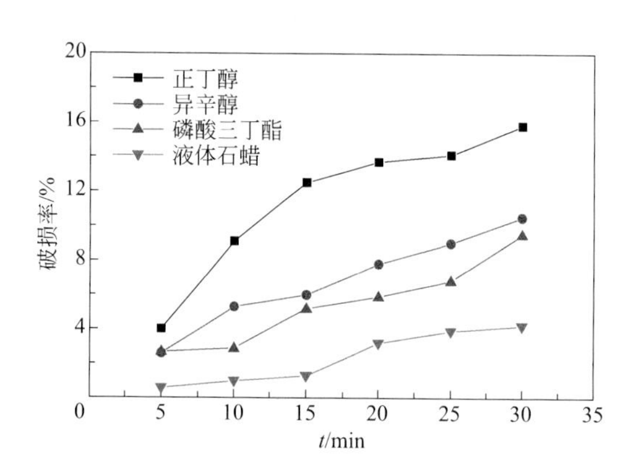

图 6-11　膜增强剂对液膜稳定性的影响

（2）膜添加剂用量对制乳率的影响

实验中选用的表面活性剂为 Span80，膜溶剂为煤油，膜增强剂为液体石蜡。实验条件：R_{oi}=1 ∶ 1.5，β=346.7，5% NaOH（质量分数）。考察表面活性剂 Span80 和液体石蜡的用量对制乳率的影响，结果如图 6-12 所示。由图可知，制乳率随着 Span80 用量的增大呈非线性增大。Span80 用量为 2% 时，制乳率偏低，而 Span80 用量为 4% ～ 6% 时，制乳率高且相近。这是因为乳状液是由一种液体高度分散于另一液体中而得到的，属于热亚稳定体系。表面活性剂的加入可以降低膜的界面张力，减弱不稳定程度。根据 Gibbs 吸附理论解释：加入膜溶剂中的表面活性剂必然在界面上发生吸附，形成具有一定强度的界面膜，使分散的微滴碰撞时不易聚结，进而避免液膜的破损。当膜相中 Span80 用量较低时，界面上吸附的分子少，界面

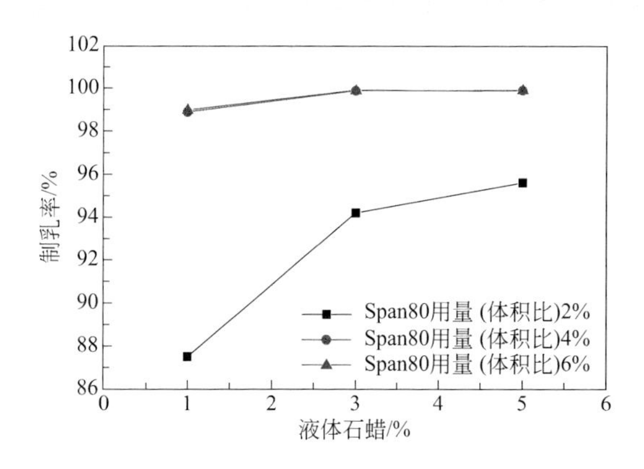

图 6-12　膜添加剂用量对制乳率的影响

强度差，乳状液膜稳定性也差，膜破损率较高，使得制乳率较低。当 Span80 用量增至一定值时，界面膜由比较紧密排列的定向吸附分子组成，膜的强度相应增大，乳状微滴难以聚结，所形成的乳状液膜稳定性就好。再增加 Span80 用量，吸附分子定向排列趋于饱和，不会对乳状液膜稳定性起更大的作用。另外，由于表面活性剂用量过多，导致乳液黏度较大，传质阻力增大，从而影响提取率。表面活性剂用量过多，还会使操作成本增加，所以制备乳状液膜时宜采用 4% 的 Span80。

此外，随着膜增强剂液体石蜡用量的增加，制乳率不断提高。这是因为膜增强剂用量变大，导致膜的强度和黏度都增大，所以液膜不易破裂，膜的稳定性增大，制乳率随之增大。尽管如此，在表面活性剂含量大于 3% 的情况下，提高液体石蜡的用量对制乳率的提升影响并不大。综上所述，油相组分为 Span80 用量为 4%、液体石蜡用量为 3%、煤油用量为 93% 时，制乳率高达 99.9%。

（3）NaOH 溶液浓度对提取率的影响

实验条件：β=9.6，膜相流量为 40L/h，乳水比 R_{ew} 为 1∶1。改变内相 NaOH 溶液的浓度（质量分数），研究其变化对提取率的影响，实验结果如图 6-13 所示。由图可知，当 NaOH 溶液的质量分数在 2% ～ 5% 范围内，提取率都较高，而当 NaOH 溶液的质量分数大于 5% 时提取率显著下降。这是因为溶液中碱性过强导致表面活性剂 Span80 分子酯键水解，使膜的稳定性急剧下降，从而导致膜的破损严重，最终使提取率显著降低。因此，考虑膜的稳定性，同时为了能够扩大处理含酚废水的浓度范围，实际应用中宜采用 5% 的 NaOH 溶液。

5. 制乳方式对比

为了说明 IS-RPB 制乳的优势，将 IS-RPB 与高速搅拌制乳方式进行了对比研究，具体的实验条件如下。

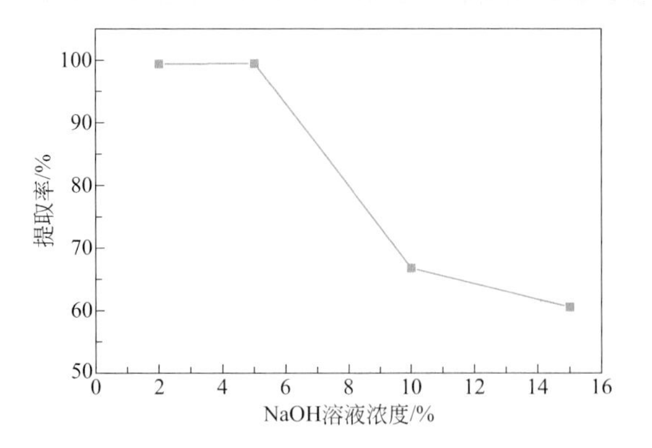

图 6-13　NaOH 溶液浓度对提取率的影响

① IS-RPB 制乳条件　IS-PRB 作为制乳设备，φ(Span80)=4%（体积分数，下同），φ(石蜡)=3%，φ(煤油)=93%，w(NaOH)=5%（质量分数），油水比（R_{oi}）为 1：1.5，β=346.7，油相流量为 60L/h。

② 高速搅拌制乳条件　JB90-D 型强力电动搅拌机作为制乳设备，φ(Span80)=4%，φ(石蜡)=3%，φ(煤油)=93%，w(NaOH)=5%，油水比（R_{oi}）为 1：1.5，制乳转速为 2800r/min，单次制乳量为 40L。

两种方式获得的制乳率对比如表 6-2 所示。

表6-2　两种制乳方式的制乳率

制乳方式	制乳率 /%						
	＜1s	5min	10min	15min	20min	25min	30min
IS-RPB	99.90						
高速搅拌器		60.11	72.77	89.38	97.60	99.77	98.21

由表可见，利用 IS-RPB 作为制乳装置进行乳液的制备可以实现快速制乳，且制乳率高达 99.9%。而高速搅拌器制乳率最高为 99.8%，且制乳时间至少为 25min。除提升制乳率外，IS-RPB 还能增强液膜的稳定性。图 6-14（a）为 IS-RPB 和高速搅拌器所制备液膜的稳定性对比图。由图可知，通过 IS-RPB 制得的乳液破损率要明显低于高速搅拌器制得乳液的破损率；高速搅拌器制得的乳液平均破损率是 IS-RPB 制得的乳液平均破损率的 10 倍左右。因此，采用 IS-RPB 能够显著提高制乳率，增强液膜的稳定性。

乳液的溶胀率也是乳液性能的一个重要指标。乳液的溶胀可以使膜内已富集的物质浓度变稀，降低分离的选择性，改变体系的黏度及乳液的分散状态，影响乳液与外相的分离和破乳操作。因此，乳液的溶胀问题是十分重要的。将前述的两种方法制得的乳液与含酚废水在转速为 400r/min 下混合一定时间，静置分相澄清后，准确测定溶胀后乳液的体积来计算液膜的溶胀率。

图 6-14（b）为两种制乳方式所制得的液膜溶胀率的比较。由图可见，当混合时间在 60min 以内时，通过 IS-RPB 制得的乳液比高速搅拌制乳方法所得的乳液的溶胀率大 3 倍左右，这是由于两种制乳方法的乳化强度不同。IS-RPB 由于具有强烈混合传质特性，在相同的混合搅拌条件下，IS-RPB 制得的乳液液滴小而均匀，与外水相接触的面积大大增加，外水相渗透进入乳滴的面积也就增大，同时乳液包裹外水相的概率增大，溶胀率显著增加。但实验的提取操作过程是在 IS-RPB 中完成的，利用 IS-RPB 能增大混合传质面积、缩短提取时间的优势，在较短的时间内即可完成提取操作，将溶胀对整个操作的影响降至最低。

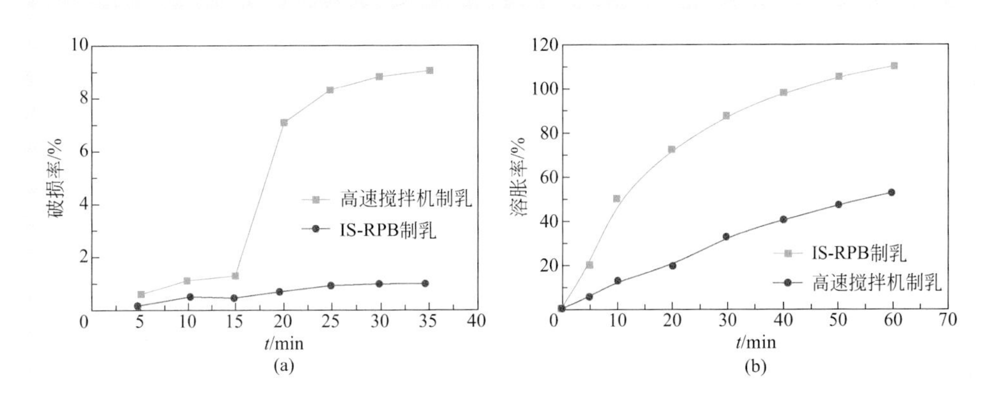

图 6-14　两种方式所制得乳液的稳定性（a）与液膜溶胀率（b）比较

此外，采用 IS-RPB 与高速搅拌器提取苯酚，所得苯酚的提取率对比结果如表 6-3 所示。

表6-3　两种设备中苯酚的提取率

提取方式	提取率 /%						
	<1s	5min	10min	15min	20min	25min	30min
IS-RPB	99.72						
高速搅拌器		20.25	42.16	65.35	75.80	84.21	89.57

从表中可看出，利用 IS-RPB 作为苯酚提取装置，可以瞬间（＜ 1s）完成苯酚的提取，且提取率高达 99.7% 以上。而传统的高速搅拌方法苯酚的提取率并不高，最高只有 89.6%，而且所需提取时间较长，达到最高提取率需要 30min 左右。考虑到能耗等因素，在利用 IS-RPB 制备乳状液膜时，一般选取 R_{oi}=1∶1 ～ 1∶1.5，β=300 左右，提取操作时 R_{ew}=1∶1，β=10。另外，开发轻质、表面粗糙的丝网填料对促进先进液膜分离技术的发展具有重要意义。总之，IS-RPB 作为高效的制乳、

提取设备，具有操作时间短、效率高、易于放大、可连续化操作的优点，此技术适用于 W/O 型、O/W 型的乳状液膜的制备和提取过程，在液膜分离技术的工业化生产中具有广阔的应用前景。

二、处理苯胺废水

苯胺是一种重要的化工原料和化工产品，广泛应用于印染、农药、医药和军工等行业。苯胺在生产和使用过程中会产生大量苯胺类废水，由于其毒性、难生物降解等特点，对生态环境造成严重危害[46,47]。苯胺废水处理技术主要包括物理法、化学法和生物法三类，这些技术均有各自的优点，但同时也存在低效、操作难度大等局限性，因此开发新型、高效的苯胺治理技术对废水中的苯胺类物质的净化具有重要意义[48-50]。

IS-RPB 乳状液膜法处理苯胺废水工艺包括制乳和提取两部分。乳液制备工艺流程如图 6-15 所示，此设备的相关参数为：进液管直径为 10mm，喷嘴直径为 1.5mm，喷嘴间距为 3mm，填料内径为 60mm、外径为 160mm，填料厚度为 60mm，壳体外径为 200mm，转速为 0 ～ 1600r/min，装置中的填料为不锈钢丝网填料。乳化过程主要在 IS-RPB 制乳装置中完成，其工艺流程如下。

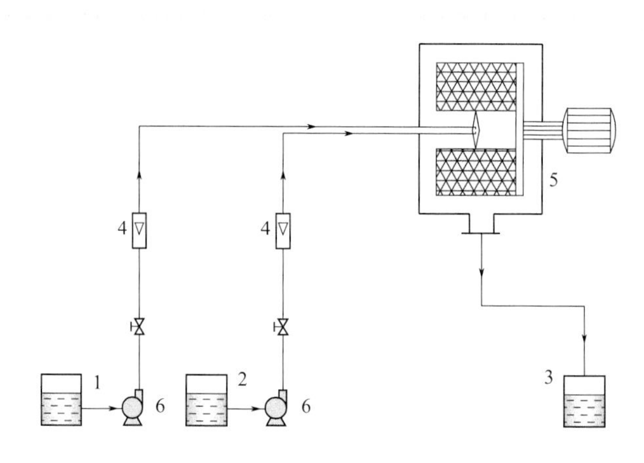

图 6-15　IS-RPB 制乳工艺流程图

1—油相槽；2—水相槽；3—乳液槽；4—流量计；5—IS-RPB；6—隔膜泵

首先，将配制好的油膜相和内水相分别加入储槽 1 和储槽 2 中，两相液体按油相与内水相体积比 1∶1 分别经泵输送至撞击流装置，两股液体以相同的速度（5 ～ 15m/s）在喷嘴处发生撞击，形成一个垂直于喷嘴方向的空间扇形撞击雾面，实现初步乳化。随后，撞击雾面进入高速旋转的填料内腔，沿填料空隙向外缘流动。在此期间，填料的高速旋转造成混合液与旋转填料的相对速度差，对径向喷入的混合液产生强烈的剪切力，强化了混合传质过程，实现深度乳化，形成的乳液在离心力作用下从转鼓的外缘甩到机体外壳上，在重力作用下经出料口进入乳液槽3，得到 W/O 型乳液。

苯胺液膜分离原理详见本章第三节内容，其提取主要采用传统搅拌器进行，具体的工艺流程为：将制好的 W/O 型乳液与浓度为 1000mg/L 的苯胺模拟废水按乳水比 1∶20，在转速为 200r/min 左右的搅拌器中混合，得到稳定的 W/O/W 型乳状液膜体系，每隔一定时间取水样检测苯胺浓度。

本研究以 IS-RPB 作为乳化液膜制备装置，主要考察超重力因子 β、撞击初速度 u_0 等不同操作条件对乳状液稳定性的影响；以搅拌器为液膜分离装置，考察不同工艺条件，如表面活性剂用量 m、超重力因子 β、撞击初速度 u_0 等因素对苯胺提取率的影响规律[51,52]。

1. m 对液膜稳定性与苯胺提取率的影响

制乳条件：β=65、u_0=9.5m/s、R_{oi}=1∶1，仅改变膜配方中 Span80 的用量为 2%、4%、6%、8%，考察表面活性剂用量对液膜稳定性的影响，结果见图 6-16（a）。由图可知，随 Span80 用量增加，液膜稳定性逐渐加强。当 Span80 用量较低时，界面吸附的分子较少，膜中分子排布松散，膜界面强度差，形成的乳状液不稳定、易破损。随着 Span80 的用量增加到一定程度后，界面上形成由定向吸附的乳化剂分子紧密排列而成的界面膜，强度较高，足以阻碍乳液液滴的聚并，因此提高了乳液的稳定性。Span80 用量继续增加时，界面膜厚度增加，乳液稳定性和强度均增加。此外，随着提取时间的延长，液膜的破损率呈逐渐升高的趋势。这主要是由于液膜发生了溶胀，进而有部分液膜破裂。考虑到成本等因素，表面活性剂浓度宜选用 4% ～ 6%，此时液膜破损率在 5% 左右，液膜稳定性较好。

基于上述已制得的液膜，采用 1mol/L 的盐酸进行液膜分离操作。膜配方中 Span80 的含量对苯胺提取率的影响见图 6-16（b）。从图可看出，随 Span80 用量的增加苯胺提取率逐渐增加，Span80 达到一定浓度后苯胺提取率趋于稳定，Span80 用量进一步增加时，则不利于苯胺的提取。这是因为随膜相 Span80 用量的增加，界面张力逐渐减小，使液膜稳定性增加，有利于苯胺传递；而当 Span80 用量过大时，体系黏度和液膜厚度增加，导致苯胺的扩散速率减小，同时体系的溶胀增加，使提取率下降。另外，当 Span80 用量过低时，提取时间由 10min 增加为 20min，提取率下降幅度相对较大。这是因为表面活性剂用量少，导致液膜强度不足。因此，选用的适宜表面活性剂 Span80 的用量为 4% ～ 6%，此时苯胺提取率大于 99.0%。

2. β 对液膜稳定性与苯胺提取率的影响

固定乳状液膜配方，在 u_0=9.5m/s 的条件下，改变 β 为 32、65、110（对应转

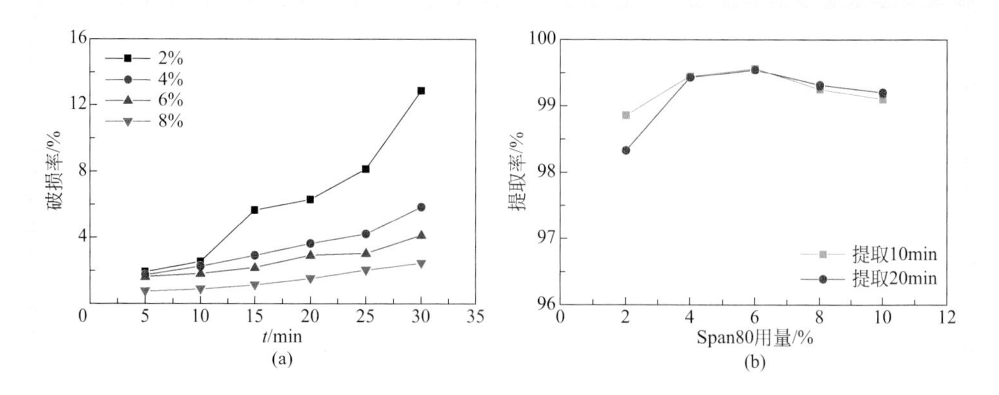

图 6-16 表面活性剂用量对液膜稳定性（a）与苯胺提取率（b）的影响

速分别为 700r/min、1000r/min、1300r/min）进行实验，考察随提取时间的延长超重力因子对液膜破损率的影响，结果见图 6-17（a）。由图可看出，在 β=32 ～ 110 的范围内，乳液的破损率随提取时间的延长而增加，其稳定性随填料转速的增加而提高。当 β=32 时，乳液的破损率随提取时间延长而快速增加，乳液破损率较大；当 β>65 时，液膜破损随时间的变化不大，最大破损率仅为 5% 左右，液膜稳定性良好。这可能是由于 β 较大时，填料转速较高，混合相经历的剪切次数多、强度大，所得的乳液液滴粒径减小，导致乳液的稳定性提升。考虑到能耗等实际问题，采用 IS-RPB 制备乳液时宜在 β=65 的操作条件下进行。

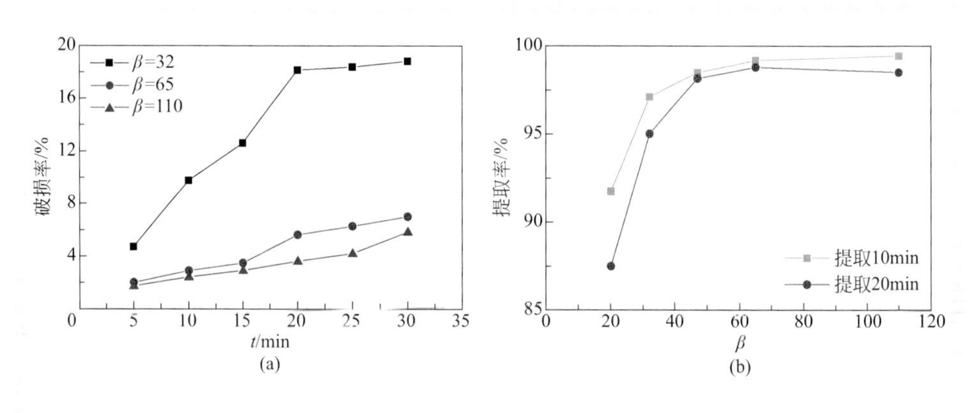

图 6-17 超重力因子 β 对液膜稳定性（a）与苯胺提取率（b）的影响

固定乳状液膜配方为 Span80 4%、煤油 96%，内相盐酸浓度为 1mol/L、u_0=9.5m/s 的条件下，超重力因子分别为 20、32、47、65、110（转速分别为 550r/min、700r/min、850r/min、1000r/min、1300r/min），考察超重力因子对苯胺提取率

的影响，结果见图 6-17（b）。由图可知，在实验范围内，超重力因子越大，苯胺的提取率越高；当 β>65 时，IS-RPB 制得的乳液能得到较好的提取效果，乳状液膜提取 10min，能使苯胺提取率达到 99.5%，苯胺浓度降至 5mg/L，达到国家规定的三级排放标准。分析其原因如下：一方面，高速旋转的填料增加了液体的切割频率和切割强度，使混合液体经历破碎 - 重组 - 再破碎 - 再重组的过程，从而使液滴粒径减小，且趋于均匀，最终提高乳液稳定性；另一方面，随着转速的进一步增加，离心作用增强，混合液体在填料中的停留时间变短，液体的有效切割次数减少，又降低乳化效果，使得提取时间较长时液膜破损增加，提取率下降，因此提取率不再继续升高。考虑到超重力因子对乳液稳定性的影响及节能的原则，宜选取 β=60 ～ 70 进行提取操作。

3. u_0 对液膜稳定性与苯胺提取率的影响

固定乳状液膜配方不变，在 β=65 的条件下，改变撞击初速度 u_0 为 6.3m/s、7.9m/s、9.5m/s（对应的液体流量分别为 40L/h、50L/h、60L/h）进行实验，研究不同 u_0 条件下液膜破损率随提取时间的变化规律，结果见图 6-18（a）。由图可知，相同提取时间条件下，两相液体 u_0 越大，乳液破损率越小，制得的乳液稳定性越好。分析其原因可能为：u_0 越大，液体相对速度越大，撞击能量越高，撞击核心区的湍动强度越大；撞击后的液滴进入填料的径向速度增大，填料的剪切作用加强，在床层中的液膜厚度变薄，粒径减小、粒度分布范围变窄；在废水中高度分散的乳液液滴有利于混合提取过程的进行。

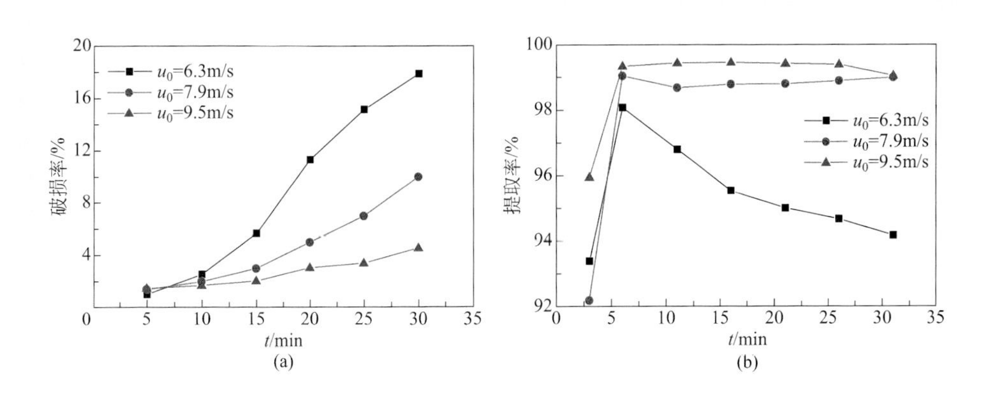

图 6-18　撞击初速度 u_0 对液膜稳定性（a）与苯胺提取率（b）的影响

固定乳状液膜配方为 Span80 4%、煤油 96%，内相盐酸浓度为 1mol/L，β=65，变化撞击初速度 u_0 为 6.3m/s、7.9m/s、9.5m/s（即液体流量为 40L/h、50L/h、60L/h）进行实验，研究不同 u_0 条件下苯胺提取率随提取时间的变化规律，如图 6-18（b）

所示。由图可知，随着 u_0 增加，苯胺的提取率升高。造成上述现象的原因可能是：u_0 越大，撞击动量增大，撞击区域的能量耗散率提升，液体的预混合更均匀，且混合液进入填料的速度也增加，填料对混合液的剪切作用进一步加强，导致乳液在废水中均匀分散，使传质表面积增加，进而提升苯胺的传质速率。当 u_0=9.5m/s 时，苯胺的提取率可达 99.5%，剩余苯胺浓度约为 5mg/L，达到国家规定的三级废水排放标准，故实际应用中选用 u_0=8 ～ 9m/s 较为合理。

4. 制乳方式对比

比较 IS-RPB 与高速搅拌两种制乳方法制备的乳液性能，包括粒径大小及分布、静置稳定性及液膜稳定性三方面。

（1）乳液粒径大小及分布

IS-RPB 是一种连续制乳装置，采用示踪法测得液体在 IS-RPB 中的停留时间为 0.5s。搅拌制乳为间歇操作，随着制乳时间的延长，粒径逐渐减小，制乳时间达 20min 后，乳液粒径大小基本不变。两种制乳方式获得的乳液显微照片如图 6-19 所示。由图 6-19（a）可知，IS-RPB 连续制得的乳液粒径较小，粒径范围为 3 ～ 20μm，粒径分布较窄，而搅拌器制乳 20min 所得的乳液［见图 6-19（b）］粒径较大，粒径范围为 7 ～ 38μm，粒径分布较宽。分析其原因为：采用 IS-RPB 制乳时，两股流体在撞击区射流撞击，或减小压力脉冲，或产生较强烈的径向和轴向湍流速度分量，因而在撞击区完成良好的预乳化；流体经撞击后进入高速旋转的填料中，流体受到填料的高强度剪切作用，进一步加强微观混合与乳化效果。IS-RPB 的这些特点决定了其可以使两相流体在极短时间内达到良好的乳化效果，而搅拌器中的微观混合只发生在搅拌桨附近，需要较长的时间才能使流体达到充分混合。

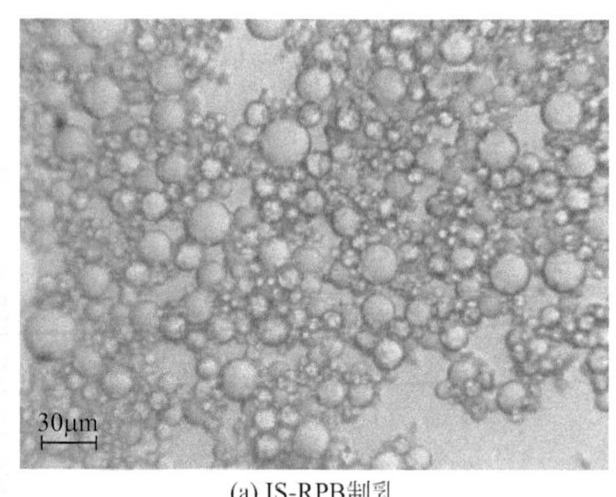

(a) IS-RPB制乳

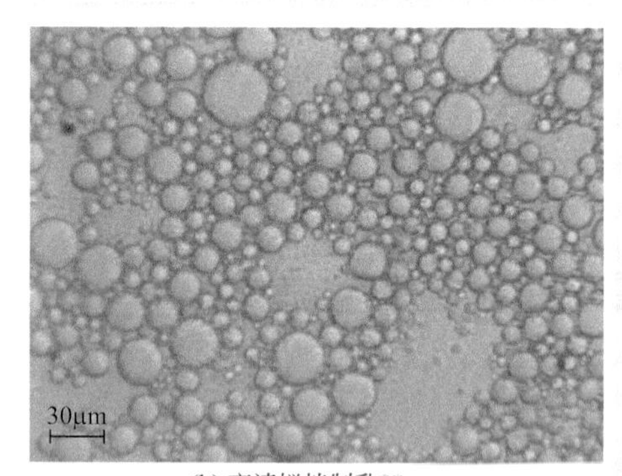

(b) 高速搅拌制乳20min

图 6-19　乳液粒径分布

（2）乳液的静置稳定性

比较两种制乳方式制得的乳液在不同静置时间下的破损率，实验结果见表 6-4。

表6-4　两种制乳方式的乳液静置稳定性

制乳方式	破损率 /%		
	静置 2h	静置 6h	静置 24h
IS-RPB	13.0	18.3	29.6
高速搅拌	15.2	21.9	36.5

由上表可知，IS-RPB 制得的乳液静置稳定性明显优于搅拌制乳。这可能是因为 IS-RPB 乳液产品粒径较小，分布较均匀，根据 Stokes 公式，粒径越小沉降速度越小，静置稳定性也越好。因此，IS-RPB 所得乳液与传统搅拌方式相比具有更好的储存稳定性，为乳液的储存、输运以及后续提取操作提供了保障。

（3）液膜稳定性与苯胺提取率

在相同的提取条件（乳水比为 1∶20，搅拌器转速为 200r/min 左右）下，两种制乳方式所制得乳液的液膜稳定性对比如图 6-20（a）所示。由图可知，IS-RPB 制得的乳液破损率明显小于高速搅拌制乳的破损率。特别是在提取 30min 时，IS-RPB 制乳方式的液膜破损率约为 6%，而高速搅拌方式的液膜破损率高达 10%。这是由于在 IS-RPB 乳化过程中，两股流体首先在撞击区混合，具有强烈的径向和轴向湍流速度分量，预乳化效果良好；乳液后续进入高速旋转的填料中，受到填料的高强度剪切作用，乳化效果进一步得到强化。因此，IS-RPB 制乳方式在维持液膜稳定性上具有较明显的优势。

在乳状液膜配方相同的条件下，乳液制备完成后，将乳液与苯胺含量为 1g/L 的模拟废水按乳水比 1∶20 混合提取，考察苯胺提取率随提取时间的变化趋势，结果见图 6-20（b）。由图可知，用 IS-RPB 制备的乳液处理废水，在提取 5 ～ 10min

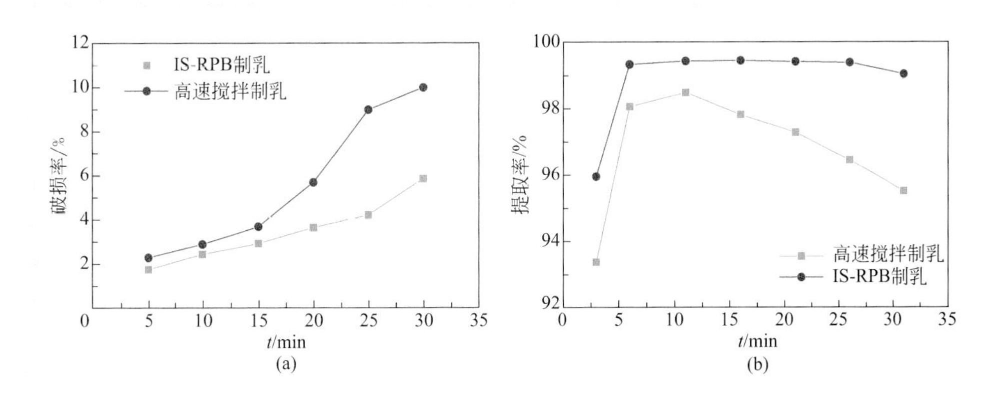

图 6-20　不同乳化方式对液膜稳定性（a）与苯胺提取率（b）的影响

时，苯胺提取率可达 99.5% 以上，且随提取时间的延长苯胺提取率变化不大，提取 30min 时苯胺提取率为 99%。高速搅拌方式制得的乳液，在与废水提取混合过程中，苯胺提取率先增加后减小，在提取 10min 时，苯胺提取率最高为 98.5%；随提取时间的延长，液膜破损逐渐增加，聚集在内相的苯胺和盐酸再次进入外相废水中，使提取率减小，提取 30min 时苯胺提取率降至 95.5%。造成以上现象的原因分析详见本节相关内容，这里不再赘述。由两种方式对比可知，IS-RPB 制备的乳液在苯胺提取效果上更有优势。

（4）综合对比

对两种制乳方式进行综合对比，结果见表 6-5。

表6-5 IS-RPB和高速搅拌综合对比

制乳方式	IS-RPB	高速搅拌	制乳方式	IS-RPB	高速搅拌
制乳转速 /(r/min)	1000	1000	静置 2h 破损率 /%	13.1	20.4
制乳时间 /s	0.5	1200	提取 30min 液膜破损率 /%	5	11
处理量 /(L/h)	120	3	提取 10min 苯胺提取率 /%	99.5	98.0
乳液粒径分布 /μm	3 ～ 20	7 ～ 38	提取 30min 苯胺提取率 /%	99.0	95.5

对比表中的数据可知，在 ELM 配方及提取操作条件相似的情况下，IS-RPB 制乳时间是高速搅拌制乳的 1/2400，大大缩短了制乳时间，且 IS-RPB 能连续制乳，处理量为 120L/h，为高速搅拌处理量的 40 倍。同时，IS-RPB 制备的乳液在粒径大小、静置稳定性、液膜稳定性方面明显优于高速搅拌器制备的乳液。因此，采用 IS-RPB 作为乳状液膜过程的制乳设备可实现快速、连续制乳，且所得乳状液膜稳定性良好，苯胺提取率较高。在实际应用中，考虑到节能减排等问题，宜选用的活性剂用量为 4% ～ 6%，乳化操作参数范围为 β=60 ～ 70、u_0=8 ～ 9m/s。

综上所述，IS-RPB 既可以用作乳化装置，又可以用作液膜提取装置。IS-RPB 作为制乳设备，具有制乳时间短、产量大、乳液稳定性好、苯胺提取率高、可连续操作的特点。因此，IS-RPB 液膜提取装置的应用必将促进液膜分离技术的工业化发展。

第五节 展望

目前，液膜分离技术因其高效、快速、简便、节能等优点，已经引起诸多行业的重视，并在石油、化工、冶金、原子能工业、废水处理、医药和生物学等领域得到广泛的应用。然而，液膜分离技术本身还存在一些问题未解决，例如，缺乏连续、高效、节能的制备方法及提取设备，液膜的溶胀和破乳等方面的研究也不够理想，因此大多数研究仍处于试验阶段。IS-RPB 作为高效的制乳、提取设备，具有操作时间短、效率高、易于放大、可连续化操作的优点，此技术适应任何形式（包括 W/O 型、O/W 型）的乳液的制备和提取过程，在液膜分离的工业化生产中具有广阔的应用前景。今后，需要从以下几方面进行研究：

① 研发高性能表面活性剂　表面活性剂对溶质的提取率影响较大，它直接影响液膜的稳定性和溶胀性能，从而最终决定提取率的高低。因此，研制高性能的表面活性剂是今后需要重点关注的科学问题。

② 构建新型填料与预混合组件　IS-RPB 中填料的存在对乳液的混合与传质过程有重大的影响，而预混合组件对于乳化过程的影响也不容忽视，因此开发性能良好的轻质填料与设计预混合组件对于 ELM 的开发与应用有重要的意义。

③ 扩展 ELM 的应用领域　温室气体排放引起全球气候变暖，备受国际社会关注。ELM 分离作为一种新兴的技术，具有操作简单、耗能低等特点，能够提高 CO_2 的分离效率[53]。因此，将 ELM 分离技术和超重力技术相结合，有望发展新型的 CO_2 分离技术。

参考文献

[1] Li N N, Somernet N J. Separation hydrocarbons with liquid membranes[P]. US 3410794. 1968-11-12.

[2] Bloch R, Finkelstein A, Kedem O. Metal ion separation by dialysis through solvent membranes [J]. Ind Eng Chem Process Des Develop, 1967, 6: 231-237.

[3] Ward W J, Robb W L. Carbon dioxide-oxygen separation: facilitated transport of carbon dioxide across a liquid film [J]. Science, 1967, 156: 1481-1486.

[4] Rappert M, Draxler J, Marr R. Liquid-membrane-permeation and its experiences in pilot plant and industrial scale [J]. Sep Sci Technol, 1988, 23: 1659-1666.

[5] 张牡丹 , 张丽娟 , 刘关 , 等 . 液膜分离技术及其应用研究进展 [J]. 化学世界 , 2015, (8): 506-511.

[6] Kulkarni P S, Bellary M P, Ghosh S K. Study on membrane stability and recovery of uranium(Ⅵ) from aqueous solutions using a liquid emulsion membrane process [J]. Hydromatallurgy, 2002, 64: 49-58.

[7] 杜三旺 , 刘文凤 . 乳状液膜分离技术在中国的应用研究进展 [J]. 当代化工 , 2015, 44: 101-104.

[8] Boyadzhier L, Bezenshen E. Carrier mediated extraction, application of double emulsion technique for mercury removal from wastewater [J]. J Membr Sci, 1983, 14: 13-18.

[9] 王学松 . 液膜分离技术及其进展 [J]. 化工进展 , 1990, (6): 1-6.

[10] 张瑞华 . 液膜分离技术 [M]. 南昌 : 江西人民出版社 , 1984.
[11] Davoodi-Nasab P, Rahbar-Kelishami A, Safdari J, et al. Evaluation of the emulsion liquid membrane performance on the removal of gadolinium from acidic solutions [J]. J Mol Liq, 2018, 262: 97-103.
[12] Krull F F, Fritzmann C, Melin T. Liquid membranes for gas/vapor separations [J]. J Membr Sci, 2008, 325: 509-519.
[13] 李光霁 , 潘家祯 . 超高压和撞击流相结合的新方法在乳化均质方面的应用 [J]. 机械设计与制造 , 2010, (2): 72-74.
[14] 张军 , 郭锴 . 旋转床内液体流动的实验研究 [J]. 高校化学工程学报 , 2000, 14: 378-381.
[15] 欧阳朝斌 , 刘有智 , 祁贵生 . 一种新型反应设备——旋转填料床技术及其应用 [J]. 化工科技 , 2002, 10(4): 50-53.
[16] Liu Y Z, Jiao W Z, Qi G S. Preparation and properties of methanol-diesel oil emulsified fuel under high-gravity environment [J]. Renew Energy, 2011, 36: 1463-1468.
[17] Jiao W Z, Luo S, He Z, et al. Emulsified behaviors for the formation of methanol-diesel oil under high gravity environment [J]. Energy, 2017, 141: 2387-2396.
[18] 时钧 , 袁权 , 高从堦 . 膜技术手册 [M]. 北京 : 化学工业出版社 , 2001.
[19] 戴猷元 . 新型萃取分离技术的发展和应用 [M]. 北京 : 化学工业出版社 , 2007.
[20] 李可彬 , 金士道 . 液膜法处理氨氮废水的动力学过程与工艺条件 [J]. 环境科学学报 , 1996, 16(4): 412-417.
[21] 李军平 . 对撞流 - 旋转填料床反应器制备纳米硫酸钡工艺研究 [D]. 太原 : 华北工学院 , 2002.
[22] 李崇 , 李志鹏 , 高正明 . 撞击流反应器微观混合性能的研究 [J]. 北京化工大学学报 : 自然科学版 , 2009, 36(6): 2-4.
[23] 陈建峰 , 邹海魁 . 超重力反应沉淀法合成纳米材料及其应用 [J]. 现代化工 , 2001, 21(9): 9-12.
[24] 周莉骅 . 旋转填料床持液量和停留时间的测定研究 [D]. 太原 : 中北大学 , 2010.
[25] 张军 . 旋转床内液体流动与传质的实验研究和计算模拟 [D]. 北京 : 北京化工大学 , 1996.
[26] 郭锴 . 超重机转子填料内液体流动的观测与研究 [D]. 北京 : 北京化工大学 , 1996.
[27] Gou F, Zheng C, Guo K, et al. Hydrodynamics and mass-transfer in cross-flow rotating bed [J]. Chem Eng Sci, 1997, 52: 3853-3859.
[28] Patnaik P R. Liquid emulsion membranes: principles, problems and applications in fermentation processes [J]. Biotechnol Adv, 1995, 13: 175-208.
[29] 万印华 , 王向德 , 张秀娟 . 乳状液膜用表面活性剂研究进展 [J]. 化工进展 , 1998, 17(5): 5-12.
[30] Chiha M, Samar M H, Hamdaoui O. Extraction of chromium (Ⅵ) from sulphuric acid aqueous solutions by a liquid surfactant membrane (LSM) [J]. Desalination, 2006, 194: 69-

80.
[31] Ahmada A L, Kusumastuti A, Dereka C J C, et al. Emulsion liquid membrane for heavy metal removal: an overview on emulsion stabilization and destabilization [J]. Chem Eng J, 2011, 171: 870-882.
[32] 刘国光 , 吕文英 , 薛秀玲 . 乳状液膜法分离提取醋酸的模拟试验 [J]. 环境化学 , 2002, 21: 385-388.
[33] 乔运娟 , 金一中 , 赵青宁 . 石油醚为油相的乳状液膜稳定性研究 [J]. 环境污染与防治 , 2008, 30(8): 19-23.
[34] Manea M, Chemtob A, Paulis M, et al. Miniemulsification in high-pressure homogenizers [J]. AIChE J, 2008, 54: 289-297.
[35] 谌竟清 , 尹卫平 , 赵永欣 , 等 . 利用乳化液膜分离丙氨酸的研究 [J]. 生物工程学报 , 1996, 12(4): 410-415.
[36] Wan Y H, Wang X D, Zhang X J. Study of the treatment of wastewater containing high concentration of phenol by liquid membrane [J]. J South China Univ Techno, 1998, 26: 29-32.
[37] 王子镐 , 傅举孚 . 黏度对表面活性剂液膜溶胀的影响 [J]. 化工学报 , 1992, 43(2): 148-153.
[38] Clinart P D, Elepine S T, Rouve G. Water treatment in emulsion liquid membrane processes [J]. J Membrane Sci, 1984, 20: 167-169.
[39] Nakashio F. Recent advances in separation of metals by liquid surfactant membranes [J]. J Chem Eng Japan, 1993, 26: 123-133.
[40] 陈和平 . 破乳方法的研究与应用新进展 [J]. 精细石油化工 , 2012, 29: 71-76.
[41] Zolfaghari R, Fakhru'L-Razi A, Abdullah L C, et al. Demulsification techniques of water-in-oil and oil-in-water emulsions in petroleum industry [J]. Sep Purif Technol, 2016, 170: 377-407.
[42] Lin S, Wang C S. Treatment of high strength phenolic wastewater by a new two-step method [J]. J Hazard Mater, 2002, 90: 205-216.
[43] 杨利锐 . IS-RPB 乳状液膜法处理含酚废水的研究 [D]. 太原 : 华北工学院 , 2004.
[44] 杨利锐 , 刘有智 , 祁贵生 . 撞击流 - 旋转填料床乳状液膜法处理含酚废水的研究 [J]. 应用化工 , 2004, 33(3): 31-33.
[45] 刘有智 , 章德玉 , 焦纬洲 . 新型技术用于乳状液膜法脱酚的进一步研究 [J]. 化学工程师 , 2005, (3): 1-5.
[46] 王格 , 卢燕 , 王蔺 . 含苯胺类染料废水处理研究 [J]. 环境保护科学 , 2007, 33: 8-61.
[47] GB/T 8978—1996 综合污水排放标准 [S]. 北京 : 中国标准出版社 , 1996.
[48] Liu B T, Yang Y, Zhang L. Experimental studies on the treatment of aniline wastewater by activated carbon fiber [J]. Adv Mater Res, 2011, 282: 64-67.

[49] 张光明 . 水处理高级氧化技术 [M]. 哈尔滨 : 哈尔滨工业大学出版社 , 2007.

[50] Emtiazi G, Satarii M, Mazaherion F. The utilization of aniline, chlorinated aniline and anilineblue as the only source of nitrogen by fungi in water [J]. Water Res, 2001, 35: 1219-1224.

[51] 李倩甜 . IS-RPB 乳状液膜法处理苯胺废水的基础研究 [D]. 太原 : 中北大学 , 2014.

[52] 李倩甜 , 刘有智 , 祁贵生 . 乳状液膜法处理苯胺废水的实验研究 [J]. 现代化工 , 2013, 33: 76-79.

[53] Jindaratsamee P, Ito A. Separation of CO_2 from the CO_2/N_2 mixed gas through ionic liquid membranes at the high feed concentration [J]. J Membr Sci, 2012, 423-424:27-32.

第七章

吸　　附

第一节　概述

吸附是指某种气体、液体或被溶解的固体原子、离子、分子附着在吸附剂表面，即当流体与多孔固体接触时，流体中某一组分或多个组分在固体表面处产生附着积蓄。在固体表面积蓄的组分称为吸附物或吸附质，多孔固体称为吸附剂。根据吸附质与吸附剂表面分子间结合力的性质，可将吸附过程分为物理吸附和化学吸附。物理吸附由吸附质与吸附剂分子间范德华力引起，结合力较弱，吸附热较小，容易脱附，如活性炭对气体的吸附。化学吸附则由吸附质与吸附剂间的化学键引起，通常不可逆，吸附热较大。

吸附操作是利用某些多孔固体选择性地吸附流体中的一个或几个组分，从而使混合物分离的操作。脱附是吸附的逆过程，是使已被吸附的组分从达到饱和的吸附剂中析出，使吸附剂得以再生的操作过程。吸附 - 脱附的交替循环操作构成完整的工业吸附工艺，是气体分离、液体混合物分离的重要单元操作之一。根据吸附质形态，可分为气固吸附和液固吸附。气固吸附操作是针对工业废气中夹带的有机蒸气，通常采用两个吸附塔，一个进行吸附操作，另一个进行脱附再生操作。再生通常在加热的条件下进行，再生脱出的吸附质（气体）经冷凝后实现溶剂回收，而再生后的吸附剂在常温下冷却，再次用于吸附操作，这样形成一个“吸附 - 脱附”交替循环操作，构成完整的工业吸附工艺。液固吸附操作一般用于废水中有机物脱除及食用油、石油制品的脱色，废水经隔油、浮选和砂滤后，有序经过吸附塔的吸附剂层，完成废水净化。根据吸附剂和流体接触形式，吸附设备可以分为吸附槽、固定床、流化床和移动床（也称超吸附柱）等。

吸附分离操作的主要指标有吸附质的回收率（净化率）、设备能力（单位设备体积所能处理的混合气体或溶液的流量）和能耗，影响吸附指标的主要因素为吸附剂特性、吸附设备及操作温度、压力等。吸附剂特性包括比表面积、平衡吸附量、选择性等，吸附剂的比表面积大、内孔发达则平衡吸附量大，吸附剂用量减少，吸附剂还需满足操作过程的机械强度要求，常见的吸附剂有天然类吸附剂、活性炭、沸石分子筛、活性氧化铝等。进行吸附设备与工艺优化的目的在于改善吸附剂在吸附装置中的有效利用率，提升吸附能力。传统工业吸附器有固定床、移动床和流化床等。固定床吸附器结构简单、造价低、吸附剂磨损少，但属于间歇操作，吸附和再生两个过程必须周期性更换，静止的吸附床层导热差，容易出现床层局部过热现象而影响吸附。移动床吸附器处理气体量大，吸附剂可循环使用，适用于要求吸附剂气体比率高的场合，较少用于控制污染，但吸附剂的磨损和消耗较大，要求吸附剂的耐磨能力强。在流化床吸附器中，分置在筛孔板上的吸附剂颗粒在高速气流的作用下强烈搅动，上下浮沉。吸附剂内传质、传热速率快，床层温度均匀，操作稳定，但吸附剂磨损严重。另外，气流与床层颗粒返混程度高，所有吸附剂都保持在相对低的饱和度下，因而较少用于废气净化。通常降低温度和提高压力有利于吸附，而升高温度和降低压力有利于脱附。因此，温度和压力对分离过程的经济技术指标有重要影响。

与其他分离技术相比，吸附分离过程具有节能、产品纯度高、可除去痕量物质、操作温度低等突出特点，在化工、医药、食品、轻工、环保等行业得到了广泛的应用，如气体或液体的脱水及深度干燥，气体或溶液的脱臭、脱色及 VOCs 的回收，气体中痕量物质的吸附分离，分离某些精馏难以分离的物系，废气和废水的处理等。

综上所述，固定床吸附和脱附交替间歇操作复杂，脱附容易发生局部过热。移动床吸附操作要求吸附剂气体比率高，较少用于污染物控制。流化床吸附操作吸附剂返混严重，也较少用于废气净化。研发用于污染控制或废气净化的吸附技术成为热点，如何突破其技术瓶颈，人们做了很多的尝试。

以吸附剂作填料、旋转填料床为吸附设备进行操作的吸附技术，由于其吸附过程是在旋转形成的超重力场下完成的，因而称为超重力吸附技术。该技术是超重力耦合吸附开辟的新技术，是吸附设备与工艺的创新。初步研究表明：将吸附剂装入旋转床的转子中，气体与旋转的吸附剂层接触，可有效提高吸附速率与吸附量，同时有效强化了气固的传热速率，消除了吸附剂再生过程局部过热的现象，吸附和脱附速率提高，缩短了吸附和再生的时间。超重力吸附作为一种新型化工分离技术，拓展了其应用领域，有望突破吸附技术难以用于污染控制的技术瓶颈。

本章以吸附基本理论为基础，阐述超重力吸附分离原理及工艺，介绍超重力吸附和脱附设备，内容涉及气固吸附和液固吸附两种体系，通过应用举例与分析，全面阐述超重力吸附和脱附的应用情况。

第二节 吸附及其分离技术

吸附及其分离技术的研究涉及基础理论、工艺技术及装置等内容，在此重点介绍吸附机制、热力学平衡和动力学，讨论吸附分离过程传递特征，并结合吸附分离操作介绍吸附剂和吸附分离设备的情况。

一、吸附理论基础

1. 吸附机制

吸附是指多孔固体吸附剂与流体相（液体或气体）相接触，流体中的单一或多种溶质向多孔固体颗粒表面选择性传递，积累于多孔固体吸附剂表面的过程。吸附过程可分为物理吸附和化学吸附两种，两种吸附的区别见表 7-1。

表7-1 物理吸附与化学吸附的区别[1]

性质	物理吸附	化学吸附
吸附力	范德华力、氢键	化学键力
吸附热 /(kJ/mol)	42 ～ 62	80 ～ 400
吸附速率	不需活化，扩散控制，速率快	需活化，克服能垒速率慢
选择性	无或很差	较强
可逆性	可逆	不可逆
吸附态光谱	吸附峰的强度变化或波束位移	出现新的特征吸收峰
吸附层数	单层或多层	单层
吸附稳定性	不稳定，易解吸	比较稳定
吸附平衡	易达到	不易达到

工业生产中常见的为物理吸附，该吸附一般为可逆吸附，通过再生可使吸附剂循环使用。范德华力是引起物理吸附的主要作用力，一般包括诱导力、静电力以及原子和分子之间的色散力三种。不同类型的范德华力影响吸附及扩散速率，不同物系范德华力的吸附热不同，影响吸附活化能。表 7-2 列出了几种常见有机物的范德华力及组成。

表7-2　常见有机物的范德华力及组成

化合物名称	偶极矩 /(10^{-3}C·m)	极化率 /(10^{-24}C/m^2)	静电力 /(kJ/mol)	诱导力 /(kJ/mol)	色散力 /(kJ/mol)
苯	0.00	10.50	0.00	0.00	100.00
甲苯	1.43	11.80	0.10	0.90	99.00
对二甲苯	0.00	14.23	0.00	0.00	100.00
苯酚	1.60	11.15	—	—	—

2. 吸附平衡

在吸附的同时发生脱附，当吸附速度和脱附速度相等时表观吸附速度为零，吸附质在溶液中的浓度和吸附剂表面上的浓度都不再发生改变时的状态称为吸附平衡。根据吸附质的形态，可分为气相吸附平衡和液相吸附平衡。

（1）气相吸附平衡

在一定温度、压力下，气相吸附质分子在吸附剂表面的吸附速率与分子脱离吸附质表面的脱附速率相等时，达到气相吸附平衡。根据流体中吸附物组分不同，可分为单组分吸附和多组分吸附。单组分吸附平衡是指在一定温度下，单位质量吸附剂的吸附容量和气相中单组分分压（或每单位体积流体相中溶质的摩尔浓度）的关系，用吸附等温方程表示。多组分吸附平衡是针对不同吸附能力的混合体系，各个组分单位质量吸附剂的吸附容量和气相中各组分分压（或每单位体积流体相中各溶质的摩尔浓度）的关系，同样用吸附等温方程表示，其吸附平衡是在单组分吸附体系基础上的扩展。

① 单组分吸附平衡和吸附等温线

Brunauer 将单组分气体吸附等温线分为五类，如图 7-1 所示。这些曲线是吸附量与气体中吸附物分压的关系曲线，反映了吸附质分子和吸附剂表面分子间作用力大小。类型 Ⅰ 表示吸附质分子在吸附剂上形成单分子层吸附；类型 Ⅱ 表示完成单层吸附后再形成的多分子层吸附；类型 Ⅲ 是吸附气体量不断随组分分压增加而增加直

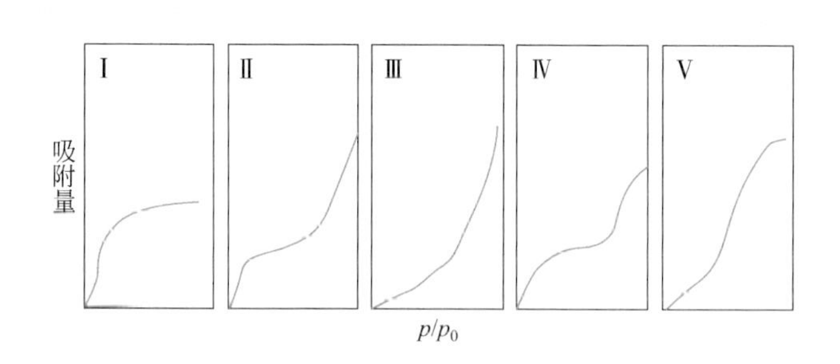

图 7-1　气相单组分吸附的典型吸附等温线

至相对饱和值趋于1为止；类型Ⅳ和类型Ⅴ分别是第Ⅰ、第Ⅱ类等温吸附的毛细管冷凝型，在相对压力达到饱和以前，在多层分子吸附区域存在毛细管冷凝现象。

单组分吸附等温方程的形式很多，可归为三种形式，分别为建立在吸附动态平衡基础上的Langmuir吸附等温方程、经典热力学基础上的Gibbs吸附等温方程和吸附势基础上的吸附势理论（又称Dubinin-Polanyi理论）[2]。其中，Gibbs吸附等温方程把吸附质用二维表面吸附或三维微孔吸附处理，假定吸附层是一个不可分区的相，用热力学方法推导该方程。吸附势理论是依据二维毛细管冷凝和微孔填充的吸附现象提出的，适用于不均匀表面的微孔吸附。这两种吸附等温方程在实际中应用较少，本书不做详细介绍。实际应用中常见的吸附等温方程为Langmuir型，该模型适用于恒温下均一表面上的单层吸附，对物理吸附和化学吸附通用，是最简单和常用的吸附模型，其表达式如下

$$\frac{q}{q_{\mathrm{m}}}=\frac{k_{\mathrm{L}}p}{1+k_{\mathrm{L}}p} \tag{7-1}$$

式中　q——吸附剂吸附量，kg/kg；

q_{m}——吸附剂最大吸附容量，kg/kg；

p——气相吸附质分压，atm；

k_{L}——Langmuir常数，m^3/kg。

Langmuir吸附等温方程根据吸附质性质和吸附条件不同，可分为以下几种类型。

a. Henry方程

该模型适用于吸附剂表面吸附的覆盖率$\theta(\theta=q/q_{\mathrm{m}})$在10%以下的吸附过程，其表达式如下

$$q=k_{\mathrm{H}}p \tag{7-2}$$

式中　k_{H}——Henry系数。

b. Freundlich方程

该模型适用于非均一表面的吸附，恒温下吸附热随覆盖率的增加成对数下降，其表达式如下

$$q=k_{\mathrm{F}}p^{1/n} \tag{7-3}$$

式中　k_{F}——Freundlich常数，m^3/kg；

$1/n$——吸附能力，由实验决定。

c. Langmuir-Freundlich方程

该模型用于吸附质解离过程时，吸附和脱附过程中，每个分子占据两个活性点，吸附和脱附速率分别正比于$(1-\theta)^2$和θ^2，θ为吸附剂表面吸附质的覆盖率，表达式如下

$$\frac{q}{q_m}=\frac{(k_L p)^{1/2}}{1+(k_L p)^{1/2}} \tag{7-4}$$

d. BET 方程

该模型适用于多层吸附，整个吸附层不移动。在表面第一层，吸附剂活性点以范德华力吸附，其他各层之间成动态平衡，第二层以上各层的吸附热相同，适用于 p/p_0 为 0.05 ～ 0.30 的范围，表达式如下

$$\frac{p}{q(p_0-p)}=\frac{1}{k_b q_m}+\frac{k_b-1}{k_b q_m}\frac{p}{p_0} \tag{7-5}$$

式中 p_0——吸附温度下气体吸附质的饱和蒸气压，atm；

p——气相吸附质分压，atm；

q——吸附剂吸附量，kg/kg；

q_m——第一层单分子层的饱和吸附量，kg/kg；

k_b——BET 常数，m^3/kg。

② 多组分吸附平衡

实际应用中要处理的体系往往是多组分混合物，体系内不同吸附能力的组分会产生吸附竞争。多组分吸附平衡表达式可根据热力学方法处理，在单组分吸附方程基础上进行拓展。按照扩展式分类，可分为 Langmuir 方程扩展式（Markham 和 Benton）、BET 方程扩展式、位势理论扩展式和 Grant 与 Manes 计算法等。

Langmuir 方程扩展式为多组分气体吸附最常用的表达式，该方程建立在理想吸附条件下，组分分子吸附覆盖的面积不受其他组分分子影响，其表达式如下

$$\frac{q_i}{q_{mi}}=\frac{k_i p_i}{1+\sum_{j=1}^{n}k_j p_j} \tag{7-6}$$

式中 q_i——i 组分的吸附剂吸附量，kg/kg；

q_{mi}——i 组分的单层最大吸附容量，kg/kg；

p_i——i 组分的气相吸附质分压，atm；

k_i——i 组分的 Langmuir 常数，m^3/kg。

BET 方程扩展式中假定第 n+1 层和第 n 层的 Langmuir 常数比值对混合物中所有组分而言均为常数。位势理论扩展式是混合气体特征曲线等关联式的联解，假定为单层分子吸附，不同组分分子吸附时相互不干扰。Grant 与 Manes 计算法是在位势理论的等位势基础上提出的。以上方程只适用于特定吸附情况，在实际中应用较少[2]。

（2）液相吸附平衡

液相吸附等温线按照离原点最近一段曲线的斜率变化，可将其分为四类，图 7-2 为液相吸附等温线的分类。

S 曲线：被吸附分子垂直于吸附剂表面，吸附曲线离开原点的一段向浓度坐标

轴凸出。

L 曲线：典型“Langmuir”吸附等温线，被吸附的分子吸附在吸附剂表面为平行状态，构成平面，有时在被吸附的离子之间有特别强的作用力。

H 曲线：高亲和力吸附等温线，该曲线最初离开原点后向吸附量坐标方向高度凸出，低亲和力的离子被高亲和力的离子交换。

C 曲线：恒定分配线性线，被吸附物质在溶液和吸附剂表面之间有一定的分配系数，溶质比溶剂更容易穿透进入固体吸附剂内，吸附量和溶液浓度之间成线性关系。

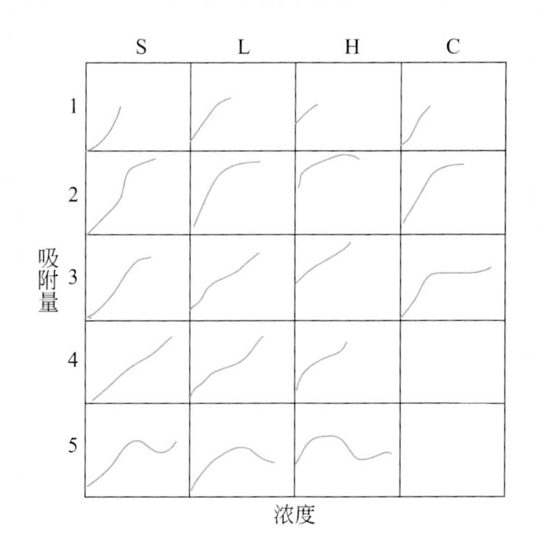

图 7-2　液相吸附等温线的分类

与气相吸附相比，液相吸附机理较复杂，不仅与温度、浓度和吸附剂结构性能有关，而且与溶剂和溶质性质也有一定关系。常见的吸附平衡等温方程有 Langmuir 方程、Freundlich 方程、Temkin 方程及 Redlich-Peterson 方程。Langmuir 方程和 Freundlich 方程适用于低浓度溶液的吸附，对有机废水的吸附脱色可用此方程表示，对于混合溶液吸附可采用吸附势理论的吸附特性曲线或有关方程式说明。

a. Langmuir 方程是基于吸附剂的表面只能发生单分子层吸附的假设提出的吸附平衡方程，该方程表达式如下[3]

$$q_e = q_m \frac{k_L c_e}{1 + k_L c_e} \tag{7-7}$$

$$\frac{c_e}{q_e} = \frac{1}{q_m} c_e + \frac{1}{k_L q_m} \tag{7-8}$$

式中　c_e——平衡浓度，mmol/L；

q_e——吸附量，mg/g；

k_L——吸附作用的平衡常数，k_L 越大，吸附能力越强；

q_m——吸附剂的最大吸附量，kg/kg，与吸附位有关，理论上与温度无关。

b. Freundlich 方程是根据吸附剂在多相表面上的吸附而建立起来的经验吸附平衡方程，该方程表达式如下[4]

$$q_e = k_F c_e^{1/n} \tag{7-9}$$

式中　c_e——平衡浓度，mmol/L；

q_e——吸附量，mg/g；

k_F——吸附平衡常数。

其中，$1/n$ 的大小表示浓度对吸附量影响的强弱，$1/n$ 越小，吸附性能越好，当 $1/n$ 介于 0.1 ～ 0.5 之间时易吸附，大于 2 则难吸附。

c. Temkin 方程所描述的能量关系是吸附热随吸附量线性降低，其简单的方程形式为

$$q = A + B\lg c_e \tag{7-10}$$

式中　c_e——平衡浓度，mmol/L；

q——吸附量，mg/g；

A、B——常数。

以 q 对 $\lg c_e$ 作图为一直线，可确定该方程对实验数据的拟合程度。

d. Redlich-Peterson 方程

$$q_e = k_R c_e / (1 + \alpha_R c_e^a) \tag{7-11}$$

式中　c_e——平衡浓度，mmol/L；

q_e——吸附量，mg/g；

k_R、α_R 和 a——经验常数。

3. 吸附动力学

吸附过程动力学研究吸附和脱附速率以及各种影响因素。像吸附平衡规律一样，吸附和脱附速率主要是由吸附剂与吸附质之间的相互作用决定的，同时受温度、压力等因素的影响。因此，从吸附、脱附速率的研究可得到许多有关吸附特征的信息。吸附动力学模型是对某类吸附过程提出适当的假设，从主要因素出发，找到可以对该类吸附行为进行表征的数学模型，从而探索某一类吸附行为规律。目前，公认的吸附模型基本可以分为孔扩散模型、平衡模型、尘气模型以及线性推动力模型四大类[5]。孔扩散模型假设吸附剂为微孔晶体的球形颗粒，气体分子从颗粒的外表面扩散到内部，用固相扩散偏微分方程来描述这一传递过程；平衡模型是基于传质阻力不存在，吸附可以瞬时达到平衡的假设所建立的数学模型；尘气模型是将固体吸附剂颗粒视为一个虚拟组分存在于混合物中，而且该模型还可以用来描述外场力作用下的多组分的质量传递过程；线性推动力模型假设吸附质在吸附剂内外的浓度差正比于固体吸附剂的吸附速率，具有模型简单和易于分析的优点，使用较为广泛。前三种模型求解困难，使用条件较苛刻，在工程应用中使用较少，相比而言，线性推动力模型应用较多，因而本节重点介绍线性推动力模型，该模型主要包括以下三种。

（1）拟一级动力学模型[6]

拟一级动力学模型是 Lagergren 提出的一种较为简单的模型，多用于描述吸附过程的表面吸附初始阶段，模型公式如下

$$\lg(q_e - q_t) = \lg q_e - \frac{k_1}{2.303}t \tag{7-12}$$

式中　q_t、q_e——t 时刻和平衡态的吸附量，mg/g；

k_1——一级吸附速率常数，$\min^{-1}$。

根据最佳条件下的 q_e 和随时间变化的 q_t 值，以 $\lg(q_e - q_t)$ 对 t 作图，线性拟合判定系数 R^2 是否符合该模型。根据恰当的动力学模型及拟合直线的截距和斜率，可得 k_1 值，即吸附速率常数。该模型对多孔性吸附剂吸附过程不适用，只局限于以表面吸附为主的吸附工艺。

（2）拟二级动力学模型[7]

拟二级动力学模型是建立在速率控制步骤为化学反应或通过电子共享或电子得失的化学吸附基础上的，表达式为

$$\frac{t}{q_t} = \frac{1}{k_2 q_e^2} + \frac{1}{q_e}t \tag{7-13}$$

式中　q_t、q_e——t 时刻和平衡态的吸附量，mg/g；

k_2——二级吸附速率常数，g/(mg・min)。

根据最佳条件下的 q_e 和随时间变化的 q_t 值，以 t/q_t 对 t 作图，线性拟合判定系数 R^2 是否符合该模型。同样，根据动力学模型及拟合直线的截距和斜率，可知吸附速率常数 k_2。拟二级动力学模型可较为完整地说明吸附机理，对不同吸附工艺，该模型不仅能初步判定吸附过程，还可对吸附快慢进行表征，适用于大部分多孔吸附剂的吸附过程。

（3）Weber-Morris 模型（内扩散模型）

可分析确定吸附过程不同阶段的速率控制步骤[8]，其表达式如下

$$q_t = k_{WM} t^{1/2} + C \tag{7-14}$$

式中　q_t——t 时刻的吸附量，g/mg；

k_{WM}——内扩散速率常数，mg/(g・$\min^{0.5}$)；

C——涉及厚度、边界层的常数。

以 q_t 对 $t^{1/2}$ 作图，如拟合直线经过原点，说明吸附过程中粒子内部扩散是唯一的速率控制步骤，如偏离原点则表示整个吸附过程由外部扩散、内部扩散及吸附平衡三部分组成，其中粒子外部扩散和内部扩散均占主导地位。

二、吸附分离技术

1. 吸附分离及吸附传质过程

吸附分离技术是利用固体吸附剂处理气体或液体混合物，将其中所含的一种或几种组分吸附在固体表面上，从而实现混合物的组分分离。在工业实际生产中常用

于气体和液体的深度干燥、食品及药品脱色、空气分离和废气处理等。不同吸附工艺所采用的吸附设备和吸附剂不同，吸附传质过程也不尽相同。

（1）吸附分离工艺

根据待分离物系中各组分的性质和过程的分离要求，选择适当的吸附剂，采用相应的工艺过程和设备来完成分离。根据吸附设备操作情况，吸附分离可分为连续操作和间歇操作。

图 7-3 为吸附分离基本流程图，主要由原料处理系统、吸附 - 脱附系统、分离回收系统三部分组成。原料处理系统涉及原料预处理、输送和计量，并将原料输送至吸附 - 脱附系统。在吸附 - 脱附系统要完成吸附和脱附再生操作，对于连续操作的设备，在同一设备中完成吸附 - 脱附；对间歇操作的设备，单台使用时采取吸附完成后再进行脱附的操作，两台使用时设备交替进行吸附和脱附操作，形成进出吸附 - 脱附系统的物料连续化。脱附后的吸附剂再次进行吸附，脱除的吸附质输送至分离回收系统，根据吸附质性质和工况，通过精馏或其他化工分离手段回收吸附质。

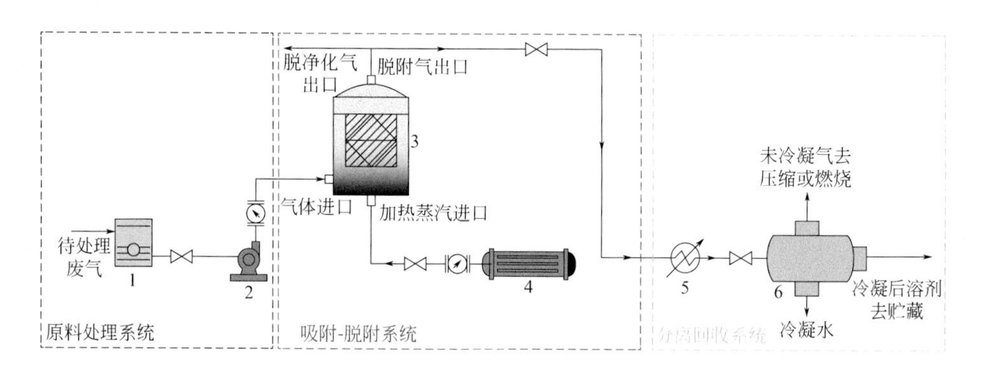

图 7–3　吸附分离基本流程图

1—除湿装置；2—风机；3—吸附–脱附塔；4—加热蒸汽装置；5—冷凝装置；6—气液分离装置

（2）吸附传质过程

无论是液固吸附还是气固吸附，吸附传质过程都是经表面扩散到内孔，直至吸附平衡。通常整个吸附传质过程可分为三步。

① 外扩散过程：吸附质从流体主体通过吸附剂颗粒周围的滞留膜层，以分子扩散与对流扩散的形式传递到吸附剂颗粒的外表面。

② 内扩散过程：吸附质从吸附剂颗粒的外表面通过颗粒上的微孔扩散进入颗粒内部，达到颗粒的内表面。

③ 表面吸附过程：在吸附剂内表面上的吸附质被吸附剂吸附，最终达到吸附与脱附的动态平衡。

吸附过程包括外扩散、内扩散和表面吸附三个步骤，其中任一步骤都将不同程度地影响总吸附进程。吸附最慢的过程为整个过程的控制步骤，对于化学吸附而言，通常表面吸附比较慢，为控制步骤；对于物理吸附而言，表面吸附过程几乎瞬间完成，吸附主要由扩散控制，内扩散和外扩散是整个吸附过程的控制步骤。吸附质从流体主体扩散到吸附剂颗粒外表面是典型的流体与固体壁面间的传质过程，整个外扩散与流体的性质、颗粒的几何特性、两相接触的流动状况以及吸附温度、压力等操作条件有关。吸附质由吸附剂的外表面通过颗粒微孔向吸附剂内表面扩散的过程与吸附剂颗粒的微孔结构有关，而且吸附质在微孔中的扩散分为沿孔截面的扩散和表面扩散两种形式。前者可根据孔径大小分为三种情况：当孔径远远大于吸附质分子运动的平均自由程时，其扩散过程为分子扩散；当孔径远远小于分子运动的平均自由程时，其扩散过程为纽特逊（Knudsen）扩散；而孔径大小不均匀时，上述两种扩散均起作用，称为过渡扩散，内扩散与吸附剂微孔结构特性、吸附质的物性以及吸附过程的操作条件有关[9]。

吸附传质可借助一定手段提升效果。对于化学吸附，可通过改性使吸附剂拥有亲和基团，加快表面吸附的进程；对于物理吸附，吸附的起始阶段为吸附质分子扩散至吸附剂表面的传递过程，这个过程并没有进行实质性吸附，称为无效吸附层。可借助外力赋予剪切作用力，进而缩短无效吸附时间并加快扩散速率，从而有效提升吸附性能。

2. 吸附剂种类及应用

吸附剂可分为碳基吸附剂[10]、含氧吸附剂[11]和聚合物基吸附剂[12]，其中碳基吸附剂包括活性炭、石墨烯等，特点是极性较低、亲水性差；含氧吸附剂包括硅胶、沸石分子筛和金属氧化物等，其极性较高，有一定的亲水性；而聚合物基吸附剂主要指高分子吸附树脂等。工业上应用最广泛的为活性炭，常规活性炭是以天然植物材料（椰壳、果壳及各种木质材料）、沥青、煤粉等为原料，经由炭化和活化处理后制备而成。

工业应用的吸附剂应具有以下性质：①比表面积大和孔结构发达，以获得较大的吸附容量，常用的吸附剂比表面积为 300 ~ 1200m^2/g；②足够的机械强度和耐磨性；③高选择性，以达到流体分离净化的目的；④重复使用寿命长；⑤制备简单，成本低廉。

在吸附剂应用研发方面的工作有：一是把高性能吸附剂的开发作为工业吸附剂制备的发展方向，如天然有机吸附剂、天然无机吸附剂、合成吸附剂和生物吸附剂等新型高性能吸附剂的研发；二是保证吸附剂吸附容量的同时，加强对绿色环保吸附剂的研究，注重吸附剂的循环利用，采用废弃物为原料制备吸附剂，实现废弃物循环使用；三是注重多种吸附剂的复合利用，发挥不同吸附剂的优势，提升吸附效果；四是加强吸附剂的改性研究，拓展吸附剂的应用范围，通过改性吸附剂提高吸附效率和吸附选择性，将其拓展至复杂体系的环境治理中。

3. 吸附设备种类及应用

按照吸附剂在吸附设备中的运动状态和工况，可将吸附设备分为固定床、移动床、流化床及旋转床吸附器等类型。按照吸附设备的操作方式，分为间歇操作和连续操作。

（1）固定床[13,14]

在固定床吸附器中，吸附剂颗粒均匀地堆放在多孔支撑板上，且在吸附过程中仍处于静止的状态，而流体自上而下（或自下而上）沿轴向通过吸附剂颗粒层，吸附由此完成。当吸附操作完成后流体停止进入吸附设备，然后开始吸附剂的再生操作。再生操作通常需要借助于其他热介质来完成，如采用活性炭吸附空气中的有机溶剂蒸气后，将水蒸气通入吸附设备中，带出吸附剂所吸附的有机蒸气（吸附质），吸附剂得到再生，而产生的再生气（水蒸气+有机蒸气）经冷凝后，再进行分离和回收吸附质。固定床吸附操作的优点是设备结构简单、吸附剂磨损小，缺点是整个工艺为间歇操作，操作必须周期性变换，因而操作复杂，劳动强度高。另外，设备庞大，生产强度低，劳动强度大，吸附剂导热性差，因而升温及变温再生困难，对热效应大的过程还会产生局部过热问题。

为了适应工业生产的连续性，提高生产效率，固定床吸附在实际应用中通常采用三床或多床交替操作，如图 7-4 所示。

（2）移动床[15,16]

移动床吸附器中吸附剂在床层中不断移动，一般吸附剂由上向下移动，气体由下向上流动，形成逆流操作。被分离气体从吸附器中段引入，与从吸附器顶端下降

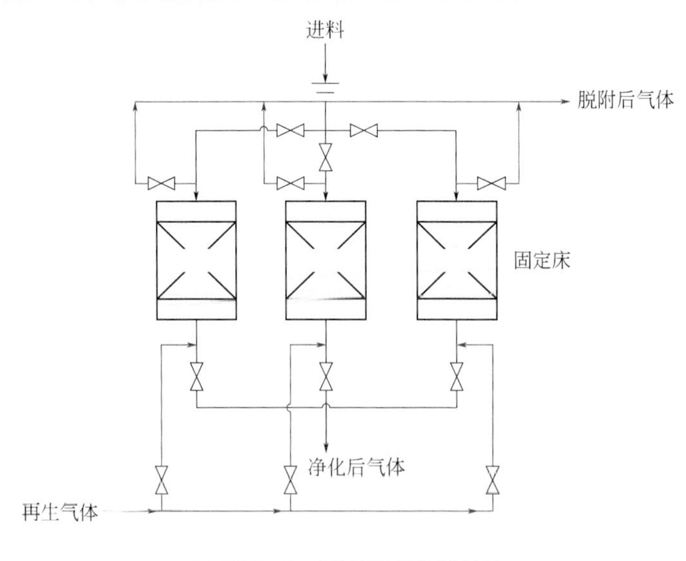

图 7-4 固定床吸附器结构

的吸附剂逆流相遇。吸附剂在下降的过程中，经历冷却、降温、吸附、增浓、汽提、再生等阶段，在同一设备中完成吸附、脱附过程的连续化，对于稳定、连续、处理量大的废气净化，其优越性比较明显。如用活性炭移动床处理含二氧化硫的烟道气，吸附二氧化硫和催化氧化两部分在同一设备内完成（Reinluft 工艺）。

图 7-5 为一典型移动床吸附器，每部分功能如下。

冷却器：常为列管式结构，用于吸附剂降温、冷却，进而提高吸附剂的吸附能力。

吸附段（Ⅰ）：吸附剂与从气体进口向上流动的废气逆流接触，对吸附质组分进行吸附，从顶端排出净化后气体。

增浓段（Ⅱ）：吸附剂在此与上升气流逆流接触，气体将吸附剂上已解吸的、不希望吸附的组分置换出来，固相上只剩下需脱除的组分，起到“增浓作用”。

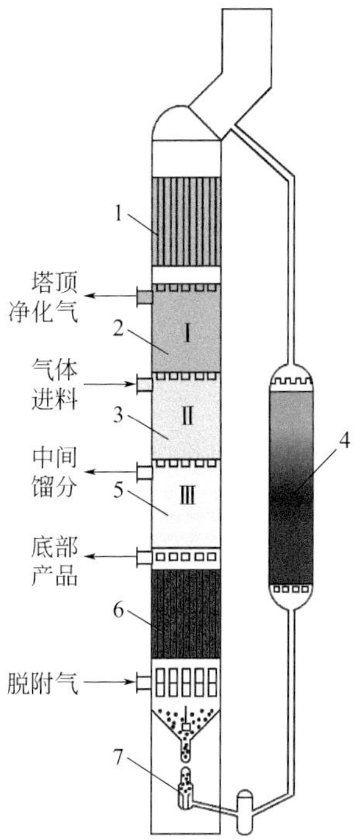

图 7-5　移动床吸附器

1—冷却器；2—吸附段；3—增浓段；4—再生器；5—汽提段；6—脱附段；7—出料阀门

汽提段（Ⅲ）：汽提蒸汽对吸附剂进行加热和吹扫，吹出气体部分作为产品或浓缩有害气体排出，部分作为回流上升至增浓段。

脱附段：对饱和吸附剂进行脱附操作，使得吸附剂再生。

再生器：提高温度，进一步脱附、再生吸附剂，再生后的吸附剂被汽提至塔顶，进行下一阶段循环。

移动床吸附器实现了连续运行，有效提高了吸附剂的循环利用率，处理气体量大，适用于要求吸附剂气体比率高的场合，较少用于污染控制。但吸附剂的磨损和消耗较大，要求吸附剂的耐磨能力强；整个吸附过程需要额外动力，耗能比较大。

（3）流化床[17,18]

流化床吸附器中气流速度很大，可有效强化处理气体的能力，两相充分接触，传热、传质效果好，适用于大气量、连续稳定气源的废气治理。

图 7-6 为流化床吸附器示意图，待处理气体以较高速度通过床层，使吸附剂呈悬浮状态，整个吸附器分为吸附段和解吸段两部分。废气由吸附段下端进入，依次通过各吸附层，净化后由上端排出；吸附剂被载气从中心管提至器顶，依次通过塔

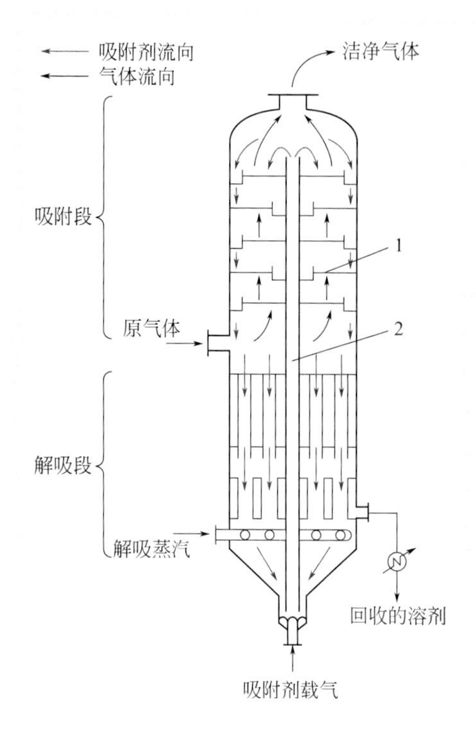

图 7-6　流化床吸附器

1—塔板；2—气体提升管

板下行，在每一层塔板上固体物被穿过的气体托起，形成流化状态，在此过程中吸附剂将废气净化。完成吸附后的饱和吸附剂在解吸段被加热再生，解吸出的溶剂经冷凝回收后再利用。

吸附剂内传质、传热速率快，床层温度均匀，操作稳定。但由于吸附剂在流化床中处于流化状态，吸附剂被载气从中心管提至器顶的过程中，造成吸附剂磨损严重，动力和热量消耗较大，因而该过程对吸附剂的机械强度具有较高要求。另外，气流与床层颗粒返混程度高，所有吸附剂都保持在相对低的饱和度下，因而较少用于废气净化。

（4）旋转床[19]

旋转床是一种新型吸附器，也称为转轮吸附器，用于处理大气量、低浓度的废气，稳定性高。图 7-7 为转轮吸附器工作原理图，整个设备由吸附区、冷却区和脱附区三部分组成。

吸附区：待净化气体除湿、除尘后经过吸附层，大量气体接触吸附剂表面，转轮持续以 1 ～ 6r/h 的速度旋转。

脱附区：转轮内的气体被浓缩饱和，再利用热交换器提供的热流进行脱附，使吸附剂得以再生，脱附后的气体进入下一工段。

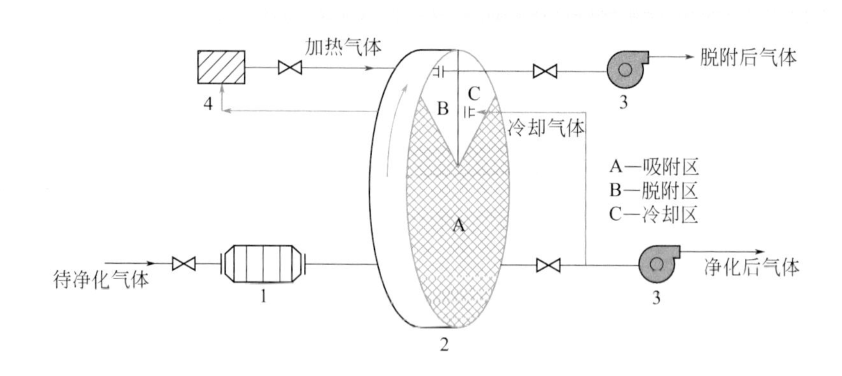

图 7-7　转轮吸附器

1—过滤装置；2—转轮吸附器；3—风机；4—换热器

冷却区：脱附后的吸附剂经冷却至常温，再旋转至吸附段，循环使用。

旋转床实现连续操作，处理气量大，易于实现自动控制，且气流压降小，设备紧凑。但是该设备体积较大，动力损耗高，需要配套减速传动结构，转筒与接管的密封比较复杂。

第三节 超重力吸附技术

超重力吸附是指以吸附剂为填料、旋转填料床为吸附设备进行操作的吸附过程，其吸附机制与超重力作用有着紧密的关系。超重力吸附技术在物理吸附过程中，可有效提升两相的扩散作用力，减少无效吸附层，进而增强范德华力和氢键作用力；在化学吸附过程中，超重力吸附技术可有效提高吸附质分子和吸附剂之间的化学反应速率。整个吸附过程中，吸附剂处于高速旋转状态，适用于该环境下的吸附剂多为机械强度高、耐磨损的固体多孔材料，常见的有活性炭、硅胶、分子筛等。

无论是气固吸附还是液固吸附，由于吸附设备的特点，超重力吸附可采用单台旋转填料床完成吸附后再进行脱附，吸附 - 脱附交替间歇操作。同样，也可以用两台及以上数量的超重力装置组成交替吸附和脱附操作的流程，实现连续化工艺。

研究表明，内扩散是吸附初始阶段的主要控制步骤，超重力吸附通过提升内扩散速度进而增强吸附效果[20]，离心力使填料的润湿面积增加，增大了液固接触面积，进而提高了吸附量，吸附速率的提高使吸附传质系数相比固定床提升3～6倍[21]。此外，旋转床还能提供更多的活性位点，促进扩散过程和内部传质[22]。

与传统吸附工艺相比，超重力吸附技术具有以下优势。一是超重力吸附为吸附剂提供较多吸附位点，表面与内孔形成较高浓度差的推动力，更有效地实现活性炭内孔吸附，吸附量增大，并缩短达到吸附平衡的时间；二是旋转作用消除了流体在吸附剂层中流动的短路现象和“避风死区”区域，床层整体的吸附能力提升；三是旋转作用使得脱附速率加快，有效缩短脱附时间，延长了吸附剂使用寿命，且超重力因子越大，脱附效果越好。

一、超重力吸附装置

1. 超重力液固吸附装置[23]

超重力液固吸附装置由电机、转子、液体分布器、液体进口和出口、转轴、轴封、设备外壳等组成。转子为圆柱体形状，其内环空间是为安装液体分布器设置

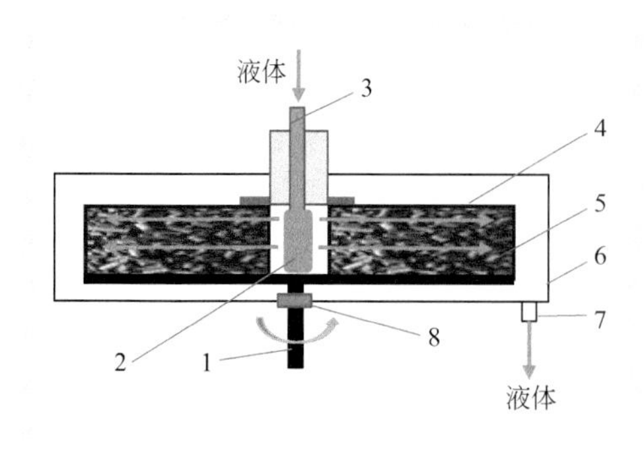

图 7–8　液固旋转填料床结构示意图

1—转轴；2—液体分布器；3—液体进口；4—转子；5—活性炭；6—外壳；7—液体出口；8—轴密封

的。液体分布器与外壳相连，与转子同心安装在转子的内环空间，其外缘与转子内缘保持一定的距离。转子圆环围成的空腔内衬丝网后，将颗粒状吸附剂装入其中，并堆积充满、封装。装入吸附剂后的转子要进行动平衡测试和调节，以确保运转的平稳性；电机转速可以通过变频器进行调节，满足运行操作的需要，如图 7-8 所示。

液体经流量计计量后输送至液体分布器，沿径向均匀地喷洒在转子的内缘，在旋转填料（吸附剂）产生的巨大离心力作用下，液体沿径向从转子的内缘向外缘流动，通过吸附剂层，与吸附剂发生吸附传质，经外壳收集，由液体出口排出。

2. 超重力气固吸附装置[24,25]

超重力气固吸附装置由电机、转子、气体进口和出口、转轴、轴封、气封装置、设备外壳等组成。转子为圆柱体形状，在转子空腔内衬丝网后，将颗粒状吸附剂装入其中，并堆积充满、封装。装入吸附剂后的转子要进行动平衡测试和调节，以确保运转的平稳性；转子外侧圆周与设备外壳内侧圆周之间设置气体密封装置，以分隔进出口气体。电机转速可以通过变频器进行调节，满足运行操作的需要，如图 7-9 所示。

气体经流量计计量后，从设备的底部进气口进入壳体内下部空间，在此空间经过分布后，沿轴向从转子下部圆形面向上流动通过吸附剂层，与吸附剂发生吸附传质，经外壳收集，由壳体上部的气体出口排出。

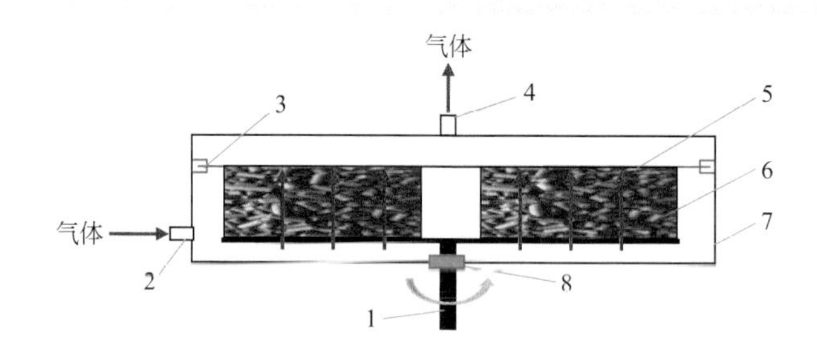

图 7–9　气固旋转填料床结构示意图

1—转轴；2—气体进口；3—气密封；4—气体出口；5—转子；6—吸附剂；7—外壳；8—轴密封

二、超重力强化吸附过程原理

超重力强化吸附是基于旋转产生的离心力，使得流体发生微观形态、特征尺度和流动方式的变化，同时吸附剂在转子中处于旋转状态，流体与吸附剂的接触方式发生了根本变化，尤其是吸附质在吸附剂表面更新速率加快、扩散速度增大等。超重力对吸附过程的颗粒外扩散、孔隙扩散和吸附平衡三个阶段起到了强化作用，使吸附质分子有效进入吸附剂内孔，完成深度吸附，产生良好的吸附传质。

1. 超重力强化液固吸附[26,27]

超重力液固吸附过程中吸附剂随转子高速旋转，液体受到巨大的剪应力作用，正是这些变化促进和改变了液固吸附传质过程及效果。

液体变化：在超重力作用下，液体受到剪应力作用，形成了微纳尺度的液体形态（如液滴、液丝、液雾、液膜等），具有体积小、比表面积巨大的特性，有效分散在吸附剂表面及其堆积形成的空隙中，与吸附剂碰撞瞬间凝结，并在附着于表面的同时再次受到离心力作用，又一次生成微纳尺度的液体形态，相界面得到快速更新，如此反复。特别之处在于微纳尺度的液体形态被高度分散，液体以分散相存在，不再是连续相，与浸渍式或淹没式吸附过程截然不同。

吸附剂变化：吸附剂作为填料装填在转子中，吸附过程处于高速旋转的超重力场中，与固定床吸附相比，吸附剂由原来的静止状态变为快速运动的状态。受离心力作用，液体在吸附剂表面瞬间即逝，但又瞬息再现，反复交替，表面急速更新，消除了吸附质从主流体到吸附剂表面的外扩散阻力，提高了传递速率。

液体与吸附剂的接触方式和环境变化：一是吸附剂由浸没在液体中的状态变为液体形成的微纳尺度液体形态（微液态）碰撞在吸附剂表面，并同时在离心力作用下快速脱离表面，使得单位时间内有更大的液体量与吸附剂接触；二是在高速旋转作用下，液体均匀附着在吸附剂表面，且同时被快速更新替换，加快了吸附剂与吸附质接触的频次，保持了吸附质在表面的高浓度，从而加大了内孔扩散的推动力，促进了吸附速率的提高；三是增加吸附剂有效吸附位点，吸附剂表面的液体覆盖面积增大；四是微纳尺度的液体形态在旋转填料中，反复经历微液态的生成、分散、与吸附剂碰撞凝并的过程，提高了总的吸附效果。

综上所述，超重力液固吸附过程强化的根本在于高速旋转运动的吸附剂表面液体极速更新，消除了液体向吸附剂颗粒表面外扩散的阻力，同时保持了吸附剂颗粒表面有高浓度吸附物附着，形成了吸附剂颗粒外表面与内表面之间吸附质浓度差增大的条件，即传质推动力的增大，强化了孔隙内扩散速率，加快了吸附平衡速率。总之，超重力吸附对吸附剂颗粒外扩散、孔隙扩散和吸附平衡三个阶段均起到了强化作用，使得吸附速率提高，吸附时间缩短，吸附量增大。

2. 超重力强化气固吸附[28,29]

超重力强化气固吸附是以固体吸附剂颗粒作为旋转填料床的填料，在超重力装置中进行的吸附过程。在吸附过程中，吸附剂颗粒始终处于高速旋转的运动状态，气体从吸附剂颗粒表面掠过，从颗粒堆积的空隙通过旋转的颗粒层。气体、吸附剂颗粒的运动形式均发生了变化，气固接触和传递过程也受此影响。

气体变化：气体受压力作用进入吸附设备的壳体，沿轴向方向通过吸附剂颗粒层，气体流速存在轴向速度分量。但是，在通过吸附剂颗粒层的过程中，气体会受到吸附剂颗粒及转子运动等的曳力作用，以及离心力作用，产生绕圆周方向和径向的运动，气体流速存在圆周方向速度分量和径向速度分量。实际上，气体的运动速度应该是轴向速度分量、圆周方向速度分量以及径向速度分量三者之和。因此，气体在吸附剂层中呈现螺旋式倒锥形上升的宏观运动轨迹，气体的流动及形态较为复杂。与在固定床中的运动相比，发生了根本的变化。另外，气体在通过旋转的吸附剂颗粒表面时，会产生边界层分离，形成旋涡流等，对气体中吸附物与颗粒间的传质至关重要。

吸附剂变化：吸附剂作为填料装填在转子中，在超重力场中受到离心作用。在旋转过程中与气体形成较大的相对运动速度，气体快速从吸附剂表面掠过。随旋转床转动的同时，吸附剂颗粒在转子中受到气体流动的影响和离心力作用，颗粒之间发生挤压，吸附剂颗粒会不同程度地产生自身微小旋转、位移或小幅度翻转运动，吸附剂处于“公转 + 自转”的运动状态。由此可以看出，吸附剂颗粒运动发生了变化。

气体与吸附剂的接触方式和环境变化：一是吸附剂颗粒处于高速旋转状态，与气体的相对速度加大，气固两相接触概率增大，气体在吸附剂表面的外扩散作用力增加，使单位时间内有更多的气体与吸附剂接触；二是在高速旋转作用下，气体在吸附剂表面快速更新，使得吸附剂表面的吸附质处于高浓度状态，有效推动了气体进入吸附剂孔内，提升内孔吸附速率，快速达到吸附平衡；三是在旋转过程中，吸附剂颗粒表面法线方向与气体流速方向在 180° ～ 360° 之间的颗粒表面部分是“迎风面”，在 0° ～ 180° 之间的部分是“背风面”。“迎风面”和“背风面”与气体接触时存在差异。在“迎风面”，气体流动时形成驻点，将动能转化为静压能，因此受到较大的气体压力，会强化在内孔的传递速率。在“背风面”，气体受边界层分离的影响，往往会产生涡流，处于气体相对压力较低的区域，有利于内孔中气体的脱除，便于新的吸附质进入内孔，推进深度吸附。

综上所述，超重力气固吸附过程强化的根本在于高速旋转运动的吸附剂表面气体极速更新，消除了气体主体向吸附剂颗粒表面外扩散的阻力，同时保持了吸附剂颗粒表面有高浓度吸附物附着，使得吸附速率提高，吸附时间缩短，吸附量增大。

同样，超重力脱附过程中，热气流直接与吸附剂颗粒接触，传热速率快、受热均匀、接触面积大，热气流在吸附剂颗粒表面更新速度快，及时、快速地将被吸附的吸附质从吸附剂表面释放、脱附，进入热气流主体被带出脱附设备。特别是在颗粒表面与内孔之间的吸附质浓度差增大，使得内孔吸附质脱离的推动力增大，脱附速率提高。在超重力场中，热气源和吸附剂处于高速旋转状态，使得两相间的外扩散、内扩散作用力增大，接触时间及接触面积有效增加，缩短了脱附时间，脱附效果提升。

研究表明，吸附质在吸附剂表面的覆盖率及有效覆盖面积可直接说明有效吸附位点数量，也能间接表征其吸附性能。以活性炭吸附含酚废水和甲苯气体为例，相同工况条件下，固定床与旋转床中活性炭表面吸附质有效覆盖面积和覆盖率见表 7-3。

表7-3　不同吸附设备的有效覆盖面积和覆盖率

吸附设备	有效覆盖面积 /(m^2/g)	覆盖率 /%
固定床（气固）	218.36	48.42
旋转床（气固）	233.74	54.09
固定床（液固）	249.12	41.78
旋转床（液固）	446.04	51.67

由表 7-3 可见，旋转床中活性炭的有效覆盖面积及覆盖率均高于固定床，其中，超重力气固吸附过程有效覆盖面积提高了 7%，覆盖率提高了 11.7%；超重力液固吸附过程有效覆盖面积提高了 79%，覆盖率提高了 23.7%。这些数据充分说明超重力吸附过程提高了有效吸附面积，消除了流体在吸附剂层中流动的短路现象和“避风死区”区域，也说明了超重力吸附机制为吸附提供了更多有效吸附位点，整体吸附能力提升。

第四节　应用实例

一、处理含间苯二酚废水的应用研究

本节以间苯二酚废水净化为例，介绍有关超重力液固吸附用于废水处理的情况。

含间苯二酚的废水属于内分泌干扰物（EDCs），容易造成生殖畸形、发育异常，危害人类健康。常见的处理方法有超声降解法、光催化法、生物接触氧化法和吸附法等。中北大学以活性炭为吸附剂，以超重力吸附技术处理含间苯二酚废水[30,31]，进行了吸附热力学、动力学研究，考察了超重力吸附间苯二酚的可行性及吸附速率。另外，还考察了超重力因子、液体流量及 pH 对脱除率的影响。

以活性炭（粒径 2mm，比表面积 670m²/g）为吸附剂，采用旋转床（填料层高度 40mm，外径 65mm，内径 30mm）为吸附设备，含间苯二酚（浓度 1000mg/L）废水作为吸附处理对象，其工艺流程如图 7-10 所示。间苯二酚溶液置于储液槽内，由离心泵经流量计打入旋转床中，间苯二酚溶液经液体分布器均匀地喷洒在填料环内侧，同时在超重力环境下被剪切成微元化液滴，沿径向由内向外运动，与活性炭接触进行吸附传质，完成吸附后的间苯二酚进入储液槽内，间苯二酚废水在旋转床中循环处理完成吸附传质过程。

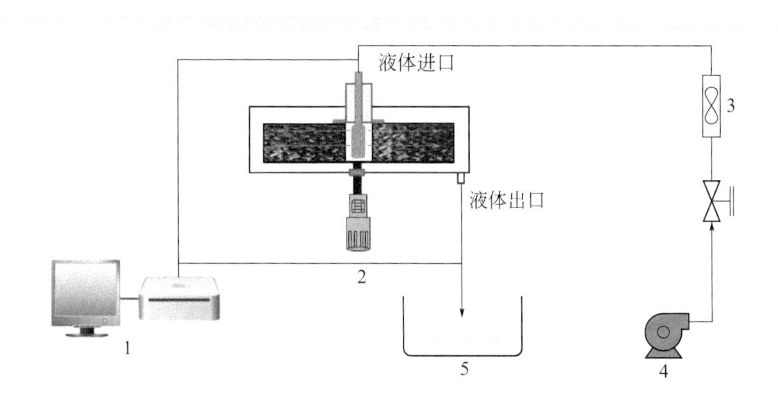

图 7-10 超重力吸附法处理含酚废水工艺流程图

1—检测器；2—旋转床；3—流量计；4—离心泵；5—储液槽

1. 吸附热力学研究

在液体流量为 50L/h、超重力因子为 41.3、间苯二酚废水初始浓度为 900mg/L、pH 为 5 的工况条件下，采用 Van't Hoff 热力学方程描述超重力吸附间苯二酚的热力学行为。

Van't Hoff 热力学方程[32]

$$\ln\frac{1}{c_e}=\ln k_0+\left(-\frac{\Delta H}{RT}\right) \tag{7-15}$$

式中 c_e——平衡浓度，mol/L；

ΔH——等量吸附焓变，kJ/mol；

T——试验温度，K；

R——气体常数，8.314J/(mol・K)；

k_0——Van't Hoff 方程常数。

图 7-11 为溶液温度对间苯二酚脱除率的影响。由图可知，当温度从 20℃增加到 50℃时，间苯二酚脱除率从 96.86% 下降到 94.44%。当吸附达到平衡时，间苯

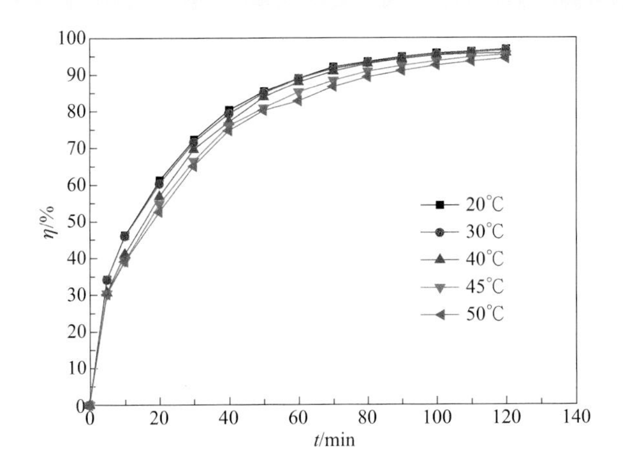

图 7-11 溶液温度对间苯二酚脱除率的影响

二酚脱除率相差不超过 2.42%，说明温度升高，吸附速率变化并不显著，符合物理吸附的特征。吸附属于放热反应，降低温度利于吸附。另外，对所得的数据进行拟合，以 $\ln(1/c_e)$ 对 $1/T$ 作图可知 ΔH 值为 −14.65kJ/mol，即吸附过程中吸附热为 14.65kJ/mol，在物理吸附热 2.1 ～ 20.9kJ/mol[33] 范围内，说明超重力场下活性炭吸附间苯二酚以物理吸附或表面吸附为主（范德华力等）。

2. 吸附动力学研究

对比固定床、搅拌釜和旋转床中活性炭对间苯二酚脱除率的影响，结果如图 7-12 所示。相同操作条件下，旋转床、搅拌釜、固定床三种吸附设备对间苯二酚的

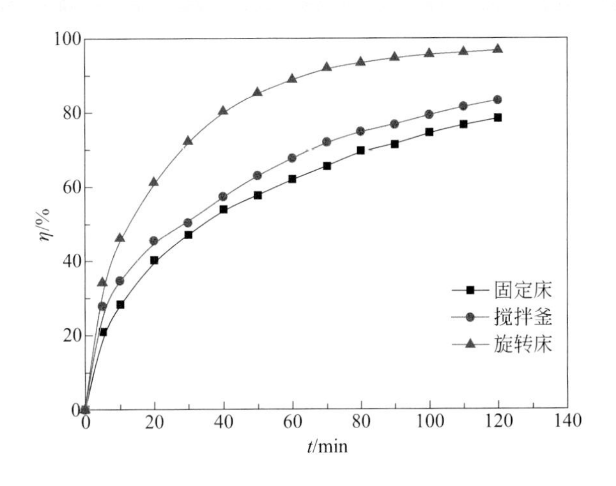

图 7-12 不同吸附设备对间苯二酚脱除率的影响

脱除率分别为96.86%、83.3%和78.31%。由此可见，旋转床较搅拌釜和固定床吸附设备的脱除率分别提高了16.3%和23.7%。实际上，就单台设备而言，这三种吸附设备均可间歇操作。

由表7-4可知三种吸附设备的拟二级模型相关系数R^2很高，说明拟二级动力学模型与本研究较吻合。同时，拟合得到的旋转床、搅拌釜和固定床的吸附速率常数k_2分别为2.576×10^{-3}、1.823×10^{-3}和1.584×10^{-3}g/(mg・min)，旋转床的吸附速率常数k_2分别是搅拌釜和固定床的1.413和1.626倍，说明超重力场的存在强化了液固之间的传质，利于吸附的进行。

表7-4　适宜操作条件下三种吸附设备吸附间苯二酚的拟二级模型拟合结果

模型	装置	线性拟合方程	R^2	吸附速率常数
拟二级	固定床	y=0.04016x+1.018	0.9894	1.584×10^{-3}
	搅拌釜	y=0.03883x+0.8272	0.9871	1.823×10^{-3}
	旋转床	y=0.03423x+0.4549	0.999	2.576×10^{-3}

为进一步深入了解间苯二酚吸附过程动力学，采用Weber-Morris（内扩散）动力学模型进行了曲线拟合，以$t^{1/2}$为横坐标、q_t为纵坐标作图。曲线的初始部分代表边界层扩散（膜扩散），之后的部分代表内扩散。在整个吸附过程中q_t-$t^{1/2}$并不满足线性关系，说明内扩散不是唯一的速率控制步骤。在整个吸附过程中，膜扩散和内扩散占主导地位。图7-13为不同吸附设备的Weber-Morris（内扩散）模型线性拟合，吸附初始阶段为膜扩散过程，内扩散为速率控制步骤。即一开始，由于吸附质与吸附剂之间的浓度差较大，推动力大，间苯二酚易被活性炭的外表面吸附，吸附速度非常快，故内扩散为速率控制步骤。吸附中后期，速率控制步骤为膜扩散。

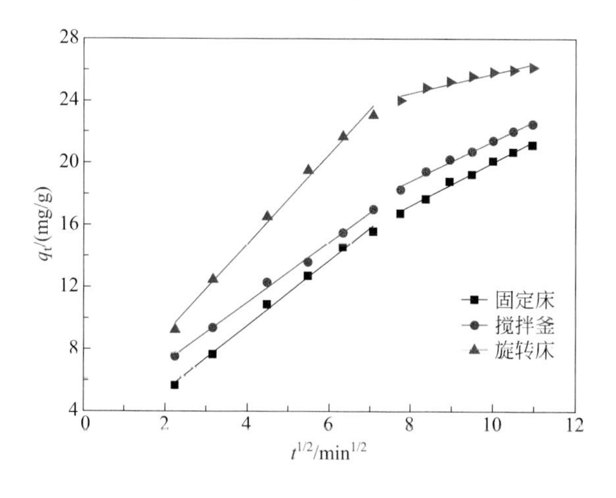

图7-13　不同吸附设备的Weber-Morris（内扩散）模型线性拟合

即当外表面的吸附达到饱和时，间苯二酚扩散到活性炭孔中，此时，膜扩散阻力增加，导致膜扩散速率降低，随着溶液中间苯二酚浓度的降低，推动力减小，膜扩散速率越来越低，扩散过程达到平衡阶段。因此吸附后期膜扩散为速率控制步骤，符合 Suresh 等 [34] 采用活性炭颗粒吸附间苯二酚的机理研究，且与活性炭吸附间苯二酚符合准二级动力学模型机理一致。

3. 工艺参数的研究

（1）液体流量 L 对吸附效率的影响

随着废水流量的增大，微纳尺度的液体形态（液滴、液丝、液膜等）在活性炭表面的覆盖率变高，增大了液固的相际面积，使得吸附效果提高。另外，随着废水流量的增大，活性炭颗粒表面的废水更换、更新的速度提高，消除了活性炭颗粒表面扩散阻力，促进了吸附传质过程，总吸附率增大。如图 7-14 所示，废水流量的增大使间苯二酚的脱除率增加。从图中也可以看出，总吸附率随时间的变化（曲线的斜率）很相近，而且呈现出随时间延长而逐渐减小的趋势。同时可说明不论在哪个时间段增大废水的流量，对总吸附率的提高均有贡献。可以看出，超重力吸附具有操作弹性大的特性。

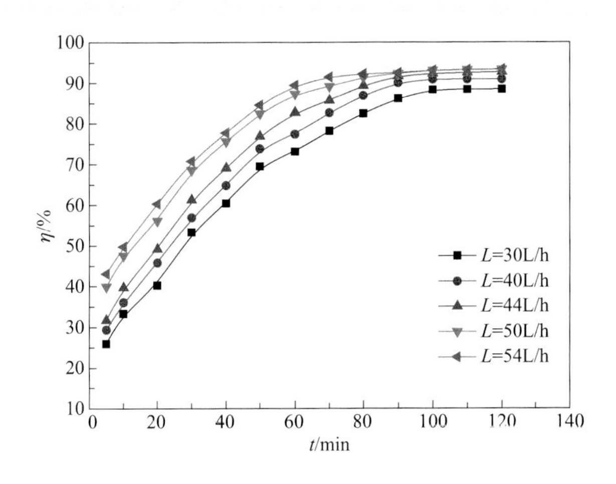

图 7–14　液体流量对间苯二酚脱除率的影响

需要指出的是，废水以分散相状态通过活性炭颗粒层时，增大废水流量有助于提高吸附效率。但是，如果继续增大废水的流量，使废水以连续相状态或浸没式状态通过活性炭颗粒层，吸附传质的机理将发生根本性的变化，其吸附效率将会降低，接近固定床或搅拌釜的吸附效果。

（2）超重力因子 β 对吸附效率的影响

超重力因子对间苯二酚脱除率的影响如图 7-15 所示。超重力因子增大，意味着旋转床的转速提高，废水受到的离心力作用就越大，液体被分散为更多的细小液滴、液丝等液体微元，其分布更均匀，固液相界面的液膜被剪切得更薄，废水中的间苯二酚更易到达活性炭表面并及时快速更新，传质阻力显著降低，促进了活性炭对间苯二酚的吸附，有效提升了吸附剂对间苯二酚的吸附效率。

从图 7-15 也可以看出，总吸附率随时间的变化（曲线的斜率）很相近，而且呈现出逐渐减小的趋势。需要指出的是，如果继续增大超重力因子，会使得废水在活性炭颗粒表面的停留时间极短，甚至废水来不及与活性炭颗粒进行相间吸附交换就被离心作用驱离，这时吸附效率将会降低。因此，超重力因子的选取要综合考虑多种因素。

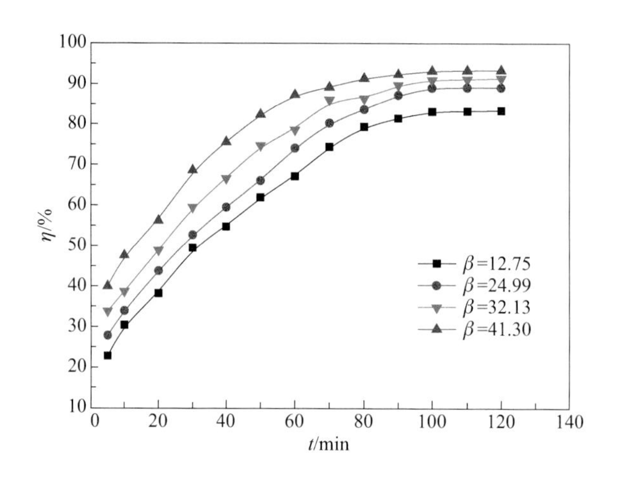

图 7–15　超重力因子对间苯二酚脱除率的影响

（3）pH 对吸附效率的影响

图 7-16 表明，pH 对吸附效率有显著的影响，在酸性及中性介质中吸附能力变化不大。但是，碱性越强，吸附效果越差。因为间苯二酚属于弱酸，其溶解度随着 pH 的降低而增加[35]，当 pH 小于 7 时，间苯二酚在溶液中呈分子状态，易被活性炭吸附，当 pH 大于 7 时，间苯二酚转化成间苯二酚盐，溶解能力增大，此时间苯二酚在活性炭上以脱附为主，所以吸附量急剧下降，间苯二酚脱除率降低。实际上，这也是采用强碱对活性炭进行再生的理论依据。

液固超重力吸附作为一种新兴的技术有其突出的优势和应用前景。但其理论研究和技术基础研究还有待深入，应用领域需要进一步拓展。

二、处理含甲苯废气的应用研究

甲苯有机废气不仅污染大气，破坏环境，同时具有毒性和一定的致癌性，危害

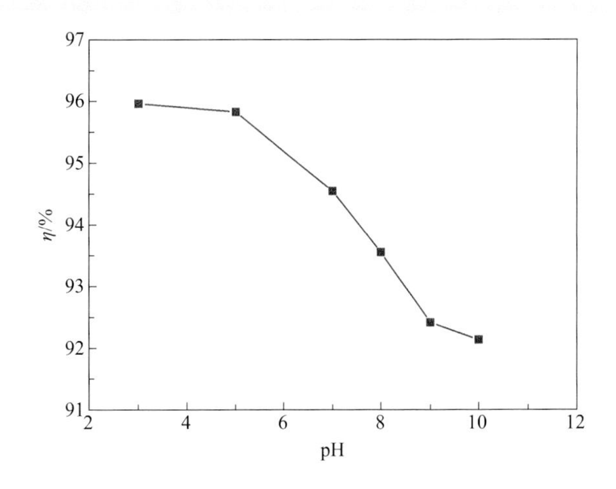

图 7-16　pH 对间苯二酚脱除率的影响

人体健康。高浓度甲苯气源一般采用燃烧法处理，对于中低浓度甲苯通常采用吸附法处理，但传统吸附法处理效果差、吸附剂有效利用率低，为此，中北大学[24]开发了超重力吸附甲苯气体工艺，进行了新的尝试，取得了较好的净化效果。

采用活性炭作为吸附剂，分别以旋转床和固定床为吸附设备，对含甲苯气体进行吸附和脱附性能研究，设备结构及工艺参数如表 7-5 所示，工艺流程图如图 7-17 所示。甲苯气体由气体发生器产生，经风机通过流量计计量后从旋转床气体进口进入由活性炭组成的吸附床层，由下至上通过床层后从上面吸附柱出口离开。旋转床的进出口设有便携式 HFID VOCs 在线检测仪，待吸附完成后，关闭甲苯进气阀门，打开氮气阀门，氮气经空气加热器加热后经风机进入饱和吸附床层，完成脱附过程。在整个净化过程中，吸附脱附交替进行。

表7-5　旋转床结构及工艺参数

参数	数值	参数	数值
吸附柱外径 /mm	300	初始浓度 /(mg/m^3)	0 ～ 3000
吸附柱高度 /mm	800	转速 /(r/min)	0 ～ 900
操作压力 /kPa	103	气体流量 /(m^3/h)	0 ～ 50
操作温度 /K	298 ～ 490		

1. 旋转床与固定床的吸附性能对比

为了比较旋转床和固定床的吸附性能，研究过程中采用了超重力旋转吸附床一体化装置，该装置通过调整吸附柱的旋转速度，在同一设备中实现固定床和旋转床两种吸附模式，不转时为固定床模式，旋转时为旋转床模式，使得两种设备可在同一工况条件下实现吸附性能对比。

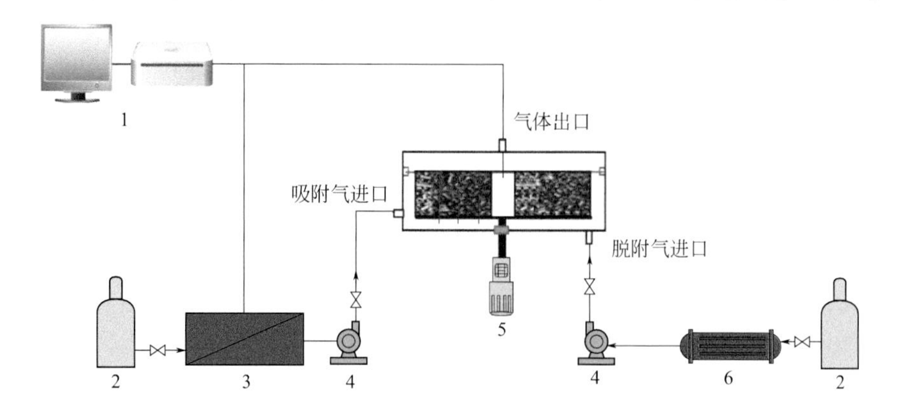

图 7-17　超重力旋转床吸附、脱附实验流程图

1—HFID检测仪；2—氮气瓶；3—VOCs气体发生器；4—风机；5—旋转吸附床；6—加热器

（1）旋转床与固定床穿透曲线

旋转床和固定床中活性炭对甲苯的吸附性能通过甲苯在活性炭上的穿透曲线进行表征，由穿透曲线可得到饱和吸附量、床层利用率和吸附速率常数等相关参数。众所周知，吸附的起始阶段为吸附质分子扩散至吸附剂表面的传递过程，这个过程并没有进行实质性吸附，称为无效吸附层，通过穿透曲线分析可对比不同设备间的无效吸附层长度。

饱和吸附量是吸附能力大小的直接衡量指标，其表达式如下

$$q_e = \frac{Qc_0}{m}\left(t_e - \int_0^{t_e} \frac{c_e}{c_0} \mathrm{d}t\right) \tag{7-16}$$

式中　Q——气体流量，m^3/h；

q_e——平衡吸附量，mg/g；

c_0——气体初始浓度，mg/m^3；

t_e——吸附平衡时间，h；

c_e——达到平衡时的出口浓度，mg/m^3；

m——吸附剂的装填量，g。

吸附传质区高度由吸附穿透曲线得到，是判断吸附床层有效利用及吸附性能的重要物理量，计算式如下

$$Z_a = Z\left[\frac{t_e - t_b}{t_e - (1-E)(t_e - t_b)}\right] \tag{7-17}$$

式中　Z_a——吸附传质区高度，cm；

Z——吸附柱床层高度，cm；

t_e——吸附平衡时间，min；

t_b——穿透时间，min；

E——吸附传质区内仍具有吸附能力的吸附剂与全部具有吸附能力的吸附剂之比，一般为 0.4 ～ 0.5，本书 E 取 0.5。

床层利用率 γ[36] 是评价吸附性能好坏的一个重要参数，对吸附条件的选择具有一定的参考意义，其表达式如下

$$\gamma=\frac{t_b}{t_0}\times 100\% \tag{7-18}$$

式中 t_b——穿透时间，min；

t_0——达到 5% 穿透浓度所用的时间，min。

甲苯进气量控制为 $40m^3/h$，初始浓度为 $3500mg/m^3$，吸附柱中活性炭的装填量为 300g，旋转床的超重力因子为 60，固定床和旋转床中活性炭对甲苯气体的吸附穿透曲线及饱和吸附量如图 7-18 所示。

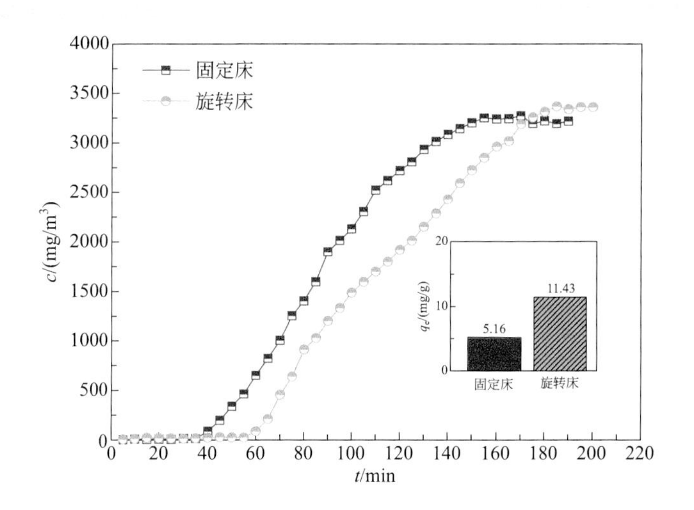

图 7-18 固定床和旋转床中活性炭吸附甲苯的穿透曲线及饱和吸附量

由图 7-18 可以看出，旋转床和固定床的穿透时间分别为 60min 和 42min，与固定床相比，旋转床的穿透时间延长了 42.9%。吸附平衡时间由固定床的 135min 增加到 175min，饱和吸附量是固定床的 2.2 倍。旋转床的穿透曲线向右平移，曲线更为陡峭。这主要是由于在通过吸附剂颗粒层的过程中，气体会受到吸附剂颗粒和转子运动等的曳力作用以及离心作用，气体会产生绕圆周方向和径向的运动，呈现螺旋式倒锥形上升的宏观运动轨迹，延长了穿透时间，使活性炭与甲苯充分接触，传质扩散推动力增大，有效增加了甲苯分子与活性炭吸附位点的碰撞，进而增加饱

和吸附量。

在进气气量、床层高度和甲苯初始浓度一定的条件下，测定了固定床和旋转床中活性炭吸附甲苯的穿透时间及床层利用率，如表 7-6 所示。

表7-6　固定床和旋转床中活性炭吸附甲苯的相关参数

吸附设备	穿透时间/min	吸附平衡时间/min	饱和吸附量/(mg/g)	吸附传质区高度/cm	床层利用率/%
固定床	42	135	5.16	5.20	58.53
旋转床	60	175	11.43	4.97	61.85
增长率/%	+42.9	+29.6	+121.5	–4.4	+5.7

研究可知在相同工况条件下，旋转床中活性炭吸附甲苯的饱和吸附量和床层利用率均高于固定床，吸附传质区高度低于固定床。这主要是由于活性炭在旋转床中处于高速旋转状态，有效增强了甲苯与活性炭表面吸附层的传质效率。

旋转床中活性炭处于高速旋转状态，可有效增强气固间的吸附传质，缩短无效吸附区的扩散时间，提升吸附速率。良好的传质效果实现了旋转床中活性炭的深度吸附，相同量活性炭可以吸附更多甲苯，减小吸附传质区高度。由于旋转床中的活性炭处于旋转模式，气固特殊接触方式增加了有效吸附位点，提高吸附速率，进而提高了床层利用率。

（2）固定床与旋转床的吸附速率

吸附速率常数是基于吸附概率由 Yoon 和 Nelson 提出的半经验气体吸附模型计算求得[37]。该模型提出了整条吸附曲线的方程，由模型求出出口浓度如下

$$c_{\mathrm{b}}=\frac{c_0}{1+\exp[k'(t_0-t)]} \tag{7-19}$$

式中　c_0——气体初始浓度，$\mathrm{mg/m^3}$；

c_{b}——达到穿透点时浓度，$\mathrm{mg/m^3}$；

k'——吸附速率常数，$\mathrm{min^{-1}}$；

t_0——达到 5% 穿透浓度所用的时间，min。

将上述方程转化为直线形式，如下所示

$$t=t_0+\frac{1}{k'}\ln\frac{P}{1-P} \tag{7-20}$$

式中　P——穿透分数，其值为 c_{b}/c_0，是吸附质通过吸附层快慢的衡量值。

图 7-19 为固定床和旋转床中 $\ln[P/(1-P)]$ 和 t 的 Yoon-Nelson 方程拟合数据图，表 7-7 为拟合的相关参数值。结果表明，旋转床中活性炭对甲苯的吸附速率常数比固定床大 7%，说明旋转床可有效提高活性炭对甲苯的吸附速率，进而提升吸附效果。

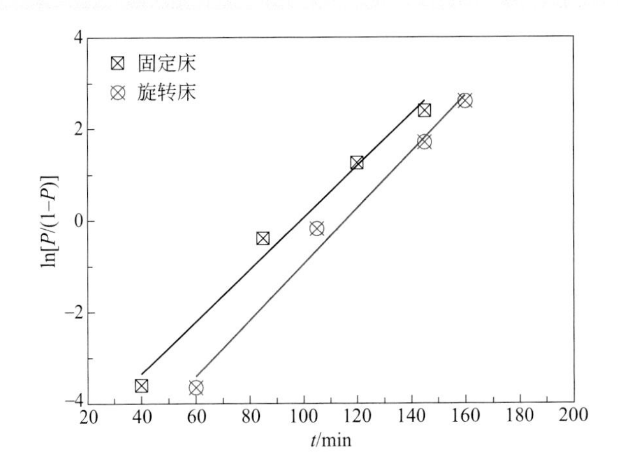

图 7-19　不同吸附设备中活性炭吸附甲苯的 ln[P/(1−P)]-t 图

表7-7　Yoon-Nelson方程拟合的相关参数值

吸附设备	拟合方程	R^2	速率常数 /min^{-1}
固定床	$\ln[P/(1-P)]=0.05683t-5.6282$	0.98	0.057
旋转床	$\ln[P/(1-P)]=0.06134t-7.08332$	0.98	0.061

（3）固定床与旋转床的吸附颗粒扩散模型

为进一步探究旋转床中活性炭对甲苯的吸附过程及机理，采用 Weber-Morris 颗粒扩散模型进行分析。

由图 7-20 可知，相同条件下，固定床和旋转床中活性炭吸附甲苯颗粒内扩散模型的拟合曲线呈折线型，说明吸附控制步骤由粒子外扩散和颗粒内扩散两种机理耦合进行。整个吸附过程分为三个阶段：第一阶段为活性炭的表面吸附过程，即甲

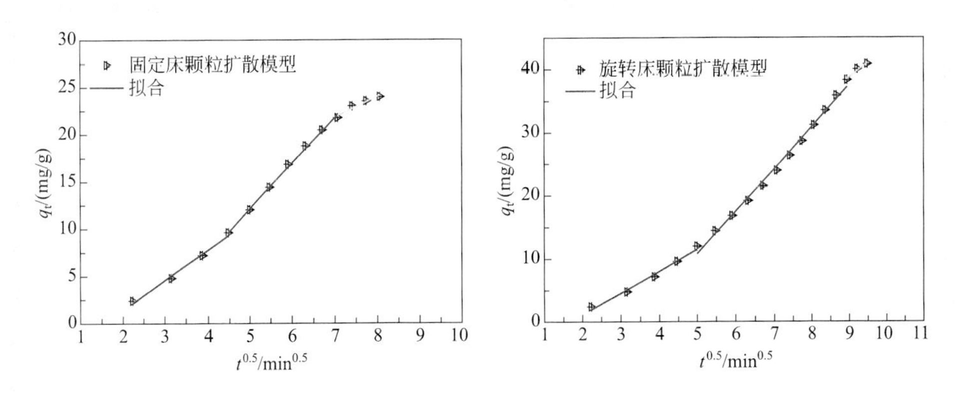

图 7-20　不同吸附床中活性炭吸附甲苯的颗粒内扩散模型

苯在活性炭表面扩散及表面吸附，该过程由气固间相对运动速率决定；第二阶段为活性炭颗粒内扩散过程，即甲苯扩散至活性炭多孔内部的吸附过程，该过程由活性炭内孔数量及表面与内孔间甲苯浓度差引起的推动力大小决定；第三阶段为慢吸附至吸附平衡过程，该过程由孔内甲苯更新速率决定。固定床和旋转床中颗粒内扩散模型拟合参数和各吸附阶段对吸附量的贡献率分别见表 7-8 和表 7-9。

表7-8　固定床和旋转床中颗粒内扩散模型拟合参数

吸附设备	第一阶段		第二阶段		第三阶段	
	k_{WM1}	R_1^2	k_{WM2}	R_2^2	k_{WM3}	R_3^2
固定床	3.21	0.99	4.79	0.99	2.16	0.92
旋转床	3.46	0.98	6.69	0.99	4.69	0.92

表7-9　不同吸附设备中各吸附阶段对吸附量贡献率

吸附设备	第一阶段贡献率 /%	第二阶段贡献率 /%	第三阶段贡献率 /%
	表面扩散	内扩散	吸附至平衡
固定床	40.15	50.70	9.15
旋转床	29.43	58.39	12.18

由颗粒内扩散模型拟合结果可知，固定床和旋转床中，活性炭对甲苯的吸附是表面扩散和颗粒内扩散等机制的共同作用。颗粒内扩散在吸附过程中起主导作用。通过对扩散速率的计算可知，旋转床的外扩散速率略高于固定床，而内扩散速率则是固定床的 1.47 倍。与固定床相比，旋转床中内扩散对整个吸附过程的贡献率要远高于表面扩散，说明旋转床可有效提升活性炭内孔吸附。这主要是源于旋转床中活性炭和甲苯的特殊接触模式，高速旋转环境增强了甲苯在活性炭表面的传质吸附效率，使甲苯更易结合在活性炭表面，提高外扩散速率。旋转床中良好的外扩散速率瞬间造成了活性炭内部与外部的高浓度差，增加了甲苯进入活性炭内部的推动力，进而加快了内扩散速率，使更多的甲苯进入孔内，完成内扩散过程。由于旋转床高效的传质作用，加快了整个吸附层的吸附速率，由拟合参数可知，旋转床中吸附达到平衡的速率是固定床的 2 倍左右，这也说明旋转床良好的内扩散效果使吸附快速达到平衡。通过 Weber-Morris 颗粒扩散模型计算可知，旋转床可有效提升吸附过程中的传质效果，通过加强外扩散传质，增强甲苯进入活性炭内部的推动力，进而提高内扩散速率，使活性炭内孔道提供更多吸附位点，发挥出活性炭多孔结构的吸附性能。

（4）旋转床中甲苯吸附位点

为了进一步说明旋转床中活性炭良好的吸附效果，实验还检测了不同超重力因子下旋转床和固定床中甲苯在活性炭表面的覆盖面积及覆盖率。甲苯在活性炭表面的覆盖率是指甲苯的表面覆盖面积与活性炭比表面积之比，宏观说明两者接触概率

及吸附性能，甲苯在活性炭表面的覆盖率由下式计算求得

$$x=\frac{S_{cx}}{S_{BET}}=\frac{6.023\times10^{23}\times A_m\times q_x}{1000\times M_w\times S_{BET}} \tag{7-21}$$

式中 x——表面覆盖率，%；

S_{cx}——表面覆盖面积，m^2/g；

S_{BET}——比表面积，m^2/g；

A_m——单分子投影面积（按分子直径计算），m^2；

q_x——饱和吸附量，mg/g；

M_w——吸附质的摩尔质量，g/mol。

表 7-10 为甲苯在活性炭表面上的覆盖面积和表面覆盖率，从表中数据可以看出，在旋转床中，甲苯在活性炭表面上的覆盖面积和覆盖率均高于固定床，且随超重力因子的增大而增大。在 β=50 时，旋转床比固定床中甲苯在活性炭上的表面覆盖率提高了 22.6%。即旋转床中活性炭与甲苯之间的接触概率增加，促进吸附作用，为活性炭提供了更多吸附位点，增强了活性炭对甲苯的吸附性能。

表7-10　甲苯在活性炭表面上的覆盖面积和表面覆盖率

参数	固定床	旋转床		
		β=5	β=20	β=50
覆盖面积 /(m^2/g)	349.24	359.57	388.57	428.05
表面覆盖率 /%	52.01	53.55	57.78	63.77

2. 旋转床与固定床的脱附性能对比

当吸附剂达到工艺允许的吸附量或饱和状态时，吸附剂需要通过脱附实现再生利用，从而避免浪费，减少二次污染，节约成本，降低运行费用，提高整个吸附环节的经济性。超重力脱附过程是将热流体介质通入旋转的吸附剂床中，使得吸附质从活性炭颗粒表面和内孔脱离的过程，脱附后的吸附质进入热流体中，经分离后回收吸附质。

（1）脱附温度对脱附效果的影响

采用热氮气为脱附气（热介质流体），考察了固定床中活性炭脱附随温度变化的情况，结果如图 7-21 所示。

由图可知，整个脱附过程分为三个阶段，快速上升阶段、快速下降阶段和稳定阶段。随脱附气温度的升高，甲苯脱附温度的最大值增加，且脱附甲苯浓度迅速降至最低点。较高的脱附气温度可有效提高快速上升阶段的脱附速率，整个过程中，由于脱附气（氮气）的比热容较小，提高脱附气温度加快了甲苯在饱和活性炭上的逸出速度，进而提高脱附效果。脱附气温度由 120℃增加到 180℃，脱附饱和活性炭的最高甲苯浓度由 1800mg/m^3 增加至 2300mg/m^3，即脱附气温度越高越有利于饱

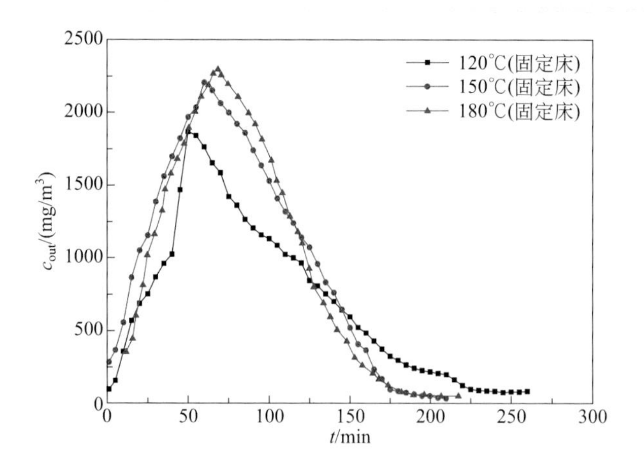

图 7-21　固定床中不同温度下的脱附曲线

和活性炭的脱附，饱和活性炭中残留的甲苯越少，再生率越高。同时，脱附时间由220min缩短至165min。脱附气温度是影响整个脱附过程最主要的因素，高温脱附气使甲苯更多地逸出，并且大大缩短了脱附时间，但是能耗也随之增加，高温脱附气也会对活性炭的孔结构和表面性质造成一定的破坏，甚至会影响再生后活性炭的吸附性能，缩短活性炭寿命。所以，选择180℃为脱附温度对比固定床和旋转床的脱附性能。

（2）固定床与旋转床脱附性能对比

在180℃条件下，进行了旋转床和固定床的脱附效果对比实验，结果见图7-22。在旋转床、固定床中脱附曲线的整体形状相差无几，但在旋转床中的脱附时间更短

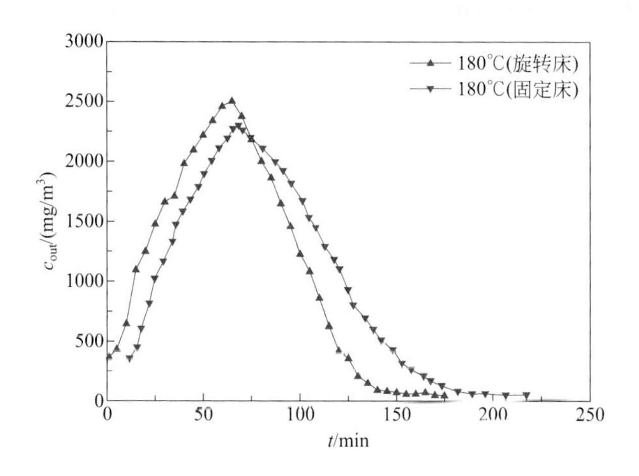

图 7-22　相同温度下旋转床和固定床的脱附曲线

些（曲线靠左），脱附效率较高。在曲线上升段两者斜率很接近，但旋转床的下降段斜率较大，拖尾较短，说明旋转床的脱附速率快，吸附质的残留量更小。

（3）固定床与旋转床脱附速率比较

根据不同时间饱和活性炭的脱附率，采用下式拟合得出脱附速率。

$$R = R_0 + A\mathrm{e}^{-kt} \tag{7-22}$$

式中 R——脱附率，%；

R_0——平衡状态下的脱附率，%；

k——脱附速率，min^{-1}；

A——常数，%；

t——脱附时间，min。

图 7-23 为不同超重力因子下脱附率与时间的关系图，由图拟合可得脱附速率 k。通过脱附曲线求得整个拟合曲线的相关系数 R^2 均大于 0.99。表 7-11 显示的是不同超重力因子下的相关参数。

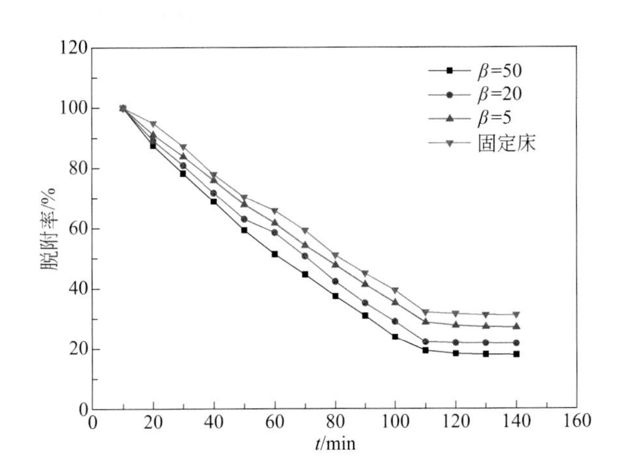

图 7-23 不同超重力因子下脱附率与时间的关系图

表7-11 不同脱附设备和超重力因子下脱附速率拟合的相关参数

参数	固定床	旋转床		
		β=5	β=20	β=50
R_0/%	31.58	27.69	21.96	18.25
k/min^{-1}	0.00757	0.00843	0.00928	0.01023

由表 7-11 可见，在旋转床中的脱附速率比在固定床中的脱附速率高，且随超

重力因子的增加，脱附速率增大；超重力因子为50的超重力环境中的脱附速率是固定床的1.35倍。因此，超重力环境下脱附速率明显提高，缩短了吸附剂再生的时间，对提高吸附-脱附操作效率、延长活性炭的使用寿命具有重要意义。

综上所述，超重力吸附作为一种新型吸附技术，在废水和废气净化过程中展现出良好的吸附性能。该技术可有效提升吸附剂的利用率，缩短吸附平衡时间，实现吸附剂的深孔吸附，提高吸附脱附速率等。与传统吸附装备相比，该装置具有操作弹性大、劳动力度小、设备体积小、开车停车方便等优点。

总之，与其他分离技术相比，吸附分离过程具有节能、产品纯度高、可除去痕量物质、操作温度低等突出特点，随着现代化工对分离的要求越来越高，超重力吸附技术有望在化工、医药、食品、轻工、环保等行业得到广泛的应用，在废水净化、废气治理方面实现深度净化。

参考文献

[1] 赵振国. 吸附作用应用原理 [J]. 热能动力工程, 2005, 20(6): 631.

[2] 时钧, 汪家鼎, 余国琮, 等. 化学工程手册 [M]. 北京: 化学工业出版社, 1996.

[3] 王秀芳, 张会平, 肖新颜. 苯酚在竹炭上的吸附平衡和动力学研究 [J]. 功能材料, 2005, 36(5): 746-749.

[4] 姜灵彦, 刘蕾, 崔节虎. 粉末活性炭对模拟间苯二酚废水的吸附 [J]. 光谱实验室, 2011, 28(4): 1738-1743.

[5] Glueckauf E, Coates J I. Theory of chromatography. Part Ⅳ. The influence of incomplete equilibrium on the front boundary of chromatograms and on the effectiveness of separation [J]. Journal of the Chemical Society, 1947, 149(10): 1315-1321.

[6] 孔黎明, 张婷, 王佩德. 活性炭纤维吸附石化废水中苯酚的吸附平衡及动力学 [J]. 化工学报, 2015, 66(12): 4874-4882.

[7] Ho Y S, Mckay G. Pseudo-second order model for sorption processes[J]. Process Biochemistry, 1999, 34(5): 451-465.

[8] Weber W J, Morris J C. Proceedings of international conference water pollution symposium pergamon[C]. Oxford: Pergamon Press, 1962, 1(2): 231-262.

[9] 朱家文, 吴艳阳. 分离工程 [M]. 北京: 化学工业出版社, 2019.

[10] 刘志军, 黄艳芳, 刘金红. 活性炭吸附法脱除VOCs的研究进展 [J]. 天然气化工: C1化学与化工, 2014, 39(2): 75-79.

[11] 王榕树, 李海明, 冯为. 活性氧化铝/硅胶吸附剂对环境水体的脱氟行为研究及应用初探 [J]. 环境科学学报, 1992, 12(3): 333-340.

[12] 陈晓康, 宁培森, 丁著明. 树脂吸附法处理有机废水的研究进展 [J]. 热固性树脂, 2015, (6): 55-64.

[13] 赵伟荣 . 固定床式蜂窝状 VOCs 吸附脱附装置及方法 [P]. CN 105944500B. 2018-10-02.

[14] 李洙林 , 陈砺 , 严宗诚 . 改性木薯吸附剂固定床吸附的研究 [J]. 食品工业科技 , 2010, 31(4): 195-197.

[15] 李立清 . 移动床吸附实验装置 [P]. CN 201016969Y. 2008-02-06.

[16] 白静利 , 郝艳红 , 王嘉伟 . 移动床吸附脱除火电厂烟气中汞的试验研究 [J]. 洁净煤技术 , 2018, 24(4): 114-119.

[17] 张立强 , 蒋海涛 , 李兵 . 粉状活性炭流化床吸附 SO_2 的实验研究及吸附动力学分析 [J]. 煤炭学报 , 2012, 37(6): 1046-1050.

[18] 段文立 , 宋文立 , 罗灵爱 . 两段循环流化床吸附有机气体实验 [J]. 过程工程学报 , 2004, 4(3): 210-214.

[19] 董霓 , 林艳军 , 崔玉东 . 治理 VOCs 的新工艺——沸石转轮吸附浓缩 + 催化燃烧 [J]. 环境与发展 , 2017, 29(7): 118-119.

[20] Lin C C, Liu H S. Adsorption in a centrifugal field: basic dye adsorption by activated carbon[J]. Industrial & Engineering Chemistry Research, 2011, 16(1): 161-167.

[21] Lin C C, Chen Y R, Liu H S. Adsorption of dodecane from water in a rotating packed bed[J]. Journal of the Chinese Institute of Chemical Engineers, 2004, 35(5): 531-538.

[22] Chang C F, Lee S C. Adsorption behavior of pesticide methomyl on activated carbon in a high gravity rotating packed bed reactor[J]. Water Research, 2012, 46(9): 2869-2880.

[23] 武晓娜 , 刘有智 , 焦纬洲 . 旋转填料床中活性炭吸附含酚废水研究 [J]. 含能材料 , 2016, 24(5): 509-514.

[24] Guo Q, Liu Y Z, Qi G S. Adsorption and desorption behaviour of toluene on activated carbon in a high gravity rotating bed[J]. Chemical Engineering Research and Design, 2019, 143(3): 47-55.

[25] 刘有智 , 郭强 , 祁贵生 . 超重力移动吸附床吸附气体设备 [P]. CN 108404601A. 2018-08-17.

[26] 郭芳 , 刘有智 , 郭强 . 超重力场下活性炭吸附间苯二酚废水 [J]. 含能材料 , 2018, 26(4): 339-345.

[27] Guo Q, Liu Y Z, Qi G S. Study of low temperature combustion performance for composite metal catalysts prepared via rotating packed bed[J]. Energy, 2019, 179(7): 431-441.

[28] Guo Q, Liu Y Z, Qi G S. Application of high-gravity technology NaOH-modified activated carbon in rotating packed bed (RPB) to adsorb toluene[J]. Journal of Nanoparticle Research, 2019, 21(8): 175.

[29] Guo Q, Liu Y Z, Qi G S. Behavior of activated carbons by compound modification in high gravity for toluene adsorption[J]. Adsorption Science & Technology, 2018, 36(3-4): 1018-1030.

[30] 郭芳 . 超重力场下活性炭吸附法处理间苯二酚废水工艺研究 [D]. 太原 : 中北大学 , 2018.

[31] 郭芳, 刘有智, 郭强. 旋转填料床中活性炭上间苯二酚的脱附行为及动力学 [J]. 过程工程学报, 2018, 18(3): 503-508.

[32] Garcia-Delgado R A, Cotoruelo-Minguez L M, Rodriguez J J. Equilibrium study of single-solute adsorption of anionic surfactants with polymeric XAD resins[J]. Separation Science, 1992, 27(7): 975-987.

[33] Suresh S, Srivastava V C, Mishra I M. Isotherm, thermodynamics, desorption, and disposal study for the adsorption of catechol and resorcinol onto granular activated carbon[J]. Journal of Chemical & Engineering Data, 2011, 56(4): 811-818.

[34] Suresh S, Srivastava V C, Mishra I M. Study of catechol and resorcinol adsorption mechanism through granular activated carbon characterization, pH and kinetic study[J]. Separation Science & Technology, 2011, 46(11): 1750-1766.

[35] Liao Q, Sun J, Gao L. The adsorption of resorcinol from water using multi-walled carbon nanotubes[J]. Colloids & Surfaces A: Physicochemical & Engineering Aspects, 2008, 312(2): 160-165.

[36] Lee S W, Park H J, Lee S H. Comparison of adsorption characteristics according to polarity difference of acetone vapor and toluene vapor on silica alumina fixed-bed reactor[J]. Journal of Industrial & Engineering Chemistry, 2008, 14(1): 10-17.

[37] 陈理. 泡沫活性炭的制备及其对挥发性有机化合物的吸附性能研究 [D]. 北京: 北京化工大学, 2010.

第八章

气固分离

第一节 概述

含有固体颗粒的工业气体属于非均相混合物，在气体中处于分散状态的固体颗粒称为分散相，包裹着固体颗粒的气体称为连续相。气固分离是利用一种或多种物理过程达到分离气体中的固体颗粒的目的。气固相中固体颗粒的粒径大于100μm时会很快自然沉降，不存在分离问题，而粒径小于0.1μm的超微粒子，由于目前很难测定，属分离技术还涉及不到的范围。一般情况下，作为分离对象的固体颗粒粒径在0.1～100μm之间[1,2]。其中，粒径大于10μm的颗粒比较容易分离，粒径在0.1～10μm的颗粒分离比较困难，因而，气固分离的重点和难点是粒径为0.1～10μm范围的颗粒物。通常，粒径在10μm以下的颗粒称为PM10，也称为可吸入颗粒物，其中粒径在2.5μm以下的颗粒，即空气动力学当量直径小于等于2.5μm的颗粒物称为PM2.5，也称细颗粒物、细粒、细颗粒[3,4]。

细颗粒物体积小、比表面积大、活性强、质量轻，长期悬浮于大气环境，易随气流漂移，易富集多环芳烃、病毒和细菌等有毒物质，对人体健康、大气环境、工业生产等都造成严重影响。①对人体健康的危害[5]：研究表明，空气动力学尺度为2.5～10μm的颗粒物可进入人体咽喉，沉积于呼吸道鼻、咽和支气管等部位；尺度小于2.5μm的颗粒物又称为可入肺颗粒物，这些细颗粒物能够进入人体肺泡甚至血液循环系统，可直接导致心血管疾病，可见，对人体健康危害最大的是PM2.5。②对环境的影响[6]：细颗粒物长时间悬浮在空气中，随气流长距离迁移，而且，

PM2.5 对光的散射作用比较强，导致大气能见度降低、酸雨、雾霾和全球气候变化等重大环境问题。③对工业生产的影响：在工业生产中，如在煤化工生产过程中，煤的气化、焦化等过程产生的粗煤气中均含有一定量的细颗粒物、焦油、萘、苯等多种成分复杂的细颗粒物，影响后续工艺过程的连续稳定运行，甚至造成停产。

目前，国际上总颗粒物控制技术虽已达到很高水平，但对于细颗粒物的捕集率却较低，造成大量细颗粒物排入大气环境。在总悬浮颗粒物 TSP 和可吸入颗粒物 PM10 的总体污染情况有所好转的同时，我国 PM2.5 排放量却呈上升趋势。因而，细颗粒物的控制成为气固分离的研究重点。

一、细颗粒物来源

大气中细颗粒物的排放种类非常复杂，根据颗粒物的排放途径分为自然源和人为源两种。自然源包括火山喷发、森林火灾、沙尘暴等自然过程[7]。人为源主要包括各种燃烧源和工业过程。

（1）燃烧源的排放

① 燃煤锅炉烟气的排放　煤粉在燃烧过程中产生的细颗粒物有两类：一类是亚微米颗粒（PM1.0），另一类是残灰颗粒，从颗粒数量上亚微米颗粒占主导地位，而从质量上微米及残灰颗粒占主导地位。根据我国九个重点城市大气颗粒物源解析论证结论，工业锅炉和燃煤电厂是空气中颗粒物的主要来源[8]。以工业锅炉为例，我国在用燃煤锅炉有 47×10^4 台，年排放烟尘 410×10^6t，占全国颗粒物排放总量的 32%[9]。

② 生物质锅炉烟气的排放　以秸秆燃烧排放的细颗粒物为例，秸秆在燃烧过程中生成的细颗粒物主要是不完全燃烧产生的含碳成分及 K、Cl 和 N 等易挥发元素经气化、成核、冷凝和絮凝形成的无机组分，细颗粒物粒径一般在 1μm 以下。生物质锅炉烟气所含细颗粒物以飘尘为主，粒径小、质量轻、扩散性强，并含焦油和大量水汽，对周边环境污染大。

③ 船舶柴油发动机的排放　我国是世界航运大国，目前，船舶已成为我国沿海、沿河地区主要的大气污染源。船舶柴油机排放的颗粒物来源及组成复杂，现有研究表明[10]柴油机排放的颗粒物主要来源于三个方面，见表 8-1。

在船舶颗粒物组成方面，98% 为 PM10、94% 为 PM2.5、92% 为 PM1，其中第三类颗粒物占颗粒物总量的 78% ～ 80%。研究表明，燃油硫含量对 PM 排放影响显著，目前船用燃料油质量差、硫组分含量高，因此船舶排放细颗粒物量明显高于车辆排放。统计表明，一艘中到大型集装箱船使用含硫量 3.5% 的燃料油，输出功率为最大功率的 70%，则该船一天排放的 PM2.5 总量相当于我国 50 万辆国Ⅳ货车一天的排放[11,12]。

表8-1 船舶颗粒物的主要来源及组成

序号	颗粒物主要来源	颗粒物组成
1	燃油及润滑油的不充分燃烧及其产生的微小颗粒聚集而成	亚微米级
2	燃油本身含有一定量的灰分，油燃烧后剩余灰渣排放形成颗粒物	0.2 ～ 10μm
3	燃烧产生的气体污染物二次合成，如燃烧生成的 SO_2 和 NO_x 氧化生成硫酸 / 硫酸盐和硝酸 / 硝酸盐气溶胶，直接以颗粒物形式排出	微米级

（2）工业过程的排放

工业过程排放是指在化工、冶金、建材等生产过程中排放的含有细颗粒物的气体，一般包括原料气和排放尾气两种。例如在煤化工生产过程中，煤炭的气化、焦化、热解等过程中产生大量的微细粉尘、焦油等细颗粒物，占可吸入颗粒物排放总量的 30% 以上 [13]。焦炉煤气制甲醇过程中产生的焦炉煤气中含有细颗粒物、焦油和萘等；合成氨生产过程中造气产生含有细颗粒物、焦油等杂质的半水煤气；硫酸生产过程中硫铁矿焙烧制备的原料气中含有粉尘、砷、硒等。由于这些原料气含有细颗粒物、焦油等杂质，影响后续生产的连续性和稳定性，使得系统阻力增大，能耗增加，产能下降 [14]。尾气中含有的细颗粒物造成大气环境的污染，如尿素行业吹扫尾气经锅炉燃烧产生的含有细颗粒物的锅炉烟气、产品干燥过程中含有产品颗粒物的干燥尾气，这些尾气的排放对环境造成威胁，同时气体中的产品颗粒也造成资源的浪费。

二、细颗粒物排放标准

我国对细颗粒物的排放控制一直保持高度重视，早在 1996 年就颁布了《环境空气质量标准》，标准中明确规定了 PM10 的排放浓度限制：40μg/m^3（年平均）和 50μg/m^3（日平均），该标准未规定 PM2.5 的限值；2012 年，对该标准进行了修订，修订后的《环境空气质量标准》（GB 3095—2012）中增加了 PM2.5 的限值：其中一级限值为 15μg/m^3（年平均）和 35μg/m^3（日平均）。美国最早于 1997 年就对环境空气质量标准进行了修订，率先规定了 PM2.5 的质量浓度限值：15μg/m^3（年平均）和 65μg/m^3（日平均），澳大利亚、欧洲等也对 PM2.5 的限值做了严格规定。近几年，虽然各国都制定了 PM2.5 环境空气质量标准，但燃烧源排放标准大多只针对总烟尘制定了相关排放限值，对燃烧源 PM10、PM2.5 排放浓度及其化学组成和毒性还没有相关规定 [15]。

例如，为了从源头控制细颗粒物的排放，我国对燃煤电厂污染物的排放制定了日益严格的排放标准。2011 年环境保护部和国家质量监督检验检疫总局联合发布了新修订的《火电厂大气污染物排放标准》（GB 13223—2011）[16]，规定燃煤锅炉的烟（粉）尘排放限值为 30mg/m^3；2014 年国家发展改革委、环境保护部和能源局联合制定了《煤电节能减排升级与改造行动计划（2014—2020 年）》[17]，指出新建燃煤机组的烟（粉）尘排放值不高于 10mg/m³；2015 年三部委再次联合印发《全面实施燃煤电厂超低排放和节能改造工作方案》[18]，大力推进燃煤电厂超低排放，其中烟（粉）尘的排放浓度接近 5mg/m³。日益严格的燃煤电厂烟气排放标准，对工业锅炉、燃煤电厂的颗粒物控制提出了更高的要求。

三、细颗粒物分离技术简介

国内外细颗粒物脱除技术主要是利用两相流动的气固分离原理进行分类，包括干法和湿法两类[15]。

干法是利用粉尘与气体之间物理性质的差异，如密度、粒径、导电性等，完成粉尘与气体之间的分离。除尘装置主要有重力除尘器、惯性除尘器、旋风除尘器、过滤式除尘器、电除尘器等。各种干法除尘器均有各自的优缺点和应用场合，因处理粉尘的粒径不同有很大差别，对粒径大于10μm以上的粗粒子均有很高的捕集率，但对于细微粒，脱除率显著下降，如对 1μm 细颗粒高效旋风除尘器的除尘效率仅为 27%。在所有干法技术中，袋式除尘、静电除尘以及二者的复合技术电袋复合除尘应用最为成熟。袋式除尘原理是利用纤维层对细颗粒物进行拦截过滤，除尘效率较高，对粒径在 1 ～ 5μm 的细微粒效率在 99% 以上，甚至可以除去 0.1 ～ 1μm 的粒子，其切割粒径为 0.04μm。尽管袋式除尘器对细颗粒物的脱除率很高，但其过滤速度低、压降大、体积庞大、滤料易损坏、需定期清洁和更换，尤其是用于含湿含油的气体时会产生糊袋堵袋现象。静电除尘是在高电压下对粉尘荷电，然后在电场力作用下将荷电粒子捕获，对大于 10μm 的粗粒子具有大于 99% 的效率，但对于亚微米级细颗粒，由于不能使其有效荷电，除尘效率相对较低，如对于比电阻低于 $10^4\Omega \cdot cm$ 或高于 $10^{11}\Omega \cdot cm$ 的粉尘，其除尘效果将恶化。静电除尘一次性投资费用很高，尤其不能在有爆炸性气体或过于潮湿的工况下使用。电袋复合除尘是综合了静电除尘和袋式除尘两种成熟的除尘技术而提出的复合型除尘技术，该技术应用于燃煤锅炉烟气的超低排放具有很好的效果，但对化工行业含有飞灰、水雾、焦油及其他黏性物质等复杂细颗粒物气体或高温、压力等工况却难以适用。

湿法主要是利用含尘气体与洗涤液（以水为媒介）的相互接触，借助液滴和尘粒的惯性碰撞、扩散及其他作用机理实现尘粒从气流中的分离捕集，并可同时脱除部分气态污染物。因而，相比于干法技术，湿法除尘具有适用范围广泛、结构简单、系统稳定等优点，同时能实现降温和吸收有害气体的作用，在许多工业气体净化过程中具有不可替代性。

常用的湿法除尘技术主要包括喷淋塔、填料塔洗涤器、喷雾洗涤塔、旋流板洗涤器、文丘里洗涤器等[19,20]。

喷淋塔是利用喷嘴将水雾化成细小液滴，液滴与尘粒碰撞、凝聚、沉降，实现对尘粒的捕捉。其结构简单、阻力小、操作方便，可用来处理含尘浓度较高的气体。但是装置体积庞大，对细颗粒物的捕获效率低，其切割粒径为 2 ～ 3μm，对 PM2.5 的捕集率只有 50%，因而，一般用于尘粒较大、浓度较高的含尘气体。

填料塔洗涤器中，洗涤液从塔顶经液体分布器喷淋到填料上，在填料表面形成水膜并靠重力往下流动，气体与液体在填料层的空隙逆流接触，尘粒被捕获在液相中。填料塔具有处理能力大、压降相对较小、操作弹性大等优点，但由于液体分散受限，气液接触面积小，对细颗粒物的捕集率低，其切割粒径为 1μm，对 PM2.5 的捕集率只有 30%。对于含悬浮颗粒较多的气体，在除尘过程中容易造成堵塞。

喷雾洗涤塔除尘的主要原理是将洗涤水雾化成细小液滴以提高粉尘颗粒被捕捉的概率，促使小颗粒团聚成大颗粒，从而提高除尘效率。传统喷雾除尘器由于只有一层喷雾装置，除尘效率只有 60% ～ 80%，将单层喷雾改为多层喷雾，效果明显提高，如改为三层喷雾层时，当喷雾压力为 0.6MPa、气速为 0.6m/s 时，PM15 的捕集率达到 98.3%，切割粒径为 3μm，压降与空塔喷淋接近。

旋流板洗涤器由塔身和旋流塔板组成，塔板呈固定风车状，洗涤液通过中间盲板均匀分配到各个叶片，形成薄液层，气流从塔下部进入并通过叶片形成旋转向上的气流，叶片上的液体被气流喷成细小液滴，尘粒被黏附其中甩向塔壁，带尘粒的液滴受重力作用集流到集液槽。旋流板除尘器具有结构简单、效率高、压降低、弹性较宽和粉尘不易堵塞等优点。其气速比填料塔高，液体分散效果比填料塔好，但对粒径小于 1μm 的粒子效率很低，切割粒径为 1 ～ 2μm，对 PM2.5 的捕集率只有 40%。

相比而言，文丘里洗涤器对细颗粒物具有较佳的除尘效果，其切割粒径为 0.1 ～ 0.3μm，对 PM2.5 的捕集率大于 99%。但随着细颗粒物粒径的减小，要达到较高的脱除效果，压降损失较高，其气相阻力一般高达 3000 ～ 20000Pa，需要采用风机增压，动力消耗高，增加了投入和运行费用。

上述常用的湿法除尘技术尽管有不同的适用场合，但对于细颗粒物的脱除很难达到经济高效。近年来，超重力技术作为一种强化相间传递的过程强化技术，在湿法捕集细颗粒物方面展现了突出优势。超重力气固分离技术是一种新型的湿法分离方法，其原理是利用高速旋转的填料增大气体中细颗粒物的惯性力，同时产生的巨大剪切力将液体切割为液滴、液丝、液雾、液沫等微纳尺度的液体形态。液滴尺寸小、群密集度高，在旋转填料提供的离心场中，气液相对速率远高于塔式装置。在超重力场中微纳级的液滴与细颗粒物惯性碰撞耦合外力强制碰撞凝并，从而实现细颗粒物的高效捕集。其气相压降只有 350 ～ 800Pa，与喷淋塔相当，远小于文丘里洗涤器。切割粒径为 0.01 ～ 0.08μm，对 PM10 的捕集率为 100%，对 PM2.5 的捕集率也高达 99.7%。超重力装置中的液体以几十乃至几百倍的重力加速度从填料层甩出，对填料层进行冲刷洗涤，因而，即使气体中粉尘浓度很高，也不会造成填料的堵塞，具有一定的自清洗作用。因而，超重力湿法分离技术用于捕集细颗粒物更为经济高效。特别是对于净化前述干法技术难以适用的气体或工况，其优势更为突出。

第二节　超重力气固分离关键技术及原理

一、关键问题及理论分析

在湿法分离气体中细颗粒物的过程中，由于细颗粒物体积小、质量轻、惯性作用弱、易随气体漂浮，在流体流动速度较慢时，遇到大液滴会产生爬流、绕流运动，从而难以被液滴捕获。根据流体力学和颗粒沉降理论，斯托克斯数（*St*）可表征气体中细颗粒物跟随流体流动的能力，其物理意义是颗粒惯性作用和扩散作用的比值，定义式如式（8-1）所示

$$St=\frac{C_c\rho_p d_p^2}{18\mu}\frac{u_0}{d_c} \tag{8-1}$$

式中　C_c——坎宁汉修正系数；

ρ_p——颗粒物密度，kg/m³；

d_p——颗粒物尺寸，m；

u_0——气液相间的相对速度，m/s；

μ——气体黏度，Pa·s；

d_c——液滴尺寸，m。

研究表明，*St* 数越小，表示细颗粒物可以顺着气体流场的流线完全移流，随气流流动能力增强，与液滴发生碰撞概率减小；随着 *St* 数增大，细颗粒物受惯性的影响增大，细颗粒物越容易由于惯性作用偏离气体流线与液滴发生碰撞，被液体捕获的概率就增大。如将 *St* 从 0.29 增加到 1.58，颗粒物的捕集率从 11% 增加到 59%。

因此，从式（8-1）分析可知，要提高细颗粒物捕集率，可从两方面入手，一是提高气液相间的相对速度 u_0，二是减小液滴尺寸 d_c。其作用原理可用强化捕集原理来解释。

二、超重力强化气固分离原理

（1）增大气液相间的相对速度，提高液滴与细颗粒物碰撞力

在超重力旋转填料床中，由于填料的高速旋转，气体以快于填料的切向速度运

动，而液体以慢于填料的切向速度运动，因而，二者的相对运动速度较大，与塔式装置相比，u_0 要大一个数量级，使得 St 数也提高了一个数量级，从而增强了液滴与细颗粒物的碰撞作用，提升了液滴对细颗粒物的捕获能力。

（2）减小液滴尺寸，增加液滴数量

通过粒子图像测速（简称 PIV）对旋转填料层内液滴大小进行了测量，得到丝网填料的液滴平均直径范围为 0.2 ～ 2mm，大部分液滴直径分布于 0.4 ～ 0.5mm，如图 8-1 所示 [21]。

据文献报道 [22,23]，喷淋塔内的液滴直径范围为 0.25 ～ 4.0mm，大部分液滴直径分布于 1.7 ～ 3.0mm（见图 8-2，图中 m 为均匀度指数），比超重力旋转填料床内的滴液直径大一个数量级，因而，与喷淋塔相比，旋转填料床中的 St 数也相应地提升了一个数量级，即旋转填料床中液滴数量更多、更密集，液滴粒径更小，与细颗粒物的碰撞频率更高，捕集率更高。

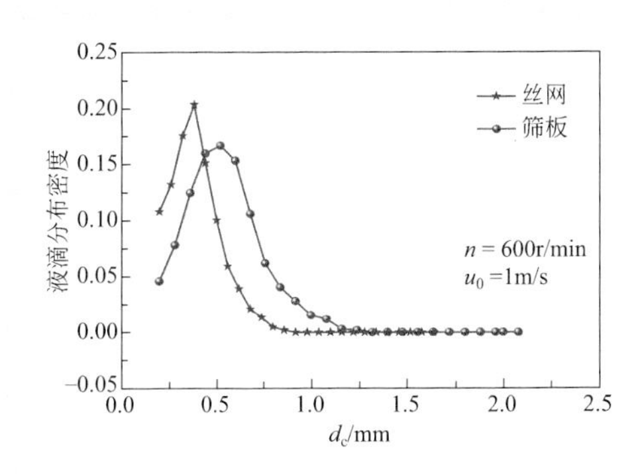

图 8-1　旋转填料床中液滴分布

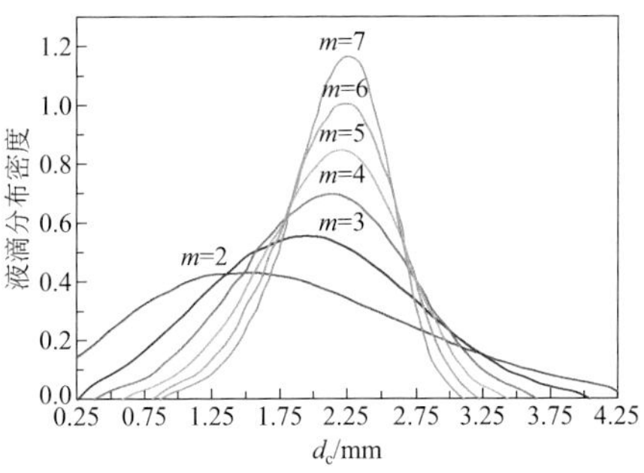

图 8-2　喷淋塔中液滴分布

（3）多次多级捕集，强化总捕集率

在旋转填料床中，液体从位于旋转床中的液体分布器喷洒在第一级填料层上，被强大离心力强制沿径向作雾化分散，经历第一级雾化分散后，液滴之间相互碰撞、合并为较大的颗粒，之后再经第二级填料层切割分散，经过填料层的多次分散 - 凝并 - 分散，完成对细颗粒物的捕集。具体捕集过程可描述为以下几个阶段：

① 高速旋转的填料产生的巨大剪切力克服了液体表面张力，将液体撕裂成液滴、液膜、液丝和液雾等微纳尺度的微液态，这一阶段称为“新生阶段”；

② 微液态分散在填料空隙的气体中，与细颗粒物共存，微液态与细颗粒物彼此相邻、相互包围，细颗粒物被润湿，形成预调节状态，这一阶段称为“发展阶段”；

③ 在预调节状态下，旋转填料的机械作用使得微液态与细颗粒物以及微液态间强制碰撞，微液态迅速聚集凝并、消亡，将细颗粒物捕集于液体中，这一阶段称

为“消亡阶段”；

④ 多次循环：微液态快速凝聚和细颗粒物的捕集是在与填料接触的瞬间，且每经过一层旋转的填料，都会再次经历新生、发展和消亡三阶段循环，细颗粒物被进一步捕集。这个循环是多次的，直到气液离开旋转填料层而终止。细颗粒物捕集过程的“三阶段 + 循环”都具有一定的空间尺度和时间尺度，而且各种尺度间相互交织、相互作用，从而极大强化液滴对细颗粒物的捕集过程。

因此，“微液态新生、发展、消亡三阶段循环”是超重力强化湿法捕集细颗粒物的核心机理。根据旋转填料床传质机理研究[24]，其传质单元高度为 20 ～ 40mm，通常旋转填料床能达到 7 级及以上。如果各级效率相同，即使单级捕集率为 30%，7 级总捕集率也能达到 91.8% ；如果单级捕集率为 50%，则总捕集率为 99.2%。

由此可见，传统湿法技术采用大量水“洗涤”，难以高效脱除细颗粒物，其关键技术瓶颈为：①传统湿法技术中液体呈宏观尺度，与细颗粒物尺度相差数千倍，严重不匹配，造成碰撞概率小、相互接触少；②液体呈一次性分散，且随重力沉降时，液滴发生凝并，尺寸逐渐变大，碰撞概率进一步减小；③颗粒物与液滴接触、碰撞概率小，加之液体“一次机会”分散，细颗粒物失去再次脱除的机会。

第三节 超重力气固分离性

一、超重力气固分离研究进展

关于超重力湿法气固分离的研究主要集中于国内的中北大学、北京化工大学、华南理工大学等高校。研究内容包括超重力装置的气液接触方式、填料特性、装置创新、液体表面性能、气体中固体粒子的特性等方面。

旋转填料床中的气液接触方式分为逆流、错流和并流三种。张艳辉等[25]采用逆流旋转填料床，利用燃煤飞灰模拟含尘气体，进行了超重力湿法除尘研究，结果表明，除尘效率可达 99.9% 以上，出口含尘浓度一般小于 50mg/m^3，设备压降约在 600 ～ 1250Pa 之间。同时考察了转速、液气比对除尘效率的影响，发现除尘效率随着转速、液气比的增大而提高，液气比仅为 0.21L/m^3。柳巍[26]分别采用了并流、逆流旋转填料床处理燃煤飞灰，考察了两种不同的气液接触方式对除尘效果的影响。研究结果显示：在相同的操作条件下，并流床的压降明显低于逆流床，二者相差 1130Pa。在处理气量为 100m^3/h、液气比为 4L/m^3、转速为 1050r/min 时，出口粉尘浓度均低于 150mg/m^3，因而，逆流操作更适合在低液量条件下操作。适当条件下，对平均粒径为 0.3μm 的颗粒物分级效率为 99.98%，出口气体中粒径大于

2μm 的粒子全部脱除。进口气体粉尘浓度对总的除尘效率影响不大，但进口气体所含粉尘的粒径分布会影响除尘的分级效率。付加[27]以粉煤灰模拟 PM2.5 粒子，进口浓度为 16g/m^3、平均粒径为 2.25μm，分别采用逆流和错流旋转填料床研究脱除效果，结果显示：错流床和逆流床对 2.5μm 粒子的分级效率分别为 94.3% 和 96.1%，对 1.0μm 粒子的分级效率分别为 79.4% 和 85.3%。在同样的操作条件下，错流床和逆流床的除尘效率相当，但错流床的压降为逆流床的 51%。以上研究表明，错流旋转填料床具有处理气量大、压降小、除尘效率高等优势。

旋转填料床中的填料特性对除尘效果具有重要的影响。李俊华等[28]分别采用空隙率为 0.97 的钢质波纹丝网和空隙率为 0.88 的尼龙丝网两种填料对餐饮业油烟进行净化试验研究，在气量为 20m^3/h、液量为 0.5m^3/h 和进口油烟浓度为 18mg/m^3 时，钢质波纹丝网填料在分级效率上明显优于尼龙丝网填料，除尘效率能达到 95%。宋云华等[29]同样采用空隙率为 0.97 的 RS 波纹丝网填料和空隙率为 0.88 的尼龙丝网填料，采用逆流床进行除尘性能研究，结果表明：RS 波纹丝网填料分级效率明显高于尼龙填料，主要原因是 RS 波纹丝网与水的界面张力大于尼龙与水的界面张力，RS 波纹丝网更易被水润湿，对水的分散性更好，加之 RS 波纹丝网空隙率高，切割分散形成的液滴数量更多、尺寸更小，更有利于对颗粒物的捕集。在处理气量为 200m^3/h、液量为 0.5 ～ 2.0m^3/h、转速 900 ～ 1500r/min 时，对颗粒物的捕集率大于 99%，切割粒径为 0.02 ～ 0.3μm。王探[30]以错流旋转填料床为除尘装置，分别采用规整填料和散装填料进行细颗粒物净化研究，当入口浓度为 200mg/m^3、平均粒径为 46.95μm、液气比为 1.25L/m^3 条件下，规整填料的脱除效果优于散装填料，在相同的脱除效果时，规整填料的液体用量比散装填料低 16.67%。黄德斌等[31]在多级离心雾化超重力旋转床气流轴向位置添加了数层平面丝网填料，考察转速、液量、轴向的平面丝网层数对除尘效率的影响，结果表明，三层平面丝网的效率远高于一层平面丝网。从以上研究可以看出，填料的特性对除尘效率具有重要的影响，规整填料优于散装填料，钢质波纹丝网填料优于尼龙丝网。但是关于填料的性质（比表面积、空隙率和表面张力等）如何影响除尘机理，进而影响除尘效率有待进一步研究。

超重力装置结构对强化气固分离过程的相间传递具有关键作用。魏少凯[32]采用一种全新结构的旋转填料床——气流对向剪切旋转填料床（CAS-RPB）进行气体中细颗粒物分离研究。该装置的转子由独立旋转的上下两个同心安装的转盘组成，转盘上多个环形填料呈分裂结构布局，两盘填料相互嵌套安装，其中各环形填料为多层丝网或散堆细密多孔填料，高速旋转时，可对气液实现高度剪切和扰动，从而强化对细颗粒物的捕集。当入口粉尘浓度为 2000mg/m^3、液气比为 0.8L/m^3、超重力因子为 101 时，出口浓度仅有 3.06mg/m^3，压降为 460 ～ 500Pa，切割粒径为 0.01μm，对 PM1.0 的脱除率高达 92%，各项性能优于错流旋转填料床。刘有智等[33]对旋转填料床结构进行改进，发明了一种多级错流旋转填料床用于船舶脱硫除尘一体化处理。将单个转子改为两个及以上，相邻转子之间增加一个填料定子。气体由填料转子进入填料定子的过程，流向发生急剧变化，气体从填料的“动”到“静”的过程受到巨大的剪切作用，湍动剧烈，促进气体在填料定子中的再次分布，从而强化了气液间的相对滑移速度和碰撞频率，加速实现气体中细颗粒物凝并长大，进而实现气体中细颗粒物的高效捕集。该装置可用于船舶烟气脱硫除尘一体化处理。同时说明，与传统塔器相比，超重力装置具有除尘和脱硫效率高、能耗低、基本不受船舶颠簸倾斜的影响、开停车方便等优点。

湿法气固分离一般采用水作为洗涤液，基于固体粒子、填料的亲水亲油性不同，洗涤液的表面性能对分离效果也具有一定的影响。付加[27]选用四种润湿剂与旋转填料床耦合，考察不同润湿剂对除尘效果的影响，结果表明，十二烷基苯磺酸钠具有较好的润湿效果，以质量浓度为0.03%的润湿剂为洗涤液，其他操作参数不变的条件下，总脱除率提高了1.0%，2.5μm粒子的分级效率提高了3.43%，1.0μm粒子的分级效率提高了8.44%。魏少凯[32]采用CAS-RPB为除尘装置，选择甘油为添加剂，研究液体黏度的变化对除尘效率的影响，结果表明，增加液体黏度后，两转盘同转和逆转时总除尘效率都呈现了下降的趋势，同转时下降非常明显，总除尘效率从95.63%下降到了78.87%，逆转时总除尘效率降低了5.17%。

湿法气固分离时，气体中细颗粒物的性质对分离效果和后续气体的应用具有重要影响。李泽彦[34]采用电厂粉煤灰模拟超细粉尘中的碳质组分，分别采用铝粉、草酸和硫酸铵模拟金属元素组分、可溶性有机组分和无机组分，考察含不同组分的颗粒物的脱除效果。结果显示：当入口粉尘浓度为6g/m³、平均粒径≤10μm、液气比为1.67L/m³、转速为1200r/min时，对不同组分细颗粒物的脱除率均大于95%，出口浓度均低于0.25mg/m³。刘有智等[35-37]针对化工原料气如煤化工的煤锁气、半水煤气、焦炉煤气等气体中含有细颗粒物、焦油、甲苯、萘等复杂组分的工况，发明了基于细颗粒物分离的超重力装置及方法。通过创新装置结构和优化工艺参数，可将原料气中的细颗粒物、焦油、萘等一体化脱除，例如，可将焦油和微细粉尘浓度为300～600mg/m³的煤锁气降低至300mg/m³以下，解决了因粉尘和焦油使压缩机不能稳定工作，常压排放的煤锁气无法进入加压系统，只能点天灯排放的行业难题。这些研究表明，超重力湿法除尘适用范围更宽泛，适用于各种复杂组分、特别是有毒有害组分的分离和回收。

超重力除尘是基于旋转填料床内的气液固三相混合流体的分离，液体经填料的多次分散-凝并-分散完成对粉尘微粒的捕集，内部流场复杂，因而，对其内部的除尘机理和理论分析报道较少。数学模型可以揭示除尘机理，进而优化和设计反应器，从而有效节省人力、物力和财力。现有报道大部分是基于流场较为简单的除尘技术的数学模型研究，如对静电除尘、喷淋塔、湿式重力除尘等进行的模型研究。Claudia等[38]建立湿式静电除尘模型时考虑了惯性碰撞、直接拦截、布朗扩散、静电作用和热泳等除尘机理，分析了水浓度、液体和气体接触时间、液滴大小、相对速度和电荷对除尘效率的影响，预测在优化的工艺参数下捕集率达 99.5%。Mohan 等 [39,40] 建立了喷淋塔除尘效率关联式。Kim 等 [41] 在湿式重力除尘器除尘模型中，考虑了扩散、拦截和碰撞三种除尘机理。Lim 等 [42] 分析反式喷射洗涤器除尘模型得出碰撞是颗粒捕集的主要机理，捕集率随颗粒大小的增大而增加。Pulley[43] 建立的文丘里除尘数学模型包含惯性碰撞的除尘机理。然而，针对超重力湿法除尘机理的数学模型还鲜见报道。李泽彦 [34] 关联颗粒物运动轨迹、拦截效率、布朗作用对颗粒物的捕集、分级效率和总效率等因素之间的关系，建立了超重力湿法除尘效率的经验模型。结果表明，该模型可以很好地预测细颗粒物脱除率，模拟结果和实验结果的误差为 ±2%。潘朝群等 [44] 首次从气体的流场、液滴的碰合出发，用液滴粒径 - 位置联合分布模型描述了液滴群运动的特征，提出了错流旋转填料床中液滴的三维运动模型，详细分析了气量、液量变化对液滴运动特性的影响，结果表明，气量的增大可使液体破碎成更细小的液滴，从而使相界面积增大；液量的增大使填料床的液相表面积增大。该模型对揭示超重力湿法除尘机理具有一定的启示作用。

二、错流与逆流旋转填料床的分离性能

由于在捕集细颗粒物方面有其独特的效果，超重力湿法除尘作为新兴的除尘技术备受关注。在湿法除尘方面，常用的旋转填料床结构主要以错流和逆流为主，在此，介绍两者在捕集颗粒物方面的除尘效率、分级效率及气相压降等性能。

付加 [27] 以粉煤灰模拟粉尘（使用激光粒度分布仪对进口粉尘的粒度分布进行测量，其粒径集中分布在 1 ～ 3μm，平均粒径为 2.25μm），对转子规模相近的错流与逆流旋转填料床总除尘效率和分级除尘效率进行了系统研究，粉尘的粒度分布见表 8-2。

表8-2　模拟粉尘的粒度分布

粒径区间 /μm	含量 /%	累积 /%	粒径区间 /μm	含量 /%	累积 /%
0 ～ 0.5	1.32	1.32	1.7 ～ 2.0	13.54	73.59
0.5 ～ 0.7	4.63	5.95	2.0 ～ 2.3	8.63	82.22
0.7 ～ 1.0	8.45	14.40	2.3 ～ 2.5	6.42	88.64
1.0 ～ 1.3	10.82	25.22	2.5 ～ 3.0	5.92	94.56
1.3 ～ 1.5	16.36	41.58	3.0 ～ 5.0	3.56	98.12
1.5 ～ 1.7	18.47	60.05	5.0 ～ 6.0	1.88	100

1. 气体压降及停留时间

在错流和逆流旋转填料床中，液体的流通路径是相同的，均是从液体分布器喷

出，从填料的内缘沿径向向填料的外缘运动。但气体的流通路径却不完全相同，在错流旋转填料床中，如图 8-3（a）所示[45]，气体从填料底部进入，沿轴向穿过填料后排出，与液体流动形成错流接触，其流通截面恒定为 $[\pi(r_2^2-r_1^2)]$；而在逆流旋转填料床中，如图 8-3（b）所示[45]，气体沿径向从填料的外缘向内缘运动，与液体流动形成逆流接触，气体的流通截面积则由 $2\pi Hr_2$ 逐渐减小为 $2\pi Hr_1$。

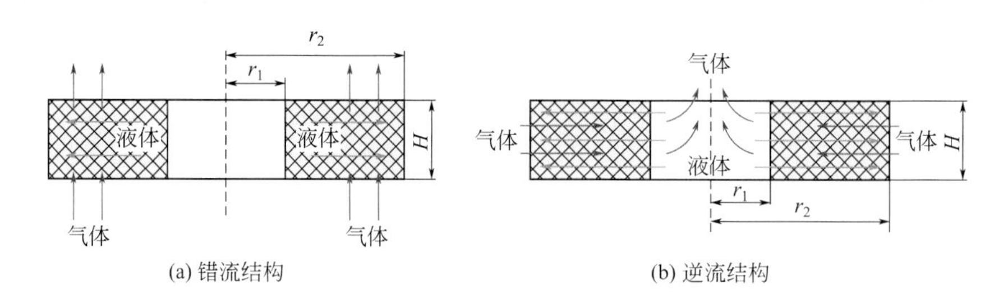

图 8-3　错流与逆流旋转填料床中气液流通路径

由此可见，在错流旋转填料床中，气体的停留时间主要由填料旋转速度和填料的厚度 H 等决定，气体通过旋转填料的压降相对逆流床小。在逆流旋转填料床中，气体的停留时间主要由填料旋转速度和直径方向 (r_2-r_1) 尺寸等决定。气体通过旋转填料的方向与离心力作用方向相反，需要克服离心压降，而且由于通道截面积逐渐变小等因素，总压强比错流床气体压降大。

由于逆流旋转填料床和错流旋转填料床的气体流通路径不同，导致气液的接触方式不同，进而影响气液的相对速度和气体在床内的停留时间。根据超重力除尘机理分析，不同的气液相对速度会影响斯托克斯数，进而影响尘粒所受的惯性碰撞作用，而气体在床内的停留时间就决定了气体与液滴、液膜的接触时间，时间越长越利于液体捕集尘粒。

除尘器的阻力也是判定除尘器性能的重要指标之一，它表示气流通过分离器时的压力损耗。阻力大，用于风机的电耗也大，因而分离器阻力也是衡量分离设备能耗和运行费用的一个指标。一般来说，系统压降大于 2000Pa 的除尘器属于高阻力除尘器，如高能文丘里分离器，虽然其对细颗粒物的脱除率也很高，但由于压降大于 3000Pa（通常在 8000Pa 左右）能耗过高。从表 8-3 中可以看出，错流与逆流旋转填料床在最适宜操作条件下的气相压降均小于 300Pa，说明旋转填料床属于低能耗除尘器，其中错流旋转填料床的压降比逆流床低 78%。

超重力湿法净化细颗粒物工艺参数优化结果显示：旋转填料床属于低能耗除尘器，在相同操作条件下，逆流旋转填料床的除尘效率略高于错流旋转填料床，且对于粒径为 0.25μm 的颗粒物脱除率达 99.5% 以上，可以高效率脱除气体中的细颗粒物。

表8-3　错流床与逆流床最佳操作条件下气相压降对比

填料床类型	超重力因子	液体喷淋密度 /[m³/(m²·h)]	气速 /(m/s)	适宜操作条件下的气相压降 /Pa
错流旋转填料床	163	6.3	2.6	140
逆流旋转填料床	80	4.8	1.6	250

2. 分离性能

在相近工艺条件下，对比研究了超重力因子 β、液体喷淋密度 q 和空床气速 u 等参数对错流和逆流旋转填料床的总除尘效率和分级效率的影响。

（1）总除尘效率

表 8-4 是错流与逆流旋转填料床分别在各自适宜操作条件下的总除尘效率。

表8-4　错流与逆流旋转填料床的总除尘效率对比

填料床类型	超重力因子	液体喷淋密度 /[m³/(m²·h)]	空床气速 /(m/s)	最佳操作条件下的除尘效率 /%
错流旋转填料床	163	6.3	2.6	99.6
逆流旋转填料床	80	4.8	1.6	99.8

研究表明逆流旋转填料床可以在更小的超重力因子和液体喷淋密度条件下，达到更高的除尘效率。

（2）分级效率

图 8-4 是错流床与逆流床在各自适宜操作条件下的分级效率。

对比研究结果可知，逆流旋转填料床的分级效率略高于错流旋转填料床，但对于粒径大于 2.5μm 的粉尘，二者的脱除率都超过 99.8%（分别可以达到 99.87% 和

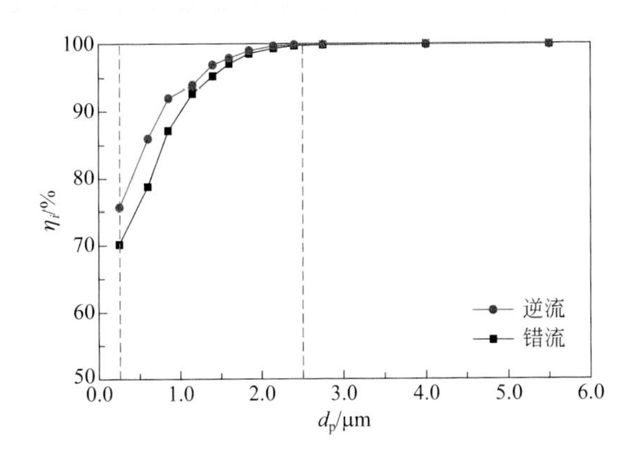

图 8-4　错流与逆流旋转填料床的分级效率对比

99.90%），对 0.25μm 粉尘的分级效率 $\eta_{0.25}$ 分别为 70.1% 和 75.7%，均高于现有除尘器，且逆流床的分级效率更高。

（3）分级效率拟合

Licht[46] 研究发现，大多数除尘器的分级效率与粉尘粒径的关系可用式（8-2）表示

$$\eta_i = 1.0 - \exp(-md_{\mathrm{p}}{}^n) \tag{8-2}$$

式中，m、n 为特性系数。其中，m 反映分级除尘效率大小，m 越大，除尘器的分级效率越高；系数 n 反映粉尘粒度对该除尘器分级效率的影响，n 越小，分级效率曲线越平坦，除尘器对细微颗粒物的分级效率越高。

对错流旋转填料床在超重力因子为 163、喷淋密度为 6.3m³/(m²·h)、气速为 2.6m/s 时的分级效率数据进行回归分析得出，m=1.72，n=0.51，拟合度 R^2=0.96，如图 8-5 所示。

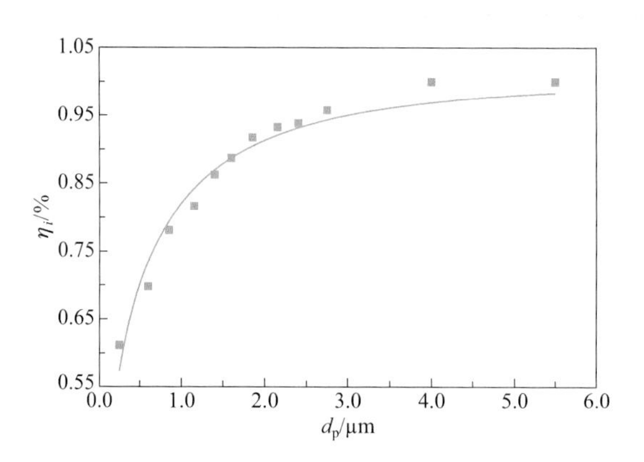

图 8-5　错流旋转填料床分级效率拟合曲线

表 8-5 是几种常见除尘器的分级效率特性系数，对比发现，旋转填料床的分级效率大于一般湿式除尘器，与静电除尘器相近，可以高效脱除气体中的细颗粒物。

表8-5　几种常见除尘器的分级效率特性系数

除尘器	m	n
旋风除尘器	0.002 ～ 0.10	0.80 ～ 2.00
湿式除尘器	0.09 ～ 0.60	0.50 ～ 0.80
静电除尘器	0.80 ～ 2.50	0.20 ～ 0.50
错流旋转填料床	1.72	0.51
逆流旋转填料床	2.02	0.50

逆流旋转填料床的 m 值大于错流旋转填料床，说明逆流旋转填料床的分级效率高于错流旋转填料床；二者的 n 值相近，说明错流旋转填料床与逆流旋转填料床对细微颗粒物的脱除效率相当。

三、气体中低浓度细颗粒物分离性能

煤气中含有粉尘、硫化物等杂质，在净化过程中虽经过除尘、湿法脱硫等工序，但仍有微量的微细粉尘、焦油等杂质存在，其含量在每立方米数十乃至数百毫克，会影响后续工序及产品质量。焦炉煤气虽然经过激冷、脱硫、脱氨、脱苯、脱萘等湿法净化工序，仍然含有 30 ～ 100mg/m^3 的粉尘、焦油等细颗粒物，因细颗粒物堵塞压缩机，导致被迫停车检修常有发生。工业锅炉烟气通过常规的除尘后，粉尘浓度仍然在 150 ～ 300mg/m^3，达不到排放要求。目前大多以现有技术为基础，通过叠加净化工序和环节进行技术升级改造，但投资增大，运行费用倍增。

原料气、锅炉烟气深度净化后，尽管气体含尘浓度已很低，但仍含有细颗粒物，净化难度大，传统的除尘技术都难以达到经济高效的效果，寻求和研发低浓度粉尘有效净化技术，对化工及传统产业升级和环境保护意义重大。

中北大学的王探[30]用粉煤灰与空气均匀混合模拟 200mg/m^3 左右的含尘气体，探究了超重力湿法除尘技术脱除低浓度模拟气体粉尘的性能，研究了超重力因子、处理气量、进液量、填料类型和入口粉尘浓度等因素对除尘效率的影响。

1. 气体中低浓度细颗粒物分离工艺流程

选择电厂的粉煤灰模拟含细颗粒物气体，实验前先将较大颗粒筛分出来，经过研磨后产生细颗粒物，粒径分布为 0.01 ～ 5μm，平均粒径为 2.45μm，入口浓度为 200mg/m^3 左右，工艺流程如图 8-6 所示[30,47]。

混合均匀的含细颗粒物的气体，经流量计计量后进入超重力捕集器，自下而上穿过旋转的填料。液体在泵的作用下进入超重力捕集器，经液体分布器分散在填料内缘，随后在高速旋转的填料的剪切作用下，液体被切割成液滴、液丝和液膜等微液态，与气体中颗粒物在填料表面和填料间隙进行多次碰撞，经过“三阶段 + 循环”过程后被捕集。净化后的气体经除雾器脱除夹带的液滴后排放，液体由出口排入水槽循环使用。

2. 各因素对粉尘脱除率的影响

（1）超重力因子对除尘效率的影响

固定入口粉尘浓度约为 200mg/m^3，气体流量约为 300m^3/h，液体流量约为 0.3m^3/h，通过调节旋转填料床转速来改变超重力因子 β，结果如图 8-7 所示。可以看出，旋转填料床的除尘效率随超重力因子增加先增大后稍有减小，β 为 163 时，除尘效率为 92.13%。超重力因子增大时，旋转填料对液体的切割力度增强，液体

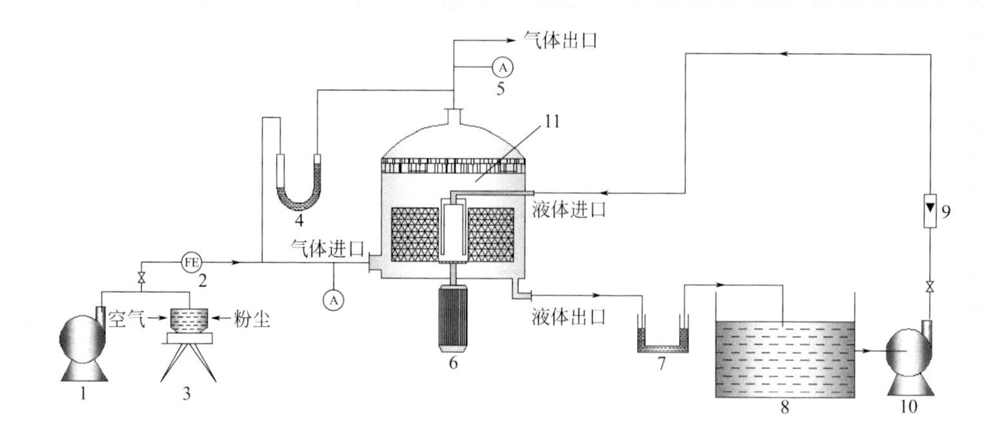

图 8-6　低浓度粉尘超重力分离实验流程

1—风机；2—气体流量计；3—螺杆加料机；4—U形管压差计；5—取样口；
6—电机；7—液封装置；8—储液槽；9—液体流量计；10—液泵；11—超重力捕集器

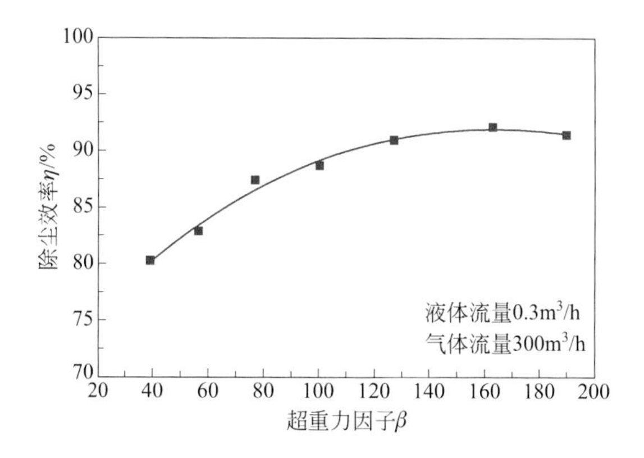

图 8-7　超重力因子对除尘效率的影响

被切割成液膜、液丝和液滴，尺寸减小，有利于对粉尘的捕集。超重力因子越大，粉尘颗粒所受离心力越大，越易偏离气体流线，有利于与液滴发生碰撞，增大了除尘效率。

（2）气体流量对除尘效率的影响

气体流量对除尘效率的影响如图 8-8 所示，随气体流量增加，除尘效率先增大后减小。气体流量增大，气液相对速度增加，液滴与细颗粒物的碰撞速率和强度增加，液滴对细颗粒物的捕集概率增大。此外，随着气体流量增大，气液湍动程度增大，增加了细颗粒物被润湿的机会，使更多的细颗粒物凝并，被捕集的概率变大[48]。但气体流量超过 400m³/h 后，由于气液接触时间变短，不利于液滴对细颗粒物的捕集，除尘效率开始下降。另外，气体对液滴的夹带作用也可能导致除尘效率下降。

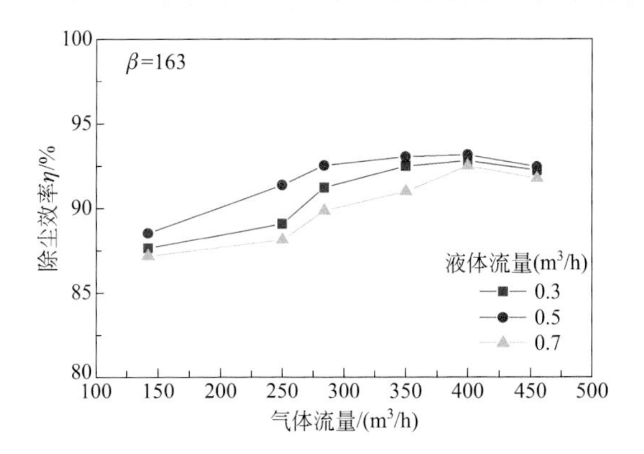

图 8-8　气体流量对除尘效率的影响

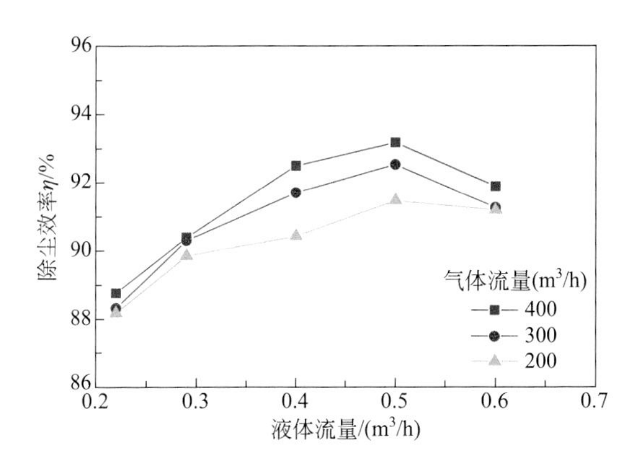

图 8-9　液体流量对除尘效率的影响

（3）液体流量对除尘效率的影响

液体流量对除尘效率的影响如图 8-9 所示。可以看出，随液体流量增加，除尘效率先增大后减小。β=163、气体流量为 400m³/h、液体流量为 0.5m³/h 时除尘效率高达 93.18%。液体流量增加，填料持液量增加 [49]，液体被填料剪切成液滴和液膜的总数增多，细颗粒物捕集体增多，除尘效率增大。同时，液体流量增加，填料的润湿程度增加，导致气液界面接触面积增大，有利于液滴对细颗粒物的浸润、包裹和捕集。液体流量超过 0.5m³/h 时，填料持液量过大，气体的动能和填料旋转产生的剪切力不足以将液体剪切成更小的液滴和液膜，生成的液滴和液膜尺度较大，导致除尘效率下降。

（4）填料对除尘效率的影响

填料作为超重力旋转填料床的主体部分，其结构和尺寸等直接影响着流体流动形态和形式，通常高速旋转的填料可将液体撕裂成液滴、液膜等微液态，而这些微液态与细颗粒物尺度匹配是高效脱除细颗粒物的前提。在此，以金属丝网为规整填料和以鲍尔环为散装填料分别研究其对除尘性能的影响。

① 超重力因子对除尘效率的影响　固定入口粉尘浓度约为 200mg/m^3、气体流量为 300m^3/h、液体流量为 0.3m^3/h，规整填料和散装填料对除尘效率的影响如图 8-10 所示。结果显示两种填料除尘效率均随着超重力因子的增大而增大，规整填料的效率优于散装填料。因为规整填料的空隙率和比表面积比散装填料大，可将更多的液体剪切为液滴、液膜[50]，显著增大了与细颗粒物的接触面积，有利于细颗粒物的捕集。

超重力因子低时，旋转的填料产生的剪切力不足以将液体撕裂成更小的液滴和更薄的液膜，因而规整填料的优势得以凸显，随着超重力因子的增大，液体被两种填料高度剪切，液体雾化效果达到最佳状态，气液接触比表面积均得到最大程度的提高，两种填料除尘效率的差距开始减小。

② 气体流量对除尘效率的影响　气体流量对规整填料和散装填料除尘效率的影响结果如图 8-11 所示。可以看出，除尘效率随气体流量的增大而增大，规整填

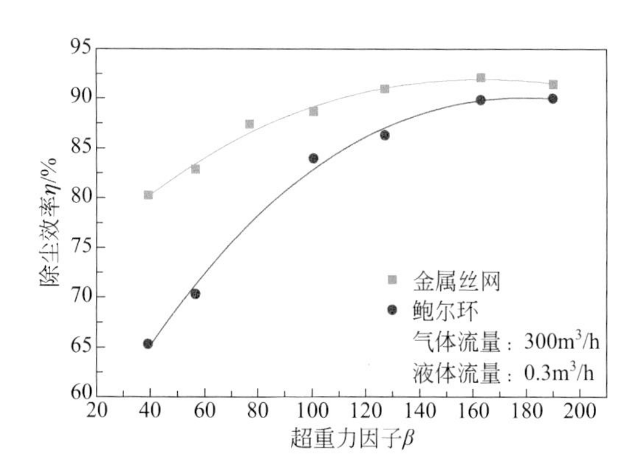

图 8-10　超重力因子对除尘效率的影响

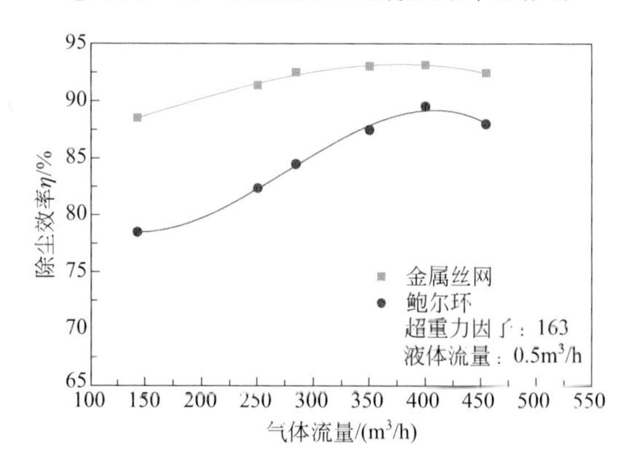

图 8-11　气体流量对除尘效率的影响

料的效率优于散装填料。散装填料的堆积较为杂乱，形成的孔隙大小不一，较大的孔隙会形成气体短路[51]，导致气液接触时间过短，不利于液体对粉尘的捕集，因而除尘效率较差。规整填料的装填可使填料间的孔隙较为均匀，填料高速旋转时易形成错综复杂的通道，有利于增大气液间的湍动程度，气液的有效接触有利于除尘效率的提高，因而除尘效率优于散装填料。

③ 液体流量对除尘效率的影响　比较液体流量对规整填料和散装填料除尘效率的影响，结果如图 8-12 所示。图中除尘效率随液体流量的增大而增大，在实验范围内规整填料的效率优于散装填料的效率。因为规整填料的比表面积大，为液体和气体中细颗粒物的接触提供了更有效的场所，有利于对细颗粒物的捕集。此外，规整填料的空隙率大会使更多液体附着于填料内部，提高了气液接触的有效面积。规整填料为金属材质，润湿性能优于塑料材质的散装填料，因而可在短时间内形成更多高效的粉尘捕集体，有利于除尘效率的提高。散装填料在超重力因子为 163、气体流量为 400m^3/h、液体流量为 0.6m^3/h 时，除尘效率为 90.33%。与散装填料相比，规整填料达到最佳除尘效率的液气比为 1.25L/m^3，比散装填料的液气比低 16.67%，水的消耗量减少，节约能源的同时也会减小整个粉尘脱除系统的设备尺寸，有利于降低成本。

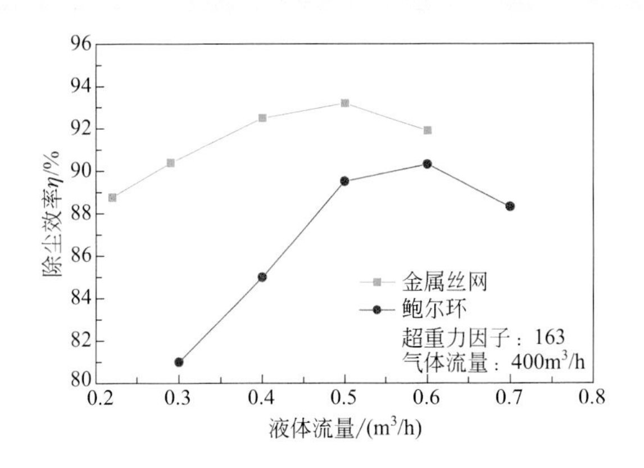

图 8-12　液体流量对除尘效率的影响

（5）入口粉尘浓度对除尘效率的影响

入口粉尘浓度对除尘效率的影响见图 8-13，可以看出，随入口粉尘浓度的降低，除尘效率平缓下降，入口粉尘浓度低于 30mg/m^3 后，下降趋势变缓。当入口浓度由 200mg/m^3 降至 30mg/m^3 时，除尘效率由 92.05% 降至 81.25%，出口粉尘浓度为 5.60 ～ 15.9mg/m^3。继续降低入口粉尘浓度至 12mg/m^3 左右时，除尘效率为 58.33%，此时出口粉尘浓度可达到 5mg/m^3 的超低排放标准，显示了超重力湿法净化技术对低浓度细颗粒物具有高效的脱除能力。

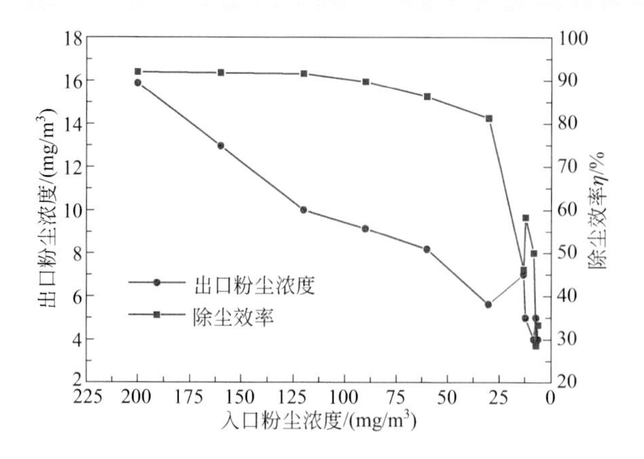

图 8-13　入口粉尘浓度对除尘效率的影响

（6）分级效率的测定

固定入口粉尘浓度约为 200mg/m³，在超重力因子为 163，气体流量为 400m³/h，液体流量分别为 0.3、0.5 和 0.6m³/h 时对旋转填料床进、出口粉尘进行采样，测定其分级效率，结果如图 8-14 所示。从图中可以看出，超重力气固分离技术对粒径越大的粉尘颗粒脱除率越高，对 3μm 左右的粉尘颗粒脱除率在 97.11% ～ 99.84% 之间，可完全脱除粒径大于 4μm 的粉尘颗粒。粒径较大的粉尘颗粒质量惯性力大，受到的重力和离心力较大，更容易偏离气体流线与气体分离，因而除尘效率较高。

图 8-14 分级效率曲线显示，旋转填料床的切割粒径（分级效率为 50% 时粉尘颗粒的粒径）约为 0.08μm，显著低于喷淋塔和高效文丘里除尘器的切割粒径，表明超重力气固分离技术可高效脱除细颗粒物。由图 8-14 还可以看出，旋转填料床

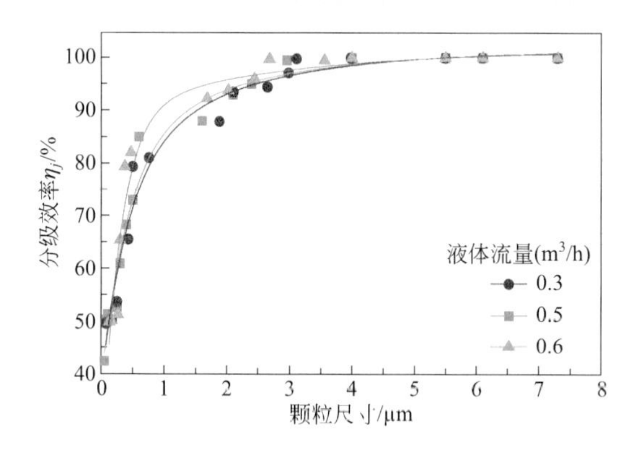

图 8-14　分级效率曲线

对粒径为 2.5μm 的细颗粒物脱除率高达 95% 左右。传统的湿法脱除过程中，液体微元与细颗粒物在尺度上不匹配，液体与细颗粒物碰撞概率小，相互接触少，导致脱除率低。而超重力机在高速旋转的填料作用下强化了微液态对细颗粒物的捕集，微液态之间碰撞凝并后的液体在超重力作用下再次生成新的微液态捕集细颗粒物，多次循环，实现超重力环境下细颗粒物高效捕集与连续稳定运行。

（7）进出口粉尘扫描电镜分析

为了直观地表征超重力湿法脱除低浓度细颗粒物的能力，对在超重力旋转填料床进口、出口气体中采集的细颗粒物进行 SEM 扫描分析，结果如图 8-15 所示。由图可知，粉尘主要为圆球形，部分小颗粒附着在圆球形粉尘颗粒上，还有少量片状、棒状粉尘存在，其中长条状的为滤膜纤维。进口粉尘的粒径主要分布在 1 ～ 5μm 之间，出口粉尘的粒径主要分布在 1μm 左右，粒径大于 3μm 的细颗粒物基本被脱除，这与分级效率曲线测定结果基本一致。

(a) 入口粉尘扫描电镜图

(b) 出口粉尘扫描电镜图

图 8-15　粉尘扫描电镜图

综上所述，当入口粉尘浓度约为 $200mg/m^3$，超重力气固分离技术对粒径为 2.5μm 的细颗粒物的脱除率高达 95% 左右，净化效率高，切割粒径明显小于喷淋塔和高效文丘里洗涤除尘器，满足对低浓度细颗粒物的深度净化要求，且压降在实验范围内大部分低于 490Pa，是一种净化效率高、能耗低的除尘技术。

此外，超重力旋转填料床具有占地面积小、开停车方便、操作维护简便的优势，可以有效地与中小型工业锅炉的现有除尘技术耦合，即在水膜除尘器后串联超重力旋转填料床，实现工业锅炉烟气中细颗粒物的超低排放。

四、不同组分细颗粒物分离性能

北京化工大学李泽彦[34]采用超重力旋转填充床作为细颗粒物脱除设备，以水为吸收液，模拟大气中细颗粒物的四种关键组分，研究超重力湿法净化细颗粒物的效果和机理，并对实验结果进行拟合，得到以下主要结论：

① 通过超重力湿法脱除大气细颗粒物中模拟炭质组分的研究，得出转速、气液比、入口粉尘浓度、入口粉尘温度、填料类型对细颗粒物脱除率的影响规律，并确定了适宜的操作条件。在此操作条件下，细颗粒物的脱除率可达 98% 以上，且细颗粒物的出口浓度可以降至 $0.18mg/m^3$ 以下。

② 通过超重力湿法脱除大气细颗粒物中金属元素组分的研究，得出转速、气液比、入口粉尘浓度、入口粉尘温度对细颗粒物脱除率的影响规律，并确定了适宜的操作条件。在此操作条件下，细颗粒物的脱除率可达 97% 以上，且细颗粒物的出口浓度可以降至 $0.2mg/m^3$ 以下。

③ 通过超重力湿法脱除大气细颗粒物中可溶性有机组分的研究，得出转速、气液比、入口粉尘浓度、入口粉尘温度对细颗粒物脱除率的影响规律，并确定了适宜的操作条件。在此操作条件下，细颗粒物的脱除率可达 96% 以上，且细颗粒物的出口浓度可以降至 $0.25mg/m^3$ 以下。

④ 通过超重力湿法脱除大气细颗粒物中可溶性无机组分的研究，得出转速、气液比、入口粉尘浓度、入口粉尘温度对细颗粒物脱除率的影响规律，并确定了适宜的操作条件。在此操作条件下，细颗粒物的脱除率可达 98% 以上，且细颗粒物的出口浓度可以降至 $0.15mg/m^3$ 以下。混合组分的脱除率可达 96% 以上且出口粉尘浓度可以降至 $0.24mg/m^3$ 以下。

⑤ 通过对实验数据进行拟合，建立了细颗粒物脱除率的经验关联式，并使用该关联式对超重力湿法脱除细颗粒物的效率以及其随温度、气液比、转速的变化规律进行预测。通过对比拟合值和实验值发现：模拟结果和实验结果的误差在 ±2%，即所得关联式可以很好地预测细颗粒物的脱除率。

第四节 应用实例

超重力湿法净化细颗粒物相比于其他常规技术在运行成本和分离性能方面有显著优势，目前已广泛应用于工业气体中细颗粒物的净化，在提升产品质量和达到超低排放标准方面发挥出重要的作用，以下是几个典型的超重力湿法净化工业气体中细颗粒物的工程应用实例。

一、合成氨半水煤气中细颗粒物与焦油的脱除

合成氨的生产过程主要包括造气、净化、压缩和合成等步骤。造气产生的半水煤气经过脱硫、变换、净化后进入压缩工段。半水煤气中含有的粉尘、焦油等会堵

塞压缩机的活门，从而影响生产的连续性和稳定性。

超重力湿法净化技术应用于某合成氨一期 20 万吨 / 年合成氨压缩机进口半水煤气除尘技术改造项目，采用超重力湿法捕集技术净化半水煤气中的细颗粒物和焦油（见图 8-16）。气体处理量为 $20700m^3/h$，水循环量为 $10m^3/h$，气相压降为 800Pa。

图 8-16 半水煤气压缩机进口超重力除尘装置

检测结果发现，细颗粒物及焦油脱除率达到 85% 以上，硫化氢的脱除率也达到了 80% 以上。本项目的实施提高了气体的净化度，为后续工序长期稳定运行、减少腐蚀提供了保障，净化后气体中细颗粒物和焦油含量可达 $5mg/m^3$ 以下。该技术实施后，连续运行 30 天，压缩机的活门没有焦油和粉尘的积结与堵塞，压缩机可连续稳定运行半年以上，说明超重力气固分离技术的实施提供了经济有效的半水煤气深度净化技术，对于煤化工合成氨行业工艺的平稳运行、提质降耗起到积极的作用。

二、煤锁气中细颗粒物与焦油的脱除

煤锁气是在碎煤加压气化过程中，当煤锁处于减压状态时所释放的煤气。由于其中的粉尘和焦油含量可达 100 ～ $1000mg/m^3$，造成后续工艺段的堵塞，影响系统的正常运行，致使常压排放的煤锁气无法进入加压系统，只能“点天灯”火炬燃烧，既造成了环境污染，又浪费了煤气资源，增加了企业的生产成本。

在我国启动的“西气东输”工程中，新疆某企业在年产 120 万吨甲醇 / 80 万吨二甲醚工程项目造气时采用鲁奇加压气化炉，产生的煤锁气虽然经过洗涤、除焦油等净化过程，但其焦油及粉尘含量仍达到 500 ～ $900mg/m^3$。由于焦油和粉尘的存在，造成压缩机只能连续运行一周左右就会因活门堵塞而停车，严重制约了生产的正常运行。

通过在煤锁气进入压缩机前安装超重力气固分离器（如图 8-17 所示），将煤锁气中的粉尘、焦油等杂物进行深度净化，以便于后续压缩机正常运行和提高气体净化度。净化用水为原有造气循环水，在液气比为 0.4 ～ $0.5L/m^3$ 的情况下，超重力气固分离技术的除油率、除尘效率分别达到 90%、95% 以上，气相阻力 $<1000Pa$，为压缩机长期稳定运行创造了条件，有效解决了煤锁气火炬燃烧排放造成的环境污染和资源浪费的行业难题。

图 8-17　煤锁气净化超重力分离装置

三、锅炉烟气中细颗粒物的脱除

某尿素生产企业吹风气锅炉烟气经水膜除尘后，其出口细颗粒物浓度约为 150 ～ 200mg/m³，其粒径分布见表 8-6。

表8-6　水膜除尘后吹风气锅炉烟气中细颗粒物粒径分布

粒径 /μm	≤ 30	≤ 11.5	≤ 4.5	≤ 1.3
含量 /%	100	90	50	10

此类烟气中只含有细颗粒物，突出特点是细颗粒物粒径普遍较小，其中 50% 的粒径小于 4.5μm，10% 的粒径小于 1.3μm，即使将 1.3μm 以上的颗粒物全部脱除，净化后理论上还有大于 15mg/m³ 的细颗粒物，可见其捕集重点是粒径≤ 1μm 的细颗粒物。

基于颗粒物的特点，采用超重力气固分离装置进行细颗粒物的脱除（如图 8-18 所示），装置采用多层填料和多种形体阻力件的设计，强化气相在径向的切向滑移

图 8-18　吹风气超重力分离装置

速度，同时多层填料切割的数量庞大的微液态尺度更小，与尺度更小的细颗粒物（≤ 1μm）匹配度更高，可以实现更有效的捕集。采用造气循环水为捕集液，液气比为 0.3 ～ 0.5L/m³，压降为 800Pa。脱除后出口粉尘含量均低于 10mg/m³，实现了当地吹风气锅炉烟气粉尘的超低排放。

四、化工尾气中细颗粒物的脱除与产品回收利用

在化肥行业生产过程中，经常产生含细颗粒物的尾气，不但污染环境，而且这些细颗粒物往往也是化工产品，还造成资源浪费。对于此类细颗粒物的回收和治理，关键是如何经济有效地达到超低排放的要求。

某硝基复合肥生产企业年产 90 万吨硝酸磷肥，硝酸磷肥占全国市场的 90% 以上。该企业利用硝酸磷肥副产硝酸钙生产硝酸铵钙的过程中，因操作温度和压力的不稳定使转鼓流化床造粒机和转鼓流化床冷却机产生大量的造粒尾气，尘粒中含约 2500mg/m³ 的硝酸铵钙产品，直接排放对环境污染大，同时造成产品的流失。该尾气中颗粒物粒径细小、浓度高，常规方法无法高效脱除，且极易堵塞除尘设备，难以长期稳定运行。同时，富铵钙生产装置在 22m 的平台上，空间位置十分有限（厂房内高度仅有 5m），传统除尘设备因除尘效率与空间布置问题不能实施，导致此问题多年无法解决。

超重力气固分离装置安装在生产现场狭小空间内，满足了厂房内布置的特殊限制，十多年运行结果表明超重力气固分离技术除尘效果良好，出口气体中含尘量仅为 5mg/m³，除尘效率达到了 99% 以上，循环水用量仅为普通湿法除尘的 20% ～ 40%，且除尘效率更高。吸收粉尘后的液体返回生产工序，加以回收利用，既治理了污染，又回收了产品。

第五节 展望

超重力气固分离创新的“微液态三段循环捕集”技术思路，突破了细颗粒物湿法捕集的技术瓶颈，完成了由传统大量水的“气体洗涤”到“微液态捕集”的方法创新，实现了从理论创新到方法创新、再到工程化实施。通过强化气相的扰动和液相的高分散与凝并，使得气液间的相对速度更大、液滴尺寸更小，液滴与细颗粒物尺度匹配度更高，从而提高了液滴与细颗粒物的碰撞频率，强化了细颗粒物的捕集率，形成了由湿法捕集细颗粒物的理论基础到核心技术创建和工业应用突破的完整体系，为细颗粒物污染控制和有效治理开辟了新途径。

与传统湿法相比，超重力气固分离技术切割粒径为 0.01 ～ 0.08μm，重要技术指标取得突破；液气比为 0.2 ～ 0.5L/m³，用水量仅为传统湿法的 10% ～ 20%；气相压降为 350 ～ 800Pa，动力消耗低；设备体积是传统塔设备的 10% 左右，占地少、投资与运行费用低；操作弹性大，气体负荷可在 30% ～ 120% 范围内波动；旋转的填料具有自清洗作用，可防止填料结垢、堵塞，保证装置长期稳定运行；可用于含油、尘、湿等细颗粒物的复杂工况系统，既可用于原料气深度净化，也可用于排放尾气的深度净化，因而适用范围更为宽泛。

超重力气固分离技术已成功应用于重大化工装置污染物控制，涉及“西气东输”煤制天然气、国家煤化工示范工程煤气、锅炉烟气、化工干燥尾气等体系的细颗粒物净化。基于工业气体中细颗粒物的多样性和工况的复杂性，对于工况恶劣、污染物成分复杂等极端情况，还需要针对性地开展工程化技术研究，进一步优化工艺条件和装置结构参数，并配套相应的加工制造技术。随着国家对大气污染治理力度的不断加大和排放标准的进一步严苛，超重力气固分离技术有望在大气污染治理方面显著促进气体净化技术的升级发展，为细颗粒物源头治理提供经济有效的技术手段。

参考文献

[1] 刘贤杰 . 径向喷射规整旋流分离器的结构参数优化研究 [D]. 武汉：华中科技大学 , 2012.

[2] 李名家 . 新型除尘器的理论分析及实验研究 [D]. 北京：中国舰船研究院 , 2004.

[3] David Y H P, Chen S C, Zuo Z L. PM2.5 in China: Measurements, sources, visibility and health effects, and mitigation [J]. Particuology, 2014,13(2): 1-26.

[4] 贺克斌 , 杨复沫 , 段凤魁 , 等 . 大气颗粒物与区域复合污染 [M]. 北京 : 科学出版社 , 2011.

[5] 高知义 . 大气细颗粒物人群暴露的健康影响及遗传易感性研究 [D]. 上海 : 复旦大学 , 2010.

[6] Feng S L, Gao D, Liao F, et al. The health effects of ambient PM2.5 and potential mechanisms [J]. Ecotoxicology and Environmental Safety, 2016, 128(6): 67-74.

[7] 中华人民共和国环境保护部 . 2016 中国环境状况公报 [R].

[8] 许希 . 高温气体中细颗粒物静电捕集研究 [D]. 杭州 : 浙江大学 , 2016.

[9] 王翼鹏 . 煤粉工业锅炉超低排放技术浅析 [J]. 能源与节能 , 2017, (1): 77-79.

[10] Natale F D, Carotenuto C. Particulate matter in marine diesel engines exhausts : emissions and control strategies [J]. Transportation Research Part D: Transport and Environment, 2015, 40(10): 166-191.

[11] Huo H, Zhang Q, He K B, et al. Vehicle-use intensity in china: current status and future trend[J]. Energy Policy, 2012, 43(4): 6-16.

[12] 自然资源保护协会 . 2014 中国船舶和港口空气污染防治白皮书 [R].

[13]《中国煤炭消费总量控制方案和政策研究项目》课题组 . 2014 煤炭使用对中国大气污染的贡献 [R].
[14] 牛艳霞 . 焦炉煤气净化工艺研究 [J]. 科技情报开发与经济 , 2010, 20(32): 191-193.
[15] 杨林军 . 燃烧源细颗粒物污染控制技术 [M]. 北京 : 化学工业出版社 , 2011.
[16] GB 13271—2014 锅炉大气污染物排放标准 [S].
[17] GB 13223—2011 火电厂大气污染物排放标准 [S].
[18] 国家发展改革委 , 环境保护部 , 能源局 . 煤电节能减排升级与改造行动计划 (2014-2020) [R].
[19] 郭春荣 . 关于湿式除尘器类型选择的探讨 [J]. 工程技术 , 2013, (14): 8.
[20] 张立栋 , 力晓博 , 王擎 , 等 . 多层喷雾洗涤塔对粉尘颗粒的脱除特性 [J]. 化工进展 , 2017, 36(7): 2375-2380.
[21] 李航天 . 逆流旋转填料床中液体的流动特性研究 [D]. 太原 : 中北大学 , 2019.
[22] 祝杰 , 吴振元 , 叶世超 , 等 . 喷淋塔液滴粒径分布及比表面积的实验研究 [J]. 化工学报 , 2014, 65(12): 4709-4715.
[23] 祝杰 , 刘振华 , 杨云峰 , 等 . 运用 Rosin-Rammler 函数研究喷淋塔内液滴粒径分布规律 [J]. 高校化学工程学报 , 2015, 29(5):1059-1064.
[24] 栗秀萍 , 刘有智 , 张振翀 , 等 . 高效旋转精馏床的传质性能 [J]. 现代化工 , 2011, 31(2):77-80.
[25] 张艳辉 , 柳来栓 , 刘有智 . 超重力旋转床用于烟气除尘的实验研究 [J]. 环境工程 , 2003, 21(6): 42-43.
[26] 柳巍 . 超重力并流除尘技术的研究 [D]. 北京 : 北京化工大学 , 2004.
[27] 付加 . 超重力湿法除尘技术研究 [D]. 太原 : 中北大学 , 2015.
[28] 李俊华 , 刘有智 . 超重力法烟气除尘机理及试验 [J]. 化工生产与技术 , 2007, 14(2): 35-37, 67.
[29] 宋云华 , 陈建峰 , 付继文 , 等 . 旋转填充床除尘技术的研究 [J]. 化工进展 , 2003, 22(5): 499-502.
[30] 王探 . 超重力湿法除尘技术脱除工业锅炉粉尘应用研究 [D]. 太原 : 中北大学 , 2017.
[31] 黄德斌 , 邓先和 , 田东磊 , 等 . 超重力旋转床脱除微米级粉尘的实验研究 [J]. 化学工程 , 2011, 39(3): 42-45.
[32] 魏少凯 . 气流对向剪切旋转填料床除尘性能研究 [D]. 太原 : 中北大学 , 2018.
[33] 刘有智 , 袁志国 , 祁贵生， 等 . 一种适用于船舶上的烟气脱硫除尘工艺及一体化装置 [P]. CN 104492210B. 2016-08-24.
[34] 李泽彦 . 超重力法脱除超细粉尘新工艺研究 [D]. 北京 : 北京化工大学 , 2015.
[35] 刘有智 , 祁贵生 , 焦纬洲 , 等 . 一种超重力脱除气体中细颗粒物的装置和方法 [P]. CN 105642062B. 2018-06-26.
[36] 刘有智 , 祁贵生 , 焦纬洲 , 等 . 一种超重力法处理含焦油尘煤锁气的装置及工艺 [P]. CN

105561713B. 2018-07-10.

[37] 刘有智，焦纬洲，袁志国，等．气流逆向剪切旋转填料床传质与反应设备 [P]. CN 103463827B. 2015-11-18.

[38] Claudia C, Francesco D N, Amedeo L. Wet electrostatic scrubbers for the abatement of submicronic particulate [J]. Chemical Engineering Journal, 2010, 165(1): 35-45.

[39] Mohan B R, Biswas S, Meikap B C. Performance characteristics of the particulates scrubbing in a counter-current spray-column [J]. Separation and Purification Technology, 2008, 61(1): 96-102.

[40] Mohan B R, Jain R K, Meikap B C. Comprehensive analysis for prediction of dust removal efficiency using twin-fluid atomization in a spray scrubber [J]. Separation and Purification Technology, 2008, 63(2): 269-277.

[41] Kim H T, Jung C H, Oh S N, et al. Particle removal efficiency of gravitational wet scrubber considering diffusion, interception, and impaction [J]. Environmental Engineering Science, 2001, 18(2):125-136.

[42] Lim K S, Lee S H, Park H S. Prediction for particle removal efficiency of a reverse jet scrubber [J]. Aerosol Science, 2006, 37(12): 1826-1839.

[43] Pulley R A. Modelling the performance of venturi scrubbers [J]. Chemical Engineering Journal, 1997, 67(1):9-18.

[44] 潘朝群，邓先和．错流型超重力旋转填料床中液滴的运动模型 [J]. 化工学报，2003, 54(7): 918-922.

[45] 祁贵生．超重力湿式氧化法脱除气体中硫化氢技术研究 [D]. 太原：中北大学，2012.

[46] Licht W. Air pollution control engineering: basic calculations for particulate collection[M]. Florida: CRC Press, 1988.

[47] 王探，祁贵生，刘有智，等．超重力湿法脱除气体中低浓度粉尘 [J]. 过程工程学报，2017, 17(1): 721-729.

[48] Byeon S H, Lee B K, Mohan B R. Removal of ammonia and particulate matter using a modified turbulent wet scrubbing system[J]. Separation and Purification Technology, 2012, 98(98): 221-229.

[49] Meikap B C, Biswas M N. Fly-ash removal efficiency in a modified multi-stage bubble column scrubber[J]. Separation and Purification Technology, 2004, 36(3): 177-190.

[50] 郭强，祁贵生，刘有智，等．不同规整填料旋转床的传质性能对比 [J]. 化工进展，2016, 35(3): 741-747.

[51] 袁志国，宋卫，佘国良，等．旋转填料床中 2 种填料压降和传质特性的对比 [J]. 化学工程，2015, 43(7): 7-11.

第九章

其他分离过程

超重力分离技术与化学原理及应用相结合，拓展了其应用领域。如超重力技术与臭氧氧化、零价铁还原、电催化氧化、光催化等结合，有效强化了废水中有机污染物的降解分离过程和效率。在臭氧氧化过程中，利用超重力技术强化气液相间传质速率的特性，提高了臭氧在废水中的溶解速度，加速了臭氧对废水中有机污染物的氧化效率，从而提高臭氧的利用率，有效降低废水处理的成本。在纳米零价铁还原过程中，超重力技术微观混合性能可以有效解决纳米零价铁易团聚和失活等难题，提升了纳米零价铁的均匀性和高化学活性，实现了超重力制备纳米零价铁并同步处理硝基苯废水。电催化过程中，超重力强化了电解液传质效率，同时促使附着于电极表面的气泡快速脱离并从废水中逸出，进而减少电化学极化所形成的超电势，降低电耗，加速废水中有机污染物的脱除。光催化过程中，超重力场中微纳尺度的液膜厚度、液膜中高浓度的溶解氧以及液体表面的快速更新，强化了光催化过程中激发光的利用率，加速了废水中有机污染物的分离。

第一节　旋转填料床强化臭氧氧化过程

一、超重力技术强化臭氧氧化过程原理

臭氧高级氧化法常用于难生物降解有机污染物的去除，具有氧化程度高、污泥产量低等优点。其降解形式分为直接氧化和间接氧化两种（如图 9-1 所示）。直接氧化是臭氧分子直接与有机污染物发生反应，是一个反应速率很低的反应。间接氧

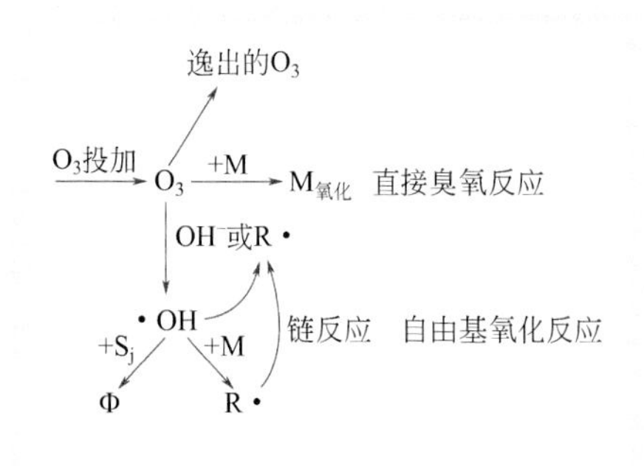

图 9-1　臭氧反应作用机理

化是一个快速反应，反应速率非常高，即臭氧自身可分解或在催化剂的作用下生成高活性、强氧化性的羟基自由基·OH（氧化还原电位 2.8V），再氧化分解水中污染物，使其断裂成小分子物质，从而提高废水可生化性。研究表明，臭氧在水中溶解度较低，降解废水的速率控制步骤为臭氧在气液界面的传质，因此强化臭氧传质成为提高臭氧氧化效率的研究重点。

臭氧在水中的溶解度比较小，属于难溶气体，在相当大的范围内服从亨利定律，即水中的臭氧溶解量与气相中的臭氧分压成正比。增加平衡臭氧浓度，可使水气界面处气相中的臭氧迅速转移到水相中，然而水相界面处的臭氧则需要通过扩散到达水相主体区，完成气相向水相的转移。在这种情况下，臭氧从水相界面向水相主体区的传递速率就成了水吸收臭氧速率的控制步骤。

从臭氧传质速率方程［见式（9-1）］可以看出，要提高臭氧传质速率，可以通过提高液相分传质系数 k_L 和气液接触面积 a 实现；同时对于液膜控制的臭氧传质过程，可通过提高液体的湍动程度进而强化传质。

$$\frac{dc_{O_3}}{dt}=k_L a(c_L^*-c_L)-K_d c_L \tag{9-1}$$

式中，K_d 为臭氧分解速率常数。因此，提高 k_L 须增加液相的湍动程度，使液膜变薄，缩短扩散距离，使气液界面处臭氧迅速到达主体区；提高 a 可以考虑采用高比表面积填料来实现。这两点恰恰是超重力技术的优势所在。超重力技术利用旋转的转子将液体剪切为细小的液滴、液丝或液膜，其尺度均在几十微米数量级，只有填料塔的几分之一，质量传递速率是填料塔的数倍，此时层流底层厚度减薄，阻力减小，促进气相臭氧向液相的转移。另外，在旋转的转子中，液体在离心力的作用下流动，而高速旋转的转子提供的离心力是填料塔中液体流动重力的几百倍，这使得液体可以克服表面张力的作用，以极高的速度、极小的尺度在高比表面积的填料中运动。填料弯曲的孔道促使了液体表面的迅速更新，大大增加了液体的湍动，促进了边界层的分离。这两点结合在一起，使得在超重力设备中的传质速率较在填料塔中提高了 1 ～ 3 个数量级。也就是说，在超重力环境下，从气相转移到液相的臭氧与催化剂（Fe^{2+}，H_2O_2 等）形成催化体系，促进其产生氧化能力更强的羟基自由基·OH 攻击有机污染物，并最终将其矿化为二氧化碳和水，此时的·OH 数量大幅减少，使得臭氧与催化剂的反应更有利于向右进行，即液相的臭氧浓度大幅度降低，使得更多的气相臭氧在超重力环境下转移至液相，从而有更多的·OH 产生，致使水中的污染物进一步得到矿化，达到超重力强化臭氧高级氧化法脱除有机污染物的目的。

二、臭氧氧化法脱除废水中有机污染物

臭氧（O_3）是一种强氧化剂，在水中的变化很复杂，一般认为，加注到水中的臭氧有三种去向，单纯物理上的逸出、臭氧与水中溶质的氧化反应和臭氧的分解反应（包括各类自由基反应）。

臭氧对水中有机污染物的降解包括直接氧化反应和间接氧化反应。直接氧化反应是指 O_3 与目标污染物、中间产物等物质发生的反应，是真正的臭氧反应，该过程中 O_3 对污染物选择性较高，反应速率低 [k=1.0 ～ 10^2mol/(L・s)][1,2]，有机污染物矿化程度低。间接氧化反应是指在一定条件下 O_3 分解生成・OH，・OH 与有机污染物的反应，该过程中・OH 无选择性地与污染物发生反应，反应速率极快 [k = 10^8 ～10^{10} mol/(L・s)] [3,4]。

$$O_3 \longrightarrow O+O_2 \tag{9-2}$$

$$H_2O+O \longrightarrow 2HO\cdot \tag{9-3}$$

臭氧水处理过程是一个气液两相反应，一般包括以下过程：①气相中臭氧向液相的传递；②挥发性污染物从液相向气相的逸出；③液相中臭氧与污染物的直接氧化反应；④液相中臭氧分解产生各类自由基参与间接氧化反应。污染物脱除率可用下式来表示

$$\Delta S=\Delta X_{吹脱}+\Delta X_{直接氧化反应}+\Delta X_{间接氧化反应} \tag{9-4}$$

式中　ΔS——污染物脱除率；

$\Delta X_{吹脱}$——挥发性污染物物理上的吹脱；

$\Delta X_{直接氧化反应}$——臭氧的直接氧化反应；

$\Delta X_{间接氧化反应}$——臭氧的间接氧化反应。

臭氧水处理的效果主要由下述因素决定：①所处理水的水质，即水体污染物的组成；②污染物的挥发性，即物质的亨利常数（H）的大小；③水中臭氧浓度的大小；④气液相传质效果的好坏，即反应器传质系数的高低。以上各个因素中，所要处理水的水质和水中污染物的反应活性与操作工艺无关，但其是臭氧化处理过程中最关键的因素。不同的水质不但直接影响臭氧分解的情况和自由基氧化反应的可能性，而且还会影响气液两相的传质速率。水中臭氧浓度和气液两相的传质速率直接与反应器的结构和操作工艺有关。

一般情况下，O_3 主要以直接氧化反应为主，很难达到处理要求。为了促进间接氧化反应的发生，产生更多的・OH，提高氧化效率，研究人员对臭氧高级氧化法进行了广泛的研究，主要包括 O_3/ 紫外（O_3/UV）、O_3/ 超声（O_3/US）、O_3/ 电解、

O_3/催化剂和 O_3/芬顿（O_3/Fenton），这些技术提高了 O_3 的利用率，从而提高了氧化效率，成为常用的污水处理技术。

1. O_3/US技术

超声（Ultrasound，US）辐射技术是近年来发展起来的废水处理技术。由于超声在溶液中传播时伴随的空化效应所引发的自由基氧化作用以及热裂解效应能降解废水中的有机污染物，因而被用于各类有机废水处理的研究。然而单一超声波处理废水中的有机污染物时效率低，一般在 10% 左右，所以在使用时常将超声技术与其他技术耦合进行废水处理。

超声对废水中有机污染物的降解并非来自超声波与有机物分子的直接作用，而是通过空化作用产生的局部高温、高压的空化气泡。超声波在液体中以纵波的形式传播，存在交替的正压负压半周期，当超声波的声压幅值达到临界值时，便会克服分子间的相互作用力，撕裂液体，形成空化气泡。空化气泡在崩灭之前，其内部温度可达 2000 ～ 5000℃，压力可达 100 ～ 500atm（1atm=101.3kPa），形成一种高温高压微环境，水分子以及挥发性组分易在空化气泡内发生热裂解，如图 9-2 所示[5,6]。汽化后的水分子和挥发性组分进入空化气泡发生热裂解，水分子热解生成•OH 并与其他分子发生反应。未进入空化气泡内的难挥发性组分可在空化气泡与溶液的气液接触界面上发生反应，即难挥发性组分扩散至界面上，与界面上的•OH 发生反应，同时两分子的•OH 还可生成一分子的 H_2O_2 并向溶液中扩散。最后扩散至溶液主体的•OH 以及 H_2O_2 可对溶液中的有机分子进行氧化降解。

$$H_2O +))) \text{（超声波）} \longrightarrow \cdot OH + \cdot H \tag{9-5}$$

O_3/US 法降解有机污染物不是超声和臭氧氧化有机物的简单加和，而是两者的

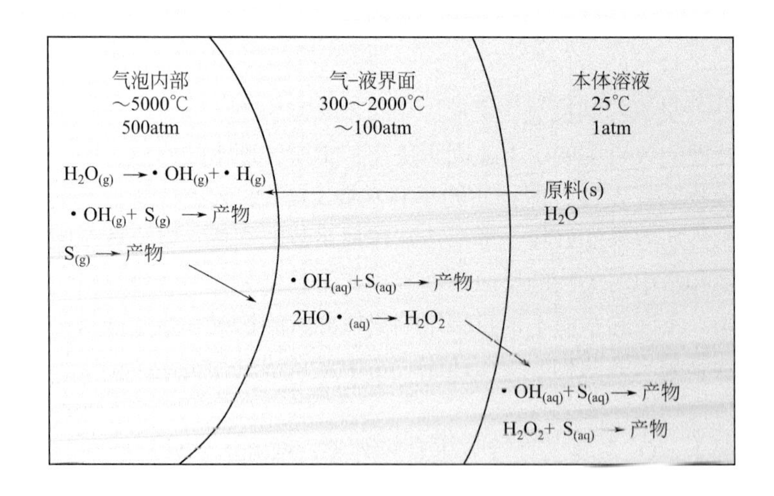

图 9-2 超声波化学反应机制

协同作用。O_3 气体进入空化气泡，并在空化气泡内热解产生大量的 • OH，使以 O_3 直接氧化为主的直接氧化反应转化为以 • OH 氧化为主的更快更彻底的间接氧化反应。

2. O_3/电解技术

电催化氧化技术具有比一般的化学反应更强的氧化和还原能力，电化学与臭氧技术联用是一种强化臭氧处理废水的新型高级氧化技术，根据电极参与氧化反应的机理不同，可分为直接氧化和间接氧化[7]。电极和被氧化物质直接进行电子传递称为直接氧化，间接氧化是指利用电化学反应产生氧化能力更强的氧化剂 M（如•OH 等），将有机污染物转化为毒性更小或无害的物质。此时，在阴极附近，电场强化臭氧产生大量的 • OH，反应途径为

$$O_3 + e^- \longrightarrow \cdot O_3^-(aq) \quad (9\text{-}6)$$

$$\cdot O_3^- + H_2O \longrightarrow \cdot OH + O_2 + OH^- \quad (9\text{-}7)$$

从式（9-6）和式（9-7）中可以得出臭氧技术与电化学技术具有协同作用，产生氧化性更强的 • OH，提高了氧化效率。

3. O_3/Fenton 技术

Fenton 氧化法本质上是 Fe^{2+} 催化 H_2O_2 产生氧化能力更强、无选择性的•OH[如式（9-8）～式（9-11）所示]，• OH 快速、高效、无选择性地将有机污染物降解为小分子物质甚至降解为 CO_2 和 H_2O，具有氧化能力强、反应条件温和等优点。但 Fenton 法适用的 pH（2 ～ 4）范围较窄、H_2O_2 利用率低等缺点限制了其应用。

$$Fe^{2+} + H_2O_2 \longrightarrow Fe^{3+} + \cdot OH + OH^- \quad (9\text{-}8)$$

$$Fe^{3+} + H_2O_2 \longrightarrow Fe^{2+} + \cdot O_2H + H^+ \quad (9\text{-}9)$$

$$\cdot O_2H \longrightarrow \cdot H + \cdot O_2 \quad (9\text{-}10)$$

$$\cdot O_2H + Fe^{3+} \longrightarrow Fe^{2+} + \cdot O_2 + H^+ \quad (9\text{-}11)$$

为了提高 H_2O_2 的利用率，不少研究者将 Fenton 法与 O_3 技术联用，形成 O_3/Fenton 体系。在 O_3/Fenton 体系中，核心的催化体系仍为金属离子和 H_2O_2，两者共同催化 O_3 的分解，催化机理如式（9-12）～式（9-17）所示

$$Fe^{2+} + O_3 \longrightarrow Fe^{3+} + \cdot O_3^- \quad (9\text{-}12)$$

$$\cdot O_3^- + H^+ \longrightarrow O_2 + \cdot OH \quad (9\text{-}13)$$

$$Fe^{2+} + O_3 \longrightarrow FeO^{2+} + O_2 \quad (9\text{-}14)$$

$$FeO^{2+} + H_2O \longrightarrow Fe^{3+} + \cdot OH + OH^- \quad (9\text{-}15)$$

$$H_2O_2 \longrightarrow H^+ + HO_2^- \quad (9\text{-}16)$$

$$O_3 + HO_2^- \longrightarrow \cdot OH + O_2^- + O_2 \quad (9\text{-}17)$$

4. O_3/催化剂技术

一些金属离子或金属氧化物的存在可以加速 O_3 分解为 · OH，即催化臭氧氧化技术，根据催化剂形态的不同分为非均相催化臭氧氧化技术和均相催化臭氧氧化技术。

（1）非均相催化臭氧氧化技术

催化剂以固态形式存在，包括金属氧化物、负载在载体上的金属氧化物、负载在载体上的贵金属多孔材料（如 MnO_2、Co/Al_2O_3、$Fe\text{-}Co/ZrO_2$）等。一般认为催化臭氧氧化过程中催化剂作用机理包括：① O_3 在金属氧化物或金属催化剂表面发生化学吸附并生成活性物质（· OH 或其他形态的氧），然后与溶液中的有机污染物反应；②有机污染物分子被吸附在催化剂表面，与气相或液相中的 O_3 反应，催化剂只起吸附作用。

（2）均相催化臭氧氧化技术

当反应体系中有某些过渡金属盐或贵金属离子存在时，臭氧氧化的反应速率会明显加快，有机污染物的脱除率也大大提高，甚至一些在单独使用臭氧时不能被氧化的有机污染物也有部分降解。目前具有这种作用的催化剂主要有可溶性过渡金属盐[8,9]［如 Fe（Ⅱ）、Mn（Ⅱ）、Ti（Ⅳ）等］、H_2O_2[10] 等。

然而，O_3 在水中的溶解度不高，传质速率低，臭氧高级氧化过程受到 O_3 从气相到液相传质的限制[11,12]。传统的 O_3 氧化反应装置，O_3 传质速率提高有限，O_3 消耗量大，给企业带来很大的经济负担。旋转填料床中液体被剪切成液体微元，湍动程度加剧，层流底层厚度减小，同时比表面积急剧增加、相界面更新速率加快，促进了边界层分离，气液两相间的传质得到极大的强化。

三、超重力强化臭氧高级氧化技术降解有机废水

1. RPB–US/O_3/电解体系

二硝基甲苯（Dinitrotoluene, DNT）是火炸药工业的重要原料之一，在 DNT 精制及使用过程中会产生一种碱性红色废水，俗称“红水”。红水中含有多种急性毒性物质，很难被降解，可生化性低。采用臭氧氧化存在 O_3 利用率低和臭氧氧化具有选择性、不能将 DNT 彻底矿化的问题。基于对臭氧高级氧化法的分析，以具有高效传质特性的 RPB 作为臭氧氧化气液反应装置，利用超声空化效应促进 · OH 的产生和电场强化臭氧的氧化性能，提高处理废水效率，工艺流程如图 9-3 所示。O_3/US、O_3/电解、US/O_3/电解三种高级氧化技术对 DNT 的脱除率分别为 30.8%、28%、77%，US/O_3/电解的脱除率高于 O_3/US 与 O_3/电解之和，具有协同作用，并非两种技术的简单加和。对于 RPB-US/O_3/电解，在超重力因子 β 为 100、液体流

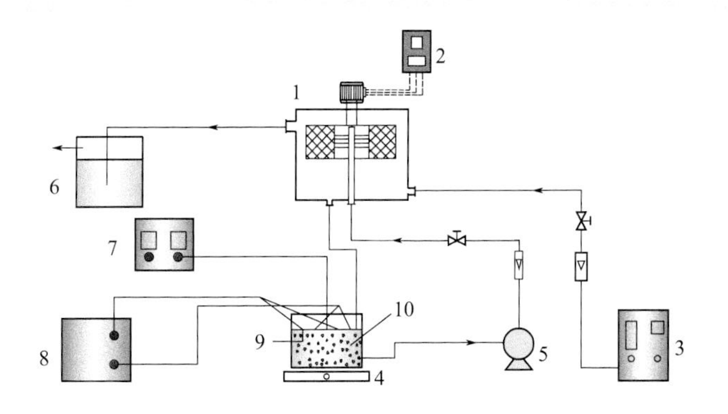

图 9-3　RPB-US/O_3/ 电解工艺流程图

1—旋转填料床；2—变频器；3—臭氧发生器；4—废水储槽；5—液泵；6—尾气处理；7—超声波发生器；8—直流电源；9—阴极板；10—阳极板

量为 100L/h、pH 为 11、电流密度为 20mA/cm²、超声波频率为 40kHz、声强为 3W/cm²、O_3 浓度为 13mg/L、循环处理 180min 的条件下，DNT 脱除率为 99%，与 US/O_3/ 电解相比提高了 22%，COD 脱除率达到 80%，生化系数 BOD/COD 达到 0.64，可直接使用一般生化法进行后续处理。

中北大学王其仓 [13] 提出了将酸析工艺与 RPB-US/O_3 相结合的 DNT 废水处理新方法。通过酸析（见图 9-4）将一部分污染物从 DNT 废水中析出，可以有效降低 DNT 废水的污染物浓度以及处理难度，缩短处理时间。US 技术利用空化效应，提高臭氧的利用率，强化臭氧的氧化能力，进一步减少臭氧用量，降低 DNT 废水处理的成本。废水为某化工厂提供的实际废水，硝基化合物浓度为 550mg/L，COD 为 5050mg/L，pH 为 7.3。在酸析工艺中，发现当 pH 为 1.26 时，废水中析出污染物量最多为 0.926g/L，有利于进一步的臭氧氧化。RPB-US/O_3 氧化工艺较佳的工艺参数：超重力因子 β 为 130，液体流量为 140L/h，气体流量为 75L/h，pH 为 12，臭氧进口浓度为 40mg/L，超声波功率为 900W。在该工艺条件下，对酸析后的 DNT 废水处理 5h，COD 脱除率为 94%，硝基化合物的脱除率为 98%，硝基化合物含量降为 11mg/L，BOD/COD 达到 0.64，可直接使用一般的生化法进行后续处理。采用酸析与 RPB-US/O_3 组合工艺（见图 9-5）对 DNT 废水进行预处理，达到同样的处理效果所用时间比不加酸析工艺减少 3h，降低了废水处理难度，缩短了处理时间。RPB-US/O_3 氧化工艺通过几种技术耦合，可同时提高臭氧的利用率与氧化能力，使 DNT 废水中的有机污染物彻底矿化，达到可生化的处理目标，同时又能大幅减小水处理设施的占地面积，降低基建投资，节约成本。

2. RPB-O_3/Fenton 体系

中北大学梁晓贤 [14] 针对 O_3/Fenton 体系中存在的传质受限问题，将 RPB 与

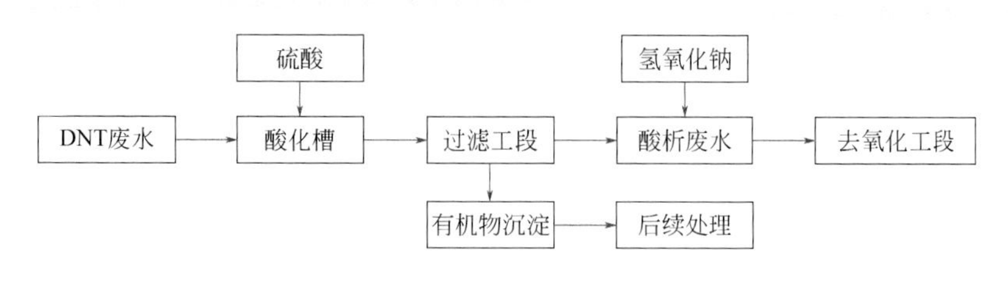

图 9-4 酸析工艺流程

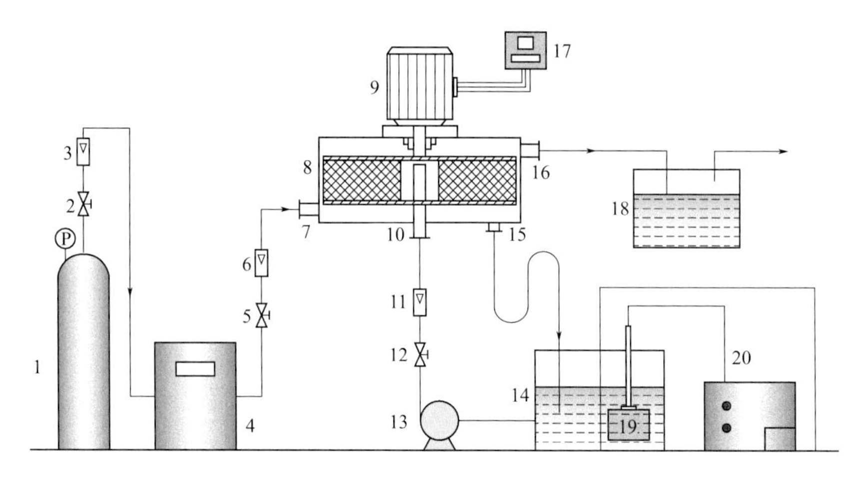

图 9-5 RPB-US/O_3 实验流程

1—氧气瓶；2,5,12—球阀；3,6—气体流量计；4—臭氧发生器；7—气体入口；8—旋转填料床；9—电机；10—液体分布器；11—液体流量计；13—液泵；14—液体储槽；15—液体出口；16—气体出口；17—变频器；18—尾气吸收槽；19—超声波探头；20—超声波发生器

O_3/Fenton 结合并用于黑索金（RDX）废水的处理过程。对于 700mL 初始浓度为 50mg/L、COD 为 93mg/L 的 RDX 实际废水，常温下，不改变废水原始 pH，在超重力因子 β 为 85、Fe^{2+} 总投加量为 2mmol/L（分 3 次投加）、H_2O_2 与 Fe^{2+} 物质的量比为 4、臭氧浓度为 42.7mg/L、气体流量为 75L/h、液体流量为 140L/h、循环处理 20min 的条件下，RDX 脱除率可达 97.5%，废水中 RDX 含量为 1.25mg/L，COD 值为 35mg/L，达国家一级排放标准，比 RPB-O_3 的直接氧化反应体系处理 RDX 脱除率提高了 17.1%，表明 Fenton 试剂的加入促进了臭氧间接氧化反应的发生，显著提高了废水的降解效率。在臭氧利用率方面，RPB-O_3/Fenton 体系的臭氧利用率比 RPB-O_3 和常用曝气反应器（BR）分别提高了 27.9% 和 59.5%。

将 RPB-O_3/Fenton 工艺用于硝基苯废水的处理也取得了良好的效果。杨鹏飞等[15]在硝基苯浓度为 175mg/L、反应温度为 25℃、臭氧浓度为 40mg/L、Fenton 试剂分 3 次投加、溶液初始 pH 为 4.5、Fe^{2+} 总投加量为 1mmol/L、H_2O_2 与 Fe^{2+} 的物质的量比为 5、循环处理 40min，其他条件与上相同时，硝基苯脱除率和 COD

脱除率分别为 99.6% 和 87.6%。相近条件下，RPB-O_3/Fenton 法与 RPB-Fenton 法相比，硝基苯脱除率提高了 36.3%，COD 脱除率提高了 4.5%；与 RPB-O_3 法相比，硝基苯脱除率提高了 7.2%，COD 脱除率提高了 47.1%；与 BR-O_3/Fenton 法相比，硝基苯脱除率和 COD 脱除率分别提高了 11.3% 和 47.8%。

3. RPB-O_3/Fe^{2+} 体系

中北大学秦月娇等[16] 以模拟苯胺废水为处理对象，将超重力技术与臭氧高级氧化法耦合，应用金属离子 Fe^{2+} 催化臭氧（RPB-O_3/Fe^{2+}）及 Fenton 结合臭氧工艺（RPB-O_3/Fenton）降解水中苯胺（见图 9-6），并就其影响因素、协同效应、降解机理及共存物质进行了系统的研究。研究发现 RPB- 空气对苯胺的吹脱率不足 3%，后续研究中对气体吹脱可忽略。

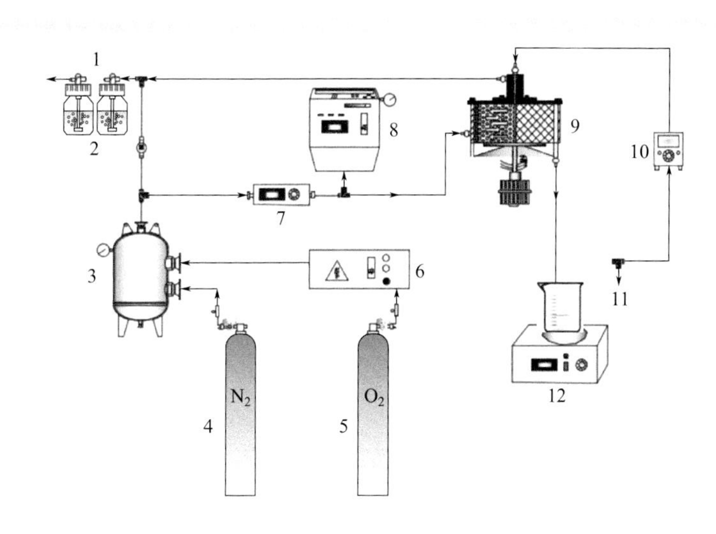

图 9-6 RPB-O_3/Fe^{2+} 降解苯胺废水工艺流程图

1—废气；2—碘化钾溶液；3—缓冲罐；4,5—气罐；6—臭氧发生器；7—流量控制器；8—臭氧浓度检测器；9—旋转填料床；10—蠕动泵；11—取样口；12—磁力搅拌器

在 RPB-O_3/Fe^{2+} 体系中，超重力因子的提高有利于废水的深度降解。体系 pH 会影响臭氧氧化直接与间接反应以及催化剂 Fe^{2+} 的存在形式，RPB-O_3/Fe^{2+} 体系拓宽了臭氧使用的 pH 范围。O_3 浓度增加有利于提高苯胺降解效能，但臭氧利用率降低。RPB-O_3/Fe^{2+} 体系在 12min 内可将苯胺全部降解，处理 60min 后 TOC 脱除率可达 73%，分别比 RPB-O_3 体系高 51% 和 28%。以上结果表明，OH^- 是臭氧分解产生 ·OH 的引发剂，Fe^{2+} 的加入，苯胺不仅可以被 ·OH 间接氧化，而且可以与臭氧发生直接反应，提高了苯胺废水矿化率。

在 RPB-O_3/Fenton 体系中，双氧水的加入减少了氧化剂残留并提高了 Fe^{2+} 的利用率。通过与单独臭氧化（RPB-O_3）、曝气反应中 O_3/Fenton 过程（STR-O_3/Fenton）的对比实验，得到超重力技术和 O_3/Fenton 过程的耦合对于苯胺废水的氧化降解存在着协同效应。当 H_2O_2 投加量为 2.5mL，其他条件与上述条件相同时，10min 苯胺完全去除，60min 时 TOC 脱除率可达 89%，COD 脱除率为 85%，BOD_5/COD 值为 0.54（>0.3），可生化性提高，满足生化处理条件。

通过添加工业废水中常见的共存物质模拟实际复杂水质，研究其对 RPB-O_3/Fe^{2+} 和 RPB-O_3/Fenton 体系的氧化降解效率的影响。对于 RPB-O_3/Fe^{2+} 体系，磷酸钠和硝酸钠为促进型共存物质，氢氧化钠、亚硝酸钠、氯化钠和自来水是抑制型共存物质，碳酸钠和碳酸氢钠兼具促进和抑制功能。促进型共存物质对苯胺废水 TOC 脱除率的影响顺序为：Na_3PO_4>$NaNO_3$；抑制型共存物质对苯胺废水 TOC 脱除率的影响顺序为：NaCl > $NaNO_2$> 自来水。Na_2CO_3 和 $NaHCO_3$ 对 RPB-O_3/Fenton 体系降解苯胺废水表现为低浓度时促进，高浓度时抑制。共存物质对 RPB-O_3/Fenton 体系的影响总是小于 RPB-O_3/Fe^{2+} 体系，可知 RPB-O_3/Fenton 体系对复杂水质的适应性更强。

杨鹏飞等[17]采用 RPB-O_3/Fe^{2+} 工艺对较难降解的硝基苯废水进行了脱除研究。在硝基苯质量浓度为 175mg/L、臭氧质量浓度为 40mg/L、气体流量为 75L/h、pH 为 3.5、超重力因子 β 为 80、液体流量为 140L/h、Fe^{2+} 浓度为 0.4mmol/L、循环处理 40min 的条件下，硝基苯脱除率和 COD 脱除率分别为 99.5% 和 68.0%。相近实验条件下，与 RPB-O_3 相比，硝基苯脱除率和 COD 脱除率分别提高了 7.1% 和 27.5%，表明 O_3/Fe^{2+} 体系促进间接反应·OH 的产生，提高废水脱除率。与 BR-O_3/Fe^{2+} 工艺相比，硝基苯脱除率和 COD 脱除率分别提高了 27.2% 和 32.6%。表明超重力强化臭氧的传质，提高了液相臭氧的湍动程度，提高了臭氧的利用率。

4. RPB–O_3/H_2O_2 体系

TNT（2,4,6- 三硝基甲苯）是目前世界上最主要的三种炸药之一，是军事与民用方面使用最广泛的含能材料，用量居首位。在 TNT 生产过程中会产生大量的含有多种剧毒物质的酸性和碱性废水。酸性废水是在洗涤酸性 TNT 时产生的酸性黄色废水，俗称“黄水”；碱性废水是在用亚硫酸钠溶液处理粗制 TNT 或 TNT 油时产生的碱性红色废水，俗称“红水”。刁金祥[18]以 COD 脱除率为考察指标，在旋转填料床中采用 O_3 和 O_3/H_2O_2 两种方法（见图 9-7）对氧化降解 TNT 红水进行了探索性研究。结果表明，对于 RPB-O_3 工艺，在气量为 0.4m^3/h、臭氧浓度为 18.5mg/L、超重力因子 β 为 89、液体流量为 60L/h、pH 为 11、循环处理 40min 的条件下，COD 脱除率达到 63.2%。对于 RPB-O_3/H_2O_2 工艺，在相近条件下，COD 脱除率达到 73.1%。通过与自制的曝气搅拌装置进行对比，RPB 作为臭氧氧化气液反应装置时，RPB-O_3 方法的氧化时间可减少 38.6%，水处理成本可节约 22%；RPB-O_3/H_2O_2 方法的氧化时间可减少 50%，水处理成本可节约 42.4%。

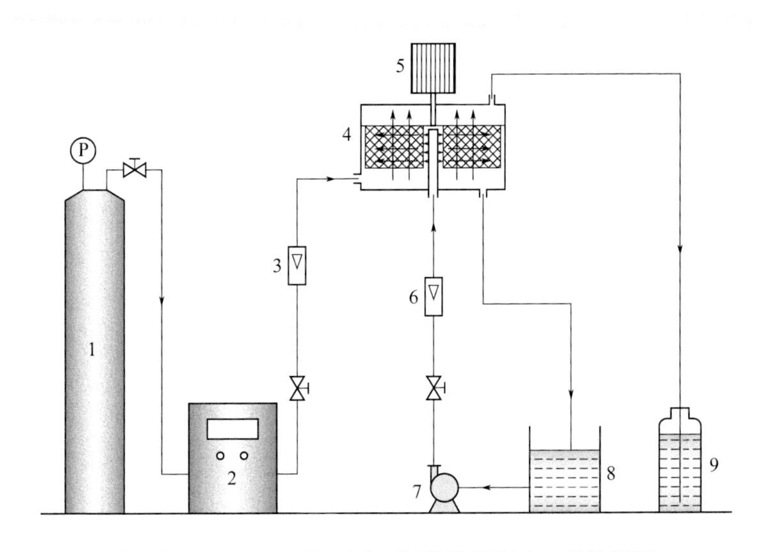

图 9-7　RPB-O_3/H_2O_2 处理 TNT 红水工艺流程图

1—氧气瓶；2—臭氧发生器；3—气体流量计；4—旋转填料床；5—电机；
6—液体流量计；7—泵；8—储液槽；9—尾气处理装置

梁晓贤[14]分别用 RPB-O_3 和 RPB-O_3/H_2O_2 法对 700mL 初始黑索金（RDX）浓度为 40.2mg/L、COD 浓度为 39.8mg/L 的实际废水进行处理，结果表明这两种方法都是可行的。常温下，RPB-O_3 法处理 RDX 废水的最佳工艺条件为：超重力因子 β 为 85，初始 pH 为 11，臭氧浓度为 42.7mg/L，气体流量为 75L/h，液体流量为 140L/h，循环处理 60min。此时，RDX 脱除率达 87.9%，RDX 含量为 4.86mg/L，COD 值为 27mg/L，达国家二级排放标准。常温下，RPB-O_3/H_2O_2 法处理 RDX 废水的最佳工艺条件为：超重力因子 β 为 75、初始 pH 为 9、H_2O_2 与 O_3 物质的量比为 0.3、循环处理 30min，其他条件相近的情况下，RDX 脱除率可达 92.1%，废水中 RDX 含量为 3.95mg/L，COD 值为 48mg/L，达国家二级排放标准。

利用 RPB-O_3/H_2O_2 氧化法降解模拟硝基苯废水，在 H_2O_2 浓度为 5.7mmol/L、气相臭氧浓度为 50mg/L、液体流量为 125L/h、超重力因子为 100、循环处理 60min 的条件下，硝基苯脱除率可达 99%，COD 为 89.1mg/L，可生化系数大于 0.3。在 RPB-O_3/H_2O_2 氧化法处理模拟硝基苯废水时，张世光等[19]通过添加实际废水中存在的共存物质研究其对氧化降解效果的影响，发现添加氢氧化钠、磷酸钠、硫酸钠和硝酸钠对硝基苯的脱除具有促进作用，添加氯化钠、碳酸氢钠、硫酸氢钠、乙醇、乙酸、甲酸和叔丁醇对硝基苯的脱除具有抑制作用。超重力场和重力场中碳酸钠浓度小于 15mmol/L 时，对 O_3/H_2O_2 工艺降解硝基苯作用截然相反，超重力场中表现为促进作用，而重力场中则为抑制作用，当浓度高于 15mmol/L 时，则都表现为抑制作用。

5. $RPB-O_3/H_2O_2$+Fenton体系

奥克托今（HMX）废水是一种含有大量难生物降解大分子有机污染物的工业废水，具有成分复杂、毒性大、酸度高、COD值高、可生化系数低等特点。针对HMX废水的特点，以工业实际废水为研究对象，中北大学侯晓婷[20]采用$RPB-O_3/H_2O_2$法与Fenton法对其进行对比处理。$RPB-O_3/H_2O_2$法处理HMX废水的操作条件为：超重力因子β为65.44，pH为9，H_2O_2与O_3的物质的量比为1∶1，液体流量为140L/h，臭氧浓度为40mg/L，H_2O_2（30%）采用6mL/h分批多次投加的方式，处理时间为4h。废水的COD脱除率为45.8%，HMX脱除率为50.4%，处理后废水的可生化系数为0.04，较原水的可生化系数0.013有所提高，但仍未达到可生化处理的目标。

Fenton法处理HMX废水时，H_2O_2的分批投加对其处理效果影响很大。实验的操作条件为：pH为3，温度为20℃，H_2O_2投加量为2mol/L，分5批多次投加，$FeSO_4$投加量为0.1mol/L，反应时间为1.5h。废水的COD脱除率为88.8%，HMX脱除率为91.6%，处理后的废水可生化系数达到0.33，满足可生化处理的要求。为了进一步提高废水的处理效果，对$RPB-O_3/H_2O_2$法与Fenton法联合处理HMX废水进行了探索性研究，HMX废水先经过$RPB-O_3/H_2O_2$法氧化，再进一步使用Fenton法处理时，废水的处理效果最好。此时，废水的COD脱除率可达94.2%，HMX脱除率可达96.6%，可生化系数为0.69，处理后的废水达到易生化处理的标准。

6. $RPB-O_3/Mn^{2+}/H_2O_2$体系与$RPB-O_3/Ti^{4+}/H_2O_2$体系

O_3/H_2O_2是一种在中碱性环境对有机物氧化具有高效、彻底，对环境无二次污染的高级氧化技术。酸性条件下该技术氧化性能下降，以过渡金属离子(Mn^{2+}、Ti^{4+})为催化剂加入O_3/H_2O_2体系，可显著提高其氧化性能，实现酸性体系下快速降解有机污染物。中北大学王永红[21]采用过渡金属离子(Mn^{2+}、Ti^{4+})为催化剂协同超重力技术与O_3/H_2O_2高级氧化技术，以酸性硝基苯废水为目标物，系统地研究了两种金属离子(Mn^{2+}、Ti^{4+})催化作用下各操作参数对硝基苯脱除效果的影响。$RPB-O_3/Mn^{2+}/H_2O_2$工艺中，在超重力因子β为40、液体流量为120L/h、初始pH为2.5、Mn^{2+}浓度为1.8mmol/L、H_2O_2加入量为5.0mmol/L、气体流量为75L/h、臭氧质量浓度为40mg/L、循环处理25min的条件下，硝基苯脱除率达99.82%，TOC脱除率达59.2%，废水中硝基苯质量浓度为0.3mg/L，达到国家一级排放标准(GB 8978—1996)。相比于$RPB-O_3/H_2O_2$工艺，硝基苯、TOC脱除率分别提高了21.4%、21.1%，Mn^{2+}的加入催化臭氧产生更多的·OH，进而提高了硝基苯的脱除率。

在相近操作条件下，$RPB-O_3/Ti^{4+}/H_2O_2$工艺硝基苯脱除率分别比$RPB-O_3/H_2O_2$、$RPB-O_3/Ti^{4+}$硝基苯脱除率提高19.4%和57.5%，说明该体系在酸性条件下可高效催化臭氧产生·OH。研究还发现，·OH捕获剂叔丁醇加入量越多，硝基苯的脱除率越低，证实了$RPB-O_3/Ti^{4+}/H_2O_2$工艺遵循间接氧化反应的·OH机理。

第二节 撞击流-旋转填料床强化零价铁法分离废水中硝基苯

一、碳纳米管负载纳米零价铁的制备及硝基苯的脱除

1. 零价铁法脱除硝基苯基本原理

由于硝基苯上的强吸电子基团—NO_2 的存在，使得苯环上的电子云密度大大降低，因而硝基苯化学性质极为稳定，苯环难以开环降解。常规方法处理硝基苯废水时，往往存在处理效率低、处理时间长及处理成本高等问题。一种可选择的方法是先将其转变成易降解的苯胺，再进行矿化降解。研究表明，零价铁能够快速、有效地将硝基苯转化成苯胺。

零价铁法的原理是利用金属腐蚀过程中产生的强还原性物质，如 [H]、Fe^{2+} 等将污染物还原或去除。反应过程中涉及氧化还原反应、物理吸附、铁的混凝作用、铁离子的沉淀作用等[22]。

铁腐蚀属于电化学过程，在偏酸性条件下易发生如下阳极反应

$$Fe \longrightarrow Fe^{2+} + 2e^- \quad (9\text{-}18)$$

阴极反应包括

$$2H^+ + 2e^- \longrightarrow 2[H] \longrightarrow H_2 \quad (9\text{-}19)$$

$$O_2 + 4H^+ + 4e^- \longrightarrow 2H_2O \quad (9\text{-}20)$$

$$O_2 + 2H_2O + 4e^- \longrightarrow 4OH^- \quad (9\text{-}21)$$

从式（9-18）～式（9-21）可知，反应过程中，铁为直接电子供体，而 H^+、O_2 及 H_2O 为电子受体。当有污染物存在时，污染物可以作为反应底物在阴极得电子，发生还原反应，如六价铬的还原[23]

$$3Fe + Cr_2O_7^{2-} + 14H^+ \longrightarrow 3Fe^{2+} + 2Cr^{3+} + 7H_2O \quad (9\text{-}22)$$

当还原底物为硝基苯类化合物时

$$ArNO_2 + 3Fe + 6H^+ \longrightarrow ArNH_2 + 3Fe^{2+} + 2H_2O \quad (9\text{-}23)$$

Agrawal 等[24] 对零价铁还原硝基苯类化合物进行了比较系统的研究，探讨了零价铁还原硝基苯的动力学，并结合早期电化学还原硝基苯的研究推导了零价铁还原硝基苯的机理。研究表明，零价铁还原硝基苯属于拟一级反应，其反应机理如图 9-8 所示。

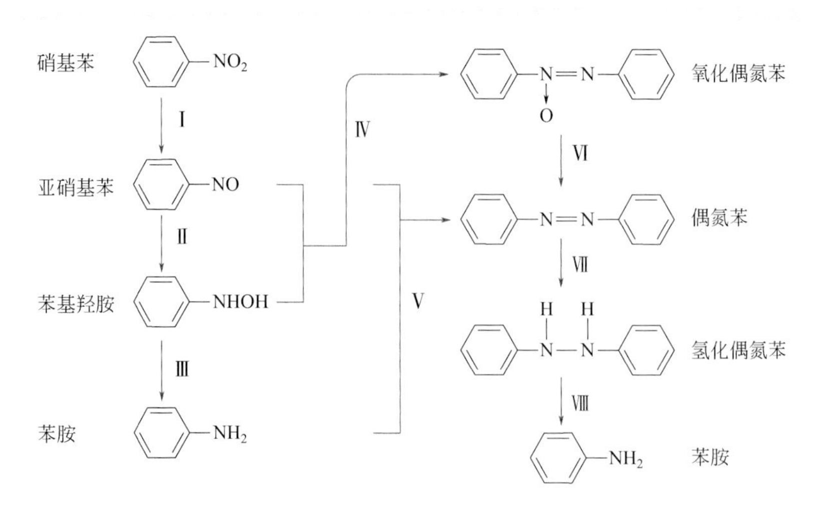

图 9-8 零价铁还原硝基苯机理

从图 9-8 可知，零价铁还原硝基苯的最终产物是苯胺，中间可能经历的中间态有亚硝基苯、苯基羟胺、氧化偶氮苯、偶氮苯、氢化偶氮苯等。Mu 等[25]用 GC/MS 分析证实了偶氮苯、氧化偶氮苯为零价铁还原硝基苯的中间产物。

2. 纳米零价铁改进途径

早期的零价铁工艺研究多以工业废铁屑为原料，随着纳米技术的发展，纳米级的零价铁受到越来越多的关注，然而，由于纳米零价铁本身活性较高，其在制备或反应中极易与空气甚至水发生反应形成氧化层，从而导致纳米零价铁反应活性降低。为此，研究者们提出多种方案来保持并提高纳米零价铁的活性，其中使用较多的有两种。一种是使纳米零价铁与其他金属形成双金属催化体系，常用的金属有铂（Pt）、钯（Pd）、铜（Cu）、镍（Ni）等[26-28]；另一种是与其他支持物结合形成负载体系，以减少纳米零价铁的团聚现象，提高其分散性和反应活性[29-31]。

3. 碳纳米管负载纳米零价铁脱除硝基苯

碳纳米管（CNTs）具有独特的中空管状结构、稳定的化学性质、良好的导电性，自发现以来一直被认为是一种优良的载体支持介质。纳米零价铁（NZVI）负载到碳纳米管上，碳纳米管不仅能够起到分散纳米零价铁的作用，减少团聚、失活的现象，同时还可以形成无数以纳米零价铁为阳极、碳纳米管为阴极的微原电池，加速铁腐蚀、促进反应进行。

采用液相还原法制备纳米零价铁大多在搅拌反应器中进行，在氮气保护、连续搅拌下，以一定的速率逐滴向含有一定浓度的可溶性铁盐溶液中加入强还原剂。为使生成的纳米零价铁粒径较小，还原剂要逐滴缓慢滴入反应器中。生成的纳米零价铁再经过多次离心或磁选分离洗涤，最后干燥保存。

图 9-9 为采用普通搅拌装置制备的纳米零价铁及纳米零价铁 - 碳纳米管的 SEM 和 TEM 图。由图 9-9（a）可知，单独纳米零价铁为球形颗粒状，尺寸在 50 ～ 100nm，可以看到纳米零价铁颗粒间团聚现象极其严重。而当纳米零价铁与碳纳米管负载后，纳米零价铁的颗粒尺寸明显减小，大概在 20 ～ 50nm 之间 [见图 9-9（b）]。从 TEM 图像中可以清楚地观察到纳米零价铁较均匀地附着在碳纳米管表面，虽然颗粒间的团聚现象仍存在，但较单独的纳米零价铁已有明显改善[32]。

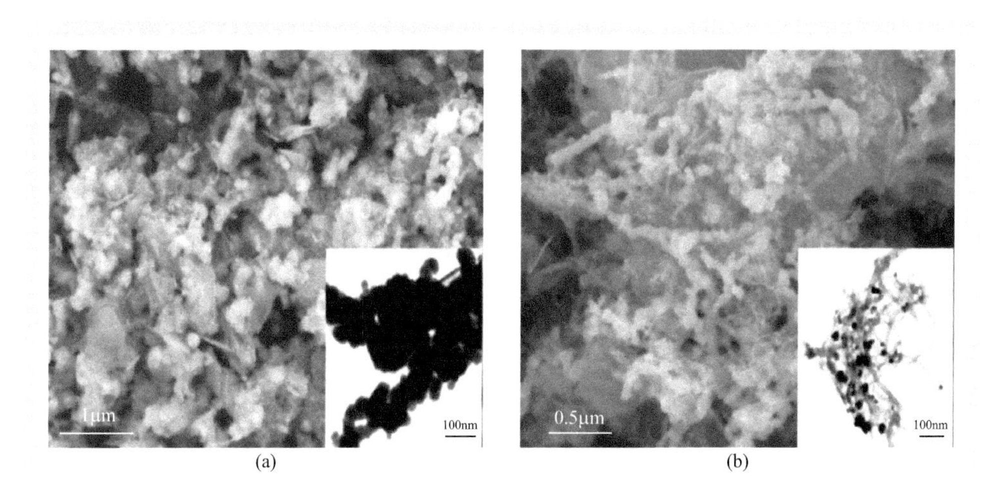

图 9–9　NZVI(a),NZVI–CNTs(b) 的 SEM 和 TEM 图

图 9-10 显示为纳米零价铁 - 碳纳米管、纳米零价铁和碳纳米管的 XRD 图谱。图中线 c 为碳纳米管的 XRD 衍射图，2θ 为 26° 和 43° 的衍射峰为碳纳米管（002）和（100）的特征衍射峰。对纳米零价铁（线 b）和纳米零价铁 - 碳纳米管（线 a）

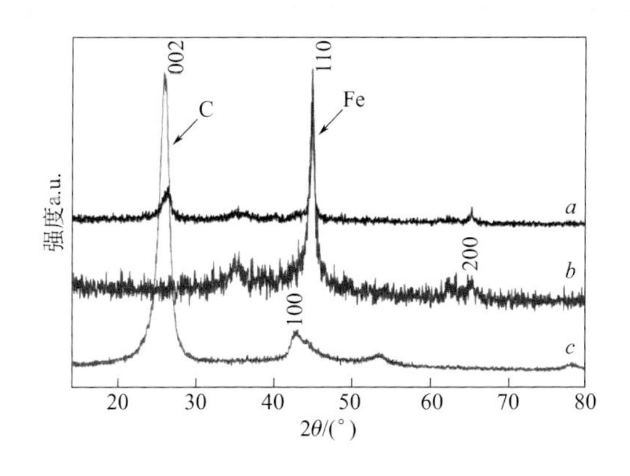

图 9–10　NZVI–CNTs、NZVI、CNTs 的 XRD 图谱

而言，图中可以观察到一个 2θ 为 44.9° 的较强衍射峰和一个 2θ 为 65° 的较弱衍射峰。对比 JCPDS No.06-0696 卡片可知，此两处峰为 α-Fe 的（110）和（200）特征衍射峰。由于 α-Fe 的强衍射峰，纳米零价铁 - 碳纳米管（线 a）中碳纳米管的（002）特征峰被明显削弱。

将制备的纳米零价铁用于硝基苯废水的降解，尽管废水中的硝基苯能够被快速还原，但随着停留时间的延长，中间产物仍旧能够检测出来，即纳米零价铁并不能将废水中的硝基苯完全矿化成小分子 CO_2 和 H_2O。硝基苯虽然能够在 1min 内降解完，但仍需将近 40min 才能完成中间产物向最终产物苯胺的转化。从高效液相色谱（HPLC）图 9-11 中可知，能检测到的中间产物至少有三种，分别是苯基羟胺（3.81min）、苯胺（4.12min）和亚硝基苯（7.53min）。其间可能的转化途径如下所示。

$$C_6H_5NO_2 \xrightarrow[+2e^- + 2H^+ \to H_2O]{} C_6H_5NO \xrightarrow[+2e^- + 2H^+ \to H_2O]{} C_6H_5NHOH \underset{+2e^- + 2H^+ \to H_2O}{\rightleftharpoons} C_6H_5NH_2$$

零价铁还原硝基苯的反应为电子还原过程。当纳米零价铁加入废水中，硝基苯迅速还原成亚硝基苯和苯基羟胺，随后苯基羟胺加氢转化成苯胺。从图 9-11 可知，转化过程中亚硝基苯的累积量明显小于苯基羟胺。这是因为亚硝基苯向苯基羟胺的

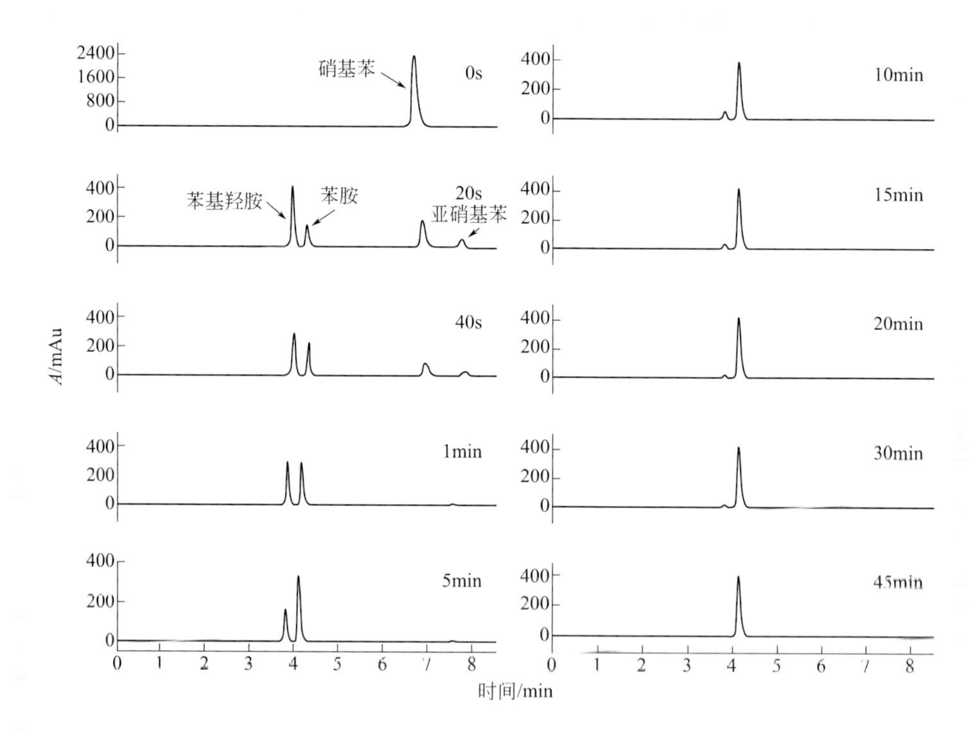

图 9–11　硝基苯还原中间产物转化 HPLC 图

转化速率常数远大于苯基羟胺向苯胺的转化速率常数。纳米零价铁虽然能够加快硝基苯向其他中间产物的转化速率，但中间产物转化成最终产物苯胺仍需要一段相当长的时间。

二、超重力制备纳米零价铁及脱除硝基苯

1. 撞击流–旋转填料床（IS–RPB）制备纳米零价铁原理

液相沉淀法制备晶粒的反应过程中，经历了成核、生长、聚结和团聚等过程。沉淀形成过程中生成材料的粒径大小及其分布主要取决于成核和核生长速度，其次受材料团聚、碰撞和破裂的影响[33]。对微纳米材料来说，材料间碰撞能量很小，所以其碰撞和破裂的影响作用相对要小。

成核和核生长阶段都需要溶液处于过饱和状态，而成核和生长会降低过饱和度，所以要想得到粒径分布较好、性能优良的晶粒，必须使整个反应溶液体系的过饱和度较高且分布均匀。通常分子尺度上的微观混合会使溶液体系产生很高的过饱和度，而且随着搅拌速度的增大，溶液的过饱和度也会提高。

在沉淀反应过程中，特征成核时间 t_N 和特征扩散时间 t_D 是主要的控制因素，其中 $t_N=t_R+\tau$（t_R 为化学反应时间，τ 为成核诱导时间）。对于无机物沉淀反应，成核诱导期很短。

① $t_D<t_R$　在成核之前，过饱和度已经达到微观混合均匀，微观混合影响可忽略不计，此时反应过程为化学反应动力学所控制。

② $t_R<t_D<t_N$　在成核之前，过饱和度也达到微观混合均匀，此时反应过程为成核动力学所控制。

③ $t_D=t_N$　此时微观混合和动力学共同控制着沉淀反应过程。

④ $t_D>t_N$　达到微观混合均匀的时间内，成核已大量进行，甚至已经完成，此时微观混合为过程控制因素，难以制得均匀材料。

为了制得粒度均匀的材料，必须改变成核阶段过程控制因素，将微观混合控制过程转化为动力学控制。沉淀形成过程反应、混合和结晶等之间的相互耦合关系如图 9-12 所示。

撞击流 - 旋转填料床（IS-RPB）为超重力场中强化液液两相微观混合的过程强化装置[34]，其原理是利用两股高速射流相向撞击，经撞击混合形成一垂直于射流方向的圆（扇）形薄膜（雾）面，两股流体实现一定程度的混合，混合较弱的撞击雾面边缘进入旋转填料床的内腔，流体沿填料孔隙向外缘流动，在此期间液体被多次切割、聚并及分散，从而得到进一步的混合。因而，其传质速率和微观混合比传统的填充床大得多，有利于形成相对高的过饱和度，为粒子在溶液中快速均匀成核提供先决条件。t_D 在旋转填料床中的值约为 10 ～ 100μs[35]，比在水溶液中典型的

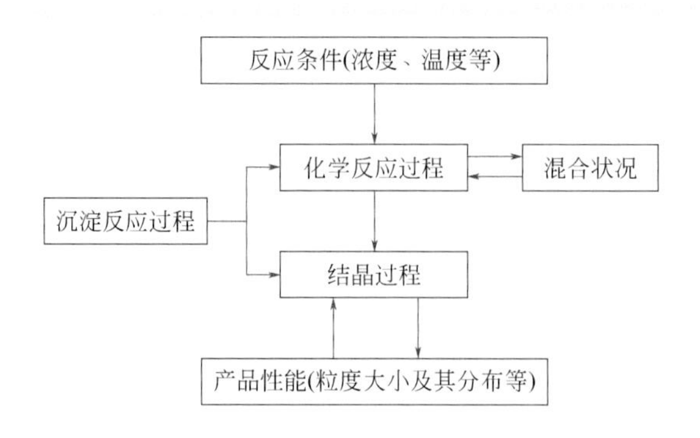

图 9-12　沉淀反应过程中各因素间的关系图

特征成核时间 t_N=1ms 的量级值小得多，可满足 $t_D<t_N$，并且能很好地控制纳米材料的粒径和分布。之前的工作表明，在旋转填料床中宏观流动模式接近于平推流[36]。平推流反应器中液体的返混程度接近零，从理论上讲，平推流更适合产生过饱和浓度的液体环境。根据上述的分析，IS-RPB 中的液相沉淀法在以下几方面为纳米粒子的制备提供了条件：相对高的过饱和度；特征扩散时间小于特征成核时间；浓度分布处处均一，成核过程在微观均匀的环境中进行。为使成核过程可控，制备粒径小、粒度分布窄的纳米零价铁，可以利用 IS-RPB 作为反应器。

2. 工艺流程

利用撞击流 - 旋转填料床制备纳米零价铁，其工艺流程如图 9-13 所示。先将硫酸亚铁溶解于水中配制成 0.1mol/L 含铁离子溶液，调节溶液 pH 至 4.0 后置于储液槽 1 中。将硼氢化钠溶解于水中配成 0.2mol/L 的还原剂溶液，置于储液槽 5 中。储液槽 1 和 5 中的两股液体由泵打入撞击流 - 旋转填料床 4 中，两股液体体积流量相等，经液体流量计计量后由喷嘴喷出，在撞击区内进行初次快速碰撞、混合、反应。随后液体沿径向由内向外运动进入到高速旋转的填料层中，被旋转的填料高速碰撞、剪切，流体之间进行二次深度均匀混合、反应。混合、反应后的液体最后被甩出，沿旋转填料床外壳内壁流至出液口，排入储液槽 8。

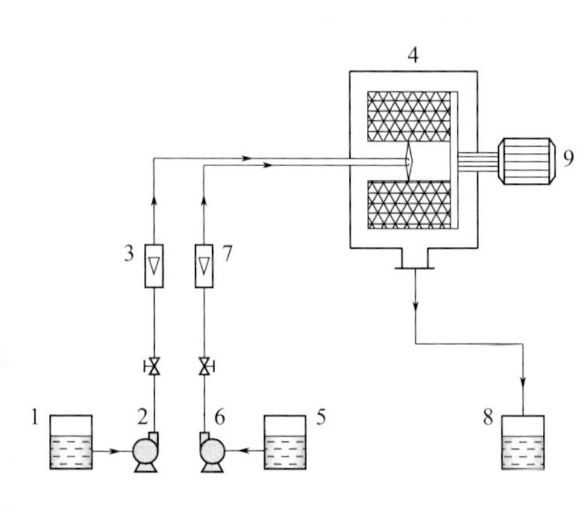

图 9-13　超重力制备纳米零价铁工艺流程图

1, 5, 8—储液槽；2, 6—泵；3,7—液体流量计；4—撞击流-旋转填料床；9—电机

利用撞击流 - 旋转填料床制备纳米零价铁的反应原理如式（9-24）所示。

$$Fe(H_2O)_6^{3+}+3BH_4^-+3H_2O \longrightarrow Fe^0+3B(OH)_3+10.5H_2 \quad (9\text{-}24)$$

制备出的纳米零价铁，先用磁铁将其从反应液中分离出来，得到黑色纳米零价铁固体颗粒。随后，将黑色固体颗粒加入适量清水中，超声洗涤以去除颗粒间包覆的其他离子。超声之后，用磁铁将其与液体分离。如此反复多次，直到洗涤溶液的 pH 为中性。洗涤完成后，将纳米零价铁与液体分离，浓缩成浆料转移到小口黑色样品瓶中，低温保存、备用。

3. 零价铁结果分析

图 9-14 为超重力制备的纳米零价铁与常规搅拌法制备的纳米零价铁 TEM 图。对比两图可知，超重力制备的纳米零价铁颗粒粒度分布均匀，颗粒粒径为 10 ～ 20nm，颗粒间的团聚现象明显减弱，颗粒分散性较好。

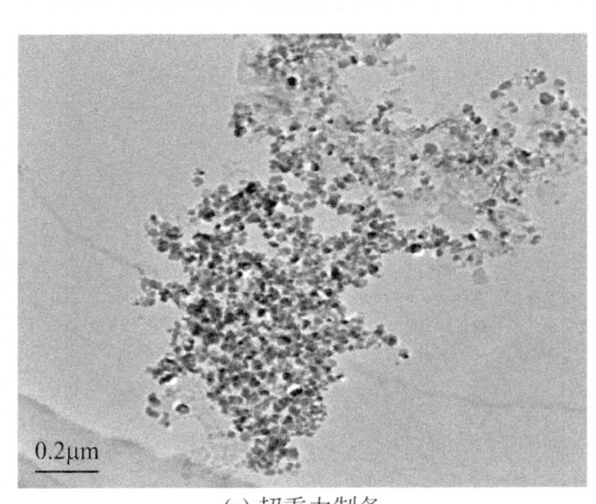

(a) 超重力制备

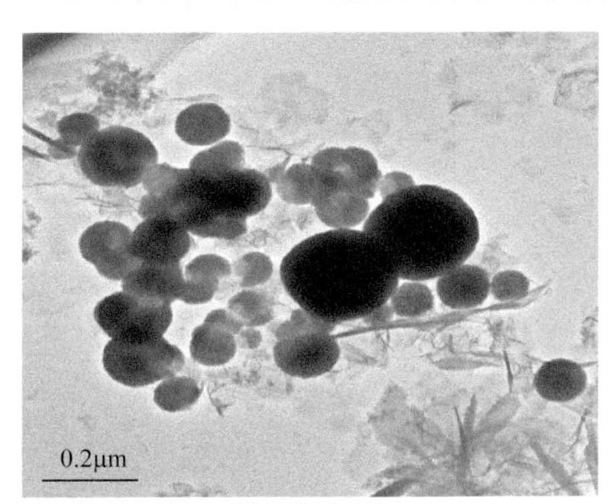

(b) 搅拌法制备

图 9–14　纳米零价铁的 TEM 图

4. 应用

将制备的纳米零价铁用于硝基苯废水的处理，硝基苯废水初始浓度为 250mg/L，废水初始 pH 为 4.0，反应时间为 30min。在特定停留时间内硝基苯脱除率随着纳米零价铁剂量的增加而增加。当纳米零价铁剂量增加至 4.0g/L 时，废水中硝基苯脱除率可达到将近 100%，而常规搅拌法制备的纳米零价铁要达到接近 100% 的硝基苯脱除率，剂量至少在 5.0g/L 以上。原因是超重力制备出来的纳米零价铁颗粒尺寸比常规搅拌法制备出来的要小，其在废水中的分散性良好，暴露给反应底物的表面积更大，纳米零价铁表面利用率更高，因而较小的剂量即可达到较高的硝基苯脱除率。

在一个较宽的 pH 变化范围内（3.0 ～ 9.0），超重力液相沉淀法制备的纳米零价铁对硝基苯均能保持将近 100% 的脱除率。而当 pH 过高或者过低时，其对硝基苯的脱除率均受到影响。在过酸的条件下（pH<3.0），超重力制备出来的纳米零价铁对硝基苯的脱除率要比常规搅拌法制备出来的低；而在过碱的条件下（pH>9.0），则前者要比后者稍高。其原因是，当 pH 过低时，废水中的氢离子浓度较高，超重力制备出来的纳米零价铁粒径更小，纳米零价铁颗粒还来不及进行更多的还原反应就被水中的氢离子快速腐蚀湮灭，因此，表现出硝基苯脱除率较低；而当 pH 过高时，由于其表面活性反应位点较多且本征反应活性较高，其反应活性下降得慢，因而表现出硝基苯脱除率稍高。整体来看，超重力制备的纳米零价铁在处理硝基苯废水时对 pH 依赖性较低，即可以在比较宽的 pH 变化范围内使用[31]。

总之，利用撞击流 - 旋转填料床可以制备分散性好、颗粒粒度均匀的纳米零价铁，将其用于硝基苯废水处理也表现出了良好的效果，处理效率高、停留时间短、适用 pH 范围广。采用超重力制备纳米零价铁，制备工艺快速高效、操作简便，避免了传统搅拌器以“滴加”的方式进料，能够实现连续化生产，易于工程化放大。

三、超重力制备纳米零价铁并同步处理硝基苯废水

超重力技术虽然能够极大地简化纳米零价铁的制备操作步骤，但是，制备出来的纳米零价铁在用于硝基苯废水处理之前还有一系列洗涤、分离、储存等工作。这些工作不仅烦琐复杂，而且会造成大量的人力、物力消耗，增加额外的废水处理成本。为进一步简化纳米零价铁的制备及使用过程，提高纳米零价铁的利用率，采用撞击流 - 旋转填料床将纳米零价铁的生成反应与纳米零价铁还原硝基苯的反应耦合，实现超重力制备纳米零价铁并同步处理硝基苯废水。本方法变多步为一步[37]，极大地简化了制备及使用步骤，有效降低了废水处理成本，可为硝基苯废水的处理提供一种简便、高效、低成本的处理方法。

1. 同步法工艺流程

超重力制备纳米零价铁并同步处理硝基苯废水，所用超重力设备为撞击流 - 旋转填料床，工艺流程如图 9-13 所示。（方法 Ⅰ）考虑到实际硝基苯废水中可能含有一定量的铁离子，先将硫酸亚铁加入硝基苯废水中配成一定浓度的含铁离子硝基苯废水，将硼氢化钠溶解于水中配成还原剂溶液，再利用撞击流 - 旋转填料床将二者进行快速、均匀混合与反应。

上述超重力制备纳米零价铁并同步处理硝基苯废水实验过程中，所用硼氢化钠还原剂溶液由清水来配制，废水经撞击流 - 旋转填料床处理后的体积明显增大，这就增加了后续生化处理的负荷。为避免处理后废水体积增大的问题，对上述处理方法进行了优化。（方法 Ⅱ）在实验验证常温条件下硝基苯不会与硼氢化钠进行反应后，将硝基苯废水一分为二，一部分加入铁盐配成含铁离子硝基苯废水，另一部分

溶解硼氢化钠配成硼氢化钠还原剂硝基苯溶液。随后，两部分废水在撞击流 - 旋转填料床中进行混合、反应，完成废水处理。由于硼氢化钠还原剂溶液改用硝基苯废水直接配制，不再需要额外的清水，这就实现了在原废水基础上进行处理，处理后废水体积保持不变。

2. 工艺参数的优化及脱除效果

（1）撞击流 - 旋转填料床转速的影响

反应温度为（20±2）℃，硝基苯废水初始浓度为 250mg/L，以硫酸亚铁为铁源，铁（Fe^{2+}）离子的初始浓度为 0.04mol/L，硼氢化钠溶液浓度为 0.1mol/L，废水初始 pH 为 4.0，液体流量为 40L/h。

硝基苯脱除率随转速增加呈现先减小后趋于平缓的趋势。由于反应过程耦合了两个反应，一个是纳米零价铁的生成反应，另一个是纳米零价铁还原硝基苯的反应，两个反应具有串联反应的性质。纳米零价铁的生成属于无机反应，反应速率较快；而纳米零价铁还原硝基苯的反应则属于有机反应，反应速率较慢。此外，纳米零价铁还原硝基苯过程还包括非均相反应。而非均相反应常受表面吸附、扩散传质限制。当撞击流 - 旋转填料床转速较低时，液体在床中停留时间较长，生成的纳米零价铁与废水中的硝基苯接触时间延长，有利于非均相还原反应进行；而当转速增大时，虽然生成的纳米零价铁颗粒粒径更小，但液体在床内的停留时间明显缩短，生成的纳米零价铁与废水中的硝基苯接触时间显著下降，两者的作用此消彼长，因而硝基苯的脱除率基本保持不变。

（2）液体流量的影响

无论方法Ⅰ还是方法Ⅱ，硝基苯脱除率随液体流量增加都呈现先增大后趋于平缓的趋势。实际上，撞击过程为撞击流 - 旋转填料床中一个重要的初步混合过程。当液体流量较小时，硝基苯脱除率随着液体流量的增大而增大，因为液体流量决定液体的流速，液体流量较小时，两股液体的撞击初速度不够，无法在撞击区域内形成强烈的撞击，液体的初步混合效果不佳，因而硝基苯脱除率较低。随着液体流量增大，两股液体的撞击初速度增加，在撞击区域形成强烈撞击，动能完全转变成静压能，液体的初步混合效果良好，因而硝基苯脱除率得以提高。当液体流量增大至 60L/h 以后，硝基苯脱除率随液体流量增大不再明显增加。其原因可能是，当液体流量增加到一定程度以后，在该撞击初速度下撞击流产生的微观混合效果达到反应所需的微观混合度，继续增大液体流量对微观混合度影响不大。

（3）硝基苯初始浓度的影响

硝基苯脱除率随着废水中硝基苯初始浓度的增加而逐渐降低。采用方法Ⅰ，在硝基苯初始浓度小于 200mg/L 时，硝基苯的脱除率能保持在 90% 以上；采用方法Ⅱ，硝基苯脱除率只有在硝基苯初始浓度小于 100mg/L 时才维持在 90% 以上。随着废水中硝基苯初始浓度增大到 500mg/L 时，前者对硝基苯的脱除率下降至 70%

以下，后者对硝基苯的脱除率下降至 50% 以下。分析其原因，与硝基苯发生直接还原反应的是纳米零价铁，当铁（Fe^{2+}）离子浓度一定时，反应过程中生成的纳米零价铁的量是有限的，因此，硝基苯脱除率也是有限的。当硝基苯初始浓度低于 200mg/L 时，在实验条件下，方法Ⅰ能够产生足够的纳米零价铁来还原硝基苯，因此，硝基苯的脱除率能够保持较高的水平。而方法Ⅱ中还原剂的溶剂本身也含有硝基苯，反应过程中产生的纳米零价铁相当于处理两倍浓度的硝基苯废水。显然，此时所产生的纳米零价铁不足以将所有硝基苯还原，因此硝基苯的脱除率只能在低浓度下保持较高水平。当废水中的硝基苯初始浓度过高时，超重力场中高速的剪切、撕裂作用使硝基苯极易从废水中解吸出来，挥发到空气中而达不到还原降解的目的，因此，处理过程中硝基苯的初始浓度不宜太高。

（4）废水中铁（Fe^{2+}）离子初始浓度的影响

无论是方法Ⅰ还是方法Ⅱ，硝基苯脱除率均随着废水中铁（Fe^{2+}）离子初始浓度的增加而增大。由于废水中硝基苯的量是一定的，当铁（Fe^{2+}）离子初始浓度较低时，产生的纳米零价铁的量不足以还原所有的硝基苯。随着铁（Fe^{2+}）离子浓度的增加，产生的纳米零价铁的量逐渐增大，因此，硝基苯的脱除率随着铁（Fe^{2+}）离子浓度的增加而增大。方法Ⅰ在废水中铁（Fe^{2+}）离子初始浓度增加至 0.05mol/L 时硝基苯脱除率即可达到 100%，而方法Ⅱ废水中铁（Fe^{2+}）离子初始浓度需增加到 0.09mol/L 以上时硝基苯才可以完全脱除。如前文所述，硼氢化钠硝基苯溶液是用硝基苯废水直接配制的，其作还原剂时相当于处理两倍浓度的硝基苯，因此，需要更大的铁（Fe^{2+}）离子浓度才能产生足够的纳米零价铁来还原硝基苯。达到相同硝基苯脱除率时，虽然硼氢化钠硝基苯溶液所需的铁浓度比硼氢化钠水溶液的高出近一倍，但在相同时间内其废水处理量却是后者的两倍，而且处理后，废水总体积也只为后者的一半。

在超重力制备纳米零价铁并同步处理硝基苯废水的过程中，纳米零价铁的生成环境在硝基苯废水中，纳米零价铁一经生成即被硝基苯分子包围，纳米零价铁在成核初期及生长过程中即与硝基苯发生还原反应，利用更加充分。假设反应过程中铁（Fe^{2+}）离子完全还原成纳米零价铁，按铁（Fe^{2+}）离子初始浓度为 0.05mol/L 计，换算成纳米零价铁剂量约为 2.79g/L。与前述处理方法对比，同步处理在纳米零价铁剂量上比常规制备方法少 2g/L 以上，比用超重力制备出来后再进行处理少 1g/L 以上。

采用方法Ⅰ，假设铁（Fe^{2+}）离子完全还原生成纳米零价铁，当生成的纳米零价铁与废水中所含硝基苯的物质的量比大于 20 时，硝基苯脱除率即可达到 90% 以上；当该比例大于 25 时，硝基苯脱除率可达 100%。采用方法Ⅱ，硝基苯达到相应脱除率时对应的纳米零价铁与硝基苯的物质的量比分别大于 40 或 50。因此，当以硼氢化钠水溶液为还原剂时，铁（Fe^{2+}）离子浓度可以按下式计算

$$c_{Fe^{2+}}=(20\sim30)\times\frac{c_{NB}}{123.11\times1000} \quad (9\text{-}25)$$

式中　$c_{Fe^{2+}}$——铁（Fe^{2+}）离子初始浓度，mol/L；

c_{NB}——废水中硝基苯初始浓度，mg/L。

当采用方法Ⅱ时，$c_{Fe^{2+}}$ 则为上式结果的 2 倍。

（5）硼氢化钠溶液浓度的影响

随着硼氢化钠溶液浓度的升高，硝基苯脱除率逐渐增大。从 Fe^{2+} 还原生成纳米零价铁的反应可知，还原 Fe^{2+} 与 BH_4^- 的化学计量数之比为 1∶2，即还原 1mol 的 Fe^{2+} 需要 2mol 的 BH_4^-。当还原剂溶液浓度较低时，两股液体在撞击流 - 旋转填料床内发生撞击混合、反应，BH_4^- 的浓度与 Fe^{2+} 不能满足 2∶1 的要求，Fe^{2+} 不能充分还原生成纳米零价铁，因而纳米零价铁不足以还原硝基苯，硝基苯脱除率较低。随着硼氢化钠溶液浓度增加至 0.10mol/L 时，即 $c_{BH_4^-}/c_{Fe^{2+}}$ 为 2∶1，理论上 Fe^{2+} 离子应该能被完全还原成纳米零价铁，硝基苯此时的脱除率可达到 100%。但实际上，此时硝基苯并未全部还原。其原因可能是，在实验过程中，Fe^{2+} 不可避免地被氧化成 Fe^{3+}，还原 1mol 的 Fe^{3+} 需要 3mol 的 BH_4^-。因此，当硼氢化钠溶液浓度仅为废水中铁（Fe^{2+}）离子初始浓度的 2 倍时，无法确保反应完全进行。当硼氢化钠溶液浓度大于 0.10mol/L 时，此时 $c_{BH_4^-}/c_{Fe^{2+}}$ 大于 2，硝基苯脱除率可达到 100%，说明此时硼氢化钠溶液浓度是可以确保反应完全进行的。处理过程中，选择的硼氢化钠溶液浓度约为废水中铁（Fe^{2+}）离子初始浓度的 2.5 倍。

（6）废水初始 pH 的影响

以硫酸亚铁（Fe^{2+}）为铁源，当 pH 小于 8 时，硝基苯的脱除率能保持在 95% 以上；当 pH 大于 8 后，硝基苯脱除率快速下降。如前文分析，生成的纳米零价铁在废水从酸性至碱性的范围都能保持较高的活性，因此，在 pH 小于 8 时硝基苯脱除效果较好。在同步处理过程中，铁（Fe^{2+}）离子是先添加到废水当中的，当废水初始 pH 较高时，铁（Fe^{2+}）离子容易生成 $Fe(OH)_2$ 沉淀，从而导致废水中铁（Fe^{2+}）离子初始浓度降低。当以氯化铁（Fe^{3+}）为铁源时，由于 Fe^{3+} 的初始沉淀 pH 大约为 3.0，当废水的 pH 大于 4.0 以后，Fe^{3+} 会快速形成 $Fe(OH)_3$ 而导致废水中 Fe^{3+} 明显降低，因此，硝基苯脱除率大幅下降。

由于 Fe^{2+} 的初始沉淀 pH 比 Fe^{3+} 的初始沉淀 pH 大得多，因此，实际应用中建议以 Fe^{2+} 为铁源。若硝基苯废水的初始 pH 大于 8.0，则可以适当将其调节至中性或弱酸性，以防止加入的铁（Fe^{2+}）离子过多沉淀。由于酸性条件下硼氢化钠极易分解，当废水初始 pH 过低时，若将硼氢化钠直接溶解于废水中会导致硼氢化钠分解。因此可以将 pH 调节至弱酸性或中性条件再加入硼氢化钠。

总之，超重力制备纳米零价铁并同步处理硝基苯废水，将纳米零价铁的生成反应与纳米零价铁还原硝基苯的反应耦合，为硝基苯废水的处理提供了一种简便、高效的方法。本方法变多步为一步，极大地简化了制备及使用步骤。处理过程操作简便，节省物料，反应快速，停留时间短，可连续化运行。超重力设备体积小，占地面积小，便于就地安装，且开、停车方便，适合于大批量硝基苯废水的处理。

第三节 多级同心圆筒-旋转床强化电化学分离过程

一、多级同心圆筒-旋转床及电化学工艺流程

多级同心圆筒-旋转床式的超重力电化学反应装置（MCCE-RB）主要由圆筒外壳和动、静圆筒电极组成的电极组转子构成，如图 9-15 所示。其中，电极组由阳极组和阴极组组成。阳极组由阳极连接盘及连接在阳极连接盘上的若干同心圆筒阳极组成，阴极组由阴极连接盘及连接在阴极连接盘上的若干同心圆筒阴极组成。两组电极连接盘一个置于上方，另一个置于下方，保持连接盘上的圆筒阳极与圆筒阴极相互嵌入、同心交替排列，构成多级同心圆筒式电化学反应装置。各圆筒阳极的自由端与阴极连接盘之间以及各圆筒阴极的自由端与阳极连接盘之间均留有相等的距离，构成废水流动的“S”形通道。各圆筒阳极与阳极连接盘之间以及各圆筒阴极与阴极连接盘之间均可自由拆卸。处于顶部的圆筒电极及其连接盘呈静止状

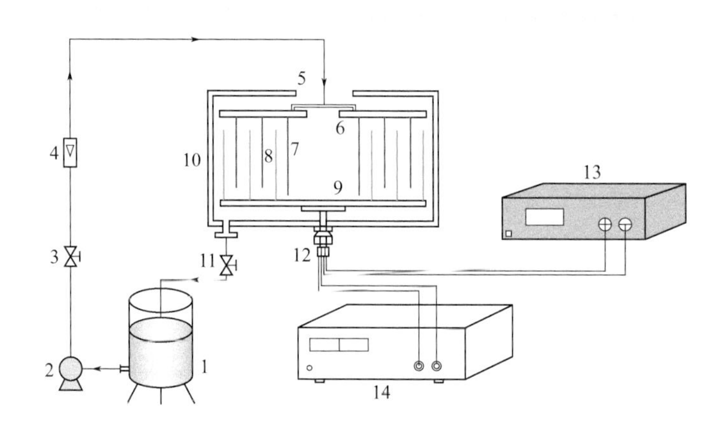

图 9-15 MCCE-RB 脱除废水中有机污染物的工艺流程图

1—废水储槽；2—泵；3—阀门；4—流量计；5—废水进口；6—阴极连接盘；7—阴极；8—阳极；9—阳极连接盘；10—MCCE-RB；11—废水出口；12—滑环；13—超重力转速控制系统；14—直流稳压电源

态，处于底部的圆筒电极及其连接盘在中心转轴带动下旋转。

超重力技术强化电化学脱除废水中有机污染物的过程是依靠超重力电化学反应装置来实现的，MCCE-RB 是利用多级同心圆筒阴极旋转作用，带动废水在电极间的圆环区间流动，形成扰动和局部涡流，电极表面不断更新，及时、快速地将电极表面反应生成的气体移除，减弱气泡影响。流体的流动强化了对流传质效率，消除了浓差极化影响。超重力电化学机制解决了电化学“气泡效应”和“传质受阻”的问题，利于提高电流密度，降低槽电压，提效降耗显著。

MCCE-RB 脱除废水中有机污染物的流程如图 9-15 所示[38]。储槽中的废水经泵加压、流量计计量后由进口进入 MCCE-RB，由于受到旋转圆筒电极及其旋转连接盘的作用，废水在交替排列的各圆筒阳极和阴极之间流动时会受到离心力作用或处于超重力场中，并沿径向由中心向外围、经“S”形流通通道依次经过交替排列的圆筒阳极和阴极，发生多级氧化和还原电极反应后，由装置外壳收集，连续不断地从出口离开装置，完成电化学降解废水中有机污染物的处理过程。

MCCE-RB 超重力电化学反应装置可实现连续化操作，易实现自动化控制。并且，装置中的各圆筒阳极与阳极连接盘之间以及各圆筒阴极与阴极连接盘之间均可自由拆卸，可根据生产能力和处理要求快速更换新电极和调整电极数量。

MCCE-RB 具有较大的 A/V 值（有效表面积 / 体积），电极填置率和装置利用率较高，生产能力及操作弹性较大。因此，MCCE-RB 易实现在超重力场中连续化和规模化地强化有机污染物脱除过程，进行规模化废水工业处理。

二、多级同心圆筒－旋转床强化废水中有机污染物脱除原理

多级同心圆筒 - 旋转床式的超重力电化学反应装置强化废水中有机污染物的脱除包括减弱气泡效应和强化传质过程效率两个方面。

1. MCCE–RB减弱电化学脱除废水中有机污染物过程中的气泡影响

MCCE-RB 所模拟的超重力场之所以能减弱电化学脱除废水中有机污染物过程中的气泡影响，主要是因为超重力场加速了气泡脱离电极表面，并加快了气泡从废水中逸出，即促进了气液固相间分离效率。在超重力环境下，一方面液体受到超重力作用，超重力加速度 G 是重力加速度 g 的 β 倍，故气泡分离的推动力由重力场的 $\Delta(\rho g)$ 增大为 $\Delta(\beta\rho g)$，并且超重力因子 β 越大，气泡分离的推动力越大，越易于分离。另一方面，电极及其连接盘的旋转使废水沿着圆周方向流动，同时受离心作用沿径向方向流动，促使废水在同心、等距、交替排列的若干圆筒阳极和圆筒阴极之间沿径向由中心向外围呈“S”形流动，废水运动的加速度以及相对流速比在重力场中大，电极表面会受到废水的强剪切力并不断地被废水冲刷，从而有利于附着在电极表面的气泡快速脱离电极表面。换言之，MCCE-RB 会促使相间分离，使得

相间的相对运动速率增大，这样会使气相气泡与固相电极之间、气相气泡与液相废水之间具有高的相间滑移速率，从而有效地促进气泡从电极表面脱离以及从废水中逸出，减弱气泡影响，维持电极的活性面积，防止电极表面的电流分布不均，减轻电化学反应本身迟缓引起的电化学极化，进而减少电化学极化所形成的超电势，达到降低能耗的目的。

2. MCCE-RB强化电化学脱除废水中有机污染物传质过程的原理

电极表面和附近液层存在双电层区、扩散层区和对流区，扩散层和对流层往往有所叠加，扩散传质和对流传质往往同时存在。由于废水中存在污染物和局外电解质，溶液中输送电荷的任务主要由它们承担，反应离子的电迁移很小可忽略，则向电极表面传输离子的过程由对流和扩散共同完成。加快对流区的对流速度和扩散层区的扩散速度有利于强化电化学反应过程。

在MCCE-RB所模拟的超重力场中，当废水由装置中心废水进口到动电极组周围时，首先，电极及其连接盘的旋转带动废水的周向旋转，使得废水具有较大惯性，在旋转圆筒电极表面发生电极反应后甩离，带有径向速度和切向速度的废水高速撞击到静止圆筒电极上。在强大的撞击力和剪切力作用下，撞击过程中的废水得到分散、破碎、剪切和飞溅，瞬间以细小液滴形式运动，液体比表面积增大，混合程度得以强化。然后，撞击后的废水在重力作用下下落到旋转电极盘上，或是在静止圆筒电极表面以液膜的形式下滑至旋转电极盘上并聚集，同时在电极表面发生电极反应。最后，废水在旋转电极及其连接盘的周向旋转带动下，经旋转圆筒电极阻挡，沿旋转圆筒电极表面以液膜形式爬流而上，同时在电极表面发生电极反应。当爬到旋转圆筒电极自由端时，废水在惯性力作用下脱离旋转圆筒电极，并以较高的速度撞击到静止圆筒电极上。如此在旋转电极及其连接盘的周向旋转带动下，废水不断地在交替排列的若干圆筒阳极和圆筒阴极之间经历多次分散、破碎、剪切和聚集，以较高的传质效率沿径向由装置中心向外围呈“S”形流动，并发生多级氧化还原电极反应，最后经壳内收集后连续由废水出口引出。

对于MCCE-RB而言，其处理废水中有机污染物的过程主要涉及强制对流和扩散两种传质方式。当废水在静止圆筒电极表面以液膜的形式下滑并同时发生电极反应以及在旋转圆筒电极表面以液膜形式爬流而上并同时发生电极反应时，需消耗大量离子。若扩散速度跟不上，废水浓度也降低时，集中在对流区的反应离子需通过对流传质方式进行补充。

而在MCCE-RB所模拟的超重力场中，废水在旋转圆筒电极和静止圆筒电极表面发生电极反应后，由于受到电极及其连接盘的旋转作用而被甩离，迅速脱离旋转圆筒电极和静止圆筒电极表面，并分别以高速撞击到静止圆筒电极和旋转圆筒电极表面。如此废水在旋转电极及其连接盘的作用下进行强制对流传质，在多组电极之间多次以强制对流传质方式来提高对流传质速率，加快反应离子脱离和传输，减轻浓差极化。同时，溶液的湍动和混合程度得以加强，有利于间接电化学反应速率的提高。此时，在强制对流条件下，对流传质阻力很小，废水由相界面附近转入与界面平行的方向，与界面垂直方向的速度分量在界面附近逐渐变为零，传质阻力转入扩散层区，存在于扩散边界层，需通过扩散传质方式传输和转移反应离子。而在MCCE-RB中，相间的相对运动速率较大，电极表面的液膜更新速度较快，有利于减小扩散边界层的有效厚度，从而减小扩散层传质阻力，促进反应离子扩散，提高扩散传质推动力和速度，强化电化学脱除废水中有机污染物的扩散传质过程，进而提高电流密度和电流效率，加快电化学脱除废水中有机污染物的进行。

三、超重力-电化学耦合氧化技术脱除废水中有机污染物

自2010年起，中北大学刘有智、高璟等应用MCCE-RB脱除废水中有机污染物，通过应用研究，催生出超重力-电化学-催化氧化耦合（超重力电催化）技术及装置、超重力-电化学-Fenton氧化耦合（超重力电Fenton）技术及装置，形成了一系列超重力-电化学耦合（超重力电化学）技术及装置[38-41]，并将其应用于废水中有机污染物的脱除，有效减弱了废水中有机污染物脱除过程中的气泡影响，强化了传质过程，在提效降耗方面体现出该装置及技术的优势。

1. 超重力-电化学耦合技术脱除废水中有机污染物

使用研发的MCCE-RB装置，采用超重力-电化学耦合技术脱除废水中有机污染物，研究结果如下所述。

通过对超重力、常重力以及常重力搅拌条件下电化学技术脱除废水中有机污染物过程中的气泡行为及废水颜色变化的研究表明，常重力和常重力搅拌条件下，电极表面均有大量气泡富集、废水中均有大量气泡分散于其中，而超重力场中，电极表面富集的气泡非常少、废水中几乎没有气泡分散于其中，如图9-16～图9-18所示。这表明超重力技术可减轻传统电化学反应过程中的气泡影响，从而使得电极表

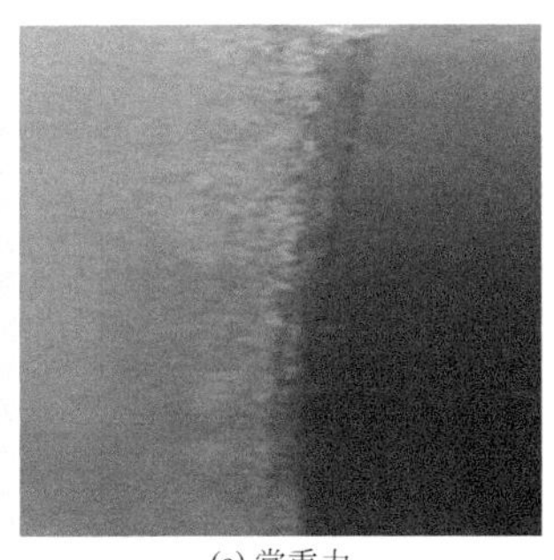
(a) 常重力

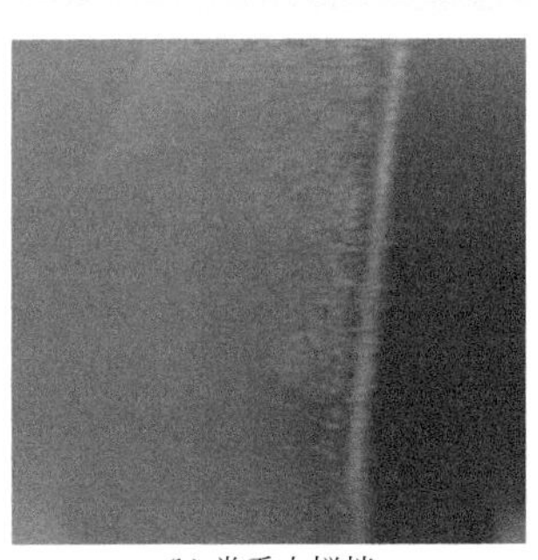
(b) 常重力搅拌

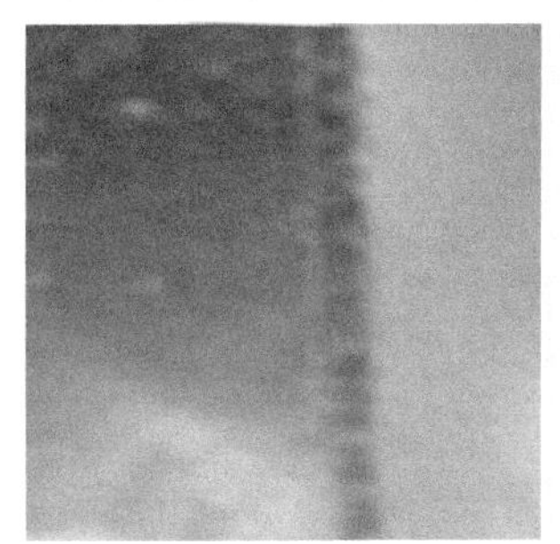
(c) 超重力

图9-16　电极表面气泡富集行为

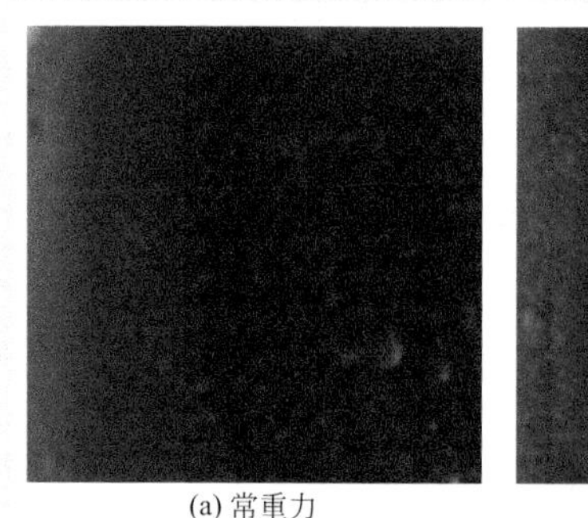
(a) 常重力

(b) 常重力搅拌

(c) 超重力

图 9-17　废水中气泡分散行为

(a) 常重力

(b) 常重力搅拌

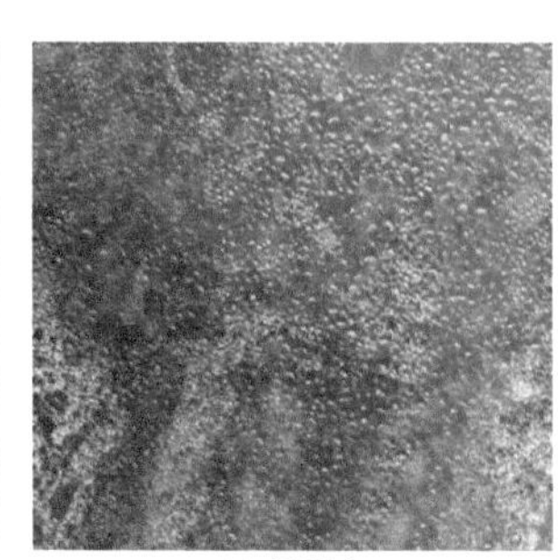
(c) 超重力

图 9-18　装置端盖上气泡聚集行为

面的气泡快速脱离、废水中分散的气泡快速逸出。在装置气体出口关闭的情况下，逸出的气泡聚集于装置端盖上，而常重力和常重力搅拌条件下的气泡主要吸附在电极表面和分散于废水中，装置端盖上几乎没有气泡聚集，仅仅笼罩一层雾气，说明超重力技术加速了气泡脱离电极表面，加快了气泡从废水中的逸出[42]。

为了反映超重力对废水中气泡逸出情况的影响，向废水中加入表面活性剂十二烷基硫酸钠。气泡若不能及时从废水中逸出，会在表面活性剂的作用下形成泡沫分散在废水中并不断地漂浮于废水表面，因此可根据水面上泡沫的多少来反映气泡的逸出速率。通过对废水处理过程中的泡沫富集情况进行研究发现，如图 9-19 所示，常重力条件下水面上富集的泡沫较多，泡沫层较厚，说明常重力条件下气泡从废水中逸出的速率较慢；常重力搅拌条件下水面上的泡沫次之，但泡沫直径较大，说明气泡发生了聚合从而变大；而超重力场中水面上的泡沫较少，泡沫层较薄，泡沫直径较小，说明超重力场中气泡从废水中逸出的速率较快。

为了研究超重力技术强化电化学处理废水传质过程的行为，通过电极两侧废水颜色的变化和对比来直观地反映废水中离子的扩散速率和反应速率，进而分析传质过程，如图 9-20 所示。

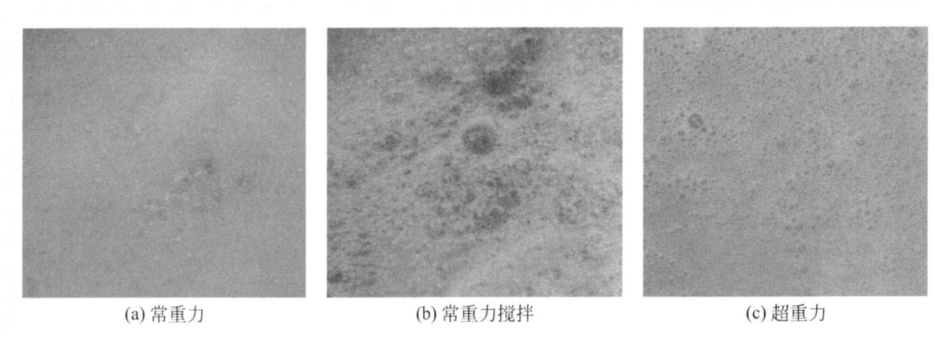
(a) 常重力　(b) 常重力搅拌　(c) 超重力

图 9-19　废水水面泡沫富集行为

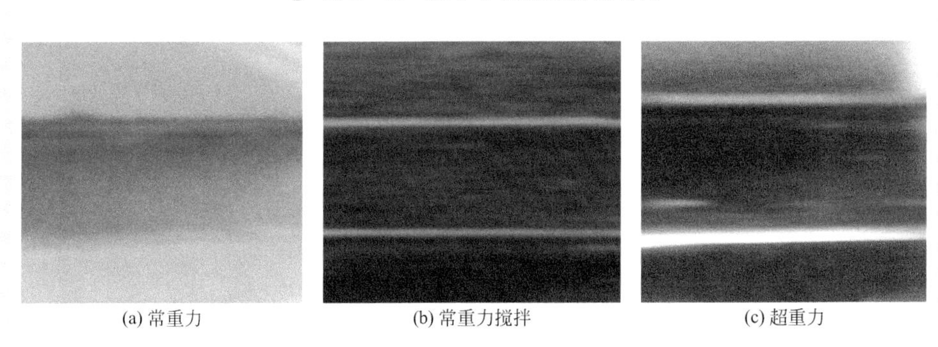
(a) 常重力　(b) 常重力搅拌　(c) 超重力

图 9-20　电极两侧废水颜色变化情况

电解含酚废水过程中会产生一些中间产物，如醌类物质等，这些产物呈黄棕色。当废水完全降解为 CO_2 和 H_2O 时，废水呈无色。若实验使用配制的苯酚溶液（无色）来模拟含酚废水，在电解含酚废水过程中，假如废水降解较彻底，废水颜色应由无色逐渐变为黄棕色再逐渐变浅直至无色。废水颜色变化的速率快慢可直观反映废水传质速率和降解速率的快慢。通过对电极两侧废水颜色的变化情况进行对比发现，常重力条件下电极两侧电解的废水颜色差别较大，且和原始废水的颜色相近，可见常重力条件下废水的扩散速率和降解速率均较慢，传质效果较差。常重力搅拌条件下电极两侧电解的废水颜色差别不大，均为黄棕色，和原始废水的颜色差别较大，可见常重力搅拌条件下废水的扩散速率和降解速率较快，但废水中分散着大量的气泡，无法消除气泡影响，说明搅拌对废水的传质过程可起到一定的促进作用，但效果有限。分析原因是常重力搅拌技术是在地球的重力场，即重力加速度为 g 的重力场下强化反应过程，能使物料混合均匀，可使气泡在液体中均匀分散而不是脱离，所以无法减弱气泡影响，对传质过程的强化是有限的。超重力场中电极两侧电解的废水颜色几乎没有差别，均为黄棕色，和原始废水的颜色差别较大，可见超重力场中废水的扩散速率和降解速率较快，且废水中无明显气泡分散于其中，说明超重力技术可突破传统搅拌的传质极限，对废水的传质过程可起到很好的强化作用。

为了从废水中有机污染物的脱除率上分析超重力技术的强化效能，研究了超重力因子等操作条件对废水处理效果的影响规律，结果表明超重力因子是影响废水中有机污染物脱除率的主要因素。在适宜的操作条件下，相同处理时间时，超重力条件下废水中有机物酚的脱除率是常重力条件下的2.2倍，COD脱除率是常重力条件下的2.9倍，结果见图9-21。酚和COD脱除率相近时，超重力条件下的时间约是常重力条件下的50%，电压是常重力条件下的82%。说明超重力技术可缩短有机污染物的脱除时间、降低槽电压以及提高废水中有机污染物的脱除率[43]。

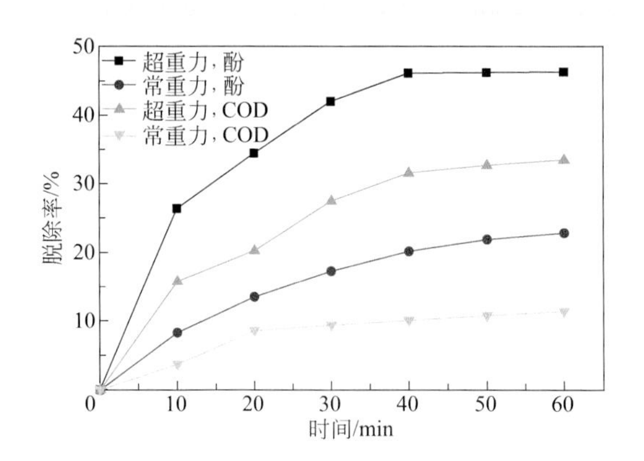

图9-21 超重力和常重力条件下电化学反应脱除酚和COD的效果

动力学研究表明，超重力和常重力条件下的电化学脱除有机污染物的过程均符合表观一级反应的动力学规律，但超重力条件下的反应速率大于常重力条件的反应速率[44]。说明超重力场中废水可更快、更好地被电化学脱除。

为了从有机污染物脱除机理上分析超重力技术的强化效能，通过高效液相色谱分析发现：在相同时间内，超重力-电化学耦合技术相比电化学技术降解含酚废水时，代表苯酚的峰面积减少的速度更快，说明超重力场中的酚类脱除率更高，超重力技术可提高废水处理效率。同时推测出超重力-电化学耦合技术与电化学技术降解含酚废水过程中产生的中间产物和降解历程相似，均为苯酚→对苯二酚+邻苯二酚→对苯醌→顺丁烯二酸→乙二酸→二氧化碳+水。研究表明超重力技术不能改变电化学反应历程，但可以通过强化电化学反应的传质过程，达到提高电化学反应效率和废水中有机污染物脱除率的目的。

超重力-电化学耦合技术脱除废水中有机污染物，可在一定程度上解决过程中的气泡影响和传质过程受限的难题，有利于废水中有机污染物脱除率的提高和过程能耗的降低。

2. 超重力–电化学–催化氧化耦合技术脱除废水中有机污染物

在前期的超重力-电化学耦合技术处理含酚废水的研究中发现，虽然超重力可强化电化学反应传质过程，但不改变反应历程，强化程度有限。而电催化技术可利用电极表面附着的催化剂控制反应方向和反应历程，但传统的电催化反应器传质效率较低，影响电场能量对催化电极的催化效应的发挥。因此，研制出超重力电催化反应装置，利用超重力-电化学-催化氧化耦合技术即超重力电催化技术脱除废水中的有机污染物，在超重力、电场和催化剂三者的协同作用下控制反应方向和进程，充分发挥超重力与电场能量的协同效应，从而提高电化学反应效率，降低过程能耗。

使用 Ti/IrO_2-Ta_2O_5 作阳极，不锈钢作阴极，进行了超重力电催化技术脱除废水中有机污染物的研究[45,46]。系统地考察了超重力因子、电流密度、电解时间、电解质浓度、液体循环流量、苯酚初始浓度对有机污染物脱除效果的影响。研究结果表明，超重力电催化技术降解含酚废水相比传统电催化技术可获得更高的有机污染物脱除率，结果见图 9-22，在相同条件下，超重力场中的苯酚、TOC 和 COD 的脱除率均大于常重力场中的脱除率。在适宜的工艺条件下电催化降解 500mg/L 的苯酚废水，处理 3h 后，超重力场中废水中的苯酚、TOC 和 COD 的脱除率分别为 100%、84.7% 和 65.2%，常重力场中分别为 94.1%、62.80% 和 44.4%。处理 2h 后，超重力场中废水中的苯酚、TOC 和 COD 的脱除率分别为 94.8%、51.0% 和 41.2%，常重力场中分别为 85.4%、39.7% 和 33.0%。达到相近且较高的苯酚、TOC 和 COD 脱除率时，超重力场中降解废水所需时间为 2h，常重力场中降解废水所需时间为 3h，超重力场中降解废水所需时间相比常重力场中缩短了 33.3%。

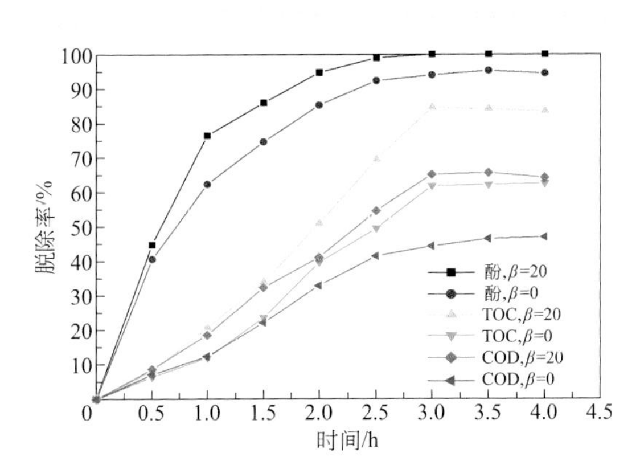

图 9-22 超重力和常重力条件下电催化反应时间对废水中有机污染物脱除效果的影响

采用高效液相色谱法推测出超重力电催化技术与电催化技术降解含酚废水过程中产生的中间产物和降解历程相似，见图 9-23，首先羟基自由基攻击苯环，发生

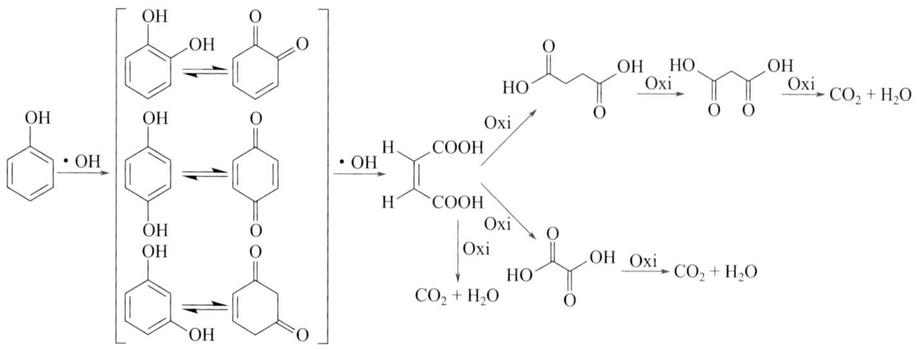

图 9-23　有机污染物降解途径

亲电加成反应，生成对苯二酚、邻苯二酚、间苯二酚和对苯醌。然后苯环结构被破坏，共轭体系发生断键开环，生成顺丁烯二酸，并进一步通过氧化还原反应生成丁二酸、丙二酸、乙二酸等物质，最后矿化为 CO_2 和 H_2O。研究表明超重力技术不能改变电催化反应历程，但可以通过强化电催化反应的传质过程，达到提高电催化反应效率的目的。

采用线性扫描法研究了超重力技术对废水降解极化过程的强化效能，结果见图 9-24。结果表明，电极电位为 1.3V 处对应的极化电流由常规重力场中的 2.5mA 增大到超重力场中的 3.1mA，增大了 24%。当极化电流为 4mA 时，极化电位由常规重力场中的 1.37V 减小到超重力场中的 1.34V，减小了 2%，电极超电势降低，槽电压及过程能耗降低。由此可知，超重力场对电催化氧化降解废水过程的强化作用

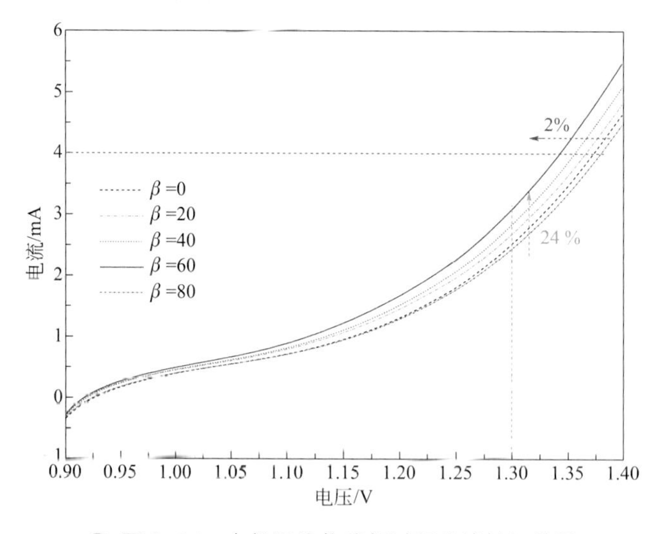

图 9-24　有机污染物降解过程的线性扫描图

是因为超重力场提高了电催化氧化降解废水过程的极化电流，降低了极化电位或过程槽电压，从而达到降低废水降解过程能耗和提高废水降解效能的目的。

超重力 - 电化学 - 催化氧化耦合技术脱除废水中的苯酚，可弥补传统电催化技术在废水降解过程中传质受限的不足，二者的耦合可充分发挥超重力技术所具有的高效传质效率和电催化技术所具有的高效降解效能的技术优势，在提高废水中有机污染物的脱除率和废水处理效率方面相比传统电催化技术体现出一定的技术优势，具有一定的应用前景。

3. 超重力 – 电化学 –Fenton氧化耦合技术脱除废水中有机污染物

电 Fenton 法是电化学法和 Fenton 法的耦合方法。该方法可依靠电化学方法产生或持续产生 Fenton 试剂（Fe^{2+} 和 H_2O_2），从而减少 Fenton 试剂用量。Fenton 试剂进而可生成强氧化剂·OH，·OH 具有强氧化性，可氧化大部分有机物。但由于目前电 Fenton 反应器的传质效率较低，且电 Fenton 反应过程中存在气泡影响，均会使得电化学法生成 Fenton 试剂的数量与速率受到影响，导致电 Fenton 反应效率降低。通过前期研究，研制出一种超重力 - 电化学 - 强氧化剂耦合集成技术及装置，即超重力电 Fenton 技术及反应装置。利用超重力技术来强化电 Fenton 反应的传质过程，以达到提高电 Fenton 反应效率的目的。

超重力电 Fenton 技术脱除废水中有机污染物时，考察了废水初始 pH、$FeSO_4 \cdot 7H_2O$ 投加量、H_2O_2 投加量、超重力因子、电流密度、电解时间、液体循环流量、苯酚初始浓度、H_2O_2 投加次数等因素对废水中有机污染物脱除效果的影响[47]。在最佳工艺条件下处理 100mg/L 的苯酚废水时，超重力因子为 0 时的酚和 COD 脱除率为常重力条件，均小于超重力因子为 30 时酚和 COD 的脱除率，见图 9-25。1h 后酚和 COD 的脱除率分别为 99.6% 和 65.4%，而传统电 Fenton 氧化法降解含酚废水，酚和 COD 的脱除率仅为 71.5% 和 46.6%，见图 9-26。研究表明由

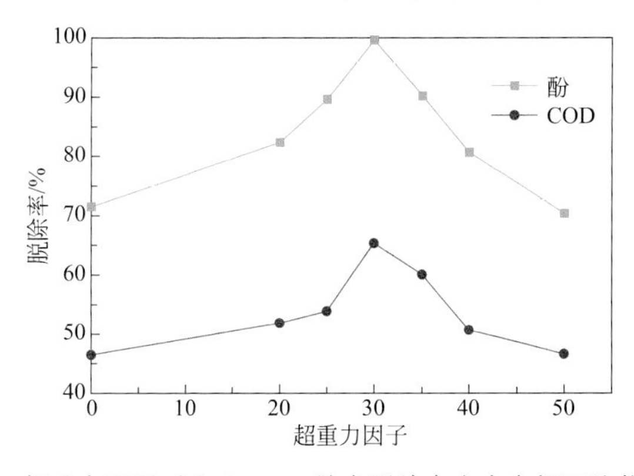

图 9–25　超重力因子对电 Fenton 技术脱除废水中有机污染物的效果影响

于超重力技术强化了电 Fenton 反应传质过程，从而获得了较高的废水降解效率。超重力 - 电化学 -Fenton 氧化耦合形成的超重力电 Fenton 技术降解含酚废水可形成协同作用，提高废水降解效率，可达到短时间内高效处理废水和降低过程能耗的目的。同时通过高效液相色谱法对超重力电 Fenton 氧化技术和电 Fenton 氧化技术降解含酚废水的过程进行了分析检测，研究发现，这两种技术降解含酚废水的历程是一致的，大致为：苯酚转化为邻苯二酚、对苯二酚以及间苯二酚，进而降解为醌类，然后分解为有机酸，最终分解为 CO_2 和 H_2O。但超重力电 Fenton 氧化技术相比电 Fenton 氧化技术降解含酚废水时，苯酚和中间产物的降解速率更快。研究进一步说明超重力技术虽然不能改变电 Fenton 反应历程，但可以通过强化电 Fenton 反应的传质过程，达到提高电 Fenton 反应效率的目的。

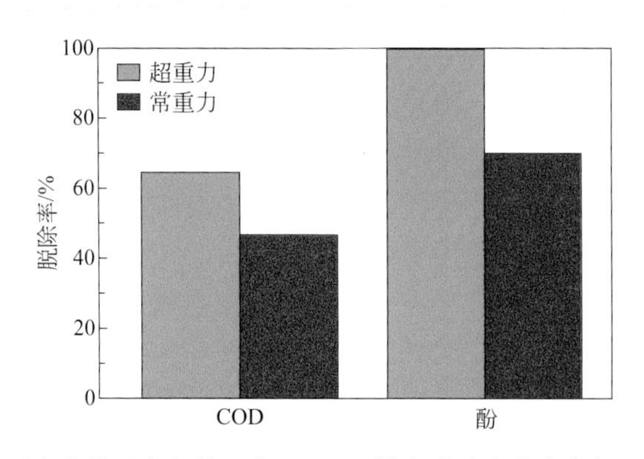

图 9-26　超重力和常重力条件下电 Fenton 技术脱除废水中有机污染物的效果对比

第四节　旋转盘反应器强化光催化过程

一、旋转盘反应器强化原理

旋转盘反应器（Spinning Disc Reactor，SDR）是超重力转子的另一种形式，为过程强化反应器，通常用于液液反应和气液反应，进入转盘的液体在转盘和液体间的剪应力作用下切向加速，液体在离心加速度作用下以发散的薄液膜形式沿径向向转盘外缘运动，转盘与转盘表面的液膜间以及液膜和气相间会为质量和动量的传递提供理想的流体动力学环境，可有效强化传质过程。

在光催化反应过程中传统光反应器制约催化效率的瓶颈是光子的传递效率受限，从而导致光催化效率降低。制约光子传递效率的因素主要有两个：①液膜厚度与光透过率不匹配，对于不透明体系，如乳液、染料废水等，因激发光的透过率低，光催化反应只发生于液体表面。传统搅拌式反应器液面的光照和更新只能靠搅拌的作用实现，套管式反应器的光照靠减小处理量以减小液膜厚度实现，致使光催化效率难以提高，更难以实现实际应用。②较厚的液膜中溶解氧浓度很低，从光反应机理可知，溶解氧的浓度直接影响羟基自由基的数量

$$O_2 + e^- \longrightarrow \cdot O_2^- \quad (9\text{-}26)$$

$$H_2O + \cdot O_2^- \longrightarrow \cdot OOH + OH^- \quad (9\text{-}27)$$

$$2 \cdot OOH \longrightarrow O_2 + H_2O_2 \quad (9\text{-}28)$$

$$\cdot OOH + H_2O + e^- \longrightarrow OH^- + H_2O_2 \quad (9\text{-}29)$$

$$H_2O_2 + e^- \longrightarrow \cdot OH + OH^- \quad (9\text{-}30)$$

溶解氧的减少降低了有机污染物的间接氧化效率。

SDR 强化光子利用率的原理：

① SDR 中转盘表面液膜厚度为微米级（20 ～ 300μm），液体流动状态为湍流，液体表面更新快、更新彻底，单位体积反应液的光照表面积大，光子的传递效率与光反应器中每单位体积反应液的光照表面积成正比[48]。文献 [49,50] 将 SDR 与环形反应器做了对比研究，发现 SDR 中光能利用率是环形反应器的 3 倍，平均体积流率比环形反应器大一个数量级，最大表面更新速率是环形反应器的 2 倍。基于 SDR 中微米级液膜，通过调节 SDR 中转速和液体流量实现液膜厚度和停留时间的可调可控，达到非透明体系液膜厚度与激发光穿透率的优化匹配，从而强化激发光的利用率。

② SDR 中随着转盘角速度和湍流程度的增加，氧的传质系数呈直线上升趋势，当液膜中溶解氧趋于饱和时氧的传质才受到限制[51]。即处于湍动状态的微米级液膜中溶解氧可以达到饱和程度，由此会产生更多的羟基自由基，进而提高光生电子的间接氧化效率。

因而，将 SDR 应用于光催化反应，如果采用催化剂负载于转盘的方式，在达到与悬浮体系相同催化效果的同时，可将催化剂用量减少 2/3，并有效解决悬浮催化体系催化剂分离问题。而对于乳液状或色度较深的染料废水，将悬浮体系与 SDR 耦合，可有效提高激发光的穿透率，从而强化光催化效率。

二、旋转盘反应器脱除废水中苯酚

悬浮反应器通常是将光催化剂粉末加到溶液中，通过搅拌、鼓泡等方式使催化剂均匀地悬浮在体系中。反应过程中污染物和光催化剂接触面积大，质量传递效果好。但由于纳米 TiO_2 具有很强的亲水性，容易团聚，需增大用量，而催化剂浓度较高时会造成悬浮液浑浊，影响光的穿透性，降低光催化效率。搅拌式、鼓泡床

式、新型脉冲挡板管式、泰勒旋涡以及降膜式等是常用的悬浮式光反应器，分别通过膜层流、池底鼓泡、挡板设计、气体分布、机械涡流等的设计在一定程度上解决了悬浮体系催化剂沉积、光穿透率等问题，但催化剂的分离困难、分离成本高的问题仍是制约工业应用的主要瓶颈。

SDR 在传质效果、光透过性、氧的溶解等方面较其他负载式反应器具有显著优势，中北大学的魏冰等[52-56]将 TiO_2 及铁改性 TiO_2（Fe/TiO_2）负载于 SDR 的转盘表面，对废水中苯酚的脱除进行了研究。

1. 催化剂的负载

SDR 中负载催化剂膜有两种：纯 TiO_2 膜和 Fe 掺杂的 Fe /TiO_2 膜。将两种膜脱除苯酚的过程做对比研究，负载采用溶胶凝胶法。

2. 催化剂薄膜的负载结果

（1）形貌分析结果

图 9-27 为纯 TiO_2 催化剂薄膜的 SEM 图，图 9-27（a）为催化剂表面放大 100 倍的截图，由于在干燥和焙烧过程中薄膜发生收缩产生许多细小裂纹，越到表层裂纹越多。层数越多，表层的溶胶厚度越不易均匀，薄膜越容易开裂，裂纹也越大。裂纹的增加增大了比表面积，有利于光催化效率的提高。图 9-27（b）为薄膜表面放大 5 万倍的截图，图中负载催化剂颗粒粒径约为 20nm，粒径较均一。

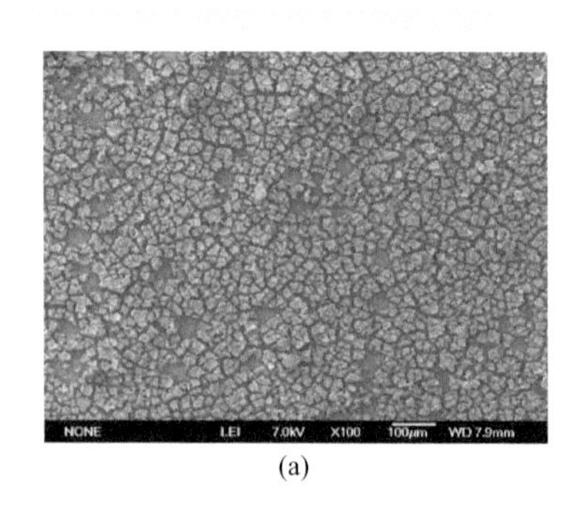

(a)

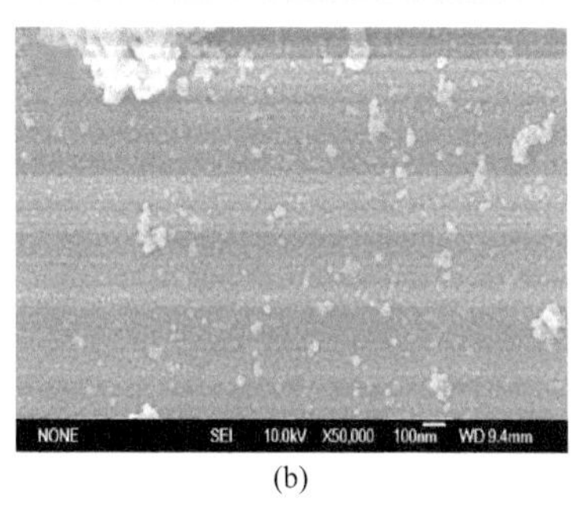

(b)

图 9-27　TiO_2 催化剂薄膜的 SEM 图

采用金属离子可使 TiO_2 晶体产生缺陷，金属离子也可以作为电子的有效受体，捕获 TiO_2 被激发所产生的电子。因此，电子和空穴的复合率降低，复合时间延长，从而提高光子的利用率，增强 TiO_2 的光催化效率[56,57]。另外，金属离子的引入可以使 TiO_2 催化剂形成一个新的杂质能级，降低带隙宽度，拓宽光吸收范围，提高可见光利用率[58]。图 9-28 为 Fe/TiO_2 催化剂薄膜的 SEM 图。图中可见晶体粒径只有 10nm 左右，明显小于纯 TiO_2，粒径分布较均一，说明 Fe^{3+} 的掺杂抑制了 TiO_2

晶粒的生长[59]。

（2）拉曼光谱分析结果

图 9-29 为 TiO_2 和 Fe/TiO_2 的拉曼光谱图，图中锐钛矿型在拉曼位移为 $139.6cm^{-1}$、$393.5cm^{-1}$、$512.7cm^{-1}$、$635.6cm^{-1}$ 处存在特征峰，其中 $139.6cm^{-1}$ 处的峰强度最大，而金红石型在 $230.3cm^{-1}$、$439.9cm^{-1}$、$602.9cm^{-1}$ 处存在特征峰。图中只能看到锐钛矿型的特征峰，说明 Fe/TiO_2 及 TiO_2 催化剂为纯锐钛矿型。掺杂 Fe^{3+} 后，拉曼光谱的特征峰位置没有发生变化，也没有发现氧化铁的特征峰，但强度和峰宽变化明显，说明 Fe^{3+} 的掺杂进入到了 TiO_2 晶格内部替代了 Ti^{4+}，引起晶体内部缺陷增加，导致拉曼光谱发生变化。

图 9-28 Fe/TiO_2 催化剂薄膜的 SEM 图

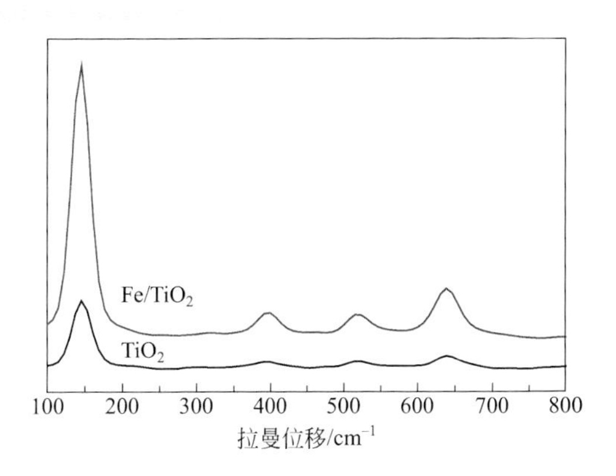

图 9-29 Fe/TiO_2 与 TiO_2 的拉曼光谱图

（3）紫外 - 可见漫反射分析结果

图 9-30 为 TiO_2 和 Fe/TiO_2 的紫外 - 可见漫反射谱图。由于 Fe^{3+} 掺杂后所产生的晶格缺陷使催化剂产生了许多低于 TiO_2 禁带宽度的中间能级，使能量低于紫外光的光子也能激发产生光生电子和空穴，因此拓宽了光响应范围，光吸收带发生了明显的红移。

3. 废水中苯酚的脱除

（1）工艺流程

SDR 脱除废水中苯酚工艺流程如图 9-31 所示。将预先配制好的模拟苯酚废水置于储液槽中，由泵加压，经过阀门、流量计调节控制流量后，从 SDR 的进液口

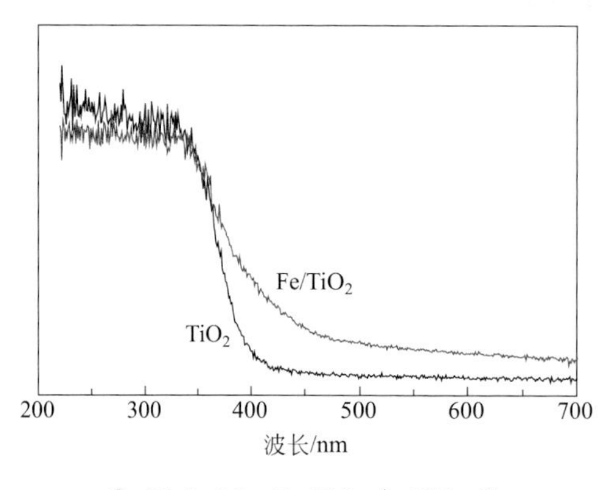

图 9-30 Fe/TiO_2 与 TiO_2 的紫外 - 可见漫反射谱图

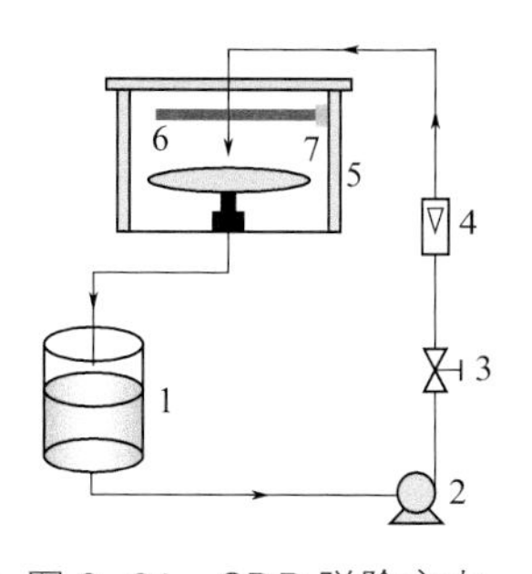

图 9-31 SDR 脱除废水中苯酚工艺流程图

1—储液槽；2—液泵；3—阀门；4—转子流量计；5—旋转盘反应器；6—紫外灯；7—转盘

流到转盘上，在转盘旋转产生的离心力作用下，液体在转盘表面形成薄液膜，液膜中的苯酚在转盘上方的紫外灯照射下发生光降解反应，随后被转盘甩出，经 SDR 底部的出液口返回储液槽循环。

（2）转速和液体流量与苯酚脱除率的关系

转盘转速和液体流量对苯酚脱除率具有显著的影响，结果如图 9-32 和图 9-33 所示。随转盘转速的增加，苯酚脱除率明显下降，转速从 50r/min 变为 100r/min 时，脱除率从 27.1% 变为 18.6%，变化明显。随流量增大脱除率呈上升趋势，流量为 100L/h 时脱除率为 31.9%，流量为 40L/h 时脱除率为 22.6%。

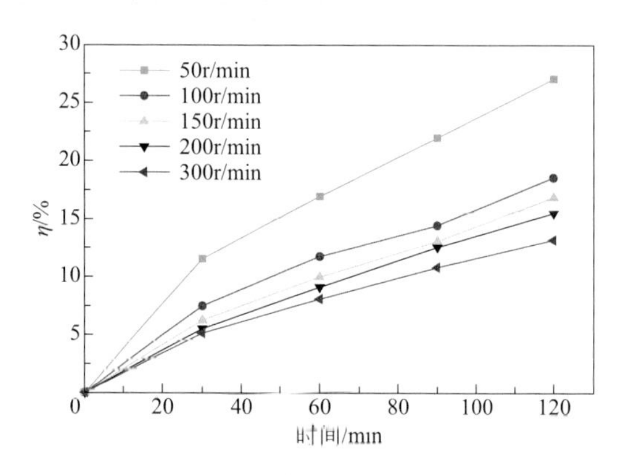

图 9-32 转速对苯酚脱除率的影响

（流量为60L/h，pH=6，初始浓度为100mg/L）

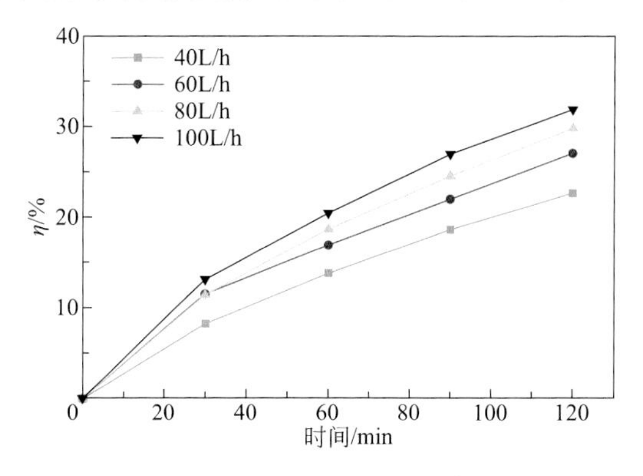

图 9-33 流量对苯酚脱除率的影响

（转速50r/min，pH=6）

转盘转速和液体流量对脱除率的影响主要是通过改变转盘表面的停留时间和液膜的厚度。SDR 属于平推流反应器，Woods 等 [60] 假设液膜在转盘表面为均匀的层流且不存在气液剪切作用，利用努塞尔流模型得出计算 SDR 转盘表面停留时间 t 和液膜厚度 h 的公式，见式（9-31）和式（9-32）。

$$t=\left(\frac{81\pi^2\nu}{16\omega^2Q^2}\right)^{1/3}r \tag{9-31}$$

$$h=\left(\frac{3}{2\pi}\times\frac{\nu Q}{\omega^2r^2}\right)^{1/3} \tag{9-32}$$

式中　t——停留时间，s；

h——液膜厚度，μm；

ν——液体的运动黏度，cm/s（取 0.01006cm/s）；

ω——角速度，rad/s，$\omega=2\pi n/60$，n 为转速，r/min；

Q——流量，cm^3/s；

r——转盘半径，cm。

结合图 9-32 和图 9-33 中的数据计算出相应的 h，作图得到图 9-34 和图 9-35。

光催化反应中，由于液体对光有一定的吸收和透过性，一般规律为液膜厚度越小，光子的利用率越高，有机污染物的脱除率也越高。图 9-34 中流量相同时，随转速的增加，液膜厚度减小。图 9-35 中转速相同时，随流量的增加，液膜厚度增大，而两图中苯酚脱除率均随液膜厚度的增加而增加，这与一般规律相悖。在多数文献中，脱除率随着液膜厚度的减小而增大时均基于透光度较差的液体，在 SDR 中所用催化剂为负载形式，相较于悬浮体系，由于废水中不含细颗粒催化剂，废水透光率较高，对光的透过率影响比较小，500μm 以内厚度的液膜对光子的利用率基本无影响。另一方面，光子激发催化剂薄膜产生的 •OH 数量是一定的，如果废水

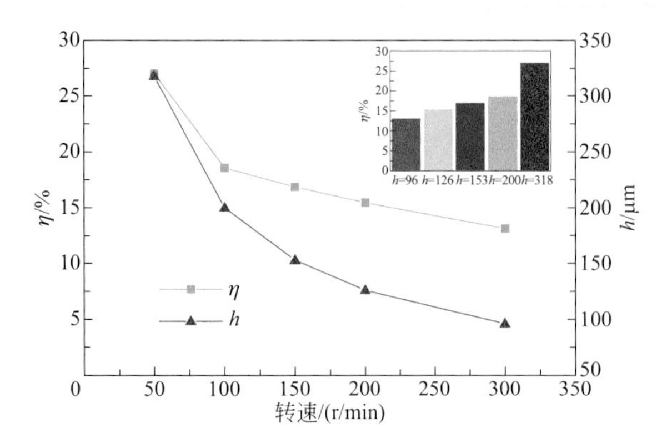

图 9-34 转速与液膜厚度和脱除率的关系

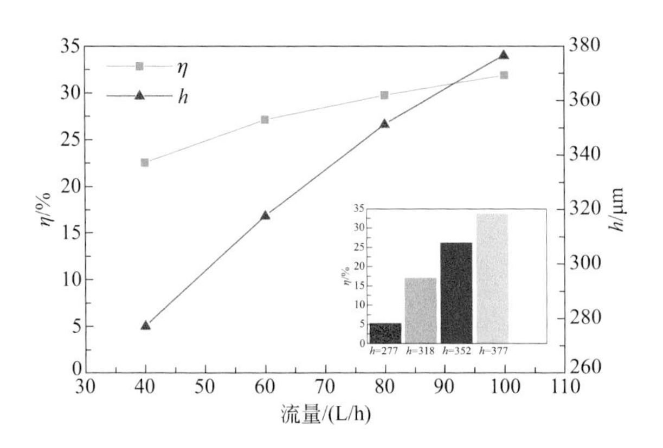

图 9-35 流量与液膜厚度和脱除率的关系

中的有机污染物数量与·OH 匹配，即可达到该光强下最佳光催化效率。此体系中苯酚浓度较低（100mg/L），转盘上液体薄膜中苯酚的总量少，无法将光催化产生的·OH 全部利用，还没有达到最佳的光催化效率。根据体积计算公式 $\pi r^2 h$ 可知，液膜厚度较大时，转盘上的液体量较大，所含有机污染物量多，·OH 氧化降解的有机污染物增多，使脱除率提高。

对于 SDR 中的快反应，一般情况下，停留时间短，意味着在给定时间内循环次数增多，对应脱除率提高。

图 9-36 中改变转速，对应的停留时间发生变化，越高的转速对应着越短的停留时间，此时苯酚脱除率随转速的增加而减小。图 9-37 中，不同流量对应着不同的停留时间，越高的流量对应着越短的停留时间，而脱除率随流量的增加而增大，与一般规律相符。根据 Qt 可以得到该停留时间内的液体体积，计算后绘制图 9-38 和图 9-39，从这两个图中可以看出，随液体量的增加，苯酚的脱除率增大，与液膜厚度对脱除率的影响一致。

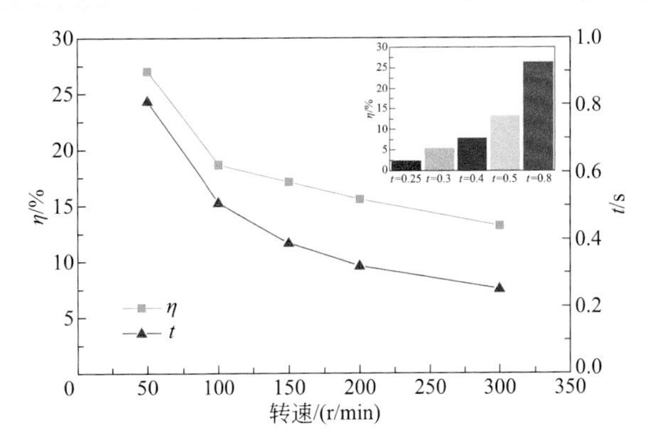

图 9-36　转速与停留时间和苯酚脱除率的关系

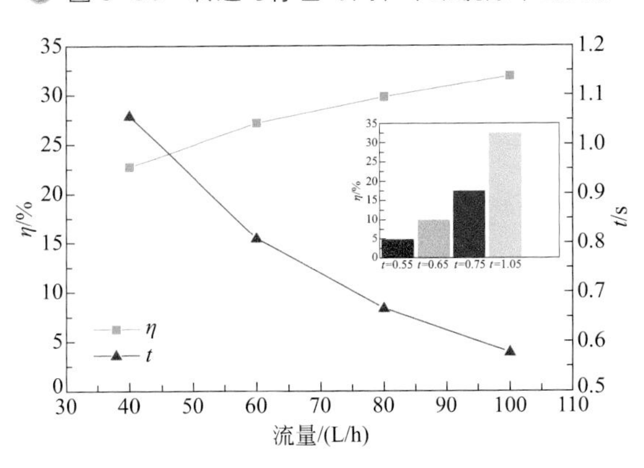

图 9-37　流量与停留时间和苯酚脱除率的关系

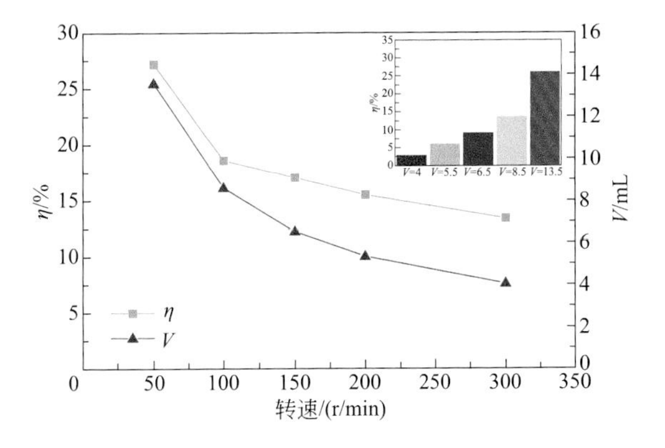

图 9-38　转速与液体体积和苯酚脱除率之间的关系

（3）H_2O_2 与 TiO_2 的协同效应

H_2O_2 与光催化剂具有协同氧化作用，将 UV/H_2O_2 与 UV/H_2O_2/TiO_2 两种条件下的脱除率和矿化率进行了对比，结果分别如图 9-40 和图 9-41 所示。

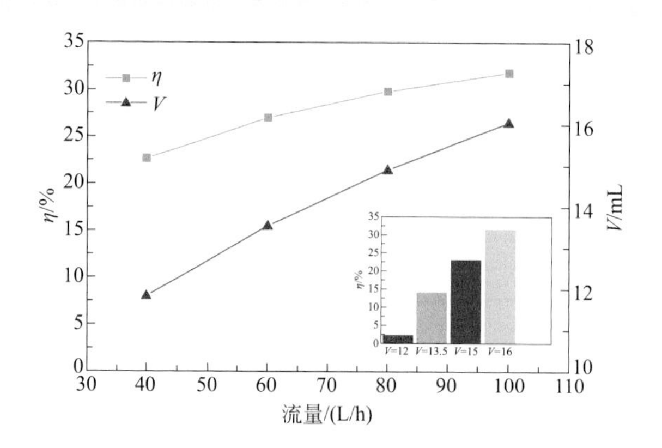

图 9-39 流量与液体体积和苯酚脱除率之间的关系

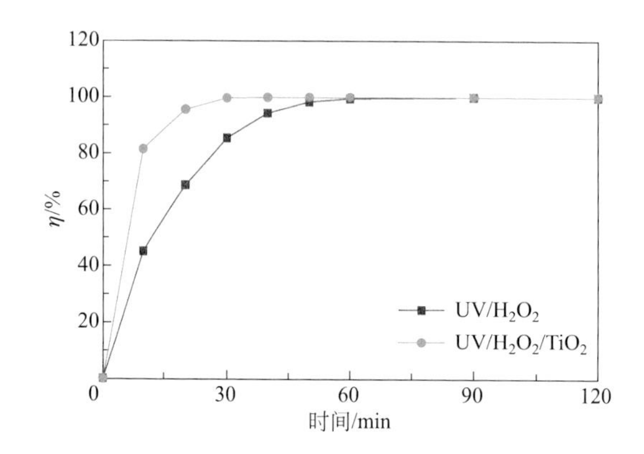

图 9-40 UV/H_2O_2 与 $UV/H_2O_2/TiO_2$ 苯酚脱除率

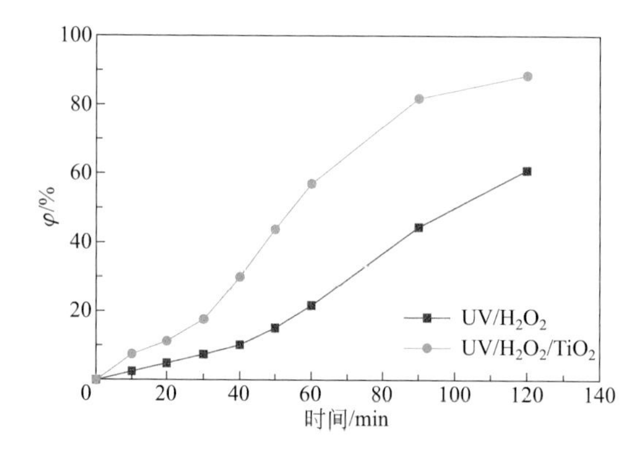

图 9-41 UV/H_2O_2 与 $UV/H_2O_2/TiO_2$ 苯酚矿化率

图 9-40 中在催化剂和 H_2O_2 共同存在下，10min 的苯酚脱除率为 81.1%，较 H_2O_2 光照作用时的 45% 有较大提高，30min 的苯酚脱除率接近 100%，较 H_2O_2 光

氧化作用时间缩短了 30min。图 9-41 为两种操作条件下矿化率的对比，H_2O_2/TiO_2 光催化氧化 2h 的矿化率较 H_2O_2 光氧化作用时的 61.2% 升高到 89.9%，说明 H_2O_2 与光催化剂具有协同作用，H_2O_2 的加入进一步强化了苯酚光催化反应和矿化，即 H_2O_2 与 TiO_2 具有协同作用。

H_2O_2 与 TiO_2 的协同强化机理可依据白杨[61]提出的机理解释：H_2O_2 存在时，TiO_2 表面会发生式 (9-33) ～式 (9-35) 反应，H_2O_2 在光催化体系中不仅被光子分解产生 • OH，同时还能与光生电子 - 空穴对反应生成 • OH，提高光子的利用率和有机污染物的脱除率。图 9-41 中曲线斜率变化表明，在脱除率未达到 100% 之前，矿化率增长缓慢，而当脱除率几乎达到 100% 以后，矿化曲线变陡。可见苯酚存在时，光催化氧化有可能首先将苯酚分解成为中间产物，当苯酚几乎全部降解后，生成的中间产物被氧化分解，并且，中间产物与苯酚相比更容易被矿化，使得矿化率快速增长。

$$H_2O_2 + h^+ \longrightarrow \cdot O_2H + H^+ \tag{9-33}$$

$$H_2O_2 + e^- \longrightarrow \cdot OH + OH^- \tag{9-34}$$

$$\text{酚} + \cdot OH(\text{或} \cdot O_2H) \longrightarrow \text{中间产物} \longrightarrow CO_2 + H_2O \tag{9-35}$$

（4）Fe/TiO_2 与 TiO_2 对比

Fe/TiO_2 与 TiO_2 对比结果如图 9-42 所示。

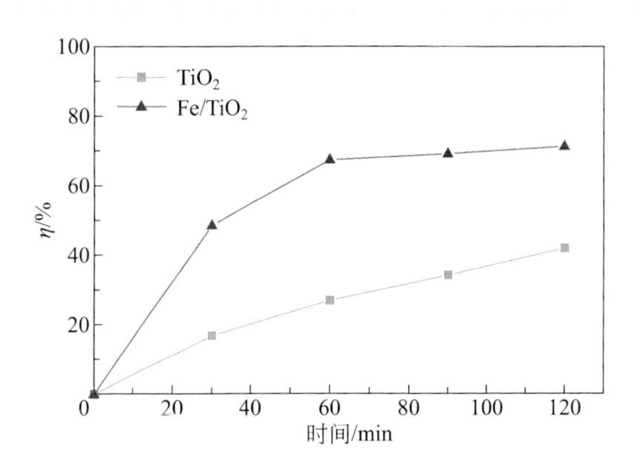

图 9-42　Fe/TiO_2 与 TiO_2 条件下苯酚脱除率对比

注：苯酚溶液量为1L，光强为12.2mW/cm²，初始浓度为100mg/L，转速为60r/min，流量为60L/h，pH=2。

由于 Fe 的加入，催化剂晶体的活性位点增加，载流子被有效分离，使光生电子 - 空穴对的寿命延长，复合率降低，因而 Fe/TiO_2 作为催化剂时，苯酚脱除率较 TiO_2 提高了 70.4%。实验中发现的另一现象是 60min 内降解速率较快，60 ～ 120min 降解速率较缓。可能原因：①中间产物苯醌的增加影响了催化剂对紫外光的吸收；②改性的催化剂吸附活性位点较多，易吸附相反电性的中间产物，使催化剂表面被覆盖，降低了催化剂的比表面积。

三、旋转反应器/Pickering乳液协同强化硝基苯的脱除

芳基有机污染物一般在水中难溶或溶解度很小，浓度稍高时常以油滴的形式存在于水中，如油田采出水、海上石油开采和石油水上运输过程的泄漏、金属切削及清洗液等，据统计[62]，我国仅油田采出水每年就有约5亿吨需要处理，全球每年有上千万吨含油废水排放到自然水体中，这些高浓度废水更加大了处理难度，给环境带来了严重污染。

Pickering乳液是一种胶体尺寸的固体颗粒，与传统乳液相比，Pickering乳液具有一些特殊优势：①乳化剂用量少，经济性好；②毒性较低，可应用于食品、日用品及医药行业；③环境友好，对自然界危害较低；④稳定性较好，不易因pH、温度、油相组成及盐浓度的变化而破乳；⑤比表面积为5000 ～ 50000m^2/m^3，可显著强化界面接触面积。

Pickering乳液中起到乳化作用的固体颗粒在水/油界面上的吸附过程是不可逆的，其实质是颗粒在水/油界面的自组装[63]，颗粒不仅降低了体系的总自由能，也为液滴之间的接触提供了空间上的物理屏障，赋予了Pickering乳液更强的稳定性，催化剂吸附在水/油界面，构成了无数个强化反应的微反应器，反应界面面积较大。但Pickering乳液是一种不透明体系，激发光在乳液中的穿透深度低，致使光子利用率低。将SDR与Pickering乳液耦合，可利用SDR中微米级液膜强化Pickering乳液激发光的透过率，利用液膜中高溶解氧强化光生电子的间接氧化效率。

旋转盘反应器降解废水可以采用两种方式。①循环方式：储罐中配制1 ～ 2L废水溶液，用循环方式降解。②非循环方式：将SDR中的转盘改为专用容器，分批间歇操作。改造后的反应器降解原理与SDR相同，遵循超重力操作环境，结构如图9-43所示[64]。

采用超级恒温水浴控制体系温度，将一定量水杨酸完全溶解于水或无水乙醇后，放入恒温水浴，待温度恒定后，加入纳米二氧化钛，开启搅拌设备，反应24 ～ 48h。反应结束后，将混合液离心分离，用去离子水洗涤固体粒子表面游离酸，之后经真空干燥、球磨得到TiO_2-SA颗粒。

（1）TiO_2-SA的分析

① XPS 结果　TiO_2-SA纳米颗粒的C1s谱图如图9-44所示，图中287.0eV、288.8cV和291.5eV分别出现了三个峰，这三个峰分别对应C　C结构、C—O结构和苯环结构，SA分子具有这三类结构，说明纳米二氧化钛已成功被SA改性，形成了一定的表面结构。

② XRD 结果　改性前后纳米二氧化钛的X射线衍射谱图如图9-45所示。图中可看出晶型组成均为锐钛矿型和金红石型，保持了混晶结构，有利于提高光催化

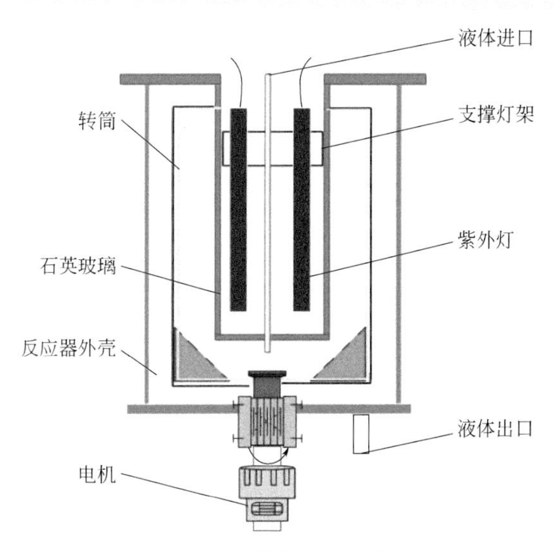

图 9-43　旋转反应器装置图

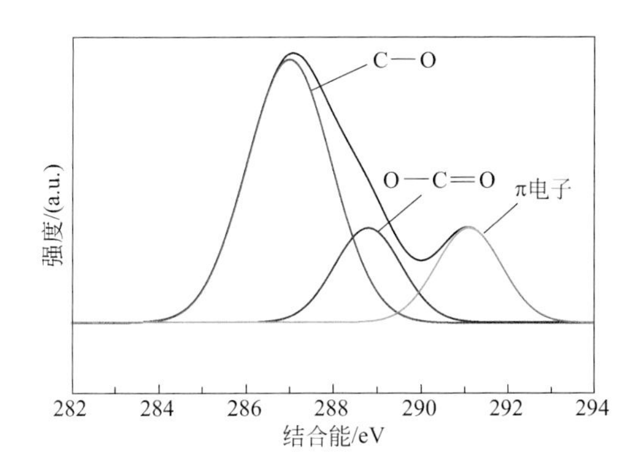

图 9-44　TiO_2-SA 的 C1s XPS 价带谱

剂活性。此外，XRD 结果也证实了水杨酸分子仅仅存在于二氧化钛表面，而未进入晶格内部。

③ SEM 结果　图 9-46 给出了改性前后纳米二氧化钛颗粒的扫描电子显微镜照片。

图中可见，与表面未改性纳米 TiO_2 颗粒相比，SA 改性纳米粒子颗粒之间的界限更加明显，未观测到大的团聚体，说明 SA 改性有利于防止颗粒间的团聚，此外，SA 表面改性过程对二氧化钛纳米粒子的平均粒径影响不显著，从图中估算颗粒尺寸均为 30nm 左右，可能是表面有机层改变了颗粒表面电荷，使得颗粒之间的吸引力减弱，颗粒之间团聚减轻。由于 SA 未进入 TiO_2 晶格内部，不会导致纳米粒子晶粒尺寸变化，这一结果与 XRD 结果类似。

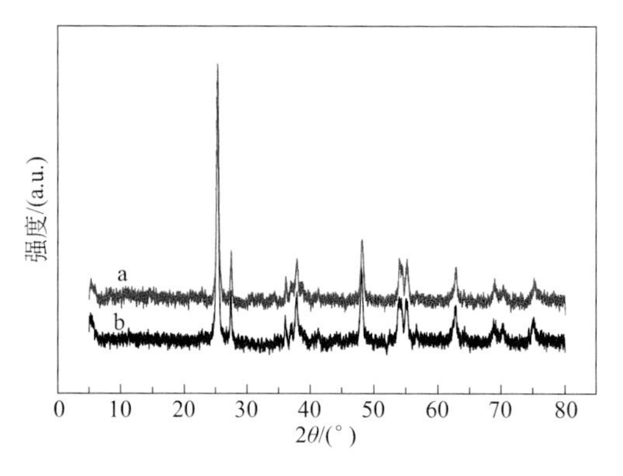

图 9-45　TiO_2（a）和 TiO_2-SA（b）的 XRD 谱图

(a) TiO_2 50000x　(b) TiO_2 100000x

(c) TiO_2-SA50000x　(d) TiO_2-SA100000x

图 9-46　催化剂的 SEM 图

④ 接触角　采用水滴角表征光催化剂的表面亲水性质，如图 9-47 所示。

图 9-47（a）为 TiO_2 表面水 / 空气界面接触角，约为 13.9°；图 9-47（b）为 SA 改性后 TiO_2 表面水 / 空气界面接触角，约为 69.9°。水 / 空气界面接触角可直接表征颗粒表面的亲水性，由于 SA 改性在 TiO_2 表面引入了疏水基团，降低了 TiO_2 表面亲水性，增加了光催化剂与非极性物质之间的相互作用，提高了二氧化钛对非极性物质的吸附能力，使其具有吸附于油 - 水界面稳定 Pickering 乳液的潜力。

（2）旋转反应器中 TiO_2-SA 稳定的 Pickering 乳液脱除废水中硝基苯

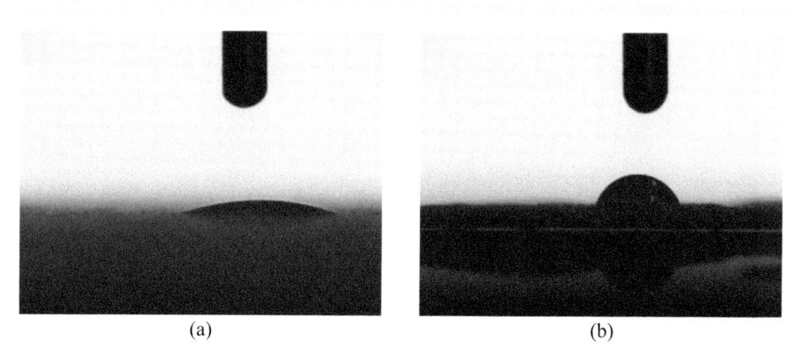

图 9-47 TiO_2（a）、TiO_2-SA（b）接触角测试结果

① 硝基苯浓度与脱除率的关系 催化剂质量分数 2.0%、转速 150r/min、水相 pH 为 7.0、光照强度为 6.4mW/cm²、处理时间为 3h。比较硝基苯的脱除率和体系总有机碳（TOC）的含量，结果如图 9-48 和图 9-49 所示。

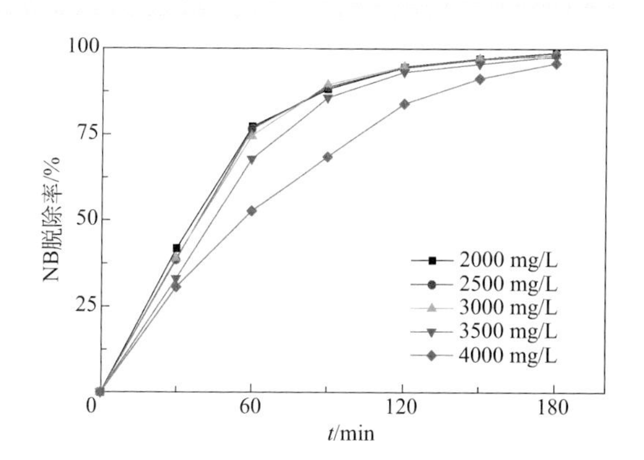

图 9-48 初始浓度对硝基苯脱除率的影响

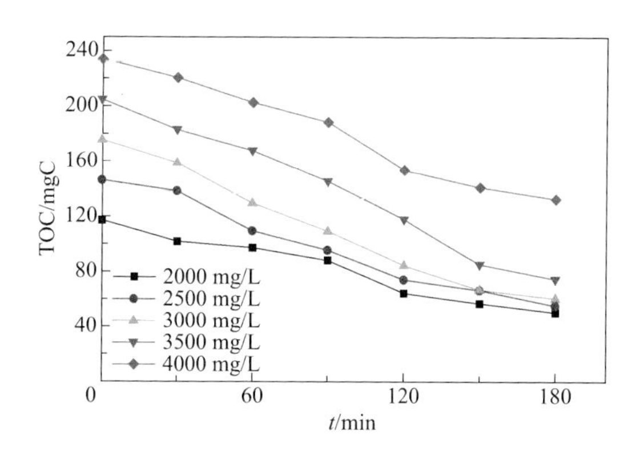

图 9-49 硝基苯初始浓度对体系 TOC 的影响

当硝基苯浓度较高时，油-水发生分离，催化剂与污染物之间传质受阻，而Pickering乳液体系可以显著增强目标物与催化剂之间的接触。从图9-48可知，旋转反应器中处理浓度为2000～4000mg/L的硝基苯乳液1000mL，光催化降解3h后硝基苯的脱除率均能超过95.7%，图9-49显示总有机碳含量也可降低到45.2mg以下。但由于在催化剂含量不变的情况下，单位时间内产生的光生氧化性自由基数量基本固定，油相含量提高会导致脱除效率下降。

② 水相pH与脱除率的关系　图9-50、图9-51为水相pH与脱除率的关系。体系pH较大时，表面的有机酸会发生明显解离，从而严重影响Pickering乳液稳定性。因而选择pH为1～5范围，由于改性颗粒表面带有电荷，溶液的pH能改变其表面的电荷，从而影响其团聚性能，Zeta电位绝对值越高，颗粒越易分散。同时也能影响电离性硝基苯的吸附量，pH越低，吸附量越高。当pH为1～2时，粒

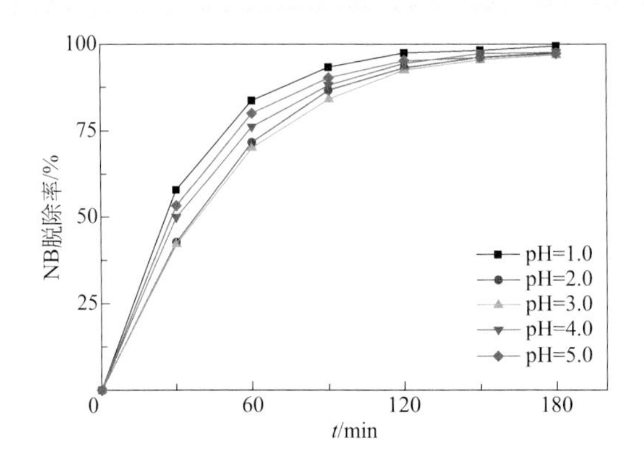

图9-50　水相pH对硝基苯脱除率的影响

注：硝基苯初始浓度为3000mg/L、处理量为1000mL、转速为150r/min、光强为6.35mW/cm²、催化剂质量分数为2.0%、处理时间为3h。

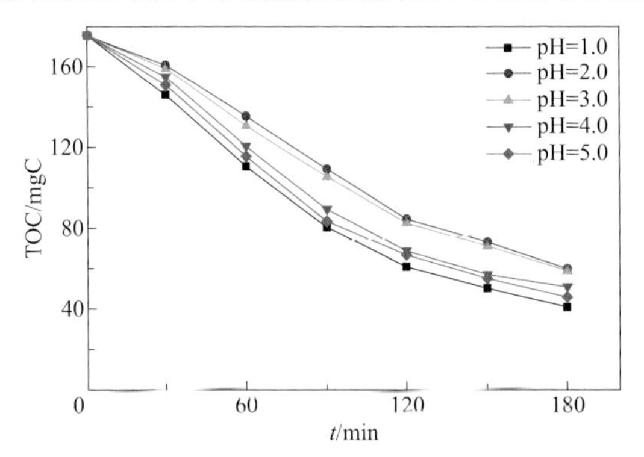

图9-51　水相pH对体系中TOC的影响

注：硝基苯初始浓度为3000mg/L、处理量为1000mL、转速为150r/min、光强为6.35mW/cm²、催化剂质量分数为2.0%、处理时间为3h。

子 Zeta 电位呈正电且绝对值低，此时硝基苯的吸附是影响硝基苯脱除率的主要因素，宏观表现为 pH 升高，硝基苯脱除率降低。pH 为 2 ～ 5 时，影响硝基苯脱除率的主要因素是乳液稳定性，随着 pH 的升高，固体颗粒团聚逐渐减轻，乳液稳定性变好，硝基苯脱除率逐渐升高。TOC 结果也显示了体系总有机碳含量随着 pH 的升高呈现先下降后升高的趋势。

水相 pH 对脱除率产生重要的影响，考虑到低 pH 下硝基苯的氧化历程可能受到影响，同时硝基苯脱除过程中有酸性中间产物生成，因此对低 pH 条件下硝基苯的氧化动力学进行深入研究。以不同水相 pH 下的 ln（c_0/c_t）对时间 t 作图，得到不同水相 pH 下硝基苯氧化动力学如图 9-52 所示，由图中的斜率可求出不同水相 pH 下的反应速率常数 k，约为 0.20 ～ 0.28min^{-1}。方差数据表明，不同 pH 下硝基苯降解反应基本符合一级反应动力学行为。

③ 转速与脱除率的关系　转速与脱除率和体系 TOC 的关系如图 9-53、图 9-54

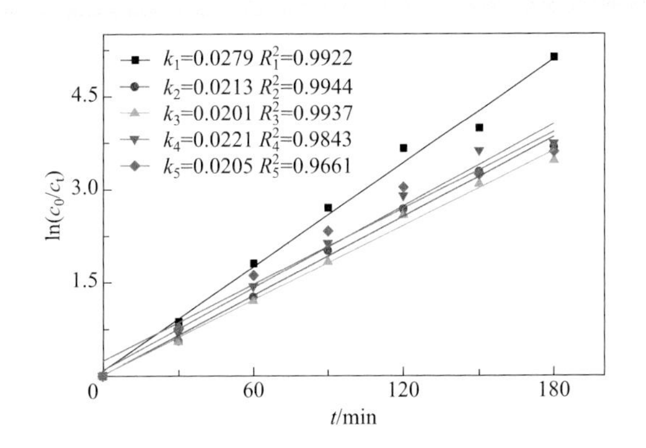

图 9-52　水相 pH 对硝基苯氧化动力学的影响

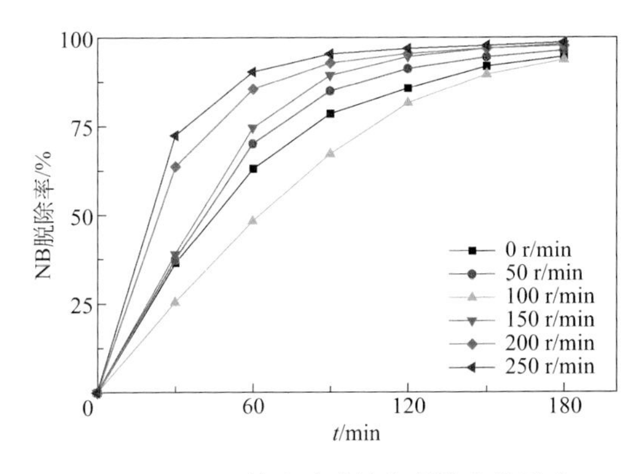

图 9-53　转速对硝基苯脱除率的影响

注：硝基苯初始浓度为3000mg/L、处理量为1000mL、光强为6.4mW/cm²、催化剂质量分数为2.0%、水相pH为7.0、处理时间为3h。

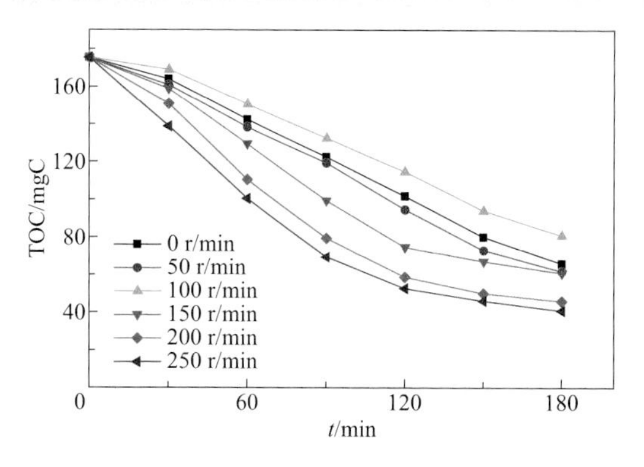

图 9-54　转速对体系 TOC 的影响

注：硝基苯初始浓度为3000mg/L、处理量为1000mL、光强为6.4mW/cm²、催化剂质量分数为2.0%、水相pH为7.0、处理时间为3h。

所示。

转速会影响乳液与空气界面相对运动速度和废水在转子表面的液膜厚度，从而影响氧气的传质和光子的传播效率。从图 9-53 可知，随着转子转速的增加，硝基苯的脱除率呈先减小后增大的趋势。在转速为零时，反应器类似于液膜厚度为 1.2cm 的搅拌式反应器，由于体系浊度大、光透过性差，反应基本只在液面表层，反应效率较低。在转速为 50r/min 时，气液、液液传质有一定提升，但转子边缘的堆叠效应导致其液膜变得很厚，呈现中间薄边缘厚的状态（如图 9-55 所示），且边缘区紫外灯辐照强度较弱，体系内出现了大片光催化“死区”，降解效率反而低于静止状态。随着转速的增大，液膜逐渐变薄，光子利用率提高，且气液、液液传质效率显著提升，降解率增大较明显。图 9-54 中的体系 TOC 变化也显示了类似的结果，随着转速的升高，硝基苯矿化率先减小后增大，特别是在转速为 250r/min 时，TOC 的最终含量只有 42.4mg，达到了较好的脱除效果。

随着油相浓度的提高，硝基苯脱除率略有下降；随着水相 pH 的升高，硝基苯降解速率先减小后增大；随着转速的升高，硝基苯脱除率逐渐增大。优化条件下，3h 硝基苯脱除率可达 98.8%。

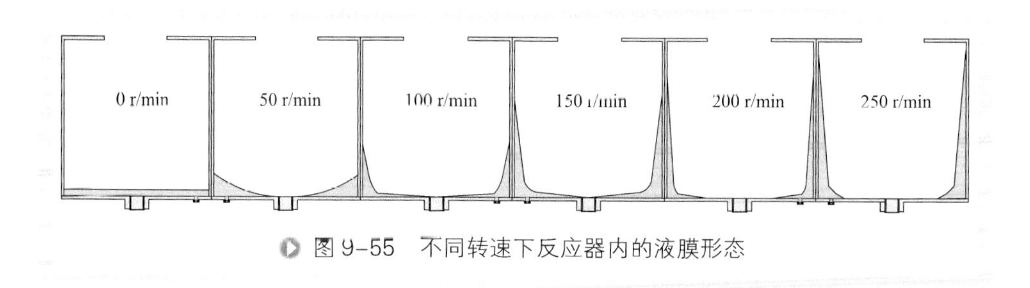

图 9-55　不同转速下反应器内的液膜形态

第五节 展望

超重力技术因其具有高效的相间传质特性，在化工过程强化方面展示出巨大的应用潜力。通过研制与废水中有机污染物分离特性相匹配的旋转填料床、多级同心圆筒 - 旋转床和旋转盘式超重力装置，并将其应用于臭氧氧化、零价铁还原、电催化、光催化等过程中有机污染物的清洁脱除，凸显出装置体积小、有机污染物脱除率高、过程能耗低、处理量大、可连续化操作等优势，使得超重力技术在废水中有机污染物脱除的过程强化、污染物脱除率和矿化率的提高等方面均取得了重大突破。

但基于废水中污染物种类繁多、脱除难度差异大、污染程度不一等复杂工况，加之国家对废水排放标准的日趋严格，开发先进且清洁高效的废水处理装置及其技术视为行业难题，因而，优化和研制更先进和更高效的超重力分离装置将成为优选。现应结合废水中有机污染物脱除行业难题，在超重力分离装置的构效关系、传质特性、放大效应、新材料的使用等方面进行深入研究和探索，以推动其在废水领域的工业化应用。

21 世纪工业废水中污染物的分离技术将向节能、降耗、环保、集约化、复合化、大型化方向发展。旋转填料床、多级同心圆筒 - 旋转床和旋转盘式超重力装置及其技术，在废水中有机污染物高效、低耗且清洁脱除过程中所显示出的优势尤为适宜且突出，有望成为新一代污染物分离技术。

参考文献

[1] Sotelo J L, Beltran F J, Benitez F J, et al. Ozone decomposition in water: kinetic study [J]. Industrial & Engineering Chemistry Research, 1987, 26(9): 39-43.

[2] Jiao W Z, Luo S, He Z, et al. Applications of high gravity technologies for wastewater treatment: a review [J]. Chemical Engineering Journal, 2017, 313: 912-927.

[3] Buxton G V, Greenstock C L, Helman W P, et al. Critical review of rate constants for reactions of hydrated electrons, hydrogen atoms and hydroxyl radicals (•OH/•O^-) in aqueous solution [J]. Journal of Physical & Chemical Reference Data, 1988, 17(2): 513-886.

[4] Haag W R, Yao C C D. Rate constants for reaction of hydroxyl radicals with several drinking water contaminants [J]. Environmental Science & Technology, 1992, 26(26): 1005-1013.

[5] Ma Y S, Sung C F. Investigation of carbofuran decomposition by a combination of ultrasound and Fenton process [J]. Sustainable Environment Research, 2010, 20(4): 213-219.

[6] Qin Y J, Jiao W Z, Yu L S, et al. Degradation of nitrobenzene wastewater via iron/carbon micro-electrolysis enhanced by ultrasound coupled with hydrogen peroxide[J]. China Petroleum Processing and Petrochemical Technology, 2017, 19(4): 75-81.

[7] Rajeshwar K, Ibanex J G, Swain G M. Electrochemistry and the environment[J]. Journal of Applied Electrochemistry,1994, (24): 1077-1082.

[8] Peixoto A L C, Izário F H J. Statistical evaluation of mature landfill leachate treatment by homogeneous catalytic ozonation [J]. Brazilian Journal of Chemical Engineering, 2010, 27(4): 328-330.

[9] Balcioglu I A, Moral C K. Homogeneous and heterogeneous catalytic ozonation of pulp bleaching effluent [J]. Journal of Advanced Oxidation Technologies, 2008, 11(3): 543-550.

[10] Jiao W Z, Yu L S, Feng Z R, et al. Optimization of nitrobenzene wastewater treatment with O_3/H_2O_2 in a rotating packed bed using response surface methodology[J]. Desalination and Water Treatment, 2016, 57 (42): 19996-20004.

[11] Silva G H R, Daniel L A, Bruning H, et al. Anaerobic effluent disinfection using ozone: byproducts formation [J]. Bioresource Technology, 2010, 101(18): 6992-6997.

[12] Jiao W Z, Qing Y T, Wang Y H, et al. Enhancement performance of ozone mass transfer by high gravity technology [J]. Desalination and Water Treatment, 2017, 66: 195-202.

[13] 王其仓 . DNT 废水预处理工艺研究 [D]. 太原 : 中北大学 , 2010.

[14] 梁晓贤 . 超重力均相催化臭氧法处理黑索今废水的研究 [D]. 太原 : 中北大学 , 2013.

[15] 杨鹏飞 , 刘瑛 , 焦纬洲 , 等 . 超重力环境下 O_3/Fenton 法处理含硝基苯废水 [J]. 过程工程学报 , 2018, 18(4): 728-734.

[16] 秦月娇 , 耿烁 , 焦纬洲 , 等 . 用超重力技术强化 O_3/Fe(Ⅱ) 工艺深度氧化降解苯胺废水 [J]. 含能材料 , 2018, 26(5): 448-454.

[17] 杨鹏飞, 杨培珍, 张东升, 等 . 超重力强化 O_3/Fe^{2+} 氧化降解硝基苯废水 [J]. 现代化工 , 2018, 38(3): 76-80.

[18] 刁金祥 . 旋转填料床中 O_3 和 O_3/H_2O_2 氧化处理 TNT 红水的研究 [D]. 太原 : 中北大学, 2007.

[19] Zhang S G, Qin Y, Zhang D, et al. Effects of coexisting substances on nitrobenzene degradation with O_3/H_2O_2 process in high-gravity fields [J]. China Petroleum Processing & Petrochemical Technology, 2016, 18 (4): 32-40.

[20] 侯晓婷 . HMX 生产废水处理的基础研究 [D]. 太原 : 中北大学 , 2011.

[21] 王永红 . 超重力均相催化臭氧化降解酸性硝基苯废水 [D]. 太原 : 中北大学 , 2017.

[22] 周培国 , 傅大放 . 微电解工艺研究进展 [J]. 环境污染治理技术与设备 , 2001, 2(4): 18-24.

[23] Mohmood I, Lopes C B, Lopes I, et al. Nanoscale materials and their use in water contaminants removal—a review [J]. Environmental Science and Pollution Research, 2013, 20(3): 1239-1260.

[24] Agrawal A, Tratnyek P G. Reduction of nitro aromatic compounds by zero-valent iron metal [J]. Environmental Science and Technology, 1996, 30(1): 153-160.

[25] Mu Y, Yu H Q, Zheng J C, et al. Reductive degradation of nitrobenzene in aqueous solution

by zero-valent iron [J]. Chemosphere, 2004, 54(7): 789-794.
[26] Zhang W X, Wang C B, Lien H L. Treatment of chlorinated organic contaminants with nanoscale bimetallic particles [J]. Catalysis Today, 1998, 40(4): 387-395.
[27] Weng X L, Lin S, Zhong Y H, et al. Chitosan stabilized bimetallic Fe/Ni nanoparticles used to remove mixed contaminants-amoxicillin and Cd (Ⅱ) from aqueous solutions [J]. Chemical Engineering Journal, 2013, 229: 27-34.
[28] Lien H L, Zhang W X. Nanoscale Pd/Fe bimetallic particles: catalytic effects of palladium on hydrodechlorination [J]. Applied Catalysis B: Environmental, 2007, 77(1): 110-116.
[29] Jia H Z, Wang C Y. Comparative studies on montmorillonite-supported zero-valent iron nanoparticles produced by different methods: reactivity and stability [J]. Environmental Technology, 2013, 34(1): 25-33.
[30] Ling X F, Li J S, Zhu W, et al. Synthesis of nanoscale zero-valent iron/ordered mesoporous carbon for adsorption and synergistic reduction of nitrobenzene [J]. Chemosphere, 2012, 87(6): 655-660.
[31] Xiao J N, Yue Q Y, Gao B Y, et al. Performance of activated carbon/nanoscale zero-valent iron for removal of trihalomethanes (THMs) at infinitesimal concentration in drinking water [J]. Chemical Engineering Journal, 2014, 253: 63-72.
[32] Jiao W Z, Feng Z R, Liu Y Z, et al. Degradation of nitrobenzene-containing wastewater by carbon nanotubes immobilized nanoscale zerovalent iron[J]. Journal of Nanoparticle Research, 2016, 18 (7): 198.
[33] 陈建峰等 . 超重力技术及应用 [M]. 北京 : 化学工业出版社 , 2003.
[34] Jiao W Z, Liu Y Z, Qi G S. Micromixing efficiency of viscous media in novel impinging stream-rotating packed bed reactor [J]. Industrial and Engineering Chemistry Research, 2012, 51(20): 7113-7118.
[35] Chen J, Shao L. Mass production of nanoparticles by high gravity reactive precipitation technology with low cost[J]. Particuology, 2003, 1(2): 64-69.
[36] Jiao W Z, Qin Y J, Luo S, et al. Continuous preparation of nanoscale zero-valent iron using impinging stream-rotating packed bed reactor and their application in reduction of nitrobenzene [J]. Journal of Nanoparticle Research, 2017,19(2): 52.
[37] Jiao W Z, Qin Y J, Luo S, et al. Simultaneous formation of nanoscale zero-valent iron and degradation of nitrobenzene in wastewater in an impinging stream-rotating packed bed reactor [J]. Chemical Engineering Journal, 2017, 321: 564-571.
[38] 刘有智 , 高璟 , 焦纬洲 , 等 . 一种连续操作的超重力多级同心圆筒式电解反应装置及工艺 [P].CN 101787555B. 2011-10-12.
[39] 高璟 , 刘有智 , 焦纬洲 , 等 . 超重力强化电 Fenton 法处理废水的传质过程的装置及工艺 [P].CN 103145227A. 2013-06-12.

[40] 高璟 , 刘有智 , 祁贵生 , 等 . 超重力多级牺牲阳极电 Fenton 法处理难降解废水的装置及工艺 [P].CN 203128264U. 2013-8-14.

[41] 高璟 , 刘有智 , 张巧玲 , 等 . 超重力多级阴极电 Fenton 法处理难降解废水的装置及工艺 [P].CN 203128245U. 2013-8-14.

[42] 高璟 , 刘有智 , 祁贵生 , 等. 超重力环境下电化学脱除废水中有机物过程中的气泡行为 [J]. 化学工程 , 2014, 42(4): 1-6.

[43] Gao J, Liu Y Z, Chang L F. Treatment of phenol wastewater using high gravity electrochemical reactor with multi-concentric cylindrical electrodes[J]. China Petroleum Processing & Petrochemical Technology, 2012, 14 (2): 71-74.

[44] 高璟 , 刘有智 , 刘引娣 . 超重力场中电解含酚废水的动力学 [J]. 化学工程 , 2014, 42(6): 5-8.

[45] 刘引娣 , 刘有智 , 高璟 . 超重力 - 电催化耦合法降解含酚废水的研究 [J]. 化工进展 , 2015, 07: 2070-2074.

[46] Gao J, Yan J J, Liu Y Z, et al. A novel electro-catalytic degradation method of phenol wastewater with Ti/IrO_2-Ta_2O_5 anodes in high-gravity fields [J]. Water Science and Technology, 2017, 76(3): 662-670.

[47] 李皓月 , 刘有智 , 高璟 , 等 . 超重力 - 电催化 -Fenton 耦合法处理含酚废水 [J]. 过程工程学报 , 2015, 15(6): 1006-1011.

[48] Tom G, Guido M, Jacob M, et al. A review of intensification of photocatalytic processes[J]. Chemical Engineering and Processing, 2007, 46: 781-789.

[49] Irina B, Stuart N, Darrell A P. Investigation into the effect of flow structure on the photocatalytic degradation of methylene blue and dehydroabietic acid in a spinning disc reactor [J]. Chemical Engineering Journal, 2013, 222: 159-171.

[50] Irina B, Stuart N, Darrell A P. The case for the photocatalytic spinning disc reactor as a process intensification technology: comparison to an annular reactor for the degradation of methylene blue [J]. Chemical Engineering Journal, 2013, 225: 752-765.

[51] Dionysios D D, Arturo A B, Makram T S. Effect of oxygen in a thin-film rotating disk photocatalytic reactor [J]. Environmental Science Technology, 2002, 36: 3834-3843.

[52] 魏冰 , 张巧玲 , 刘有智 , 等 . 旋转盘反应器中 H_2O_2/TiO_2 光催化氧化降解含酚废水 [J]. 化学工程 , 2016, 44(5): 11-16.

[53] 魏冰 , 张巧玲 , 刘有智 , 等 . 旋转盘反应器光催化降解苯酚废水动力学 [J]. 环境工程学报 , 2016, 10(3): 1305-1309.

[54] 张巧玲 , 张世光 , 罗莹 , 等 . 一种光催化降解含酚废水的装置及方法 [P].CN 103387272B. 2015-1-7.

[55] 郭加欣 , 张巧玲 , 刘有智 , 等 . 旋转盘反应器中负载型 Fe-TiO_2 光催化降解含酚废水 [J]. 化学通报 , 2017, 18(3): 288-292.

[56] 赵占中, 谢银德, 张冰, 等. 掺杂改性 TiO_2 可见光光催化剂研究的最新进展 [J]. 硅酸盐通报, 2012, 31(1): 92-95.

[57] 谢先法, 吴平霄, 党志, 等. 过渡金属离子掺杂改性 TiO_2 研究进展 [J]. 化工进展, 2005, 24(12): 1358-1362.

[58] 赵德明, 汪大, 史惠祥, 等. 掺杂过渡金属离子的纳米二氧化钛光催化氧化对氯苯酚的研究 [J]. 化工环保, 2003, 23(2): 75-79.

[59] 苏碧桃, 孙佳星, 胡常林, 等. Fe^{3+} 掺杂 TiO_2 光催化纤维材料的制备及表征 [J]. 物理化学学报, 2009, 25(8): 1561-1566.

[60] Woods W P. The hydrodynamics of thin liquid films flowing over a rotating disc [D]. Newcastle: Newcastle University, 1995.

[61] 白杨. H_2O_2 在苯酚降解过程中的作用研究 [J]. 化学通报, 2004, (2):154-159.

[62] 郑书忠. 工业水处理技术及化学品 [M]. 北京: 化学工业出版社, 2010.

[63] 易成林, 杨逸群, 江金强, 等. 颗粒乳化剂的研究及应用 [J]. 化学进展, 2011, 23(1): 65-79.

[64] Zhang S G, Li L, Liu Y Z, et al. TiO_2-SA-Arg nanoparticles stabilized pickering emulsion for photocatalytic degradation of nitrobenzene in a rotating annular reactor [J]. Chinese Journal of Chemical Engineering, 2017, 25: 223.

索　引

R

S

T

W

X

Y

Z